电气产品安全原理与认证实践

Electrical Product Safety Principles and Certification

陈凌峰　刘群兴　等　著

中国质检出版社
中国标准出版社
北京

图书在版编目（CIP）数据

电气产品安全原理与认证实践/陈凌峰等著．—北京：中国标准出版社，2018.11（2021.3 重印）

ISBN 978-7-5066-9137-6

Ⅰ.①电… Ⅱ.①陈… Ⅲ.①电气安全 Ⅳ.①TM08

中国版本图书馆 CIP 数据核字（2018）第 243600 号

内 容 提 要

本书是在参考国内外电气产品安全法规、标准、决议、报告、学术论文等相关文献，国内外知名认证机构、检测实验室等相关技术机构资深从业人员的经验与教训，以及对电气产品安全原理与工程技术进行综述与研究的基础上编著而成。内容包括电气产品安全防护原则与理论框架、电气产品安全技术专题、电气产品安全保障体系的建设与评估、常见安全相关元器件的认证与应用、国内外电气产品安全合格评定体系概述等，可供电子电器、机电产品等生产制造与贸易企业中从事产品研发、技术管理与质量管理的相关人员，产品认证机构与检测实验室等技术服务机构中的从业人员以及高校相关专业的师生参考。

中国质检出版社
中国标准出版社 出版发行

北京市朝阳区和平里西街甲 2 号（100029）
北京市西城区三里河北街 16 号（100045）
网址 www.spc.net.cn
总编室：（010）68533533 发行中心：（010）51780238
读者服务部：（010）68523946
中国标准出版社秦皇岛印刷厂印刷
各地新华书店经销

*

开本 787×1092 1/16 印张 30.25 字数 678 千字
2018 年 11 月第一版 2021 年 3 月第二次印刷

*

定价：98.00 元

如有印装差错 由本社发行中心调换
版权专有 侵权必究
举报电话：（010）68510107

《电气产品安全原理与认证实践》编写委员会成员（按姓氏笔画排序）

刘群兴 ◎ 中国赛宝实验室
伍志晖 ◎ TÜV Rheinland
陈凌峰 ◎ 广东技术师范大学（原广东技术师范学院）
郑椿栋 ◎ 广东安规检测有限公司
钟　涛（Todd Zhong）◎ Underwriters Laboratories of Canada
唐武进 ◎ 广东产品质量监督检验研究院
梁　确 ◎ 广东广信君达律师事务所

前言

随着电气产品的广泛应用,电气产品造成的安全事故不时见诸报道,因此,电气产品安全成了社会发展中必须面对的一种技术和社会问题。在欧美发达地区,电气产品安全的研究开展得比较早,各种配套的产品安全标准、技术法规、合格评定程序以及市场巡查制度日趋完善,形成了由消费者协会、企业、相关标准化机构、认证和检测机构以及政府部门共同组成的电气产品安全社会保障体系,电气产品安全正朝着更高、更全、更新的方向发展。

我国的电气产品安全理论与实践的发展相对较晚,并且在具体实践中,复杂的电气产品安全理论往往只是散见于产品安全标准中。因此,对于企业而言,许多情形下电气产品安全成了产品研发与生产以外的额外"打补丁"工作;对于认证检测机构的从业人员而言,许多时候面对技术法规与标准中的条款,往往知其然而不知其所以然。

正如彼得·德鲁克(Peter Drucker)在其著作《新社会》(The New Society)中指出的那样,在大规模生产的社会秩序中,由于专业与分工,作业与作业之间、职位与职位之间差距巨大,绝大多数人对其他工序根本无法形成清晰的认识,因而看到的只有混乱、无序和莫名其妙。德鲁克的这一论断用于描述电气产品安全领域的实践,实在精妙无比。

机缘巧合,本人在进入产品安全认证领域之前,有幸在跨国集团的产品研发部门工作;在进入产品安全认证领域后,又得以在跨技术领域的多个岗位之间轮岗。随着经验与教训的积累,发现对于不少工程技术人员与质量管理人员而言,需要的并不仅是特定标准的解释、更快的决议反馈、更多的项目经验,而是较为完善的电气产品安全理论体系。因此,有必要对电气产品安全的原理与实践进行必要的综述，希望以此能够协助企业将电气产品安全的理念融入产品的研发与生产中，能够协助产品安全认证检测机构的技术人员完善自身的电气产品安全理论体系。这就是撰写本书的初衷。

本书第一版于 2008 年出版后，得到了同行的认可，不少读者来信来电给予鼓励与赞扬，同时也提出了不少有益的修订建议，因此，当时设想重印时应当是修订后的版本。

然而一旦开始着手修订，则发现事情远比想象的复杂。有关修订的建议与思路大致可以分为两类：第一类修订思路是希望内容的覆盖面能够更广，然而，产品安全标准作为电气产品安全工程基础，彼此之间尽管存在引用与参照，但是由于侧重点与制定者的不同，并不存在一套严格统一的理论体系，彼此之间总是存在一定的差异，而随着覆盖面的扩展，需要关注和叙述的差异必定越来越复杂，不如直接阅读相关的标准更为清晰。第二类修订思路是希望内容能够更加深入，然而，电气产品安全的理论精华与良好的工程规范最终必定凝结在标准中，因此，最好的深入方式就是直接阅读相关的标准。但是，从自己的专业发展过程来看，缺乏理论框架支持，企图通过直接面对标准、依靠在做中学的方式，从零开始逐步构建与完善自己的理论体系，其实是一种学习效率低、挫折感很强的学习模式，而且也无法满足工作岗位的要求。因此，修订时广博与深入的尺度也难以把握。此时才发现，修订其实犹如改造矗立中的大厦，况且人性对推倒重来是持抗拒态度的。

此后，随着作者工作、生活的变化，重印与修订之事搁置，以至于大约 2011 年之后读者失望之余只能从网上购买翻印的文本。对于这样一本专业性很强的图书居然会出现这种现象，实在出乎意料。

不知何故，从 2016 年下半年起，陆续又有昔日同行询问本书重印再版之事，但均以云云搪塞。2017 年秋开学后，某天翻阅建构主义相关的教育理论文献时，忽然悟到：从学习的角度来看，任何一本专业书最根本的作用都是帮助学习者构建起自己知识体系的大厦，其作用犹如脚手架；然而，任何脚手架都不能替代大厦的框架，而大厦的框架并不取决于脚手架的庞大与完美，再完美、再庞大的脚手架最终的结局都是被拆除，如此，则多一两根精美支架的意义又何在？与对脚手架的要求类似，对专业书也是要求结构相对完整；对于初入门的，可以依靠它用于搭建自身的理论体系大厦；对于专家等资深人士而言，可以踏着它去探索更高的未知领域；

无论哪种情形，只要不再是一切从零开始，即已实现本书初衷。至此终于解开了心结，理清了修订的思路，得以重新着手本书的修订工作。

本书出版得到了不少国内外著名产品认证机构与检测实验室专家的支持，一些还参与了部分内容的撰写，其中：5.2、5.5、5.6、5.7、5.8 和 5.11 由刘群兴（时任职于中国赛宝实验室）执笔，3.4 由 Todd Zhong（钟涛，时任职于 Underwriters Laboratories of Canada）执笔，3.5 由关御宏（时任职于 TÜV SÜD 集团）执笔，4.2 由唐武进（时任职于广州电气安全检验所）执笔，6.3 以及 6.5 部分内容由伍志晖（时任职于 TÜV Rheinland 集团）执笔，2.3.6 中的北美差异部分、5.12 中的北美部分以及 7.4 中的加拿大部分由黄少良（时任职于 CSA 中国办事处）执笔，官庆廉（时任职于广州威凯检测技术研究所）参与了 7.2 的部分撰写工作，陈凌峰负责其他章节内容的撰写以及全书的统稿。

此次修订，鉴于个别作者因故无法参与，以及修订工作的需要，重新组织了修订委员会，各成员按专长分工，其中：Todd Zhong（钟涛）负责防火、过热防护、材料以及北美相关内容，伍志晖负责工厂审查相关内容，唐武进负责其执笔内容以及建筑电气安全相关内容，郑椿栋负责仪器设备相关内容，梁确负责法律法规及法务相关内容，陈凌峰与刘群兴负责修订的总体规划以及其余内容的修订、统稿与审读；实际修订时，各成员工作均有不同程度的交叉。修订过程中，赛宝质量安全检测中心刘晓臣、赵浩之承担了部分文字工作，安规网网友 H-RH（黄日华）、中山市立创质量管理服务有限公司苏剑明在资料方面提供了大量的支持。

此次修订除了个别章节进行了文字修改，压缩了少量技术性不强的内容外，主要是进一步完善内容的结构，有机地拓展其涉及面，在内容的结构与组织方面均有一定的创新，当可视为全新一版，可作为初入行者探路时的敲门砖、专家学者挥毫著述时的镇纸石。

虽然编著时尽力以求本书内容准确完善，但是由于知识、能力和经验有限，书中必然存在一些错误和遗漏，在此恳请专家指正。当然，作为本书的著作权人，书中所有错漏的责任均在本人。

在产品安全领域，"人民群众对美好生活的向往"的具体表现就是在经济能力可以承受的前提下能够享用安全特性更高的产品；对于产品安全工程技术人员而言，除了不断提高专业能力，还可通过分享彼此的经验和教训共同促进产品安全技术的进步，从而让我们的家庭、孩子生活在一个更加安全的社会。

"……一个人能力有大小，但只要有这点精神，就是一个高尚的人，一个纯粹的人，一个有道德的人，一个脱离了低级趣味的人，一个有益于人民的人"，谨以此共勉！

陈凌峰

2018 年 7 月于广州

目录

第1章 电气产品安全概述 // 1
1.1 电气产品安全的概念与范畴 ... 2
1.1.1 电气产品安全的概念 ... 2
1.1.2 电气产品安全的产品范畴 ... 3
1.2 电气产品安全学科的特点与体系 ... 6
1.2.1 电气产品安全学科的特点 ... 6
1.2.2 电气产品安全学科的体系 ... 9
1.3 电气产品安全的影响因素 ... 12

第2章 电气产品安全防护原则与基础概念 // 15
2.1 电气产品安全防护原则 ... 16
2.1.1 产品安全防护原则 ... 16
2.1.2 电气产品安全防护类别 ... 18
2.1.3 电气产品安全防护思路 ... 19
2.1.4 IEC 62368 危害防护模型简介 ... 24
2.1.5 电气产品安全防护原则的运用 ... 25
2.2 人体模型及其他常用模型和参数 ... 26
2.2.1 引言 ... 26
2.2.2 人体的阻抗模型 ... 26
2.2.3 手、手臂和手指 ... 30
2.2.4 气力与重量 ... 38
2.2.5 工具及其他模型 ... 39
2.2.6 日常环境 ... 41
2.3 基础概念 ... 42
2.3.1 爬电距离、空气间隙与绝缘穿透距离 ... 42

2.3.2　绝缘类型及其判定 …………………………………………………… 49
　　　2.3.3　相对漏电起痕指数与耐漏电起痕指数 …………………………… 59
　　　2.3.4　材料可燃性等级与耐热特性 ………………………………………… 60
　　　2.3.5　污染等级 ………………………………………………………………… 68
　　　2.3.6　防护等级 ………………………………………………………………… 69
　　　2.3.7　保护接地和功能接地 ………………………………………………… 75

第3章　电气产品安全防护原理 // 79

3.1　电击防护 ……………………………………………………………………… 80
　　　3.1.1　电流的人体效应 ………………………………………………………… 80
　　　3.1.2　电击的基础防护措施 …………………………………………………… 83
　　　3.1.3　电击防护的实现 ………………………………………………………… 85
　　　3.1.4　电击防护系统有效性的保证 …………………………………………… 91
　　　3.1.5　电击防护系统有效性的验证 …………………………………………… 94
3.2　能量危害防护 ………………………………………………………………… 94
　　　3.2.1　概述 ………………………………………………………………………… 94
　　　3.2.2　电池的能量危险 ………………………………………………………… 96
　　　3.2.3　电容的能量危险 ………………………………………………………… 98
　　　3.2.4　电感和电弧的能量危险 ………………………………………………… 100
　　　3.2.5　能量危险的防护 ………………………………………………………… 101
3.3　过热防护 ……………………………………………………………………… 102
　　　3.3.1　概述 ……………………………………………………………………… 102
　　　3.3.2　过热的危害方式 ………………………………………………………… 102
　　　3.3.3　发热原因及防护 ………………………………………………………… 108
　　　3.3.4　过热防护相关的安全警示 ……………………………………………… 111
　　　3.3.5　发热的其他危害 ………………………………………………………… 112
3.4　防火 …………………………………………………………………………… 114
　　　3.4.1　概述 ……………………………………………………………………… 114
　　　3.4.2　起火原因分析和基本防护原则 ………………………………………… 114
　　　3.4.3　小结 ……………………………………………………………………… 119
3.5　机械伤害防护 ………………………………………………………………… 120
　　　3.5.1　概述 ……………………………………………………………………… 120
　　　3.5.2　静态机械伤害 …………………………………………………………… 120
　　　3.5.3　动态机械伤害 …………………………………………………………… 123
　　　3.5.4　爆炸 ……………………………………………………………………… 126

| 3.5.5   小结 ··· 128
3.6 化学防护 ··· 128
| 3.6.1   概述 ··· 128
| 3.6.2   对策 ··· 129
3.7 辐射防护 ··· 132
| 3.7.1   概述 ··· 132
| 3.7.2   激光 ··· 133
| 3.7.3   紫外线 ··· 136
| 3.7.4   臭氧 ··· 139
3.8 功能性危险的防护 ··· 141
3.9 异常状态下的安全防护 ··· 147
| 3.9.1   概述 ··· 147
| 3.9.2   异常现象的类型 ··· 148
| 3.9.3   异常现象后果分析原则 ··· 150
| 3.9.4   异常现象后果分析步骤 ··· 153
| 3.9.5   异常状况下安全防护的实现 ··· 155
| 3.9.6   小结 ··· 159
3.10 针对儿童的特殊防护 ·· 160
| 3.10.1   概述 ·· 160
| 3.10.2   避免接触 ·· 161
| 3.10.3   提高防护要求 ·· 166
| 3.10.4   增加隔离措施 ·· 168
| 3.10.5   中国的现状 ·· 171
| 3.10.6   结语 ·· 174
3.11 特殊群体的安全防护 ·· 174
| 3.11.1   老年人的特殊防护 ··· 174
| 3.11.2   残疾人等的特殊防护 ··· 176
| 3.11.3   宠物与家畜的防护 ··· 177
3.12 标志与说明 ·· 179
| 3.12.1   概述 ·· 179
| 3.12.2   铭牌与指示 ·· 179
| 3.12.3   产品说明书 ·· 185
3.13 其他安全防护要求 ·· 193
| 3.13.1   防潮和防水 ·· 193
| 3.13.2   材料的防护 ·· 193

3.13.3 防震和防冲击 ………………………………………………… 195
3.13.4 防止使用其他能源造成伤害 ……………………………… 195
3.13.5 防止有害生物造成损坏 …………………………………… 196
3.13.6 其他 ………………………………………………………… 196

第4章　电气产品安全技术专论 // 197

4.1 外壳 ……………………………………………………………… 198
4.1.1 概述 ………………………………………………………… 198
4.1.2 机械防护外壳 ……………………………………………… 199
4.1.3 异物防护外壳 ……………………………………………… 200
4.1.4 电气防护外壳 ……………………………………………… 201
4.1.5 防火防护外壳 ……………………………………………… 202
4.1.6 辐射屏蔽外壳 ……………………………………………… 206
4.1.7 结语 ………………………………………………………… 206

4.2 电气连接 ………………………………………………………… 206
4.2.1 概述 ………………………………………………………… 206
4.2.2 外部电气连接组件 ………………………………………… 208
4.2.3 内部电气连接组件 ………………………………………… 212

4.3 安全隔离变压器结构 …………………………………………… 215
4.3.1 概述 ………………………………………………………… 215
4.3.2 安全隔离变压器的骨架和绕组 …………………………… 216
4.3.3 安全隔离变压器的绝缘等级 ……………………………… 226
4.3.4 绝缘材料要求 ……………………………………………… 227
4.3.5 结语 ………………………………………………………… 227

4.4 安全联锁装置 …………………………………………………… 228
4.4.1 概述 ………………………………………………………… 228
4.4.2 设计要求 …………………………………………………… 230
4.4.3 注意事项 …………………………………………………… 232

4.5 防水措施 ………………………………………………………… 233
4.5.1 概述 ………………………………………………………… 233
4.5.2 防止绝缘失效 ……………………………………………… 233
4.5.3 防止进水 …………………………………………………… 234
4.5.4 防止机械伤害 ……………………………………………… 235

4.6 保护接地可靠性 ………………………………………………… 237
4.6.1 概述 ………………………………………………………… 237

4.6.2　结构要求 ·················· 237
　　4.6.3　材料要求 ·················· 240
　　4.6.4　检测验证 ·················· 240
4.7　螺钉与螺纹部件 ·················· 243
　　4.7.1　基本要求 ·················· 243
　　4.7.2　特殊螺钉的使用 ·············· 245
4.8　电气产品安全检测 ················ 246
　　4.8.1　概述 ······················ 246
　　4.8.2　电击防护特性的考核 ············ 248
　　4.8.3　能量危险防护有效性的检测试验 ······ 256
　　4.8.4　防火和过热防护相关测试 ·········· 257
　　4.8.5　机械伤害防护及其他机械相关测试 ····· 261
　　4.8.6　化学防护措施的考察 ············ 264
　　4.8.7　辐射防护措施的检测 ············ 265
　　4.8.8　耐久性检测 ·················· 265
　　4.8.9　基本参数测试 ················ 266
　　4.8.10　工作状态设定与标准负载 ·········· 267
　　4.8.11　异常状态检测 ················ 268
　　4.8.12　系列检测与认证 ·············· 269
　　4.8.13　标准与检测的缺陷 ············· 270
　　4.8.14　结语 ····················· 271

第5章　常见安全相关认证元器件的应用 // 275

5.1　概述 ························ 276
　　5.1.1　元器件的选用 ················ 276
　　5.1.2　元器件的认证 ················ 277
5.2　小型熔断器 ···················· 283
　　5.2.1　概述 ······················ 283
　　5.2.2　基本原理 ··················· 284
　　5.2.3　主要参数 ··················· 285
　　5.2.4　选用与注意事项 ··············· 287
5.3　热熔断体 ····················· 291
　　5.3.1　概述 ······················ 291
　　5.3.2　基本原理 ··················· 292
　　5.3.3　主要参数 ··················· 293

5.3.4　选用与注意事项 ································· 295
　5.4　温控器与过热保护器 ································· 296
　　　5.4.1　概述 ··· 296
　　　5.4.2　基本原理 ····································· 297
　　　5.4.3　主要参数 ····································· 298
　　　5.4.4　选用与注意事项 ······························· 300
　5.5　器具开关 ··· 301
　　　5.5.1　概述 ··· 301
　　　5.5.2　主要参数 ····································· 302
　　　5.5.3　选用与注意事项 ······························· 306
　5.6　电磁继电器 ··· 309
　　　5.6.1　概述 ··· 309
　　　5.6.2　基本原理 ····································· 310
　　　5.6.3　主要参数 ····································· 312
　　　5.6.4　选用与注意事项 ······························· 315
　5.7　器具耦合器 ··· 316
　　　5.7.1　概述 ··· 316
　　　5.7.2　主要参数 ····································· 317
　　　5.7.3　选用与注意事项 ······························· 320
　5.8　电气连接器件 ······································· 321
　　　5.8.1　概述 ··· 321
　　　5.8.2　分类与结构 ··································· 321
　　　5.8.3　主要参数 ····································· 322
　　　5.8.4　选用与注意事项 ······························· 323
　5.9　安全隔离变压器 ····································· 325
　　　5.9.1　概述 ··· 325
　　　5.9.2　基本原理 ····································· 326
　　　5.9.3　主要参数 ····································· 326
　　　5.9.4　选用与注意事项 ······························· 329
　5.10　抑制电源电磁干扰用固定电容器 ····················· 330
　　　5.10.1　概述 ·· 330
　　　5.10.2　主要参数 ···································· 330
　　　5.10.3　在整机中的应用与注意事项 ···················· 332
　5.11　电线电缆 ·· 335
　　　5.11.1　概述 ·· 335

5.11.2　IEC体系 ··· 335
　　5.11.3　北美体系 ··· 340

第6章　电气产品安全保障体系构建 // 345
6.1　电气产品安全管理概述 ·· 346
6.2　电气产品安全技术档案 ·· 350
　　6.2.1　概述 ··· 350
　　6.2.2　具体要求 ·· 353
6.3　产品安全与一致性生产保障体系 ··· 358
　　6.3.1　生产保障体系 ··· 358
　　6.3.2　经验汇总 ·· 364
6.4　电气产品成品常规安全检验 ·· 371
6.5　工厂审查 ·· 376
　　6.5.1　工厂审查简介 ··· 376
　　6.5.2　工厂审查的流程 ·· 378
　　6.5.3　经验总结与注意事项 ··· 381
6.6　验货 ·· 386
6.7　电气产品安全标准使用与阅读 ··· 389

第7章　电气产品安全合格评定 // 395
7.1　产品认证概述 ··· 396
　　7.1.1　认证的历史与模式 ·· 396
　　7.1.2　认证体系 ·· 399
　　7.1.3　认证结论 ·· 402
　　7.1.4　认证流程 ·· 404
　　7.1.5　认证中的组织关系 ·· 411
　　7.1.6　局限性与发展趋势 ·· 413
7.2　中国电气产品安全合格评定体系 ··· 416
　　7.2.1　背景 ··· 416
　　7.2.2　中国CCC认证产品范围 ··· 418
　　7.2.3　合格评定依据 ··· 418
　　7.2.4　中国CCC认证流程 ·· 419
　　7.2.5　使用CCC标志 ··· 419
　　7.2.6　制造商责任 ··· 420
　　7.2.7　认证机构与检测机构 ··· 420

7.3 欧盟电气产品安全合格评定体系 ………………………………… 421
  7.3.1 背景 ……………………………………………………… 421
  7.3.2 指令适用产品 …………………………………………… 422
  7.3.3 合格评定依据 …………………………………………… 424
  7.3.4 合格评定流程 …………………………………………… 425
  7.3.5 标示 CE 标志 …………………………………………… 425
  7.3.6 经营者责任 ……………………………………………… 426
  7.3.7 公告机构作用 …………………………………………… 426
  7.3.8 其他 ……………………………………………………… 427
7.4 美国和加拿大电气产品安全合格评定 …………………………… 430
  7.4.1 背景 ……………………………………………………… 430
  7.4.2 电气产品安全认证体系比较 …………………………… 431
  7.4.3 加拿大电气产品安全体系 ……………………………… 433
  7.4.4 NRTL 体系介绍 ………………………………………… 435
7.5 CB 体系和 CB – FCS 体系 ………………………………………… 440
  7.5.1 背景 ……………………………………………………… 440
  7.5.2 CB 体系组织结构 ……………………………………… 441
  7.5.3 CB 体系产品范围 ……………………………………… 442
  7.5.4 CB 体系运作规则 ……………………………………… 442
  7.5.5 CB 证书的申请和使用 ………………………………… 442
  7.5.6 不足与对策 ……………………………………………… 444

附录 // 447

附录Ⅰ 电气产品安全常用术语中英对照表 ……………………… 448
附录Ⅱ 部分国家和地区电气产品安全认证管理机构 …………… 456
附录Ⅲ 电气产品安全技术与认证常用信息渠道 ………………… 459
附录Ⅳ 2014 版 CNCA – 00C – 005《强制性产品认证实施规则 工厂质量
    保证能力要求》摘录 ……………………………………… 462

参考文献 // 467
声明 // 468

第 1 章

CHAPTER 1

电气产品安全概述

Introduction

1.1 电气产品安全的概念与范畴

1.2 电气产品安全学科的特点与体系

1.3 电气产品安全的影响因素

电气产品安全既是绝对的又是相对的，是妥协与平衡的结果。

1.1 电气产品安全的概念与范畴

1.1.1 电气产品安全的概念

对"产品安全"(product safety)、"安全的产品"(safe product)乃至"电气产品安全"(electrical product safety)等抽象概念进行准确定义并不是一件容易的工作,因此,目前对这些概念的定义采取的是目标要求描述的操作性定义方式。

欧盟在 2001/95/EC《通用产品安全指令》(General Product Safety Directive,GPSD)中,将产品安全表述为:产品在正常使用或可合理预见的使用条件下(包括投入使用、安装和维护期间)都不会产生任何危害,或者仅有与产品的应用相匹配的最低程度的危害,而这种危害是可以接受的并且已经最大程度考虑了对人的健康和安全的保护[1];而在 2014/35/EU 低电压指令 LVD[2] 中,表述为:产品按照其使用目的安装、维护和使用时,不会对人与动物的健康和安全以及财产构成危害[3]。在这两个指令之中,所考虑的产品使用者首先都是普通消费者。

GB 19517—2009《国家电气设备安全技术规范》中的表述则是:"……期望在人、环境和产品之间的安全总水平得到最佳平衡,使电气设备设计、制造、销售和使用时最大程度地减少对生命、健康和财产损害的风险,并达到可接受的水平。"

从以上三种表述可以发现,尽管三者对于产品安全的适用程度、适用范围、适用对象等略有差异,但是核心思想基本是一致的,即按照产品的设计目的进行安装、使用和维护时,应当最大程度地确保不会对人和家畜的健康和安全以及环境构成危害(此处"环境"包括了"财产"在内)。

因此,本书对"电气产品安全"表述为:电气产品在其整个产品使用周期内,都不会对人和动物的健康和安全以及环境构成危害。具体而言,可以进一步表述如下:

(1)对于保护对象而言,所保护的人不仅仅是使用者、维护者等相关人员,同时也包括在产品周围的无关人员;不仅考虑对身体智力正常的成年人的保护,还应

---

[1] 指令 2001/95/EC 原文:"……shall mean any product which, under normal or reasonably foreseeable conditions of use including duration and, where applicable, putting into service, installation and maintenance requirements, does not present any risk or only the minimum risks compatible with the product's use, considered to be acceptable and consistent with a high level of protection for the safety and health of persons,…"。

[2] 指令 2014/35/EU 的完整名称为"The harmonisation of the laws of the member states relating to the making available on the market of electrical equipment designed for use within certain voltage limits",但为了交流方便,行业内仍沿用其所替代的低电压指令(Low Voltage Directive, LVD)作为其名称。

[3] 指令 2014/35/EU 原文:"……having been constructed in accordance with good engineering practice in safety matters in force in the Union, it does not endanger the health and safety of persons and domestic animals, or property, when properly installed and maintained and used in applications for which it was made."。比较指令 2006/95/EC 的相关表述,只是作了文字上的调整,并没有本质上的差异。

当考虑对婴幼儿、儿童、老年人、残疾人等特殊人群的保护；所保护的动物不仅是家畜和宠物，还应当尽可能包括周边的野生动物。

（2）对于电气产品的使用周期而言，不仅包括产品的正常使用期间，还应当包括产品的储存、安装、维护、报废等各个阶段。

（3）对于电气产品的使用范围而言，不仅包括产品说明书中所声明的设计使用用途，还包括可以合理预见的其他使用情形。

> 术语"安全"在英文中对应的可能是safety也可能是security。术语safety所指的安全问题，主要是指产品的物理、化学等特性不会对人和动物的健康和安全以及财产构成危害；而术语security主要是指产品中数据存储的可靠性、保密性等方面的特性。大概地说，术语safety主要针对硬件，术语security主要针对软件和数据。本书所讨论的安全，是针对术语safety而言。

（4）电气产品的使用者（包括正常使用时对产品进行日常维护的人员）均应当视为没有接受过任何专业训练的非专业人员。复杂电气产品的安装和维护人员，可以认为是接受过初级训练的人员；通常只有对于负责产品维修的人员，才可以认为是专业人员；即便如此，电气产品在设计和制造时都应尽可能考虑对这些人员的安全防护。

（5）不会对人和动物的健康和安全以及财产构成危害，并非意味着已经消除所有的危害、产品不存在任何危险，而是所有可预见的潜在危害已经得到充分考虑，已经控制在可接受范围内，不会立即产生严重的危害。当然，这种对潜在危害的接受程度和接受范围是受到许多因素影响的，也是当前产品安全领域的灰色地带之一。

需要指出的是，电气产品安全中所指的危害，并不包括由于不恰当的安装、维修所引发的危险，以及违背常识、未按照产品的设计用途使用所产生的危险，当然，对于"常识"的界定，是产品安全领域的另一个灰色地带。

电气产品安全的起源，通常可以追溯到1894年美国安全检测实验室（Underwriters Laboratories，UL，又译为美国保险商实验室）成立并开始电气产品安全检测；而1906年，国际电工委员会IEC（International Electrotechnical Commission）的成立，可以认为是电气产品安全理论正式得到社会承认的里程碑，从此电气产品安全进入了系统化、标准化的阶段。

1.1.2 电气产品安全的产品范畴

本书中使用的术语"电气产品安全"，来源于英文electrical product safety，除了指各种使用电能作为能量的电器产品（electric appliance）的产品安全问题外，还包括使用其他能源、但同时涉及电能的产品（如，带强制排气扇的燃气热水器等）与电能相关的产品安全问题，因此，使用的术语是"电气产品"与"电气产品安全"，而不是"电器产品"和"电器产品安全"。当然，对于同时使用其他能源的产品（如，燃气产品），在评估产品的安全特性时，可能还需要同时考虑使用其他能源可能带来的安全问题（如燃气产品的燃气安全问题）。

电气产品安全所涉及的产品范畴，需要从产品使用者和产品参数两个方面进行界定。

欧盟的 2014/35/EU《低电压指令》和 2001/95/EC《通用产品安全指令》两个指令之中，首先考虑的都是普通消费者，也就是一般的非专业人员。对于产品参数而言，为了保持连贯性，2014/35/EU《低电压指令》所覆盖的是输入电压或输出电压参数范围为交流 50~1000V 或直流 75~1500V 的电气产品，而交流 50V 以下或直流 75V 以下则由 2001/95/EC《通用产品安全指令》所覆盖；这些电气产品的种类既包括面向普通消费者的家电产品、面向一般办公场所的办公设备（如复印机、IT 设备等），也包括面向普通商业场所的专业设备（如冷冻箱、自动售货机等）。

GB 19517 所覆盖的是额定电压为交流电压 1200V 或直流电压 1500V 以下的各类电气设备在设计、制造、销售和使用时的共性安全技术要求，这些电气设备包括由非专业人员按照设计用途使用、接触或直接由使用者手持操作的电气设备，也包括按其结构类型或功能应用于电气作业场或封闭的电气作业场，主要或完全由专业或受过初级训练人员操作的电气设备。

无论是欧盟的欧盟的 2014/35/EU《低电压指令》和 2001/95/EC《通用产品安全指令》，还是 GB 19517，都明确说明不包括爆炸环境中使用的、用于船舶、飞行器或铁路等特殊场合的电气设备。其他国家和地区的技术法规和安全标准基本类似，限于篇幅不再赘述。

需要指出的是，这些例外声明并非表示这些例外所涉及的电气产品不存在安全问题或者不需要考虑安全问题，而是从方便实践的角度进行划分的，具体可以从以下两个方面进行理解：

（1）将特殊应用场合与一般的电气产品区分开来，是为了更加有针对性地提出安全要求；事实上，无论是欧盟还是中国，针对这些特殊应用场合的电气产品安全，都有对应的特定技术法规和标准。

（2）超出上述参数范围的场合，通常属于配送电领域、科学研究试验等专业领域，所涉及的人员基本上都是专业人员，没有必要将他们与非专业人员、初级训练人员混在一起，也没有必要将这些领域中的专业设备的安全要求与一般的产品混在一起。

本书所阐述的电气产品安全原理，主要是针对交流电压 1200V 或直流电压 1500V 以下的各类低压电气产品（所谓的低压，是相对于高压供电系统而言）在设计、制造、销售、使用、维护等场合所具有的普遍安全原理，尤其是那些以电网电源为主，额定电压不超过单相交流 250V（或三相 480V）的电气产品。这些产品属于批量生产，使用者以非专业人员为主，应用场合为普通的家庭、学校、商场、办公场所以及一般的工厂等；至于那些在爆炸环境中使用的、用于船舶、飞行器或铁路等特殊场合的电气设备,本书所阐述的原理同样具有一定的参考意义,因为即使是应用于不同场合的产品,其安全特性仍然具有相当的共性;当然,对于应用于特殊场合的电气产品,为确保其安全特性,需要有额外的防护措施。

至于不能独立使用的半成品、元部件等,单独讨论它们的安全特性是没有意义的,但是考虑到它们作为整机产品的一部分,在设计、生产这些半成品、元部件时,同时考虑整机的安全技术要求,无疑有利于降低整机产品用于安全防护的成本。

在实际应用中,由于电能应用的普遍性,电气产品安全理论是掌握和了解产品安全理论的基础,掌握电气产品安全理论的实践,有助于开展其他领域的产品安全实践,这一点主要体现在两个方面:一方面,电气产品的使用非常广泛,覆盖面广,许多产品的安全特性都与电气产品安全相关,而且电气产品安全不是简单的材料检测过程,其中所体现出来的产品安全原理带有一定的普遍性,有助于掌握其他产品的安全原理;另一方面,电气产品安全作为最早进行产品安全规范的领域,多年的实践形成了一套成熟的研究、开发、生产、监管体系,了解和掌握电气产品安全原理与实践,有助于在其他产品安全领域开展实践活动。

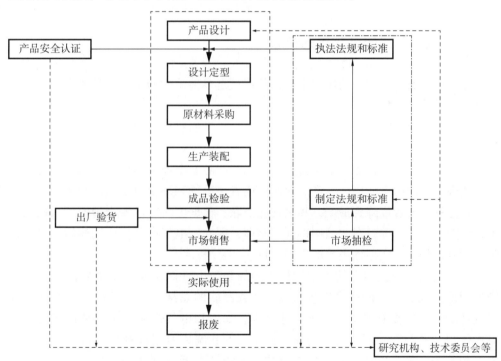

图 1-1 电气产品安全体系

说明:图中粗箭头用于表示产品的生命周期,细箭头用于表示彼此的协作,虚线表示产品安全信息的流通。

图 1-1 是目前大部分国家和地区的电气产品安全体系示意图,其他产品安全体系的结构与电气产品安全体系的结构基本相同。在这个体系中,通过产品制造

商、使用者、政府监管机构以及专业技术服务机构的共同参与，形成了一个电气产品安全的闭环监控系统，其中产品制造商负责实施电气产品安全的主要环节（图中粗箭头所在的虚线框），专业技术服务机构负责产品的安全认证、验货等专业技术服务，他们的评估结果与使用者的实际使用情形作为信息反馈给各类研究机构、技术委员会等，经汇总、整理后提供给产品制造商作为保证和提高产品安全特性的依据，其中带有普遍性的信息作为政府监管机构用于制定技术法规、标准的依据；此外，政府监管机构还实行强制性的市场抽检，确保产品安全的有效监管。从这个体系的结构来看，产品安全并不仅仅是产品制造商的责任，从宏观上来看，产品安全体系的有效运作，有赖于产品制造商、专业技术服务机构、使用者以及政府监管机构的积极参与。

1.2 电气产品安全学科的特点与体系

1.2.1 电气产品安全学科的特点

电气产品安全作为一门应用学科，其特点是多种矛盾的统一，具体表现在以下几个方面。

（1）电气产品安全科学是自然科学与社会科学的有机结合，是科学性与艺术性的有机统一。

一方面，与其他自然科学学科类似，电气产品安全理论的研究对象是客观存在的自然现象，即由于使用电气产品而对使用者、动物和环境可能造成的危害，以及如何将这种危害程度降到最低，甚至彻底消除，根据电气产品安全理论所采取的技术措施是可行的，并且在实践中得到了验证，因此，电气产品安全同样属于自然科学的领域，是一门实用性很强的应用学科。

另一方面，与其他自然科学学科不同的是，电气产品安全理论并没有一套严密的理论体系，其中的许多思想来源于实践经验的总结，大部分的基础数据来源于统计结果，并没有严格的数学推导过程。如何将电气产品安全的理论在具体产品中体现，是与产品所实现的功能、使用者的状况以及当前社会经济的发展水平密切相关的，是与以往的经验以及对技术应用和发展的预期密切相关的，相关尺度的把握是需要一定艺术的，因此，在具体实践中，往往在不同的产品中会出现不一致的地方，在不同产品安全标准的细节上，甚至会出现一些相互矛盾的条款。

可见，电气产品安全是自然科学与社会科学的有机结合，是科学性与艺术性的有机统一，是一门伴随着技术和经济进步而不断发展的前沿学科和交叉学科。

（2）电气产品安全是绝对性与相对性的有机结合，是理想与现实妥协后取得平衡的结果。

一方面，使用电气产品可能带来的危害，是客观存在的普遍现象，采取有效的技术措施来降低甚至消除这些危害，提高产品的安全特性，其效果是可以客观感受和考察的，因此，电气产品安全也是客观存在的，有其绝对性的一面。

另一方面，电气产品安全首先是一个不断追求完善的过程，随着社会经济和科学技术的发展，对产品安全特性的要求不断提高，是人类社会进步必然趋势；其次，电气产品安全作为一种防护措施，用于防护电气产品在实现其设计功能时带来的副作用，必然存在一定的实现成本，一旦产品用于实现安全防护的成本与产品用于实现功能的成本的比例超过一定限度后，尽管没有一个统一的比例标准，但是，必然会带来一个问题，即在当前社会经济条件下，是否能够接受这种防护成本，需要在实现成本和防护程度上取得平衡；最后，由于成本等原因，在目前的具体实践中，电气产品安全在大多数情形下所针对的对象是神智清晰、身体没有残疾的正常成年人，所依据的数据来源于抽样统计结果，因此，电气产品安全对不同的群体乃至不同的个体，安全防护的效果都是有所区别的。此外，还有许多其他因素，如地理、环境、文化传统等，对电气产品安全特性都有影响。可见，电气产品安全是相对的，是人类社会不断追求更高的产品安全特性的理想，与具体的科技水平和经济水平妥协后取得平衡的结果。

（3）电气产品安全的发展处于理论相对稳定和技术要求不断提高的矛盾之中。

一方面，尽管电气产品的技术发展日新月异，但是相对于十年前乃至更早的时间，今天的电气产品安全理论在总体上并没有发生质的变化。这其中的原因归纳起来有两点，首先，过去的实践表明，目前电气产品安全理论的实践总体上是达到了预定要求的，根据德国电子电气及信息工程师协会（VDE）2004年发表的"VDE Study on Safety Marks"（图1-2）表明，在德国1999年和2002年电击致死人数分别为86人和65人，而在1968年是大约300人，这些变化得益于过去30多年来不断完善的电气产品安全体系；从发展趋势上看，从20世纪90年代中以来的电击死亡事故水平基本保持在很低的水平上，在当前社会经济水平可以接受的情形下，电气产品带来的危害在德国这些发达国家已经降低到了可以接受的程度，而稳定的电气产品安全理论有助于电气产品的推广应用，也有助于电气产品生产、贸易的发展；其次，随着电气产品的广泛应用和生产、贸易的全球化，对于电气产品安全而言，首要任务不是提出更高、更苛刻的要求，而是将电气产品安全的覆盖面不断延伸，将电气产品安全的理念推广到每一个角落，尤其是在经济不发达地区。

另一方面，技术进步使得新产品类型层出不穷，这些产品在使用中，必然会因为当时认识限制等问题而带来新的副作用，新的危害类型必定是随着技术的进步不断出现，这就要求电气产品安全在具体技术上不断发展，以适应新的防护要求；此外，新材料的出现以及社会环境的变化，也会对一些旧的电气产品安全技术提出新的要求。

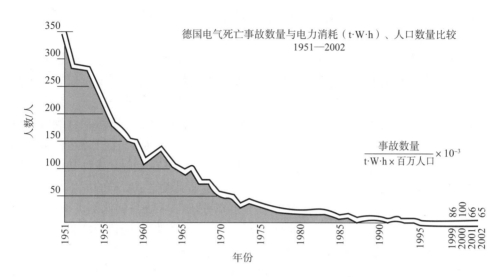

图1-2 德国电击死亡事故变化趋势[①]

(4) 电气产品安全的实践是一个定性与定量相结合的过程,是充分体现量变到质变的一个过程。

电气产品安全是一个定性的概念,安全与不安全之间并没有一个清晰的界限。以电流通过人体的效果为例,当电流很小时(微安级别),人体基本上没有感觉,随着电流的逐渐增大,人体会经历一个轻微麻痹、针刺感的过程,当电流增大到 0.25~5mA 时,人体开始感觉到不适,如果电流继续增大,当电流超过 10mA 后,许多人会开始感觉到无法忍受,如果电流继续增大,人体开始会出现昏迷、窒息,严重的会出现死亡。这个过程中,电流的大小和人体的反应时间因人而异,并没有一个严格的界限。因此,评估电气产品安全,是一个定性的过程。然而,为了能够对电气产品的安全特性做出一个结论,又必须有一个明确的指标,能够作为评估的标准,这样,电气产品安全的评估才具有可操作性,因此,电气产品安全在实践中,又是一个定量的过程。由此可见,电气产品安全是一个定性与定量相结合的过程,体现了产品安全从量变到质变的过程。这也可以看到,在执行相关的电气产品安全标准时,在具体安全极限值上纠缠不已是没有意义的,是与电气产品安全的精神相违背的。

(5) 电气产品安全的社会实践是一个政策性非常强的活动,现实政策的导向作用非常明显。

电气产品安全的范围,已经从早期单纯的电击防护、防火,延伸到化学安全、辐射安全、生物安全等领域,时间周期也从单纯的使用周期延伸到覆盖生产制造、储存、销售、使用、报废等的整个产品生命周期。在这个变化过程中,政策导向对电气产品安全发展乃至行业发展的作用非常明显,手段也是多种多样的:通过发布、修订技术法规,有效地调整电气产品安全监管的范围和方式;通过生产许可、

---

① VDE. VDE Study on Safety Marks [R] 2004.

强制认证等方式,强化产品安全的监管力度;通过制定、修订标准,影响产品的设计、生产或销售过程。以欧盟 RoHS 指令的颁布实施为例,一方面,在其刚生效的前后一段时间,由于指令对市场监管造成的影响尚未明朗,不少中国出口企业反映国外采购商的采购趋向保守,每批次订单的数量都明显减少;另一方面,为了满足指令对铅含量的限制,一些企业在转向无铅焊接过程中,不仅对相关设备进行了更新换代,而且为了应对工艺中存在的问题,还对制造流程、产品结构、原料采购等进行了相应的修改,波及整个供应链的上下游。

不妨以香港历史博物馆的电风扇展品为例来概括以上的内容。图 1-3 (a) 是香港历史博物馆展出的一台 20 世纪 60 年代生产的成品台式电风扇,可以在家中的桌面等场合摆放使用;图 1-3 (b) 是香港历史博物馆玩具展区展出的一台 20 世纪 60 年代生产的玩具电风扇,相对于图 1-3 (a) 的成品,是一台成比例缩小的玩具模型。相对于现在市场上销售的台式电风扇,两者最大的特点是扇叶罩开孔很大,无论是成年人还是儿童,手指都可以轻易穿过扇叶罩触摸到金属扇叶。从今天的电气产品安全的角度来看,这样的产品显然是属于存在安全隐患的不合格产品,但是在那个年代,却是在市场上生产流通的商品。家用电风扇扇叶罩的演变,正是电气产品安全随着社会、经济发展多种矛盾博弈的结果。

(a) 20世纪60年代电风扇

(b) 20世纪60年代玩具电风扇

图 1-3 香港历史博物馆电风扇展品

电气产品安全学科的这些特点,其实也普遍存在于其他产品安全领域中。理解电气产品安全这些众多的双重性特点,有助于正确理解电气产品安全的绝对性与相对性,有助于在影响电气产品安全的不同因素之间找到平衡。在具体实践中,既不要纠缠在产品安全标准的措辞、极限值等这些细枝末节上,不要因噎废食,真正体会产品安全标准背后的安全思想;也不要以电气产品安全的相对性为借口,忽视产品的安全裕量,不断挑战产品的安全极限,最终酿成产品安全事故。

1.2.2 电气产品安全学科的体系

在理论体系上,电气产品安全理论通过各种技术法规、标准、技术报告、决议等文件来表述的，其中标准是最重要的载体。这些文件各有侧重，一般，技术法规是作为电气产品安全的纲要，标准是具体的技术体现，技术报告则通常是形成标准之前的技术准备，而决议则是标准具体应用的解释。这些文件形成了"技术法规——标准——技术报告、决议"三个层次的文件体系。

通过标准之间的相互引用，电气产品安全标准又可以在结构上分为基础、规范和应用三个层次（图1-4）。基础层次包括了建筑物电气装置安全技术规范、基础安全标准以及通用测试标准等针对各个安全要素的标准。建筑物电气装置安全技术规范作为电气产品安全的基础，是有其历史渊源的。早期，电气产品实际上是作为建筑物电气装置的特殊附属设备看待的，建筑物电气装置安全规范也覆盖了对电气产品的要求。事实上，在美国的电气产品安全标准体系中，都需要直接或间接引用美国国家电气法规（National Electric Code，NEC），该法规主要是规范美国的建筑物电气装置的安全特性。基础安全标准，主要是指描述、规范特定安全要素的标准，如 IEC/TS 60479 是电流通过人体、动物的生理效应的标准，该标准是电击防护的基础标准。通用测试标准，主要是指用于考察、验证特定安全要素的通用标准，如，IEC 60068 主要用于电工电子产品环境试验，考察产品在特定环境下的测试结果。

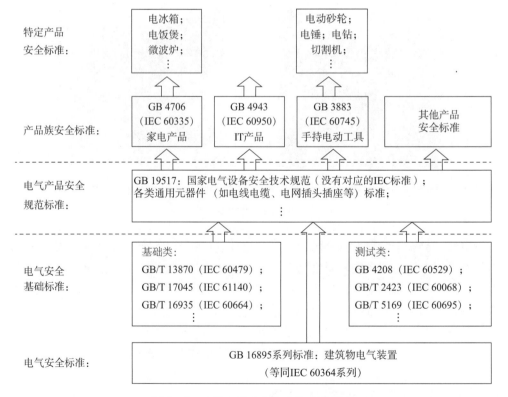

图1-4 电气产品安全技术体系示意图

规范层次标准主要是指各种规范类的标准，这些标准主要是起到规范标准、规范安全相关元部件的作用。对于一些没有对应产品安全标准的产品，可以利用基础层次和规范层次的标准来初步评估产品的安全特性。应用层次标准，主要是以产品安全标准为主，对象为具体产品，这些产品安全标准又可以分为产品族安全标准和特定产品安全标准两个层次。如，IEC 60335 是针对家电产品安全的标准，同时 IEC 60335 又有许多针对特定产品的安全标准（如 IEC 60335-2-24 就是针对电冰箱的安全标准）。在实际中，一般只要执行这些标准，相关产品的安全特性就可以认为满足要求。

需要指出的是，在执行和应用技术法规、标准、决议时，应当注意它们与物理定律、法律条文等的不同，具体表现如下。

（1）尽管技术法规、标准体现了当时的经验总结和良好工程规范，但是它们的条款并非物理定律，而是制定者的意愿、经验和权衡的体现。打一个粗略的比喻，同一个物理常数在不同的教科书、不同研究领域都是一样的，但是同一种安全限值在不同的技术法规、标准中是有可能不同的。

（2）标准的有效性只存在于其声明的适用范围内，因此，尽管不同的标准也会相互借鉴、相互参考，但是除非定义了彼此之间的关系、明确了彼此之间的引用情况，否则，它们之间是有可能存在不一致之处的，而这种不一致在个别场合确实有可能导致衔接空白甚至相互矛盾。

（3）针对同一产品，有可能存在多种技术法规、多套标准同时适用的现象，在这种情形下，尽管每份技术法规、标准都只在其声明的适用范围内起作用，但是产品必须同时符合所有适用的技术法规、标准的要求；并且需要注意到，符合其中的部分（一份或者数份）技术法规、标准并不意味着产品就一定也会符合其他的技术法规或标准[①]。

（4）在电气产品安全领域，产品执行相应的产品安全标准是一种履行了产品安全责任、体现了良好工程实践规范的行为，但是产品即便符合现有适用技术法规、标准中的所有要求，个别情形下仍然是有可能存在安全隐患的，负责产品的设计、制造或销售的组织（以下简称产品安全责任方）有义务去发现和降低其危害；而产品一旦发现存在此类危害，产品同样属于不合格产品，同样必须予以召回或整改，只是在这种情形下，产品存在的安全隐患被认为是技术法规、标准的缺陷，而不是产品安全责任方的主观过失。

（5）由于现实中的产品千差万别，不少时候会出现对标准个别条款的要求、是否适用产生争议，这种争议的根源有可能是文字表述产生的歧义，也有可能是标准的制定与修订落后于当时的科技发展造成的；由于产品的生产、销售具有很强的时效性，不同于一般的学术讨论，不允许这种争议处于议而不决的状态，在这种情形下，相关的技术机构（如认证机构、标准委员会等）必须根据现有的材料和经验做出决定，确保市场的正常运作。一般可以认为，标准的解释是对标准中已有条款的

---

① 除非特别说明，本书所引用的标准一般均指最新版，因此，版本号一般都不再另外标注。事实上，由于本书所阐述的是这些标准的基本原理，因此，版本修订带来的影响并不明显。

细化和阐释，通常是由相关标准委员会做出的，主要目的是为了澄清已有的内容；而决议则更多的是为了在时间紧迫的情形下填补标准中所存在的空白[①]，因此，除了一些综合性的、带有普遍指导性的决议，大部分决议是属于"头疼医头、脚痛医脚"的临时方案，其结果无非两种情形：如果可以经得起实践的考验，通常会被新的标准吸收采纳；仍然存在争议的，则根据新的实践经验和新的标准进行修订。

综上可见，由于技术法规和标准的特点，在实践中应当本着严格与灵活相结合的态度，生搬硬套地执行或选择性地采用都不是正确的态度。

1.3 电气产品安全的影响因素

电气产品本身并不是影响电气产品安全的唯一因素，电气产品安全是人（使用者）、产品和环境（社会环境和使用环境等）三个因素相互作用达到平衡的结果（图1-5）。

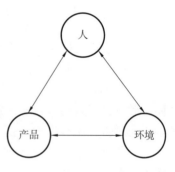

图1-5 影响产品安全的因素

从宏观上来看，电气产品安全取决于国民素质（人）、工业技术水平（产品）和社会经济水平、气候地理环境等（环境）三个因素。一个国家和地区的经济发展水平，决定了社会可以承受的安全防护成本支出，工业技术水平决定了在这种成本支出下，可以达到的安全防护水平，国民素质和气候地理环境又对安全防护的实际效果产生影响，其中国民素质还决定了对安全防护的期望。因此，从宏观上来看，电气产品安全就是这三个因素达到动态平衡的结果。

从微观上来看，电气产品安全取决于使用者的常识（人的因素）、产品的设计和制造（产品的因素）以及产品的安装、使用环境（环境的因素）三个因素。产品良好的工程设计和制造工艺，是电气产品安全的基础；产品最终的安装、使用环境，决定了产品本身提供的安全防护措施是否能够真正起到防护的作用，而使用者的常识决定了是否能够按照产品的设计要求，在产品的安全防护范围内使用产品，并且能够在发生不可预见的意外时，是否能够进行自我保护。在受到物质条件制约的前提下，人们总是倾向于承受适度的风险，享受电气产品带来的工作、生活质量的提高。

---

① 由于决议往往是为了处理一些带有争议的新情况，因此其内容许多时候被认为是产品安全领域的前沿问题，以至于不少产品安全技术人员热衷于引用和执行这些决议。对此，一位同行的观点值得记录：这些决议不少是认证机构少数几个资深工程师根据经验在时间紧迫的情形下被迫做出的决定，将批量生产的产品的安全特性寄托在这些决议上，既有可能带来先行优势，也有可能带来相当的风险，有时无异于走钢丝，需要懂得平衡。

> RAPEX是欧盟非食品类危险商品快速预警系统（Rapid Alert System for Dangerous non-food Products）的简称，旨在保护普通消费者免受存在安全隐患产品的伤害。RAPEX每周发布一次报告，资料来自31个欧盟国家与组织的市场监督结果。每周报告中包含多份公告，每份公告包括产品相关信息和外观图片，产品存在的危害及危险程度，以及针对产品采取的监管行动（禁售、召回等）。RAPEX公告的内容可以免费查阅。

不妨用以下的两起电气产品安全事故案例来做进一步的阐述。

第一则案例是环境的失配带来的产品安全事故。根据《齐鲁晚报·齐鲁壹点》的报道，2016 年 5 月，山东济宁一名 1 岁男童被彩虹桥桥墩底座上一盏长约 25cm、宽约 15cm 的方形景观灯烫伤[①]；从事故现场照片（图 1-6）可以看到，景观灯所安装的桥墩位置紧邻人行道，离地面不足 0.5m，周围并没有任何封闭或隔离的设施。通常，对于固定安装的照明灯具，尤其是那些固定安装在砖石等非易燃及不良热导体表面上的照明灯具，如果安装位置是在人和动物无法接触的地方（如，安装在一定高度以上的高处，或者使用合适的隔离栅栏围闭起来以确保人和动物无法接近），那么，即便使用中发热严重、外壳温度很高，只要不会对导线的绝缘造成危害，都可以认为这种照明灯具在发热方面不存在安全隐患。然而，在本案例中，景观灯的安装使用环境并非属于人和动物无法接触的环境，由此导致事故的发生。

（a）事故现场　　（b）事故景观灯

图 1-6　山东济宁景观灯事故现场

第二则案例则是人的因素带来的产品安全事故。根据《广州日报·大洋网新闻》的报道，2018 年 4 月，广东韶关的一名女士在甜品店吃窝蛋双皮奶时，端在面前的双皮奶被汤匙碰了之后忽然炸开溅到该女士身上，造成脸部、颈部、手臂等多

---

① 资料与图片均来源于网址：http://ql1d.com/news/show/id/154777.html，标题"济宁 1 岁男童一屁股坐景观灯上被烫伤！这事谁的错？"（提取日期：2018.5.26）

处部位烫伤①；根据报道，事后分析的原因是由于甜品店的学徒操作不当，"把窝蛋打在双皮奶后放进微波炉加热，比平常多加热了 1 分钟"。随着微波炉的普及，越来越多的普通消费者已经具备了使用微波炉的基本安全常识：微波炉不可以用于直接加热罐头等密闭器皿中的食物，不可以直接加热带壳的蛋类等；而微波炉制造企业也会将这些基本的使用常识以说明书、警告标签等方式来提醒消费者。然而，食物的种类千差万别，指望微波炉制造企业将双皮奶这种地方特色明显的食品列入产品使用说明书的警告之中，未免过于不现实；即便在说明书中警告使用者在加热凝固型食品可能存在的安全问题，一般的使用者恐怕也一时难以将双皮奶与其联系起来；本案例中，如果甜品店已经知道使用微波炉超时加热双皮奶可能带来危害，则应当将对这种超出普通人常识的危害的警告张贴在显著之处，并在作业指导书、培训资料中予以强调。

综合以上情况可以看到，尽管产品设计和制造水平是决定电气产品安全的基本因素，但并不是唯一的因素。按照水桶原理，即水桶盛水的多少决定于最短的桶板的高度，而不是最长的桶板的高度，因此，为了达到最佳的电气产品安全防护效果，必须在人、产品和环境三个因素之间找到最佳的平衡点。如果不根据实际情况，片面提高电气产品安全防护的指标，并不能带来明显的保护效果。需要指出的是，在电气产品安全领域，产品因素并不是仅仅指单纯的物理实体，还包括与产品相关的各种信息，这些信息包含在产品的铭牌、标识和说明书等信息载体之中。

---

① http：//news.dayoo.com/guangzhou/201804/10/139995 - 52139828.htm，标题："晚汇 | 双皮奶突然爆炸，女子险些"毁容"！原因竟是……"（提取日期：2018.5.26）

第 2 章

CHAPTER 2

电气产品安全防护原则与基础概念

Basic Principles and Concepts

2.1 电气产品安全防护原则

2.2 人体模型及其他常用模型和参数

2.3 基础概念

确保产品安全是制造商的责任,使用者没有义务去证明产品存在安全隐患。

2.1 电气产品安全防护原则

2.1.1 产品安全防护原则

产品安全的宗旨就是避免由于使用产品而给人、动物或环境带来危害，特别是避免对人体造成伤害甚至死亡，并将产品的潜在危险降低到可以接受的程度。因此，产品安全的首要工作就是确认危险的来源（以下简称"危险源"），并采取有效措施对其进行防护，避免施加在人、动物或环境上而造成危害。

在目前的技术条件下，产品的安全防护思想主要体现以下七个原则。

原则一：避免使用任何可能产生危险的设计、结构、材料或元件等，避免危险源的出现。如，为了避免有毒材料对人体的伤害，最简单的办法就是在产品中不要使用任何有毒材料。

原则二：如果危险源的出现是不可避免的，那么，应当采取有效的隔离预防措施，避免人体接触危险源或者暴露在危险源的作用下。隔离并不一定必须采取封闭或增加栅栏等屏蔽的方式，保持与危险源之间的距离也是一种特殊的隔离方式。如，对于电气产品而言，电的使用是无法避免的，为了防止人体由于接触危险带电件而产生电击事故，可以采取使用绝缘材料将危险带电件封闭隔离的方式，来防止人体接触危险带电件，从而避免电击事故的发生。

应当注意，有效的隔离预防措施不仅仅是设置隔离或屏蔽装置，还包括在成本上可以接受、技术上可以实现的前提下，对一些特定的防护装置采取加强措施。如，对于手持式设备（如，电吹风），电源线在出口的地方会由于经常被弯曲、拉拔等原因而出现更多的磨损，从而可能会出现内部断线或绝缘破裂的现象，虽然电源线本身就有绝缘护套，但是如果在设计时能够采取适当的加强措施（如，增加护套装置等），可以有效地避免在产品的使用寿命到来前出现电击的危险。

原则三：如果接触危险源是不可避免的，那么，应当在接触到危险源前，切断危险源的能量来源，最大程度降低危险源的危害，避免造成伤害事故。如，投影仪在使用中，有可能出现灯泡烧坏需要更换的情形，为了避免在更换灯泡的时候触及灯座的带电件而导致电击事故，可以在盖板上加装连锁开关，一旦打开盖板，连锁开关立即动作，切断灯泡的供电电源，从而防止在更换灯泡过程中由于灯座带电而一旦误触及会导致电击事故。

需要注意的是，如果实行以上原则因为种种原因在技术上不可行的话（如受限于产品的体积，或者采取相关措施后会影响产品的性能），那么可以采用独立于产品的保护措施，如使用残余电流断路器（俗称漏电保护开关）用于电击防护，使用护目镜防止眼睛遭受辐射伤害等。这些额外的保护措施应当用适当的方式（如在使用说明书中）告知使用者。

原则四：如果无法在接触危险源的时候切断危险源的能量来源，那么，应当限制接触危险源，或者暴露在危险源作用下时，限制危险源所传递能量的强度和时间，即控制危险源所传递的总能量。如，所有电气产品在工作时都会产生电磁场辐射，为了在电气产品工作时靠近它不会产生危险，要求完全将电磁场辐射屏蔽，无论是在技术上还是经济上都是不现实的；比较可行的方式是采取一定的措施，确保人体所暴露的环境电磁场强度已经衰减到了可以接受的程度。

原则五：对于极端危险的危险源（会立即造成永久性伤害甚至死亡的危险），应至少采取多重的保护措施（通常是双重防护措施），确保有足够的后备防护措施来避免危险的产生。如，人体遭受电网电压的电击，有可能导致残废甚至死亡，因此，要求利用电网电压供电的设备，必须提供至少两重独立（或等效于两重独立）的防护措施，来避免人体接触危险带电件而导致电击事故的发生。

值得注意的是，目前绝大多数的产品安全标准都只是要求提供双重保护，这并不是单纯的技术要求，更多的是从现实的角度考虑问题。根据以往许多的统计数据表明，产品的双重保护同时失效的概率是非常低的，采取双重保护机制，一方面可以把潜在危险出现的概率降到可以接受的程度，另一方面，可以有效地控制产品在安全防护方面造成的成本上升，从而使得整个社会既可以在当时的经济条件下最大可能地享受科技产品对生活的改善，又不会因此而面临太多的潜在危险。这也从一个侧面说明了产品安全和产品安全标准的相对性。

原则六：在专业维修人员维护产品的特殊情况下，或者产品在出现异常的情形下（产品内部出现短路等故障；或者某些可预见的非正常使用，如产品使用过载），相关的要求允许适当放宽；但即使放宽要求，同样不可出现会构成永久性伤害或致命的危险。

产品安全的保护对象首先是产品的普通使用人员（或操作人员等非专业维修人员）。产品安全保护程度要求做到虽然使用人员没有经过特别的危险识别培训，但是只需要依靠一些常识，就可以安全地使用产品，而不会出现危险状况。但是对于专业维修人员而言，情况略有不同，这些人员所受的培训和专业技能可以为自己甚至他人避免相当一部分的危险，并且他们许多时候因为工作的原因（如，检测设备内部的工作状态时），需要绕过一些通常的防护措施，直接观察和检测包括危险部件在内的区域，因此，对于他们而言，有效的安全防护更多的是采用提醒的方式，如，对于一些危险运动部件使用防护栅栏而不是用完全隔离的方式，从而方便维修中观察和注意；提供有效的警告、标牌、说明等方式来提醒他们注意危险的存在，等等。

对于产品出现异常的情形（如，使用时过载），通常持续的时间较短，只要不出现危险状况，或者在出现危险状况前安全保护元件能够及时动作，避免情况的恶化，那么，是允许在一定程度上放宽相应要求的。如，产品外壳可触及部位的温度，在产品出现异常情况时，允许适当超出平常允许接触的温度限值，只要不出现受热变形、熔化、起火等危险。允许这种超差的存在，是考虑到实际使用中出现的情况千差万别，如果相关安全防护措施过于敏感，稍有偏差则立即动作，会降低产品使用的方便性。因此，如何根据危险的种类和危害程度，正确把握相关尺度，是产品安全设计中一个重要的课题。

原则七：对于由于技术上或经济上的原因无法根除的残余危险，应当提供适当的警告，包括警告标志和在说明书中仔细说明。 残余危险允许出现的程度，是与使用者的知识背景、当时的社会经济水平和技术水平密切相关的，必须具体问题具体分析。通常，允许的残余危险是那些出现概率比较低的、不会立即造成危害的或者危害程度比较轻的，并且在技术上已经充分考虑到的、进一步提供防护措施在经济上是不可取的危险。如，错误连接产品的电源，与其在产品设计中增加相应的保护电路，不如直接提醒使用者注意电源电压，毕竟，在现代文明社会，日常家居中出现不同电网电压的情形几乎不存在。

以上七个原则，是在进行产品安全设计时，在充分考虑当前的技术和经济水平的基础上，综合考虑得到的结果。根据以上七个原则采取的技术措施都应当在设计上可行、结构上可靠，并且通过适当的实验来验证其防护效果。

2.1.2　电气产品安全防护类别

在电气产品安全领域，简而言之，"安全"的真实含义是对人、动物或环境不会产生可预见的伤害；具体而言，则是电气产品在正常维护状态下按照其使用目的使用时，不会产生可预见的危险。欧盟指令 2014/35/EU 在附录 I 列出了一个预防可预见危害的目的，可以作为一个很好的参考：

（1）预防电气产品本身产生的危害，包括：（a）预防由于直接或间接接触而产生的物理伤害或其他危害，（b）不会产生有危害的温度、电弧或辐射，（c）预防其他由电气设备产生的非电类危害，（d）可靠的绝缘。

（2）预防外部影响导致电气产品产生危害，包括：（a）满足防护要求的机械要求，（b）防止预期使用环境中的非机械类影响，（c）可预见的过载情形下不会产生危害。

> 对于哪些危险应当纳入电气产品安全考虑的范畴目前并没有一个很明确的规定，传统上将那些会立即产生伤害（尤其是严重的、难以治疗和恢复的）的危险如电击、机械伤害等纳入考虑的范畴，而诸如使用计算机带来的"鼠标手"、使用手机、平板、掌上游戏机等带来的颈椎问题等则暂时没有纳入相关产品安全标准中；但是这种划分也不是绝对的，比如欧盟就将低频电磁辐射纳入了考量的范畴。

也就是说，电气产品安全除了需要考虑预防电类危害以外，还需要考虑非电类危害，以及可预见的各种极端使用情形下的防护。在实践中，结合电气产品的特点，可以把电气产品在使用中经常可能出现的危险划分为以下几个类别：

①电击危险；

②与能量有关的危险；

③起火；
④过热危险；
⑤机械危险；
⑥辐射危险；
⑦化学危险；
⑧功能性危险；
⑨极端使用情形下或异常状况产生的危险，包括使用者的疏忽导致的危险。

2.1.3 电气产品安全防护思路

按照电气产品的危险种类，根据以上七个安全防护的设计原则，可以分别总结出这些危险的防护思路（具体的技术要求将在第 3 章中作具体阐述），这些思路都在目前相关的电气产品安全标准中得到充分的体现，在产品设计阶段如果能够同时遵循这些原则，就可以最大限度地降低产品安全方面的设计成本和制造成本。

（1）电击危险的防护思路

电击对人体造成的危害是由于电流流经人体而造成的，引起的生理反应程度取决于电流的大小和种类、电流流经人体持续的时间以及电流流经人体的路径。然而，对于电气产品而言，电的使用是不可避免的，因此，对于电网电源供电的电气产品，对于其内部危险带电件，应当遵循原则二和原则三的要求，即采取一切必要措施避免人体接触到危险带电件；同时，考虑到电击即使作用时间很短，都有可能造成永久性伤害甚至死亡，因此，

> 欧盟RAPEX公告A12/1501/15通报了一款使用两颗AA电池供电的一氧化碳探测器，存在的安全问题是检测灵敏度偏低；在另一个公告A12/1463/15通报的烟雾探测器存在的安全问题是报警声偏小，在发生火灾时无法起到报警的作用。显然，这两款产品存在的产品安全问题并非电击、过热、引发火灾、机械伤害等传统意义上的产品安全问题，而是作为一种安全防范保护设备无法起到预期的作用，由此导致使用者受到伤害。

还必须遵循原则五的要求，即至少采取双重保护措施（或者等效于双重保护的其他有效保护措施）。

对于某些情况下，人体必须是电路一部分的情形（如，触摸式开关台灯，利用人体的电容效应，通过触发内部的电子电路来控制照明电路的通断）。在这种情况下，必须遵循原则四和原则五的要求，即限制流经人体的电流或向人体传递的能量，并且确保即使在产品出现故障的情形下（如，元件失效或者短路等情形），流经人体的电流或向人体传递的能量也不会造成危险。

（2）与能量有关危险的防护思路

许多情形下，电气产品为了实现一些特殊的功能，会在产品中使用大电流电源或大的储能元件（如，电池等），而这些元件一旦出现短路现象，有可能导致燃烧、

起弧、金属熔化等危险，甚至出现爆炸、化学泄漏等现象，并引发其他危险。考虑到这些元件都安装在产品的内部，受外来因素的影响较少，因此，与能量有关危险的防护通常遵循原则二和原则三的要求，即采取有效的隔离和屏蔽措施，或者使用安全联锁装置来避免危险的产生。

（3）起火的防护

电气产品导致的火灾事故，通常可以分为两种，即产品自身作为火源引起的起火现象，以及由于产品出现过热，导致周围的易燃材料起火的现象。

对于产品自身导致的起火，通常有两种防护思路，一种是避免产品成为火源，一种是使用适当的防护外壳或挡板，将火焰限制在产品的内部，不要向外部蔓延。

由于起火需要多种条件，包括适当的温度和材料，因此，要防止产品成为火源，需要遵循原则一和原则四的要求，即不用或限制使用易燃材料，采取有效措施避免在任何可能引起燃烧的材料附近出现高温，如不要出现短路、持续的过载、不可靠的连接等现象，使用适当的过热保护元件或过流保护元件，避免出现高温达到材料的燃点。

至于限制火焰的蔓延，则需要遵循原则一、原则二和原则三的要求，即不用或限制使用易燃材料，尽量减少可燃材料的用量，并使用适当的材料和适当的结构制作防护外壳或挡板，在出现起火时将火焰限制在内部，同时在起火时切断电源，避免火势向外部蔓延，让火焰在内部熄灭。

（4）过热防护

电气产品的过热现象，不仅会降低零部件的使用寿命，破坏绝缘材料的特性，还有可能引燃周围和内部的易燃材料，对人体造成烫伤等事故。由于发热是不可避免的物理现象，而且由于存在热惯性现象，因此，对于过热的防护，遵循原则二和原则四的要求，即对热源采取适当的隔离措施，使用合适的散热措施，并且安装合适的安全保护元件，在产品某些部位的温度升高到某个程度时切断电源，使其逐渐冷却下来，避免温度进一步升高而产生危险。

某些情况下，发热是产品的特定功能（如，电热产品）。在这种情形下，遵循原则四和原则七的要求，即避免由于持续发热而导致出现危险状况，同时提供适当的警告标识，提醒使用者远离热源。

（5）机械危险防护

电气产品导致的机械伤害，通常可以分为两种：一种是由于产品本身的设计或制造中的缺陷造成的，如尖锐的棱缘和拐角、玻璃在使用中炸裂等；另一种是由于产品为了实现某种功能，而使用了可能会有潜在危害的运动部件，如电风扇，它必须通过扇叶的旋转使空气流动而形成风。

对于第一种情况，可以遵循原则一和原则二的要求来进行防护，即通过提高设计技术和制造工艺，避免出现尖锐的棱缘等机械缺陷；对于无法避免的机械伤害，提供适当的防护网、防护罩等，如，为了避免内充高压气体的灯泡炸裂而对眼睛造成伤害，可以给这种灯泡设计适当的玻璃防护罩或金属防护网。

对于第二种情况，可以通过遵循原则二和原则三的要求来进行防护，即设计适当的防护栅栏等防护装置来避免直接接触危险的运动部件，当使用中因为某种原因需要打开防护装置的时候，应安装适当的安全联锁装置，保证在移开防护装置时能够马上切断电源。对于特别危险的运动部件，由于惯性的作用，可能还需要遵循原则五的要求，即提供附加的防护措施。如，对于家庭用的绞肉机，一旦打开面盖，不但要求立即切断电动机的电源，还应当配备适当的刹车装置，避免旋转的刀片对人体造成伤害。

需要注意的是，某些运动部件为了实现特定的功能，在现有的设计思想或技术条件下，可能无法安装合适的防护装置。在这种情形下，除了尽可能多地遵循以上防护思路外，还需要遵循原则七的要求，即提供适当的警告标识等告诫使用者。如，对于家庭用的绞肉机，为了清洁刀片，是无法避免接触到刀刃的，在这种情形下，应当在相关使用说明书中提醒使用者注意避免被刀刃割伤，并且应当使刀片远离儿童。

（6）辐射危险的防护

辐射的种类千差万别，对人体的危害程度也各不相同。如，遭受激光辐射可能会立即致盲，危害程度非常高，而电磁场辐射的危害可能需要较长的暴露时间才能体现。对辐射危险的防护基本上遵循原则一到原则四的要求，即：

- 尽可能避免辐射现象，如，不要使用带有放射性的金属材料。
- 屏蔽辐射源；或者使用安全联锁装置在接触到辐射之前切断电源。
- 当不可避免地需要暴露在辐射中时，限制辐射源的能量等级，并提供适当的警告标识，提醒相关人员注意采取额外防护措施，或控制暴露的时间。

（7）化学危险的防护

对于电气产品而言，有害化学物质通常都是以杂质或添加剂的形式包含在所使用的元器件和材料中，它们危害人体的方式各不相同，有的是通过挥发或气化的方式（如在产品出现异常时一些有机材料因为熔化而散发出有害气体），有的是通过接触的方式；不同的化学物品的危害程度也各不相同，有可能会在接触或吸入它们的时候立即产生不适甚至伤亡事故，有的可能需要在人体中累积到一定程度后才会呈现危害（如，某些重金属）。无论如何，都应当尽可能避免有害化学物品接触或进入人体，因此，化学危险的防护通常遵循原则一的要求，即避免使用含有有害化学物质的材料。

在现实中，可能某些情况下无法避免有害化学物质的产生，如产品出现短路等异常时一些有机材料因为高温熔化而散发出有害气体，这时，应当遵循原则五和原则四的要求，即采用多种有效措施（如，提醒相关人员采取良好的通风装置）来降低有害化学物质的危害程度。

（8）功能性危险的防护

电气产品的功能性危险的防护是最令设计人员为难的问题。所谓功能性的危险，是指按照产品的设计思路，正常使用产品的某项功能可能导致的危险。对功能性危险的防护充满矛盾，一方面，希望产品的这项功能能够发挥得更加彻底，更加方便，而另一方面，一旦采取防护措施，可能会降低产品的功能，甚至导致该功能的消失，因此，从产品的使用角度，希望防护措施越简单越好，而从产品的安全角度，又希望防护措施越完善越好。如，对于家庭用的电动切割设备，从安全的角度，希望能够将刀具完全包裹起来，然而，从使用的灵活性和方便性考虑，则希望刀具周围的阻碍越少越好。

功能性危险的防护是与当时的技术水平和经济水平密切相关的，毕竟，愿意承当多大的风险，来享受科技能够带来的多少乐趣，是很难有一个明确的标准的。因此，在设计时，功能性危险的防护除了遵循原则六和原则七的要求外，应针对产品的具体功能，具体问题具体分析。此外，设计者应密切了解市场上同类产品的市场反应，在市场风险、功能要求和防护成本之间找到一个平衡。

（9）极端使用情形下和异常状况下的防护

电气产品在设计时，应当充分考虑到可能出现的极端使用情形和各种可预见的异常使用情形下的安全防护。产品处于极端和异常使用情形是两种不同性质的使用情形。极端使用情形，是指产品处于完好状态，产品的使用条件是在产品的设计范围内，但产品是在设计范围的边界条件下使用，如产品负载为最大设计负载（或最小设计负载）、电网电压出现最大限度的波动（在欧洲等国家波动范围一般为±6%，而在中国波动范围为±10%）等。产品处于极端使用情形时，产品的安全防护措施不允许出现任何失效，防护程度不允许有任何降低。通常，在考察和评估产品的安全防护措施的有效性时，都是将产品置于极端使用情形下，如果产品的安全防护措施在极端使用情形下依然维持有效，那么，一般认为如果产品在设计范围内使用，产品的安全防护措施都是有效的。需要注意的是，随着产品功能越来越复杂，产品的极端使用情形有可能是多种使用条件的组合，但这些条件由于相互之间互有排斥，产品的极端使用情形未必一定是在最大设计负载（或最小设计负载）时出现，如何判断产品的极端使用情形需要结合具体产品的实际情况。

产品的可预见异常情形，是指产品受到长期过载使用、电网电压的异常波动、使用环境的温湿度变化影响、使用者的误操作等外部因素影响，或者产品内部出现故障，如短路、元件失效、绝缘材料等级下降等。出现异常情形时，产品有可能出现部分或者全部损坏，但是不允许出现危及安全的损坏；在考虑这些异常状况下的安全防护时，应当遵循原则六的要求，即允许防护程度有一定的程度的降低，如允许短暂时间内的过热现象，甚至随即熄灭的内部起火现象；但是绝对不允许出现会造成永久性伤害或死亡的危险，如，不允许出现会导致电击事故的危险现象，不允许引起火灾事故，不允许对肢体造成切断、粉碎等永久性伤害，等等。

对于上述的防护原则，在实践中有三点需

没有刀刃的菜刀，虽然安全，但是有用吗？

要注意。

① 当产品出现极端使用情形或异常状况时，允许产品暂时甚至永久损坏，只要在这个过程中不会产生不可接受的危险，并且在极端使用情形或异常状况消除后，产品的安全防护程度不应降低，因此，在极端使用情形或异常状况产品表现出明显损坏的现象，反而可以起到一种警示的作用，提醒使用者停止继续使用。

② 无论是对产品极端使用情形还是使用者误操作的安全防护，其首要目的都是避免使用者由于疏忽而导致危险，但是这种安全防护并不包括使用者的故意行为（尤其是明知故犯，明显超出电气产品合理使用范围和使用目的的应用）或者明显有悖常识的应用；然而，对于哪些行为属于有悖常识的行为往往会带来争议的，尤其是随着电气产品越来越复杂，对"用户常识"的界定是电气产品安全领域的灰色地带之一。

③ 除了那些针对特定群体的产品外，大部分电气产品对应的产品安全标准都假设使用者是正常成年人，而不是在身体、智力方面存在缺陷的残疾人、身体机能明显衰老的老年人、儿童等在反应或判断方面存在不足的特殊人群，但是这并不表示产品防护无需考虑这些特殊人群，尤其他们有可能出现在电气产品的使用场合的情形；特别地，随着社会、经济的发展，产品安全标准应当是朝着越来越顾及他们的方向发展（详见本书第 3 章相关章节）。

图 2-1 描述了电气产品在使用中，可能对人体造成伤害常见的几种常见形式，读者可以通过这种感性的方式了解电气产品常见的潜在危险及其危害程度，并结合上述安全防护思路和第 3 章的具体技术要求，逐步建立起电气产品的安全防护概念。

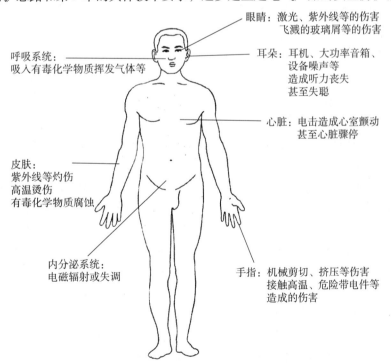

图 2-1　电气产品可能造成的人体伤害示意图

2.1.4　IEC 62368 危害防护模型简介

IEC 62368（最新版为 IEC 62368-1：2018）试图用一个统一的危害防护模型来整合 IEC 60950、IEC 60065 等标准中的安全防护要求，认为产品的危险来源于蕴含危害的能量源，正是危害能量源作用于人体才导致伤害的发生。

首先，IEC 62368 将危害能量源的危险程度从轻微到严重分为三个级别，分别是：

- 级别 1：不会产生痛感，但是可能被感知（对应于易燃材料就是不大可能引燃），对应于轻微的危险。
- 级别 2：产生痛感，但未达到伤害的程度（对应于易燃材料就是可能引燃），对应于中等的危险。
- 级别 3：产生伤害（对应于易燃材料就是极易引燃并快速扩散），对应于严重甚至致命的危险。

其次，IEC 62368 将主要的保护对象——人根据专业能力分为三类：

- 普通人士（ordinary person）：绝大多数的产品使用者（或出现在产品附近的人士），具备正常的心智，但是不具备与产品相关的专业知识；对于普通人士的安全防护程度，要求在产品正常使用时或者可预见的非正常使用时，不会暴露在级别 2 或级别 3 危害能量源前，在产品出现单个故障时，不会暴露在级别 3 危害能量源前。
- 受过培训的人士（instructed person）：接受过一定的培训，能够识别并避免暴露在级别 2 危害能量源前；对于他们的安全防护程度，要求产品正常使用时、可预见的非正常使用时或者产品出现单个故障时，都不会暴露在级别 3 危害能量源前。
- 专业人士（skilled person）：具备与产品相关的专业知识，能够独立识别危险级别并采取有效措施避免受到伤害；对于专业人士的安全防护程度，要求能够避免他们在无意间暴露在可能受到伤害的级别 3 危害能量源前。

最后，IEC 62368 认为危险的产生在于危害能量源直接作用于人体，因此，安全防护的原则就是利用防护措施截断危害能量源与人体之间的作用路径，或者将其传递的能量衰减到可以承受的程度。从防护措施的类别来看，固然包括产品本身的安全防护机制，甚至满足特定要求的安装使用环境，以及相关人员的常识与专业能力均可视为有效的防护措施之一。从防护措施的层次来看，分为正常状态的基本防护措施，以及确保基本防护措施失效后整体防护措施仍然有效的附加防护措施，或者等效于基本防护措施与附加防护措施双重防护效果的加强防护措施。

IEC 62368 提出的"危害能量源-防护措施-人体"危害防护模型（图 2-2），规范了防护措施的设计与评估思路，有助于协调不同类型危害的防护水平，从而取得较佳的综合防护效果；同时通过区分危害的危险程度与防护对象的专业水平，有助于细分产品不同功能模块的防护要求,从而优化防护措施的性价比。因此,该模型的优点是明显的。

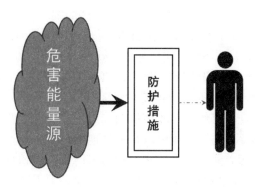

图 2-2 危害防护模型

但是,目前模型仍然存在一些不足之处:首先,对于绝大部分的民用电气产品而言,防护措施的选择与应用受到技术可行性与经济可行性限制,模型并不能体现出在限制条件下的妥协;其次,为了体现出双重防护的思想,标准中的个别范例未免显得较为牵强,难免给人一种生搬硬套的感觉。

有兴趣的读者可以结合 IEC 62368-1 第 0 章与本书 2.1 的内容,进一步构建自己的产品安全防护理论体系。

2.1.5 电气产品安全防护原则的运用

(1) 必须意识到电气产品安全防护设计是一项系统工程,因此,在设计阶段就必须有一个整体的防护思路。实践已经表明,不少电气产品所存在的多项安全隐患其实都是由同一个设计缺陷引起的。

(2) 必须意识到产品的不同防护措施之间往往既有关联,又有矛盾。如,在进行过热防护时,为了提高产品的散热效果,可以使用大面积的散热口、金属散热片等措施,但是这些措施又会对产品的电击防护措施带来不利影响;另一方面,有效的过热防护,可以提高绝缘材料的使用寿命,降低绝缘材料的成本,从而降低了电击防护设计的技术要求。因此,在设计产品的安全防护措施时,必须综合考虑各种因素,不能孤立地看待某种危害,这一点在对复杂产品安全防护系统设计分工的时候,特别需要注意。如何在设计时平衡各种安全防护措施之间的关系,需要不断地探索和经验积累。

(3) 必须意识到产品的安全防护设计并不是孤立的产品设计,还必须充分考虑人和环境因素的变化对产品安全防护措施和安全防护程度带来的新要求,毕竟,产品安全防护的对象就是人和环境,这一点尤其是在进行产品的衍生型号设计时更加要注意。如,无人看管使用的产品,对比使用时需要使用者在产品附近进行操作、监控的,需要考虑更多的安全防护措施;产品使用者包括儿童等特殊人群的,对比那些仅供成年人使用的产品，要求的安全防护程度更高，一些安全参数更加苛刻；产品使用场合是一些特别环境的，如，内嵌在木制家具中使用的，或类似的易燃品较多而散热较差的场合，对产品过热防护、防火的要求更加苛刻；诸如此类。可见，即使是性能相当、用于实现相同功能的产品，如果使用时的范围有所不同，或者使用对象、使用场合等有所不同，需要考虑的安全防护措施和安全防护程度都有可能不同。因此，在进行产品的安全防护设计时，必须同时考虑人和环境带来的影响。

（4）必须意识到产品的安全防护需求是随着社会、经济发展而不断改变和提高的，尽管这种变化在许多时候是比较缓慢的。如，在早期，使用纽扣电池的电子电器产品如果能够不需要任何工具就可以很方便地更换纽扣电池，这样的设计会受到市场的欢迎；然而，随着儿童吞食纽扣电池带来的安全问题日趋严重，这种便利的设计逐步被强制让位于产品安全，纽扣电池的更换必须借助工具才能完成，从而避免儿童无意间打开纽扣电池盒。凡此种种技术细节，往往在不经意之间就改变了许多以往的产品设计理念。

总之，电气产品安全防护原则并非僵硬、孤立的原则，这些原则的提出是为了提供一种良好的工程实践规范，从而促进电气产品安全的不断提升。

2.2 人体模型及其他常用模型和参数

2.2.1 引言

电气产品安全所关心的首要对象就是人，这个人是个怎样的人呢？生活环境是怎么样的呢？这是一个很有趣的问题，因为人类每个个体之间的差异千差万别，男女老少、高矮肥瘦、不同肤色、不同民族之间的差异都非常大，很显然，在制定产品安全标准的时候，必须有一个非常典型的人，无论是在身体的几何尺寸，还是气力方面，都具有代表性，这个人就是产品安全标准中考虑的人体模型了。人体模型的制定，有利于用量化的手段来评估产品安全，使得产品安全的评估具有可操作性和一致性。

由于电气产品的主要危险来源于电的使用，因此，相对其他产品（如，机器）而言，电气产品安全考究人体模型比较简单，主要是围绕人体的电气特性和一些简单的机械参数等加以考虑。下面就电气产品安全中常见的人体模型与工具模型进行介绍，了解这些人体模型的来源和构造，有助于进一步建立起产品安全的概念。

2.2.2 人体的阻抗模型

在电气产品安全体系中，人体阻抗模型是最重要的模型。建立人体阻抗模型的目的在于能够有一个统一的标准来评估产品是否会对人体造成电击伤害①。

人体阻抗取决于电流通路、接触电压、通电时间、电流特性、接触面积以及环境等多种因素。人体阻抗可以认为是由皮肤阻抗和人体内部阻抗组成的。皮肤阻抗呈现阻容网络的特性，与接触电压、接触面积、环境湿度和温度等因素有关，随着频率增加时，皮肤阻抗逐渐减小；而人体内部阻抗则基本上是阻性的，具体取决于电流通路。图 2-3 是不同电流通路的人体内部阻抗差异，图中数字表示相对于"单手-单脚"电流通路人体内部各部分阻抗所占的百分数；大致而言，"手-手"和"脚-脚"的阻抗大致相同，"单手-双脚"电流通路的阻抗约为前者的 75%，"双手-双脚"则降为约 50%，而"双手-躯干"则更降为 25%（IEC/TS 60479-1：2005 + A1：2016）。

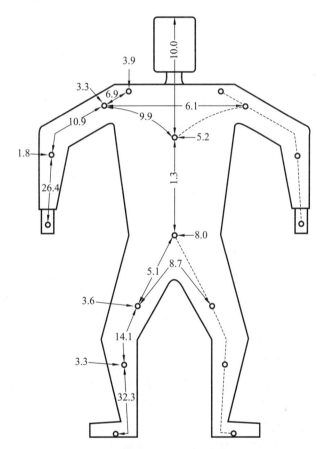

图 2-3　人体内部阻抗随电流通路的变化
（摘自 IEC/TS 60479-1：2005 + A1 图 2）
注：图中数字表示人体各部位在"单手-单脚"电流通路的阻抗占比。

---

① 有关电流对人和家畜的作用效应（通用部分）的最新版是 IEC/TS 60479-1：2005，对应的国标是 GB/T 13870.1—2008；UL 在 2017 年发布了一份有关人体阻抗模型的研究报告（Electromagnetic modeling of virtual humans to determine heart current factors），有兴趣的读者可以做进一步的研读。

德国的 H. Freiberger[①] 被认为是最早开展人体阻抗模型研究的学者，他在 1934 年提出了一个人体的阻抗模型用以描述人体阻抗的构成（图 2-4）。在这个模型中，人体的电阻由两部分组成，即皮肤阻抗和人体内部的阻抗（约 500Ω）组成，由于电流通过人体的时候通常是从某处皮肤流经人体内部，然后再从另外一处的皮肤返回而形成回路，因此，该模型表现为皮肤阻抗串联人体内部阻抗，然后再串联皮肤电阻。实际上，人体的阻抗是和接触电压的大小和频率、皮肤的环境（干燥还是潮湿）、电流流经时间的长短等密切相关的，如，在日常环境中，人体总的阻抗一般为 1500Ω～2000Ω，但是当人体浸泡在水中时，由于皮肤电阻接近于零，人体的阻抗只有 500Ω 左右。

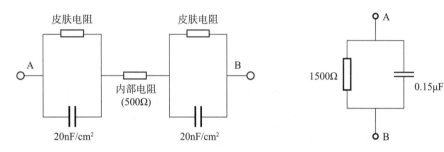

图 2-4　Freiberger 人体阻抗模型　　　　图 2-5　UL 1310 中的人体阻抗模型

图 2-4 的人体阻抗模型由于其中的一些参数并不是固定，在使用时得到结果不确定，因此，在实际中，产品安全标准采用一些简化而确定的模型来评估人体遭受电击的危险。最简单的人体阻抗模型是把人体视为一个 2kΩ 的无感电阻；也有的同时考虑人体的电容效应，将人体视为一个无感电阻并联一个电容（图 2-5）。通过考察流经这些电路网络的电流，来评估人体遭受电击的危险程度。

为了更好地协调对电流流经人体产生的效应的评估，标准 IEC 60990 中根据人体在流经电流时不同的效应，给出了三种人体阻抗模型：考察电灼伤电流（electric burn current）的人体阻抗模型、考察感知和反应电流（perception and reaction current）的人体阻抗模型以及考察摆脱电流（let-go current）的人体阻抗模型。

图 2-6 是人体阻抗模型的基本模型，它同时体现了人体的内部电阻，以及皮肤的电阻和电容效应，可以满足诸如考察电流对人体皮肤的灼伤效应等的需要。但是在考察电流对人体的其他效应时（如感知和反应等），需要进一步拟合人体阻抗的频率特性，这就需要对该人体阻抗网络作某种加权修正。

电流对人体的效应是和电流的强度和频率等相关的，流经人体的电流必须达到一定的强度才能够引起人体的感觉。流经人体并且能够引起人的感觉的最小电流称为感知电流，这种感觉通常是轻微的麻痹或微弱的针刺感觉。随着电流的继续增

---

① Freiberger, H.. Der Widerstand des menschlichen Körpers gegen technischen Gleich - und Wechselstrom [M] Berlin: Springer, 1934.

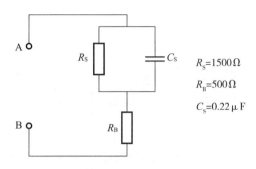

图 2-6 人体阻抗基本模型（摘自 IEC 60990 图 3）

加，麻痹感和针刺感逐渐增加，同时出现肌肉收缩的现象，人体开始感觉不适。引起肌肉不自觉收缩的最小电流称为反应电流。电气产品在使用中，当人体接触产品时，由于人体存在电容效应，即使没有直接接触带电件，也会有电流流经人体（称为接触电流，或泄漏电流），电流的强度不应引起人体的不适，因此，必须限制流经人体的接触电流的强度。人体开始感觉不适的电流强度因人而异，而且与产品的类型和使用环境有关，通常为 0.25~5mA。评估人体的感知电流和反应电流采用感知-反应电流网络（图 2-7）。

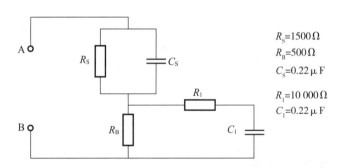

图 2-7 人体阻抗模型-感知电流和反应电流网络（摘自 IEC 60990 图 4）

流经人体的电流如果超过反应电流后继续增大，会逐渐出现肌肉收缩增加、刺痛感觉增强的现象，当电流增大到一定程度时，如果此时人手刚好握着带电体，会因为手部肌肉收缩而紧紧抓住带电体，无法自行摆脱。人体能够自行摆脱的最大电流称为摆脱电流。摆脱电流的大小因人而异，通常，对于成年男子而言摆脱电流为 9~16mA，成年女子则为 6~10mA。摆脱电流是人体可以忍受而一般不致造成不良后果的电流。如果电流继续增大，或者接触时间过长，有可能会造成昏迷、窒息、甚至死亡。评估人体的摆脱电流采用摆脱电流网络（图 2-8）。

感知和反应电流网络（图 2-7）是目前应用最广的人体阻抗模型，许多 IEC 体系的电气产品安全标准（包括越来越多的北美电气产品安全标准）都利用该网络来检测产品的接触电流（touch current）或泄漏电流（leakage current），以此为根据来判定产品是否会对人体产生电击导致不适或危险。

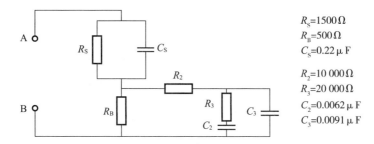

图2-8 人体阻抗模型-摆脱电流网络（摘自 IEC 60990 图5）

需要注意的是，由于人体对电流的反应是和人体的状况、使用环境等密切相关的，因此，许多产品根据其特定的功能和使用环境，采用不同的人体阻抗模型来评估电流流经人体的效应。如，早年在北美地区，对于医疗场所使用的视听产品，使用另外一种人体阻抗网络（图2-9），而不是通常的感知和反应电流网络来评估产品的接触电流对人体的效应。

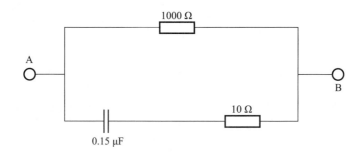

图2-9 UL 6500[①]中用于医疗场所使用的电气产品的人体阻抗模型

2.2.3 手、手臂和手指

通常，在生产和生活中，人类最容易接触到危险的部位就是手了，许多机械事故中，往往都是手部受伤；而许多电击事故中，往往是由于手无意中接触到危险带电件而引起的。而手指又首当其冲，是手最容易受伤的位置。因此，在电气产品安全体系中，需要建立手和手指的模型，来考察产品的安全防护效果。最常见的模型就是模拟人的手指的探测工具，称为测试指（test finger）。

测试指一般分为关节型和直型两种。关节型测试指模拟人的手指，有两个关节，分为三节，这种测试指的目的用于模拟人的手指的灵活性，考察手指的活动是否会接触到危险（如危险带电件、危险运动部件等）。直型测试指没有关节，但在形状上（包括比例尺寸）模拟人的手指，这种测试指的主要目的用于考察人的手指

---

① 该标准已淘汰，并被 UL 60065 替代。

在用力的情形下是否会接触到危险部件。IEC 61032 中给出多种测试指的模型，其中最常见的是 B 型关节型测试指（图 2-10），类似于成年人的食指。这种测试指被许多电气产品安全标准采用，主要用于考察电气产品的开孔、缝隙、栅栏的间距等是否会导致手指接触产品中的危险部件。

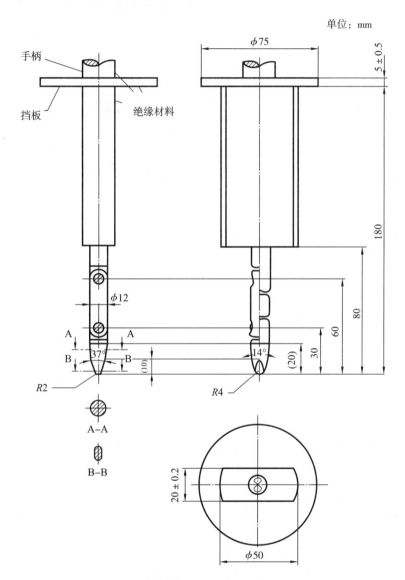

图 2-10　测试手指（IEC 61032 Test Probe B）

此外，为了考察人体指甲的尖锐是否会对产品的防护等构成破坏，还有一种标准的测试指甲（图 2-11）。这种测试指甲一方面可以同时模拟人的手指指头用力时的作用效果，还可以同时模拟指甲刮擦的效果。

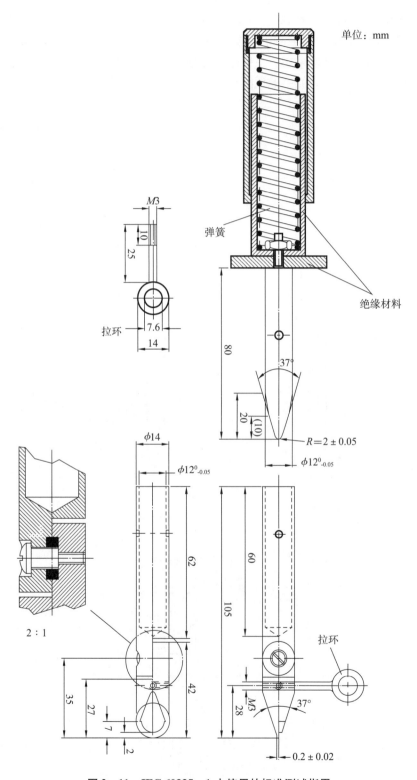

图 2-11 IEC 60335-1 中使用的标准测试指甲

需要注意的是，北美电气产品安全标准中使用的标准关节型测试指（图 2-12）和 IEC 体系是不相同的，相对而言，北美的测试指前端显得稍微细长，类似于人的小指；不过近年来 IEC 62368 等也引用该测试指用于模拟儿童手指。

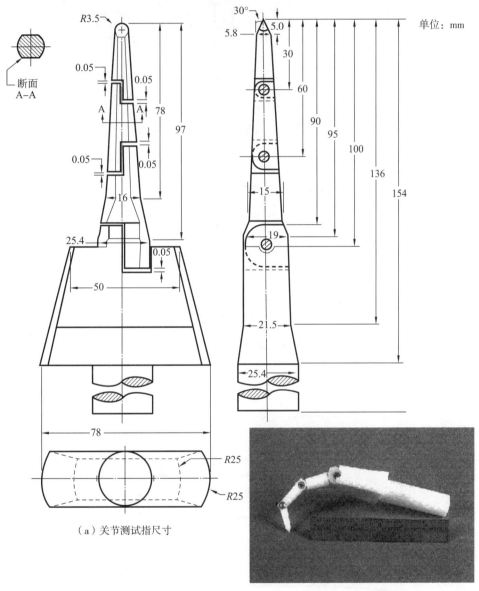

（a）关节测试指尺寸

（b）测试指实物模型

图 2-12　北美常用的 PA100A 标准关节测试指（图片来自 UL 网站）

图 2-13 是三种比较常见的直型测试指。它们综合了手指的比例尺寸，主要用于考察指头用力的情形下，是否会穿过产品中的一些开孔、缝隙等而接触产品的危险部件。从中可以发现，像关节型测试指一样，直型测试指也存在 IEC 体系和北美

体系的差异。

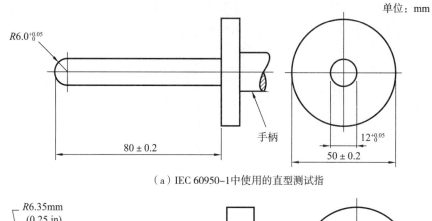

（a）IEC 60950-1中使用的直型测试指

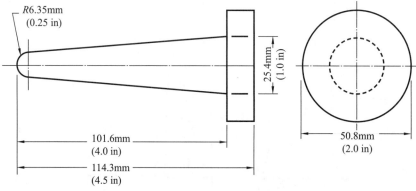

（b）UL 1310中使用的直型测试指

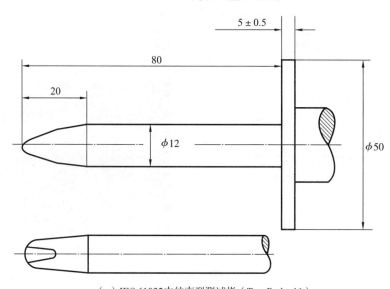

（c）IEC 61032中的直型测试指（Test Probe 11）

图 2-13　直型测试指

以上介绍的这些测试指，都是以成人为对象进行建模的。在日常生活中，随着电气产品越来越普及，许多以往不常见的产品也逐渐进入家庭，使得儿童可以接触这些产品。由于儿童手指比成年人的细小，并且儿童自我保护意识较差，往往一些对成人没有危险的开口、缝隙，由于儿童手指可以进入，造成儿童接触危险部件而遭受伤害。因此，除了一些儿童有可能接触的常见家用和商业用途的产品外，一些在公共场所使用的一些无人看管产品（如自动售卖机、游戏机、找零/充值机等）由于儿童可能在没有成年人监管的情况下触碰甚至使用这些器具，都必须考虑对儿童手指的防护。图 2-14 是 IEC 61032 中针对儿童所建立的一种手部模型，模拟儿童的手臂和手指，用于考察相关产品的开口、缝隙、栅栏等是否能够不被儿童手指进入接触到危险部件，其中的手柄甚至还可以模拟儿童的手臂。

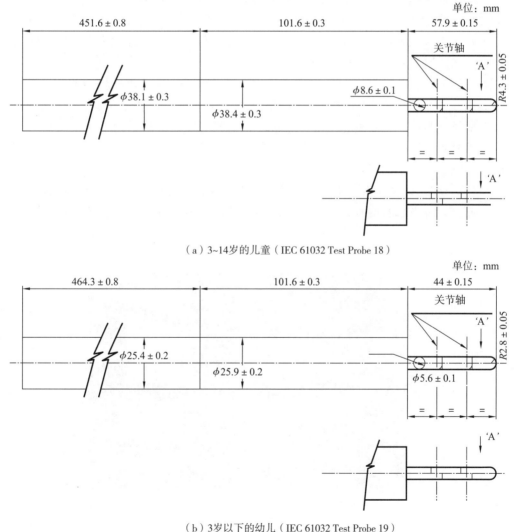

（a）3~14岁的儿童（IEC 61032 Test Probe 18）

（b）3岁以下的幼儿（IEC 61032 Test Probe 19）

图 2-14　模拟儿童手指的测试指

尽管许多电气产品安全标准中还没有使用模拟儿童手指的测试指，但一些包含有特别危险部件的产品（如碎纸机，通常执行 IEC 60950-1 标准），在认证过程中，都会要求额外考虑对儿童的安全防护，对开孔、缝隙等使用模拟儿童手指、手掌的测试指进行考察。

电气产品安全体系中人体手部还有一个常用的几何模型，就是手臂的模型。对于机器而言，已经建立了一套完整的人体四肢模型，但是对于电气产品而言，人体可以接触的机械部件较少，因此，一般只需要手臂的长度这个几何尺寸就可以评估人体操作电气产品时的一些安全问题。

手臂常用的几何尺寸如下：
- 近距离操作时和设备的距离（不包括贴身操作）：30cm。
- 正常操作距离：50cm。
- 人体无法触摸的高度：2.3m 以上（这是中国的数据，其他国家的数据略有出入，如，澳大利亚是 2.1m 以上）

图 2-15 和表 2-1 是目前电气产品安全领域常用的手部测试模型的对比。可以发现，大部分测试模型都是由手柄、挡板和模型主体构成，其中模型主体通常采用金属材质制造，确保不易变形，降低使用磨损程度；手柄是为了便于使用时把握，手柄和挡板通常都采用非金属材质制造，目的是确保测试人员在可能带电检测时的安全。

使用这些测试模型需要注意的一个问题是模型的公差问题：对于产品的设计与制造而言，应当注意留有裕度；对于产品的检测与认证而言，应当注意可能的误判。如，考查是否有可能通过开孔触及危险带电部件时，测试指尺寸的正公差存在导致漏判的可能性。

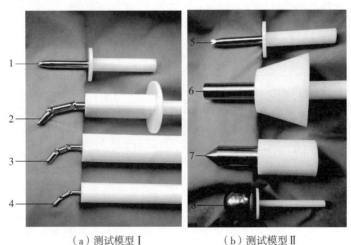

(a) 测试模型 I　　　　(b) 测试模型 II

图 2-15　手部测试模型

1—试具 11（标准测试直指）；2—试具 B（标准测试指）；3—试具 18（儿童试验指）；
4—试具 19（幼儿试验指）；5—试具 11（标准测试直指）；6—试具 31；7—试具 41；8—试具 A

表 2-1 常用手部测试模型对比

名称	样式	主要用途
试具 A Test Probe A	IEC 61032 图 1，φ50 刚性测试球	主要用于防止手背触及的防护检验，同时被 IEC 60529 引用为 IP1X 防固体异物检验
标准测试指甲 Test Finger Nail	IEC 60335-1 图 7，模拟手指指甲	主要用于 IEC 60335 家电产品安全系列标准中检测固体绝缘强度、有防护功能的不可拆卸部件的固定牢固程度等
试具 B Test Probe B	IEC 61032 图 2（UL 标准 SA1788A，如，UL 1278 等），模拟手指关节	通称标准测试指，电气产品安全标准中最常用的防止手指触及危险的防护检测试具，同时也被 IEC 60529 引用为 IP2X 防固体异物检验
PA100A 标准关节测试指	UL 标准图 PA100A（如，UL 1278 等）	UL 标准中常用的标准测试指，主要用途与试具 B 类似
试具 11 Test Probe 11	IEC 61032 图 7，模拟伸直的手指	通称标准测试直指，电气产品安全标准中另一种最常用的主要用于检验防止手指触及危险的防护检测试具，也可用于检验外壳的孔或外壳内部挡板的机械强度，许多时候会施加 50N 的推力进行检测
950 测试直指	IEC 60950 图 2C φ12，长 80	IEC 60950 等标准中用于防止手指触及危险的带电部件等
S3252 测试直指	UL 标准图 S3252（如，UL 1310 等）顶端 R1/4in，长 4in	UL 1310 等 UL 标准中使用的测试直指
PA130 测试直指	UL 标准图 PA130A（如，UL 1278 等）顶端 R3/16in，长 4in	UL 1278 等 UL 标准中用检验防止手指触及危险带电部件等的防护检测试具
PA140 测试直指	UL 标准图 PA140A（如，UL 1278 等）φ1/2in，长 4in	UL 1278 等 UL 标准中用检验防止手指触及漆包线等的防护检测试具
PA160 测试直指	UL 标准图 PA160（如，UL 1278 等）锥形顶端 R1/8in，长 3 1/2in	UL 1278 等标准中用于检验防止手指触及危险运动部件等的防护检测试具
试具 18 Test Probe 18	IEC 61032 图 12，φ8.6，长 57.9	又称 18 号儿童试验指，用于模拟大于 36 个月小于 14 岁的儿童是否触及危险部件，手柄可加长以模拟儿童手臂
试具 19 Test Probe 19	IEC 61032 图 13，φ5.6，长 44	又称 19 号幼儿试验指，用于模拟 36 个月及以下的儿童是否触及危险部件，手柄可加长以模拟幼儿手臂

续表

名称	样式	主要用途
试具 31 Test Probe 31	IEC 61032 图 14，锥形，φ110/60	主要用于检验残剩食品处理装置的碾磨系统的危险机械部件是否被触及
试具 32 Test Probe 32	IEC 61032 图 15，φ25	主要用于检验风扇外罩的防止触及危险机械部件的作用
试具 41 Test Probe 41	IEC 61032 图 16，φ25	主要用于检验防止灼热部件被触及
φ125挡板测试直指	将试具 B 挡板改为 φ125 圆形挡板 IEC 60335-2-14 第 20.2 节)	主要用于 IEC 60335-2-14 等标准中检验可拆卸附件移除后的防护特性
φ75 半球探棒	φ75，半球顶端 （IEC 60335-2-30 第 11.8 节）	主要用于 IEC 60335-2-30 等标准中用于判定驻立式加热器具表面温度等
φ40 半球探棒	φ40，半球顶端 （IEC 60335-2-14 第 20.103 节）	主要用于 IEC 60335-2-14 检验手持式搅拌器启动开关不能意外触动
碎纸机试验手掌	UL 标准图 su0567 （如 UL 60950-1 图 EE.1）	主要用于 UL 60950-1 中检验从碎纸机开口是否触及危险机械部件

注：本表中长度单位除了已经标注为英寸（in）的以外均为毫米（mm）。1in=25.4mm。

2.2.4 气力与重量

人体模型中另外一个重要的参数就是人的气力和重量。人主要的发力部位是手和脚，而重量主要通过双脚（站立时）或臀部（坐下时）来传递。电气产品安全中常用的气力和重量参数见表 2-2。

表 2-2 成年人的气力

发力部位	参 数	备 注
手指的扭力	4Nm（手指可以牢靠地捏住）； 或 2Nm（手指很难牢靠地捏住）； 或 1Nm（手指无法牢靠地捏住）	参见 IEC 60335-1
手指的力量	20N	参见 IEC 60335-1
手的拉力	30N（手指可以牢靠地抓住）； 或 15N（手指无法牢靠地抓住）	参见 IEC 60335-1
手的推力	50N	参见 IEC 60335-1
手掰的力量	50N（手指可以牢靠地抓住）； 或 30N（手指无法牢靠地抓住）	参见 IEC 60335-1

续表

发力部位	参　　数	备　注
人可以轻松提起移动的最大重量	18kg	参见 IEC 60335-1
脚踏力量	在 50mm 直径的作用范围内，力量在 1min 内从 250N 施加到 750N，并在其后 1min 内保持在 750N	参见 IEC 61058
人体质量	90kg 站立时：均匀分布在 20cm×30cm 面积上 坐下时：均匀分布在 30cm×30cm 面积上 平躺时：均匀分布在 50cm×200cm 面积上	参见 IEC 60335-2-32

2.2.5　工具及其他模型

人和动物最大的区别是工具的使用。工具的使用大大地延伸了人手的功能，但是，工具的使用也增加了人体接触危险部件的概率；特别是金属工具的使用，大大增加了人体遭受电击的机会。因此，在电气产品的安全防护中，还必须考虑使用工具时无意间接触危险部件而出现事故的现象[①]。标准测试销（test pin，见图 2-16）是目前最常用的工具模型，它模拟各种常见的探棒型工具（如，螺丝刀等），用于考察这些工具是否会通过电气产品的开口、缝隙等无意间接触危险部件（主要是危险带电部件）。

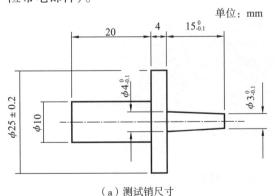
（a）测试销尺寸

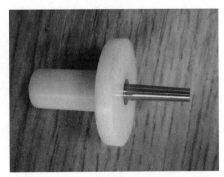
（b）测试销模型

图 2-16　标准测试销（IEC 61032 Test Probe 13，UL 标准图 S2962）

---

① 工具（tool）在许多产品安全标准中，特指用于实现扭动螺钉、撬开卡扣等功能以完成拆卸任务的螺丝刀、硬币或类似的物品（也有的标准，如，UL 60065 将硬币视为与工具并列的物品）。除非特别声明，本书使用"工具"一词，并不单指此类物品，而是泛指一切延伸人手功能、协助操作者完成特定任务的物品。

除了标准测试销,还有针对各种常见异物(尤其是金属物品)的各类棒状测试工具,图2-17和表2-3是目前电气产品安全领域常用的测试探棒对比,读者可以自行对比电气产品安全标准是如何模拟现实中的各种异物的。与手部测试模型的使用类似,使用这些测试探棒时同样需要注意公差问题,产品在设计时要留有余量。可以发现,与手部测试模型(主要是各种测试指)相比,大部分测试探棒的结构都比较简单,不少是金属材料整件成型,因此,在使用时相关检测人员应当注意自身安全。

考虑到使用测试指、测试销等进行检测时肉眼目测可能存在的误差或遗漏,可以使用安全特低电压供电的带电指示器来进行辅助判定,IEC 61032推荐的带电指示器工作电压为40~50V。

除了测试指、测试销,还有针对各种常见金属物品的其他检测工具模型。如,在美国,还有模拟各种常见的硬币(5美分、10美分和25美分等)的探测工具,用于考察产品的开口、缝隙等是否会因为硬币掉进去的时候接触到危险带电件而导致电击事故。一般,具体具体的产品安全标准中都会要求使用相应的探测工具,本书不再赘述。

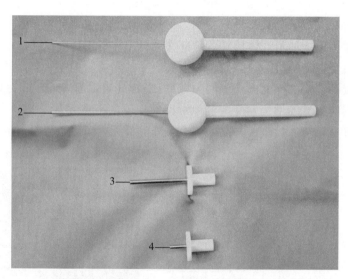

图 2-17　测试探棒对比
1—试具 D,2—试具 C,3—试具 12,4—试具 13(标准测试销)

表 2-3　常见测试探棒

名称	样式	主要用途
试具 C Test Probe C	IEC 61032 图 3,φ2.5,长 100	主要用于防止手持工具触及的防护检验,同时被 IEC 60529 引用为 IP3X 防固体异物检验
试具 D Test Probe D	IEC 61032 图 4,φ1.0,长 100	主要用于防止手持金属丝触及的防护检验,同时被 IEC 60529 引用为 IP4X 防固体异物检验

续表

名称	样式	主要用途
试具 12 Test Probe 12	IEC 61032 图 8，$\phi 4$，长 50	主要用于检验一些在正常使用中容易被螺丝刀或类似的尖头工具无意地触及的带电部件或机械部件
试具 13 Test Pin	IEC 61032 图 9，$\phi 3\sim 4$，长 15	通称标准测试销，主要用于检验 0 类设备和 Ⅱ 类设备中危险的带电部件是否被触及等
试具 14 Test Probe 14	IEC 61032 图 10，棒 3×1	主要用于检验通过电气插座的防护外罩能否防护触及内部的危险带电部件
试具 17	IEC 61032 图 11，$\phi 0.5$	主要用于检验电动玩具的带电部件是否被触及
试具 43 Test Probe 43	IEC 61032 图 17，矩形棒 50×5	主要用于检验固定式或便携式可见热辐射取暖器的防护
$\phi 8$ 测试探棒	IEC 60335-2-14 第 20.102 节，$\phi 8$	主要用于 IEC 60335-2-14 检验手持式搅拌器对手持侧的防护等
灯串扁平探针	8.0×0.5 （IEC 60598-2-20 第 20.12.3 节）	主要用于检验灯串是否会导致金属箔饰件触及危险带电部位
PA190 探棒	UL 标准图 PA190A （如，UL 499 等）$\phi 1/4$in	主要用于 UL 499 等标准检验手持式产品的开孔是否会由于异物进入而导致电击等危险
SM206 锥形探棒	UL 标准图 SM206 （如，UL 1278 等）	主要用于 UL 1278 等标准检验防护网对异物的防护效果等
SM207 条形探棒	UL 标准图 SM207 （如，UL 1278 等） $1/2$in $\times 1/16$in	主要用于 UL 1278 等标准检验防护网对异物的防护效果等
SM208 三角探棒	UL 标准图 SM208 （如，UL 1278 等）	主要用于 UL 1278 等标准检验防护网对异物的防护效果等
SM209 圆柱探棒	UL 标准图 SM209 （如，UL 1278 等）$\phi 1/16$in	主要用于 UL 1278 等标准检验防护网对异物的防护效果等

注：本表中长度单位除了已经标注为英寸（in）的以外均为毫米（mm）。

2.2.6 日常环境

日常生活环境的气候也是影响产品安全的一个重要因素。电气产品安全理论起源于欧美等发达国家，由于这些国家大部分都处于温带和亚热带，因此，电气产品安全理论的基础环境是以这些国家所在的地区作为参考的，具体的情况如下：

(1) 海拔高度：2000m 以下。
(2) 环境温度：正常室内温度在 20℃ 左右，最大环境温度 25℃，偶尔达到 35℃。
(3) 正常情况下室内最大湿度不超过 93%RH。

很显然，对于像中国这些部分（或全部）处于亚热带或热带的国家，以上的环境显得过于优越，并不符合产品的具体使用环境。因此，在考察电气产品的安全特性的时候，某些情况下需要考虑当地的特殊情况。如，对于热带地区，正常室内环境温度应当按 35℃~40℃ 来考虑；而对于寒带、亚寒带地区，应考虑产品在零度以下环境使用时的安全特性，特别是和水相关的产品，应当考虑结冰对产品安全的影响。这些环境参数的变化，都会对产品的安全设计带来影响，因此，在产品的设计阶段，就应当考虑产品使用地区的气候特点，适当调整部分产品技术指标的设计裕量。

2.3 基础概念

2.3.1 爬电距离、空气间隙与绝缘穿透距离

2.3.1.1 概念

爬电距离（creepage distance，cr），电气间隙（clearance，cl）与绝缘穿透距离（distance through insulation，dti）是用来评估绝缘的三个基本指标，也是电气产品安全体系中最重要的三个概念。它们从隔断电流路径的方面来对绝缘是否有效进行评估。具体定义如下。

（1）爬电距离

爬电距离是指沿绝缘表面测得两个导电零部件之间或导电零部件与设备防护界面之间的最短距离。绝缘的爬电距离应使得绝缘在给定的工作电压和污染等级下不会产生闪络或击穿（起痕）。由于爬电距离考量的是绝缘表面的电流路径，因此，影响绝缘材料表面情况的因素主要有：
- 污染等级；
- 材料组别；
- 工作电压。

绝缘所处的微观环境的污染等级越高，绝缘材料表面越有可能沉积更多的导电物质，造成实际的爬电距离减少，因此，污染等级越高，对最小爬电距离的要求越大。

绝缘材料的材料组别越低（相对漏电起痕指数越低），绝缘材料表面在电压的

作用下越容易产生局部导通，因此，绝缘材料的材料组别越低，对最小爬电距离的要求越大。

由于绝缘表面的导通，需要较长时间的电压施加，因此确定爬电距离所使用的工作电压是实际工作电压的有效值或直流值，并不考虑短期状态及短期干扰。

(2) 电气间隙

电气间隙是指在两个导电零部件或导电零部件与设备界面之间测得的最短空间距离。绝缘的电气间隙应使得进入设备的瞬态过电压或设备内部产生的峰值电压不能将其击穿。由于电气间隙考量的是穿越空气的空间距离，因此，影响空气绝缘特性的因素如下：

- 污染等级；
- 绝缘所处环境的过电压类别。

绝缘所处的微观环境的污染等级越高，相同工作电压下，空气层越容易发生电离，因此，污染等级越高，最小空气间隙的要求越大。

绝缘所处工作环境的过电压类别越高，绝缘越容易遭受较高的瞬态电压冲击，因此，过电压类别越高，最小空气间隙的要求越大。

由于瞬间的过电压就会造成空气的电离，因此，在确定空气间隙所使用的工作电压是实际的峰值电压，包括任何叠加在直流电压上的纹波电压的峰值，但不考虑非重复性的瞬态电压（如：由于雷电干扰引起的浪涌电压）。

(3) 绝缘穿透距离

绝缘穿透距离是指穿越固体绝缘的最小距离，它所指的是直接穿越绝缘的内部，而不是沿固体外表面。固体绝缘可以是单一的绝缘材料；也可以是多种材料组合构成，其中可以包括空气层。

在通常情况下，对于附加绝缘或加强绝缘，都有最小绝缘穿透距离的要求；但对于基本绝缘或功能绝缘而言，没有最小绝缘穿透距离的要求。需要特别指出的是，对于满足特定要求（如，电气强度要求等）的薄片绝缘材料，是没有最小绝缘穿透距离要求的，但是要求构成的绝缘至少由两层以上的薄片绝缘材料组成（如，环形变压器初次级之间的绝缘）。

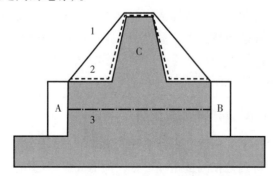

图 2-18 电气间隙、爬电距离和绝缘穿透距离示意图

1—电气间隙；2—爬电距离；3—绝缘穿透距离；A/B 导体；C—绝缘体

> 培训时常用的比喻：测量电气间隙犹如驾驶飞机，总是寻找最短的飞行路径；测量爬电距离犹如驾驶越野车，只能沿着表面寻找最短路径，而遇到沟槽则对比车轮的大小，或者直接跨过，或者沿着沟底前进；导体的宽度在测量时对总的距离是没有贡献的，而电极之间那些未连接的导体犹如小溪中间的石墩，距离太近就可以一步跨过，这些相邻的石墩无形之中缩小了小溪的宽度。

如图 2-18 所示，两个相互隔离的导体 A 和导体 B 安装在绝缘材料 C 做成的支撑上，其中实线路径 1 表示的是电气间隙，对应于一旦被电离形成电流路径的空气层；虚线路径 2 表示的是爬电距离，对应于绝缘材料表面可能由于污染而形成的电流路径；点划线路径 3 表示的是绝缘穿透距离，对应于可能由于绝缘材料失效而形成的电流路径。

概括而言，爬电距离是指导体之间沿着绝缘表面最短的路径；电气间隙是指导体之间最短的空间路径；而绝缘穿透距离是指穿过导体之间的绝缘的最短路径（注意，在绝缘穿透距离这个概念中，绝缘种类不包括单一的空气）。在实际应用中，通过测量爬电距离、电气间隙以及绝缘穿透距离这三个指标来评估现有绝缘是否满足基本绝缘、附加绝缘或加强绝缘的要求，只有当所有的指标都满足要求时，才能够认为该绝缘满足相应的绝缘基本要求。

需要注意的是，并不是所有情况下都同时存在这三个指标，在某些特殊情况下，可能只存其中一个或两个指标。如，当设备内部所有带电部件被树脂完全填封，在评估设备外壳表面到内部带电件的绝缘时，就只存在绝缘穿透距离，而不存在爬电距离与电气间隙这两个指标。

IEC 60664-1 详细描述了为保证绝缘的有效，绝缘对应的爬电距离、电气间隙及绝缘穿透距离必须满足的最小数值，同时还描述了影响这些最小爬电距离、最小电气间隙及最小绝缘穿透距离的因素，包括海拔高度、工作电压、污染等级、过电压类别及材料组别等，不同的产品标准在此基础上针对相关的产品特性定义了具体的要求。

在爬电距离、电气间隙与绝缘穿透距离这三个指标中，爬电距离与电气间隙是最相关的一对指标，在任何情况下，最小爬电距离都不应该小于最小电气间隙。如果根据标准查出的最小爬电距离小于对应的最小电气间隙，则应该用查出的最小电气间隙作为对应的最小爬电距离。

2.3.1.2　爬电距离及电气间隙的测量规则

在实际应用中，绝缘的构成是多种多样的，测量爬电距离和电气间隙时必须遵循一些基本的规则，特别是在测量路径上存在沟槽或缝隙等情形时。本节只介绍测量爬电距离和电气间隙的基本路径选择规则，至于如何利用测量结果对绝缘进行评估将在后面的章节介绍。

正如前面所介绍的，爬电距离和电气间隙的测量是和具体的工作环境密切相关的，在测量时应当根据 IEC 60664-1 来进行。但是在实际应用中，许多产品标准根据本身的情况做了一定的简化以方便应用，基本上能够满足大部分应用场合的需要。2.3.1.2.1～2.3.1.2.7 和图 2-24～图 2-26 是根据 IEC 60335、IEC 60950 等标准总结的基本测量规则及具体的测量实例[①]。

2.3.1.2.1 规则 1：当爬电距离路径上存在沟槽或缝隙时，如果沟槽或缝隙的宽度小于相应污染等级下的规定值 X，则沟槽或缝隙的深度在测量爬电距离时忽略不计。见表 2-4。

表 2-4 污染等级与规定值

污染等级	X/mm
1	0.25
2	1.0
3	1.5

注：只有当所要求的最小电气间隙大于或等于 3mm 时，本表才有效；如果要求的电气间隙小于 3mm，则 X 值为其中较小者：表中的相应值，或所要求的最小电气间隙的 1/3。

2.3.1.2.2 规则 2：如果在所测量的路径上包含一条任意深度、宽度小于 X（mm）、横壁平行或收敛的沟槽，则直接跨越沟槽测量电气间隙和爬电距离。这种情况下的电气间隙和爬电距离的路径和数值相同（典型例子：因为制造工艺等原因造成的绝缘材料表面的窄凹槽），见图 2-19。

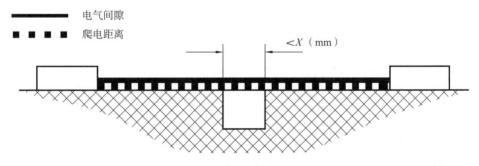

图 2-19 沟槽宽度小于 X（mm）

2.3.1.2.3 规则 3：如果在所测量的路径上有一条任意深度、宽度大于 X（mm）、横壁平行或收敛的沟槽，则电气间隙就是"视线"距离，爬电距离的路径就是沿沟槽轮廓线伸展的路径（典型例子：为了加大爬电距离而特意制作的凹槽），见图 2-20。

---

① 《安全与电磁兼容》2016 第 6 期发所表的，由王莹、李玉祯、张跃亭等撰写的《电气间隙和爬电距离实例解析》一文以某项电气间隙和爬电距离能力验证为例，详细记录了测量过程中对相关规则的思考、选择与应用，有兴趣的读者可以参考。

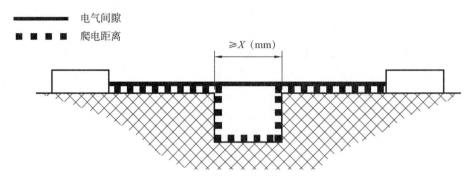

图 2-20　沟槽宽度大于 X（mm）

2.3.1.2.4　规则 4：如果在所测量的路径上有一条内角小于 80° 和宽度大于 X（mm）的 V 型沟槽，则电气间隙就是"视线"距离，爬电距离的路径就是沿沟槽轮廓线伸展的通路，但沟槽底部用 X（mm）的连线"短接"。该规则俗称"80°规则"（参见 CTL 决议 DSH590），见图 2-21。

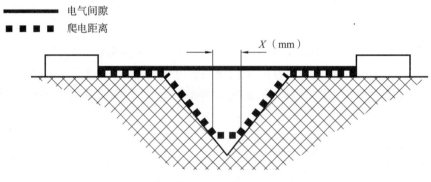

图 2-21　V 型沟槽

2.3.1.2.5　规则 5：如果所测量的路径上有一根肋条，则电气间隙就是越过肋条顶部的最短直达的空间距离，爬电距离的路径就是沿肋条轮廓线伸展的路径，见图 2-22。（典型例子：导体之间竖起的隔板。）

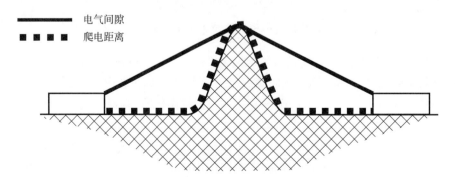

图 2-22　凸起的肋条

2.3.1.2.6 规则6：如果所测量的路径上有一条不粘合的接缝，则电气间隙和爬电距离的路径穿过接缝。接缝两头的路径根据规则2和规则3处理，见图2-23。

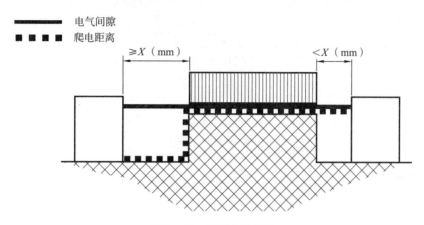

图2-23 不粘合的接缝

2.3.1.2.7 规则7：如果在测量的路径上有未连接的导电部件，则导电部件的尺寸对所测量的电气间隙和爬电距离不做贡献，电气间隙和爬电距离为 $d+D$。d 或 D 的值必须大于 X（mm），否则应认为是零，见图2-24~图2-27。（典型例子：导体之间起固定作用的金属螺钉。）

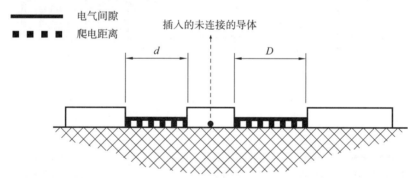

图2-24 中间插入未连接的导体

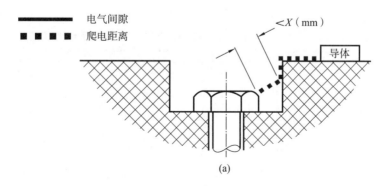

图2-25 凹槽中金属螺钉和导体的爬电距离

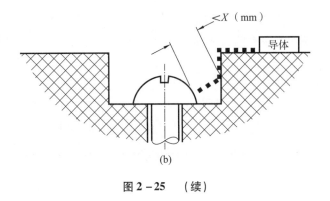

图 2-25 (续)

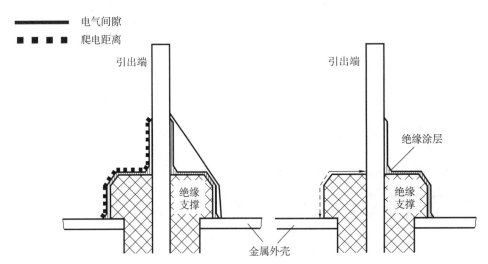

图 2-26 引出端周围有绝缘涂层的爬电距离和电气间隙

注:在涂覆绝缘涂层前,所涂覆的区域必须事先满足一定的要求,具体参见相关标准。

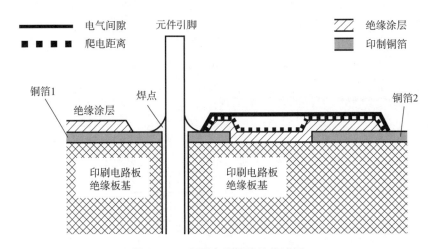

图 2-27 印刷电路板的绝缘涂层

注:在涂覆绝缘涂层前,所涂覆的区域必须事先满足一定的要求,具体参见相关标准。

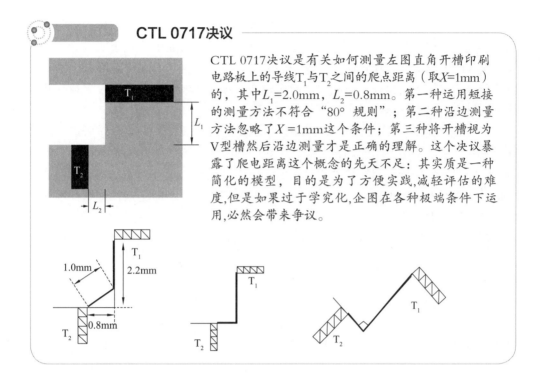

2.3.2 绝缘类型及其判定

2.3.2.1 绝缘类型

绝缘（insulation）是电气产品安全体系中最重要的一个概念，绝缘的基本作用是切断电流回路，用于隔离导体避免互相接触，在实际应用中起到保证设备正常工作和实现电击防护的作用。

按照绝缘在电气产品安全中所起的作用和功能，可以分为以下几种类型：

（1）基本绝缘（basic insulation）：基本绝缘是指对电击防护提供基本保护的绝缘。如电源线中的直接包裹金属导体的绝缘就是起到基本绝缘的作用。

（2）附加绝缘（supplementary insulation）：附加绝缘是指在基本绝缘的基础上附加的独立绝缘，作为基本绝缘一旦失效时能够起到电击防护作用的绝缘。如电源线中的包裹在线芯最外层的绝缘护套就是起到附加绝缘的作用。

（3）双重绝缘（double insulation）：双重绝缘是指由基本绝缘加上附加绝缘构成的绝缘。如电源线中的包裹金属导体的绝缘和最外层的绝缘护套一起构成了双重绝缘的结构。

（4）加强绝缘（reinforced insulation）：加强绝缘是指虽然只是单一的绝缘结构，但是它所提供的电击防护程度相当于双重绝缘。如，安全隔离变压器初级和次级之间骨架上的隔板构成了两者之间的绝缘，如果隔板的材料和厚度能够满足一定的要求，那么，它就可以等同于由一块隔板构成基本绝缘和另一块隔板构成附加绝缘而组成的双重绝缘的效果，也就是说，用单一的绝缘构成了等效于双重绝缘的效果，这样的绝缘就称为加强绝缘。单一的绝缘结构并不意味着加强绝缘必须是一块质地均匀的整体，它也可以由几层不能像附加绝缘或基本绝缘那样可以单独分开的绝缘层组成，其中甚至可以包括空气层。

（5）功能绝缘（functional insulation）：功能绝缘是指设备正常工作所需要的绝缘。它并不起电击防护的作用，但是，可以用来减少短路、引燃和着火等危险的可能性。如普通信号线金属导体外部包裹的一层塑料绝缘，它所起的作用只是保证所有信号线之间不会出现短路现象，确保设备能够正常工作，但是这种绝缘并不保证提供电击防护的作用。

现实中，绝缘的实现方式并不一定是一块质地均匀的固体绝缘体，它可以是多种绝缘材料的组合，甚至空气也可以充当绝缘体，只要这些绝缘材料满足一定的几何要求（如，厚度要求等）和性能要求（如，电气强度等）。以图 2-28 为例，图中在外壳开孔的位置，手指和设备内部的带电导体之间并没有一块质地均匀的固体绝缘体把手指和带电导体隔离开，但是由于外壳开孔的设计能够保证手指始终无法直接接触带电导体，并且和带电导体能够保持一定的距离，空气就可以充当绝缘的作用，在这种情况下，如果手指和带电导体之间的距离能够满足相应的最小电气间隙的要求，就可以认为手指和带电导体之间的绝缘满足加强绝缘的要求。

随着电气电子技术的发展和产品安全理论的发展，绝缘的构成已经不再局限于传统的绝缘材料和介质（如，塑料、陶瓷、空气等），甚至电子元件在一定条件下也可以起到绝缘的作用，这就是绝缘阻抗。有关绝缘阻抗的概念将在本书的第 3 章介绍。

因此，绝缘是通过适当的结构设计和选用适当的绝缘材料来保证其有效性，并且通过相关的实验来考察和验证绝缘的有效性的。在产品设计过程中，绝缘的设计过程通常应当采取以下的工作步骤：

（1）按照产品的设计要求，确定绝缘所必须符合的类型（功能绝缘、基本绝缘、附加绝缘或加强绝缘）；

（2）根据产品的结构，选用合适的绝缘方式（固态绝缘材料或空气绝缘等）；

（3）如果是选用空气绝缘，应调整产品的结构，包括各种配件的位置、尺寸和相互之间的距离，满足各种绝缘类型最小的空间要求（电气间隙和爬电距离）；

（4）如果是选用固态绝缘材料，应结合产品的其他性能参数（如发热特性、应用场合等），选用合适的绝缘材料（包括材料类型、绝缘穿透距离等）；

（5）在基本确定结构和材料后，通过相关的实验（如电气强度测试、绝缘电阻测试等）来验证绝缘是否能够完全满足相关产品在长期工作条件下对电击防护的要求。

本节主要介绍通过绝缘类型和电气间隙、爬电距离和绝缘穿透距离三个判定指标之间的关系，有关绝缘材料的选用和绝缘有效性的验证将在本书第 3 章介绍。本节内容主要依据标准 IEC 60664 这份有关绝缘系统有效性的基础指导文件，它概括了工作电压不超过 AC 1000V 或 DC 1500V，工作频率不超过 30kHz，产品所使用地区的海拔高度不超过 2000m 的情形下，确保绝缘系统有效性的要求以及相应的判定方法。该标准主要针对常见的固态绝缘材料和空气绝缘，但不包括液态绝缘、其他气体以及压缩空气，几乎所有的电气产品安全标准中对绝缘有效性的判定，都是以该标准为基础的。以下分别介绍如何确保固态绝缘和空气绝缘两种绝缘方式的有效性。

2.3.2.2 固态绝缘

固态绝缘（solid insulation）是最直观的绝缘类型，所指的是固态的绝缘材料。相对于空气绝缘而言，固态绝缘的电气强度较高，似乎是比空气绝缘更加良好的绝缘类型，然而，在实际使用中，固态绝缘的实际穿透绝缘厚度往往比相应的电气间隙小，这就抵消了固态绝缘绝缘特性的相对优势。另一方面，固态绝缘内部往往存在一些很小的空隙，这些空隙尽管可能小到肉眼无法分辨，但是在实际使用中，这些空隙有可能导致绝缘内部出现放电现象而影响绝缘的使用寿命。相对于空气绝缘而言，固态绝缘最大的缺点在于其绝缘特性会由于使用中各种因素的影响而呈现出逐渐老化的现象，这些因素包括长期使用中承受的电势差、可能遭遇的过电压脉冲、受热、环境温度和湿度的变化、机械冲击、化学物质的腐蚀、紫外线的照射等，甚至表面可能出现的霉变、生产中的例行检验等都会产生不利的影响，因此，并不能简单地比较固态绝缘和空气绝缘的优劣。

固态绝缘最常见的形式是固体绝缘，由整块的绝缘材料构成，或者由多块无法分离的绝缘材料构成。固体绝缘的绝缘特性取决于材料本身的成分和构成，与材料的厚度之间并没有一个固定的比例关系，这一点与实际中的直观经验是有一定差距的。IEC 60664-1：1992 + A1 第 3.3.1 条专门指出，"规定固体绝缘的最小厚度来获得长期承受电压的能力是不恰当的"；IEC 60664-1：2007 第 5.5.1 条则指出，一方面，固体绝缘的厚度变薄肯定会增加绝缘失效的可能性，另一方面，目前尚不可能通过计算得到所需的厚度。因此，固体绝缘的长期绝缘特性应当通过各种模拟条件下的电气强度测试或类似的加速测试来进行判定。

按照 IEC 60664 的要求，固体绝缘的绝缘特性的评估过程非常繁琐，在实际中的可操作性并不强。因此，对于许多产品安全标准而言，评估固体绝缘的方法作了一些简化，通常是规定固体绝缘的最小绝缘穿透距离，同时采用适当的电气强度测试进行验证其有效性。如，在潮态试验后，根据绝缘所承担的功能，选择相应的电压进行电气强度测试。绝缘穿透距离的测量比较简单，实际测量中只需测量两点之间穿过绝缘最短的距离即可。需要注意的是，对于由复合的多层绝缘层构成的绝缘，如果中间夹有未连接的孤立导体（如起支撑作用的金属条），虽然它本身不带电，但在实际测量中应当减去穿越该导体的厚度。表 2-5 是部分产品安全标准对固体绝缘的绝缘穿透距离的要求。

表 2-5 部分产品安全标准对固体绝缘的绝缘穿透距离的要求

标准	基本绝缘	附加绝缘	加强绝缘	功能绝缘
IEC 60950（IT 类产品）	没有要求	工作电压峰值不超过 71V：没有要求 工作电压峰值超过 71V：0.4mm	没有要求	没有要求
IEC 60335（家电类产品）	没有要求	1mm	2mm	没有要求
IEC 60598（灯具类产品）	没有要求	没有要求	没有要求	没有要求

在实际中，还有另外一种固态绝缘形式，这就是薄片绝缘（thin sheet insulation），也称作薄层绝缘。这种绝缘是采用多层绝缘的形式来获得等效的绝缘特性，即虽然绝缘总体的绝缘穿透距离没有满足相应绝缘功能最小的绝缘穿透距离的要求，但是通过足够的绝缘层数，并且每层绝缘都能够满足相应的电气要求。在这种情形下，绝缘穿透距离可以大大减小，甚至可以没有要求。如，对于家电产品（IEC 60335）而言，附加绝缘可以由至少两层绝缘材料构成，加强绝缘可以由至少三层绝缘材料构成，这些材料可以没有绝缘穿透距离的要求，但是每层必须能够单独满足附加绝缘的电气强度要求；而对于环形安全隔离变压器（IEC 61558）工作电压为 300V 的初级与次级之间，普通固体绝缘的绝缘穿透距离要求至少 1.0mm，但是如果是采用三层以上的薄片绝缘，绝缘穿透距离可以减少为 0.3mm，如果每一层在 5.5kV 的电压下能够通过芯轴试验（一种特殊的材料检测试验，具体参见 IEC 61558-1 的 26.3 节），并且绝缘是由两层单独的薄片绝缘构成，绝缘穿透距离甚至可以没有最小要求。

在实际中，需要注意电压频率对固态绝缘性能的影响。目前，许多实践经验已经表明高频（指 1kHz 以上的频率）对固态绝缘的长期性能有一定的不利影响，但是具体的影响效果仍然在研究中。非正弦波的电压，根据傅里叶变换，实际上包含了许多高频的正弦波，因此，非正弦波电压对固态绝缘的影响是和高频正弦波电压的影响类似的。在目前还没有最终研究结果的情形下，设计那些工作在高频电压下的产品（如开关电源）的绝缘防护系统时，必须预留足够的裕量，并且通过反复试验和失效统计结果来验证绝缘的有效性。

2.3.2.3 空气绝缘

空气也可以作为一种绝缘，这就是为什么即使没有将带电部件完全封闭起来，但是只要间隔一定的距离，也可以起到绝缘的作用（图 2-28）。在实际中，影响空气绝缘有效性的因素主要有两个。第一个主要影响因素是电场强度，根据 IEC 60664-1 所提供的实验数据表明，在海拔 2000m 以下的均匀电场中，1mm 的电气间隙可以承受的工频电压是 2.47kV，因此，一旦电场达到一定的强度，空气会电离而出现短路现象，导致空气绝缘失效。第二个主要影响因素是空气中各种污染物的不断累积，这些飘浮在空气中的污染物一旦累积到一定程度，就会在带电导体之间形成跨接回路，导致空气绝缘失效。因此，如何根据空气绝缘所承受的电压、污染程度而选择适当的空间距离，是确保空气绝缘有效性的关键。

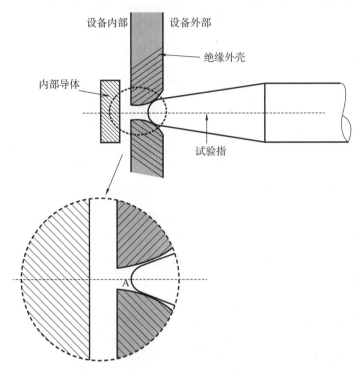

图 2-28　空气绝缘（根据参考文献 4 图 3.3 修改）

足够的电气间隙是确保空气绝缘有效性的第一个关键因素（图 2-27 中指尖 A 到带电部件之间的直线距离）。选择电气间隙的时候，除了需要考虑正常工作电压的峰值外，还需要考虑电路中可能出现的瞬态过电压，这些过电压有可能是来源于供电系统中的各种谐波干扰、开关切换、雷电等，也有可能是来源于产品的内部。在实际应用中，可以把供电系统中的过电压分为四种过电压类型（overvoltage category）：

- Ⅰ类过电压：在这种类型的系统中，瞬态过电压被有效地遏制在一个较低的水平，常见的例子是各种带保护的电子电路。
- Ⅱ类过电压：这种类型主要是指从电网供电的普通电气产品的供电环境，如各种家电产品、移动式电动工具等。大部分电气产品所工作的环境都是属于这种类型。
- Ⅲ类过电压：这种类型主要是指固定安装和连接的电气产品的供电环境，以及那些有特殊可靠性要求的设备的供电环境，如固定安装中的开关、永久连接的工业电气产品等。
- Ⅳ类过电压：这种类型主要是指工作在电网中的产品的供电环境，如电表、主过流保护装置等。

根据产品使用中的过电压类型，可以用于确定产品的额定脉冲电压（rated impulse voltage）（表2-6），以此作为确定最小电气间隙的依据之一。

表2-6 额定脉冲电压

过电压类型	Ⅰ	Ⅱ	Ⅲ	Ⅳ
最大额定电压/V	额定脉冲电压/V			
50	330	500	800	1 500
100	500	800	1 500	2 500
150	800	1 500	2 500	4 000
300	1 500	2 500	4 000	6 000
600	2 500	4 000	6 000	8 000
1 000	4 000	6 000	8 000	12 000

注：根据IEC 60664-1：1992表1和IEC 60664-1：2007表F.1整理。

除了额定脉冲电压，电场的分布特性也是影响电气间隙要求的因素之一。在相同工作条件下，均匀分布电场中的电气间隙要求可以比非均匀分布电场中的电气间隙小。在实际中，大部分情形下的电场分布都是不均匀的。IEC 60664-1对于各种绝缘类型在不同电场分布状态、不同污染等级、不同脉冲电压等的电气间隙要求，给出了一个指导性的表格，但对于具体的产品而言，不同的产品安全标准根据产品的实际状况作了适当的调整。

表2-7是IT类产品（根据IEC 60950）各种绝缘类型的最小电气间隙要求，查找起来非常方便。表2-8则是家电产品的最小电气间隙要求，表中的数据适用于功能性绝缘、基本绝缘和附加绝缘，至于加强绝缘，则采用相应的基本绝缘对应的额定脉冲电压更高一级所对应的数据。

表2-7 一次电路绝缘以及一次电路与二次电路之间的绝缘的最小电气间隙

额定电源电压	≤150V（瞬态电压1500V）						>150V，≤300V（瞬态电压2500V）						>300V，≤600V（瞬态电压4000V）		
污染等级	P1/P2			P3			P1/P2			P3			P1/P2/P3		
工作电压/V	F	B/S	R	F	B/S	R	F	B/S	R	F	B/S	R	F	B/S	R
	最小电气间隙/mm														
71 (50)	0.4	1.0 / 0.5	2.0 / 1.0	0.8	1.3 / 0.8	2.6 / 1.6	1.0	2.0 / 1.5	4.0 / 3.0	1.3	2.0 / 1.5	4.0 / 3.0	2.0	3.2 / 3.0	6.4 / 6.0
210 (150)	0.5	1.0 / 0.5	2.0 / 1.0	0.8	1.3 / 0.8	2.6 / 1.6	1.4	2.0 / 1.5	4.0 / 3.0	1.5	2.0 / 1.5	4.0 / 3.0	2.0	3.2 / 3.0	6.4 / 6.0

续表

额定电源电压	≤150V (瞬态电压1500V)						>150V, ≤300V (瞬态电压2500V)						>300V, ≤600V (瞬态电压4000V)					
污染等级	P1/P2			P3			P1/P2			P3			P1/P2/P3					
工作电压/V	F	B/S	R	F	B/S	R	F	B/S	R	F	B/S	R	F	B/S	R			
	最小电气间隙/mm																	
420 (300)	1.5	2.0 1.5	4.0 3.0	1.5	2.0 1.5	4.0 3.0	1.5	2.0 1.5	4.0 3.0	1.5	2.0 1.5	4.0 3.0	2.5	3.2 3.0	6.4 6.0			
840 (600)	3.0	3.2 3.0	6.4 6.0	3.0	3.2 3.0	6.4 6.0	3.0	3.2 3.0	6.4 6.0	3.0	3.2 3.0	6.4 6.0	3.0	3.2 3.0	6.4 6.0			
1400 (1000)	4.2	4.2	6.4	4.2	4.2	6.4	4.2	4.2	6.4	4.2	4.2	6.4	4.2	4.2	6.4			

注：1. 表中字母 F、B、S、R 分别指功能绝缘、基本绝缘、附加绝缘和加强绝缘。
2. 摘自 IEC 60950-1：2005 表 2H。[①]

表 2-8 家电产品最小电气间隙

污染等级	P1, P2	P3
额定脉冲电压/V	最小电气间隙/mm	最小电气间隙/mm
330	0.5	0.8
500	0.5	0.8
800	0.5	0.8
1 500	0.5	0.8
2 500	1.5	1.5
4 000	3.0	3.0
6 000	5.5	5.5
8 000	8.0	8.0
10 000	11.0	11.0

注：摘自 IEC 60335-1：2002 表 16。[②]

[①] 本书修订时最新版 IEC 60950-1：2005 + A1：2009 + A2：2013 对应内容已经改为表 2K 和表 2L，实质内容变动不大，鉴于本书并非标准解读，相关数据只是为了提供感性认识，因此，保留原来的表格供有兴趣的读者对照。

[②] 本书修订时最新版 IEC 60335-1：2010 + A1：2013 + A2：2016 对应内容略有改动；鉴于本书并非标准解读，相关数据只是为了提供感性认识，因此，保留原来的表格供有兴趣的读者对照。

此外，产品所使用地区的海拔高度也会对电气间隙有影响。在同等工作条件下，随着海拔高度的升高，电气间隙应当适当增加。表 2-9 是随着产品所使用地区的海拔高度升高而对电气间隙要求做出的修正系数，由于陆地上最高点珠穆朗玛峰的高度约为 8848m，因此，表 2-9 只摘录了部分数据。

表 2-9 电气间隙高度修正系数

海拔高度/m	电气间隙修正系数
2 000	1.00
3 000	1.14
4 000	1.29
5 000	1.48
6 000	1.70
7 000	1.95
8 000	2.25
9 000	2.62

注：摘自 IEC 60664-1：2007 表 A.2。

爬电距离是影响空气绝缘有效性的另一个技术指标，污染物在绝缘表面的堆积，会在长期电压的作用下形成导电回路，出现爬电的现象。而影响爬电距离的因素主要是工作电压、周围微环境的污染、爬电路径和方向、材料的类型和形状等。通常，爬电距离主要是受长期工作电压有效值的影响，瞬态过电压对爬电距离的影响一般可以忽略，因为根据经验，瞬态过电压一般不会在材料表面引起导电起痕的现象，但是如果重复出现过电压，则必须考虑其对爬电距离的影响。

污染等级是影响爬电距离的另一个重要因素。污染等级越高，爬电距离要求越大。爬电路径的绝缘材料类型也会对爬电距离有影响，使用高组别等级的材料，可以适当减小对爬电距离的要求。

在其他条件一定的情形下，改变爬电路径、方向和材料的形状是增加爬电距离的常用方法。在爬电路径中间增加凸起、凹槽或开槽等，都可以有效增加爬电距离，但是需要注意污染等级对有效凸起高度、凹槽宽度等的影响。

IEC 60664-1 对于各种绝缘类型在不同情形下的爬电距离要求，也给出了一个指导性的表格，但对于具体的产品而言，不同的产品安全标准根据产品的实际状况作了适当的调整。表 2-10 是 IT 产品的最小爬电距离要求（功能绝缘、基本绝缘或附加绝缘），表 2-11 是家电产品的最小爬电距离要求（基本绝缘或附加绝缘），表 2-12 是家电产品功能绝缘的最小爬电距离要求。在所有表格中，加强绝缘的最小爬电距离通常要求等于基本绝缘的爬电距离要求的两倍。

表 2-10 IT 产品最小爬电距离要求

污染等级	P1	P2	P1	P2			P3		
材料类型	印刷电路板		其他材料						
材料组别	Ⅰ, Ⅱ, Ⅲa/Ⅲb	Ⅰ, Ⅱ, Ⅲa	Ⅰ, Ⅱ, Ⅲa/Ⅲb	Ⅰ	ⅡⅢ	Ⅲa/Ⅱb	Ⅰ	Ⅱ	Ⅲa/Ⅲb
最大工作电压/V	最小爬电距离/mm								
10	0.025	0.04	0.08	0.4	0.4	0.4	1.0	1.0	1.0
12.5	0.025	0.04	0.09	0.42	0.42	0.42	1.05	1.05	1.05
16	0.025	0.04	0.1	0.45	0.45	0.45	1.1	1.1	1.1
20	0.025	0.04	0.11	0.48	0.48	0.48	1.2	1.2	1.2
25	0.025	0.04	0.125	0.5	0.5	0.5	1.25	1.25	1.25
32	0.025	0.04	0.14	0.53	0.53	0.53	1.3	1.3	1.3
40	0.025	0.04	0.16	0.56	0.8	1.1	1.4	1.6	1.8
50	0.025	0.04	0.18	0.6	0.85	1.2	1.5	1.7	1.9
63	0.04	0.063	0.2	0.63	0.9	1.25	1.6	1.8	2.0
80	0.063	0.10	0.22	0.67	0.9	1.3	1.7	1.9	2.1
100	0.1	0.16	0.25	0.71	1.0	1.4	1.8	2.0	2.2
125	0.16	0.25	0.28	0.75	1.05	1.5	1.9	2.1	2.4
160	0.25	0.40	0.32	0.8	1.1	1.6	2.0	2.2	2.5
200	0.4	0.63	0.42	1.0	1.4	2.0	2.5	2.8	3.2
250	0.56	1.0	0.56	1.25	1.8	2.5	3.2	3.6	4.0
320	0.75	1.6	0.75	1.6	2.2	3.2	4.0	4.5	5.0
400	1.0	2.0	1.0	2.0	2.8	4.0	5.0	5.6	6.3
500	1.3	2.5	1.3	2.5	3.6	5.0	6.3	7.1	8.0
630	1.8	3.2	1.8	3.2	4.5	6.3	8.0	9.0	10.0
800	2.4	4.0	2.4	4.0	5.6	8.0	10	11	12.5
1000	3.2	5.0	3.2	5.0	7.1	10	12.5	14	16
1250			4.2	6.3	9.0	12.5	16	18	20
1600			5.6	8.0	11	16	20	22	25

注:摘自 IEC 60950-1:2005 表 2N。[①]

---

① 本书修订时最新版 IEC 60950-1:2005 + A1:2009 + A2:2013 对应内容已经删去其中的"印刷电路板"部分,其他内容实质变动不大,鉴于本书并非标准解读,相关数据只是为了提供感性认识,因此,保留原来的表格供有兴趣的读者对照。

表 2-11 家电产品基本绝缘的最小爬电距离

污染等级	P1	P2			P3		
材料组别	—	Ⅰ	Ⅱ	Ⅲa/Ⅲb	Ⅰ	Ⅱ	Ⅲa/Ⅲb
工作电压/V	最小爬电距离/mm						
≤50	0.2	0.6	0.9	1.2	1.5	1.7	1.9
>50, ≤125	0.3	0.8	1.1	1.5	1.9	2.1	2.4
>125, ≤250	0.6	1.3	1.8	2.5	3.2	3.6	4.0
>250, ≤400	1.0	2.0	2.8	4.0	5.0	5.6	6.3
>400, ≤500	1.3	2.5	3.6	5.0	6.3	7.1	8.0
>500, ≤800	1.8	3.2	4.5	6.3	8.0	9.0	10.0
>800, ≤1 000	2.4	4.0	5.6	8.0	10.0	11.0	12.5

注：摘自 IEC 60335-1：2002 表 17。[①]

表 2-12 家电产品功能绝缘最小爬电距离

污染等级	P1	P2			P3		
材料组别	—	Ⅰ	Ⅱ	Ⅲa/Ⅲb	Ⅰ	Ⅱ	Ⅲa/Ⅲb
工作电压/V	最小爬电距离/mm						
≤50	0.2	0.6	0.8	1.1	1.4	1.6	1.8
>50, ≤125	0.3	0.7	1.0	1.4	1.8	2.0	2.2
>125, ≤250	0.4	1.0	1.4	2.0	2.5	2.8	3.2
>250, ≤400	0.8	1.6	2.2	3.2	4.0	4.5	5.0
>400, ≤500	1.0	2.0	2.8	4.0	5.0	5.6	6.3
>500, ≤800	1.8	3.2	4.5	6.3	8.0	9.0	10.0
>800, ≤1 000	2.4	4.0	5.6	8.0	10.0	11.0	12.5
>1 000, ≤1 250	3.2	5.0	7.1	10.0	12.5	14.0	16.0

注：摘自 IEC 60335-1：2002 表 18。[②]

在实际中，通常最小电气间隙的要求数值比最小爬电距离的要求数值小，但是爬电距离和电气间隙之间并没有一个固定的关系。

表 2-13 总结了各种绝缘类型和它们的判定指标之间的关系，作为以上内容的一个小结。

[①②] 本书修订时最新版 IEC 60335-1：2010 + A1：2013 + A2：2016 对应内容略有改动，斜体部分数据略有减小；鉴于本书并非标准解读，相关数据只是为了提供感性认识，因此，保留原来的表格供有兴趣的读者对照。

表 2-13 常见电气产品绝缘类型与判定指标最小值之间的关系

绝缘类型	爬电距离	电气间隙	绝缘穿透距离
基本绝缘	= cr （并且 cr≥cl）	= cl	通常没有要求
附加绝缘	= cr	= cl	= dti （许多时候是 1mm）
加强绝缘	= cr×2	≥ cl×2	≥ dti 或 ≥ dti×2 （许多时候是 1mm 或 2mm）
功能绝缘	一般 ≤ cr	一般 ≤ cl	通常没有要求

2.3.3 相对漏电起痕指数与耐漏电起痕指数

相对漏电起痕指数（CTI）是一个用于评估绝缘材料性能的指标。它统一采用 IEC 60112 所定义的试验条件，即含水污染物液滴落在引起电解传导的绝缘表面上，考察绝缘材料在该条件下维持绝缘特性可以承受的最大测试电压，用定量的手段来比较各种绝缘材料的绝缘特性，用来确定绝缘所要求的最小爬电距离。

根据相对漏电起痕指数（CTI），可以将绝缘材料分为四个组别（表 2-14）。在实际应用过程中，如果不知道材料的组别，一般都假定材料为Ⅲb组，或者通过耐漏电起痕指数试验来确定其材料组。

耐漏电起痕指数（PTI）则是按照 IEC 60112 规定的试验方法确定绝缘材料是否可以承受某一指定的测试电压下。当需要材料的 CTI 为 175 或更高时，并且得不到所需材料的数据，可以用通过 PTI 试验来确定材料的组别。如果试验确定的 PTI 大于或等于某一材料组别所对应的 CTI 的下限值，则该材料可划分到这一组别中。

必须注意的是，CTI 只是用于比较绝缘材料特性的一个测试指标，并不能将其认为是材料维持绝缘特性的最大工作电压。

表 2-14 材料组和相对漏电起痕指数（CTI）

材料组	CTI
Ⅰ组材料	600≤ CTI
Ⅱ组材料	400≤ CTI <600
Ⅲa组材料	175≤ CTI < 400
Ⅲb组材料	100≤ CTI < 175

2.3.4 材料可燃性等级与耐热特性

2.3.4.1 可燃性等级

材料的可燃性等级（flammability classification），也就是俗称的阻燃等级，指的是根据材料点燃后的燃烧特性和熄灭能力而对材料划分的等级。材料的可燃性等级是产品在设计时考虑产品的防火性能而选择材料的重要参考依据。材料样品测试标准常用的有 IEC 60695-11-10，IEC 60695-11-20 等。在北美，采用的是 UL 94（如，94V-0 对应 V-0 等级）。表 2-15 是材料的可燃性分级。特别需要注意的是，材料的可燃性等级是和材料的厚度密切相关的。同一种材料，其厚度越薄，等级就越低。

表 2-15 材料的可燃性分级

材料	试验依据	可燃性等级（按等级高低次序排列）
普通材料	IEC 60695-11-10 IEC 60695-11-20	5VA，5VB，V-0，V-1，V-2，HB40，HB75（部分早期标准中的 5V 级等效于 5VB；而 HB40 和 HB75 则没有区分，统一划分为 HB 级）
塑料	ISO 9773	VTM-0，VTM-1，VTM-2（这三个等级的可燃性分别等效于 V-0，V-1 和 V-2）
泡沫材料	ISO 9772	HF-1，HF-2，HBF

注：材料的可燃性等级越高，表示其防火特性越优。

这几种等级的名称主要来自它们的测试方法。以下是对材料的可燃性所进行的几种测试，具体测试方法请读者参阅相关标准：

■ 水平燃烧（HB）测试（图 2-29）：根据 IEC 60695-11-10 进行测试，该等级是最低的防火等级。HB 材料多用于外部装饰件等防火要求低的场合，也可用于手持式家电外壳。

■ 垂直燃烧（V）测试（图 2-30）：根据 IEC 60695-11-10 进行测试。该等级的材料应用最为广泛。

■ 500W 垂直燃烧（5V）测试（图 2-31）：根据 IEC 60695-11-20 进行测试，在测试中采用标准 500W（125mm 火焰）甲烷气点燃样品，包括垂直和水平两个测试，5VB 级只做垂直测试，而 5VA 级则两项测试都要做。该等级是最高防火等级，材料多用于固定设备的防火外壳。

所有的电气产品安全标准都针对防火要求，规定了产品的各个部位在各种条件下应当采用何种可燃性等级的材料。

在现实中，对于可燃性等级未知的材料，或者虽然知道材料的可燃性等级，为了验证材料在实际条件下的阻燃特性，可以采用以下几种测试来考察材料的阻燃特性：
- IEC 60695-11-20：500W（125mm）火焰测试。
- IEC 60695-11-10：50W（20mm）火焰测试。
- IEC 60695-11-5：针焰（needle-flame，12mm）测试。
- IEC 60695-11-10~13：灼热丝（glow-wire）测试。

针焰测试、50W 测试、500W 火焰和灼热丝（550℃）测试等常用于产品外壳，用于替代 HB，V 和 5V 的材料测试。针焰有时也用于有高压电弧的产品。灼热丝（650℃，750℃，850℃等）测试多用于测试各种条件下接近（距离小于 0.8mm）或接触带电导体的部件。具体的测试要求和测试方法可参阅相关标准。

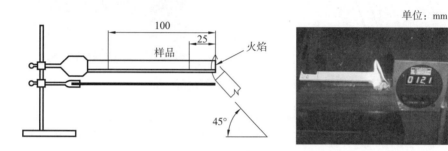

图 2-29　水平燃烧测试

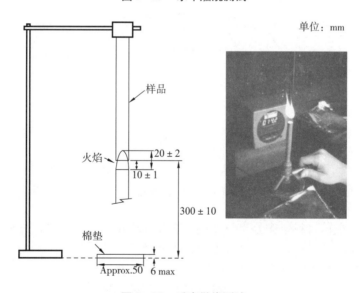

图 2-30　垂直燃烧测试

2.3.4.2　耐热特性

材料（特别是热塑性材料）的耐热特性，是指材料在受热情形下抗热变形的能力。通常，非金属材料制成的产品外部部件（如提供安全防护作用的外壳）、用来支撑带电部件和连接部件的绝缘材料（如，端子的绝缘支撑体）、作为附加绝缘或

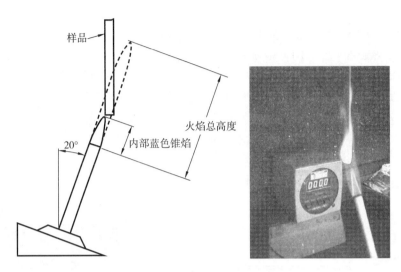

图 2-31　500W 垂直燃烧测试

加强绝缘的热塑材料，都应当具备一定的耐热特性。材料的耐热特性一般采用球压试验（图 2-32）来进行评估，试验的具体方法可以参考 IEC 60695-10-2。球压试验的结果是通过压痕的直径来评估的，通常要求材料球压的压痕在 2mm 以内。

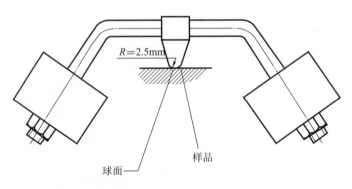

图 2-32　球压试验

球压试验根据材料用途分为两种类别来进行试验，采用材料在正常状态下的最高温升加上 40K（℃）作为基准温度，如果基准温度低于对应类别的温度值，则采用该类别的温度值作为测试温度，否则采用基准温度作为测试温度：

- 75℃类别：用于产品外部部件的材料，最低测试温度为 75℃。
- 125℃类别：用于支撑带电部件的材料，最低测试温度为 125℃。

需要注意的是，不同类别的产品安全标准对于不同应用场合的材料的球压试验要求存在一定的差异，如，IEC 60335-1 对于作为附加绝缘或加强绝缘的热塑材料，还必须考虑产品在异常状态下的最高温升（具体可参见其附录 O）。

通过球压试验来对材料进行分级的做法目前尚不成熟，尽管 IEC 60695-10-2：2014 已经开始进行尝试。根据 IEC 60695-10-2：2014 表1，常见发热热塑材料可以承受的最低球压试验温度如下：
- PC + ABS：90℃；
- PP：120℃；
- PC：140℃；
- PBT：200℃；
- PET：240℃；
- PA66：240℃。

需要注意的是，上述温度值所起的只是通常意义上的参考作用，实际中是否能够通过球压试验与材料的具体配方、工艺等有密切的关系，不可硬套。

电线电缆的绝缘和护套、绝缘套管、填充用的树脂等材料的耐热特性采用另外的耐热考察方式，而不采用球压试验方式，具体的试验方法请参阅相关产品对应的标准。而陶瓷材料和线圈骨架（除非有用来支撑或保持接线端子在位的作用）是不采用球压试验来考察的。

需要注意的是，球压试验只是提供一种考察材料耐热特性的统一方法，试验的结果只能作为一种评估指标，不能简单地认为试验的结果就是材料使用中变形的程度。此外，目前尚未发现有文献指出材料的可燃性等级和球压试验的结果之间存在关联。

球压压痕

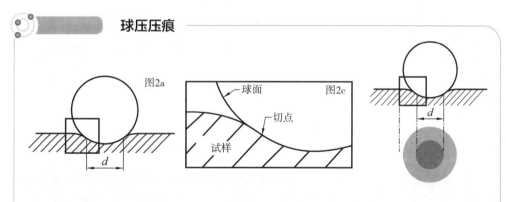

IEC 60695-10-2：2003（第 2 版）在 7.2 节中压痕的测量是以钢球与材料接触点的切面作为压痕的圆周，并用图 2a 和图 2c 进行了示意，因此，可以利用凹痕与周边在强光直射下聚光效果的不同，区分出压痕与过渡区域[注]；但是，在 2014 年第 3 版 8.5 节，删去了示意图，压痕直径改为测量可以清楚观察到的最大压痕边界，定义反而模糊了，极有可能造成第 3 版所测得数据较第 2 版偏大。尽管 CTL 决议 DSH 0391D 指出可以根据具体产品标准进行测量，但是由于越来越多的标准采用直接引用的方式，由此带来的差异需要在实践中留意。

注：陈凌峰，刘群兴，罗宗敏. 球压试验压痕判定方法 [J]. 安全与电磁兼容，2006（06）：62.

2.3.4.3 UL 材料认证证书

UL 是世界上最著名的材料测试机构之一,它所测试的材料得到的结果在其网站上公告,这些结果包括材料的燃烧特性、引燃特性、耐热特性等,在实际中被许多电气产品安全检测认证机构和生产企业所参考和引用,是评估市场上现有材料的电气安全相关特性的重要依据。由于早期这些检测结果印制在 3in×5in 大小的黄色索引卡片(略比普通明信片小)上提供给相关的企业,因此,UL 材料认证证书俗称为"UL 黄卡"。本书以塑料为例,根据 UL 网站的相关内容对一些电气产品安全中常见的材料参数进行汇总整理,方便读者在实际中使用。UL 还推出了一个 UL iQ^{TM} 的数据库(iQ^{TM} Family of Databases)将许多 UL 测试的塑料材料的参数收集在其中,有兴趣的读者可以登录该数据库了解更多的信息。以下分别介绍在 UL 的材料认证证书常见的参数,详细的解释应参考 UL 的相关标准和检测报告。

(1)材料的燃烧等级(flammability):材料的燃烧等级主要根据 ANSI/UL 94 的测试来决定。注意,根据 ANSI/UL 94 得到的材料燃烧等级只作为电气产品及其元器件中的塑料材料的燃烧特性的参考,不能推广到建筑装饰材料的燃烧性能判定(表 2 – 16)。

表 2 – 16 材料的燃烧等级

测试类型	水平燃烧测试	20mm 垂直燃烧测试	薄片材料垂直燃烧测试	泡沫材料水平燃烧测试	500W(125 mm)垂直燃烧测试
燃烧等级	—	V – 0			5VA
	—	V – 1	VTM – 1	HF – 1	
	—	V – 2	VTM – 2	HF – 2	5VB
	HB	—	—	HBF	

(2)材料的耐热特性(thermal endurance):材料的耐热特性用相对耐热温度指数(Relative Thermal Index,符号为 RTI)表示。RTI 表示材料在低于该温度的环境下使用时,在产品的设计寿命内,材料不会出现因为受热的原因而导致材料的特性出现不可接受的改变。注意,在实际应用中,如果特定的产品安全标准允许,材料也可以在超出 RTI 一定程度的范围内使用。根据材料的特性,RTI 可以分为以下三种:

■ 电性能 RTI(符号 RTI Elec),与材料的绝缘特性相关;

■ 机械冲击 RTI(符号 RTI Mech Imp),与材料在承受冲击、硬化、拉伸、弯曲等情形的机械特性相关;

■ 机械强度 RTI(符号 RTI Mech Str),与材料在没有承受外部冲击、拉伸、弯曲等情形下的机械强度和结构完整性相关。

(3)材料的引燃特性和起痕特性:这些参数一般用特性等级来表示(即 PLC,Performance Level Categories),主要有以下几种:

■ 热丝引燃等级（Hot – Wire Ignition，符号为 HWI，根据标准 ASTM D3874，IEC 60695 – 2 – 20）：根据材料测试样品在热丝引燃测试中被引燃（或者没有引燃，但是被烧穿）的平均时间来分级，等级的数字越小，阻燃特性越好（表 2 – 17）。

表 2 – 17　热丝引燃等级　　　　　　　　　　　　　单位：s

HWI（平均引燃时间）	等级
≥120	0
60 ~ 119	1
30 ~ 59	2
15 ~ 29	3
7 ~ 14	4
≤7	5

■ 大电流电弧引燃等级（High – Current Arc Ignition，符号为 HAI，根据标准 ANSI/UL 746A）：根据材料测试样品在测试中被引燃需要的电弧的平均数量来分级，等级的数字越小，阻燃特性越好（表 2 – 18）。

表 2 – 18　大电流电弧引燃等级

HAI（平均引燃电弧的数量）	等级
≥120	0
60 ~ 119	1
30 ~ 59	2
15 ~ 29	3
≤15	4

■ 高压电弧起痕等级（High – Voltage Arc Tracking Rate，符号为 HVTR，根据标准 ANSI/UL 746A）：根据材料测试样品在测试中的平均起痕率来分级，测试样品的厚度一般为 3mm。等级的数字越小，绝缘特性越好（表 2 – 19）。

表 2 – 19　高压电弧起痕等级

HVTR（mm/min）	等级
0 ~ 10	0
10.1 ~ 25.4	1
25.5 ~ 80	2
80.1 ~ 150	3
≥150	4

■ 抗高压低电流电弧等级（High – Voltage Low – Current Arc Resistance，符号为

D495，根据标准 ASTM D495）：根据材料测试样品在测试中表面导电前承受的电弧平均时间来分级，测试样品的厚度一般为 3mm。等级的数字越小，绝缘特性越好（表 2-20）。

表 2-20　抗高压低电流电弧等级

D495（承受电弧的平均时间）/s	等级
≥420	0
360~419	1
300~359	2
240~299	3
180~239	4
120~179	5
60~119	6
≤60	7

■ 相对漏电起痕等级（Comparative Tracking Index，符号为 CTI，根据标准 ASTM D3638）：根据材料测试样品在测试中引起漏电起痕的电压值来分级，等级的数字越小，绝缘特性越好（表 2-21）。

表 2-21　相对漏电起痕等级

CTI（起痕电压）/V	等级
≥600	0
400~599	1
250~399	2
175~249	3
100~174	4
≤100	5

UL 材料认证证书极大地方便了在产品安全设计中对材料的选择。但是在实际工作中，参考和使用 UL 材料认证证书时，应注意下面的几个问题：

在实际中，对于已经成型的塑料部件，应当注意材料在成型过程中是否会导致材料的特性改变的情形。特别地，所掺杂的回火材料（regrind thermoplastic material）的数量不可以超过 25%，否则会严重影响材料的特性。

如果塑料长期暴露在户外、X 射线照射等情形下，以及在长期和油、肥皂、化学品等接触的情形下，材料的特性会改变，在这种情形下，UL 材料认证证书所给的参数可能是不适用的。

此外，材料的特性是和具体的应用密切相关的，除了以上参数，如果材料在使用中支撑或接触载流部件，还必须考虑材料的热变形、耐潮等特性。因此，评估材料特性的时候，还应当结合材料在产品中的具体使用情况。从电气产品安全的角度，有关塑料的使用注意事项，可以参考标准 ANSI/UL 746C，这里就不再深入了。

下面以一个实例来解读 UL 材料认证证书上常用的参数。表 2-22 是证书上常用的一些缩写符号的含义。表 2-23 是摘录 UL 网站公告的内容①，材料的开发生产企业是 E I DUPONT DE NEMOURS & CO INC 公司，材料在 UL 的分类编号为 QM-FZ2，证书的号码为 E54681，材料的种类属于乙烯-四氟乙烯共聚物（E/TFE），名称为 Tefzel。以编号为 HT-2181 的材料为例，它的颜色是 NC（natural color，本色，没有添加染色材料）；对于它的厚度为 0.75mm~1.5mm 时，它的燃烧等级是 V-0，HWI 等级是 3，HAI 等级是 0，而 RTI 则是 150℃；当它的厚度超过 1.5mm 时，它的 HWI 等级提高到等级 2。

表 2-22　UL 材料认证证书中采用缩写含义

缩写	英文原文	中文名称
Flame Class	ANSI/UL 94 Flammability Classification	燃烧等级
Material Dsg	Material Designation	材料编号
Col	Color	颜色
Min Thk	Minimum Thickness	最小厚度
Thk Rg	Thickness Range	厚度范围
Den Range g/cc	Density Range, g/cc	密度范围
Elec	Electrical	电气（的）
RTI	Relative Temperature Index	相对耐热温度指数
HWI	Hot-wire Ignition	热丝引燃等级
HAI	High Current Arc Ignition	大电流电弧引燃等级
HVTR	High Voltage Arc Tracking Rate	高压电弧起痕等级
D495	Arc Resistance	抗高压低电流电弧等级
CTI	Comparative Tracking Index	相对漏电起痕等级
Mech	Mechanical	机械（的）
Tnsl	Tensile	张力
Elong	Elongation	拉伸
Str	Strength	（机械）强度
Imp	Impact	（机械）冲击

---

① 该表内容提取时间是 2007 年；2018 年本书修订时证书持有人已经更改为 The Chemours Company，表格内容和格式也略有改变，但考虑到这些改变对相关解释的影响不大，故内容保留不变，方便有兴趣的读者对照。

表 2–23 UL 材料认证证书实例

Material Dsg	Color	Min. Thk mm	Flame Class	HWI	HAI	RTI Elec	RTI Mech Imp	RTI Mech Str	HVTR	D495	CTI
Ethylene/Tetra flouroethylene (E/TFE), "Tefzel", furnished as pellets.											
200 (h), 210, 280 (h)	NC	1.5	V–0	3	0	170	160	170	4	6	0
207	ALL	0.3	V–0	—	—	150	150	150			
750	NC	0.6	V–0	—	—	150	150	150			
HT–2181	NC	0.38	V–0	—	—	150	150	150	0	5	
		0.75	V–0	3	0	150	150	150			
		1.5	V–0	2	0	150	150	150			
		3.0	V–0	2	0	150	150	150			

注：摘自 UL 网站，2007 年 7 月。

2.3.5 污染等级

设备无论是在使用中还是存放过程中，都不断会有灰尘甚至油污等污染物沉积吸附在各个表面上，包括设备内部、外壳的内表面和各个元件上，特别是在存在静电效应或高压电路的附近，这种沉积和吸附将大大加剧。在一定的时间后，导电体之间任何微小的距离都会被这些沉积物短接。这些沉积物未必是导电的，但是一旦受潮，就会变成导电体。冷凝现象是导致这些沉积物受潮的主要因素。然而，除非所讨论的微环境是完全密封的，否则，冷凝现象总是无法避免的。

由于这些沉积物的种类、沉积速度和沉积程度等会影响产品的安全特性，因此，有必要对这种污染现象进行分类。根据 IEC 60664–1，通常电气产品的环境的污染可以划分为 4 个等级（表 2–24）。

表 2–24 污染等级分类

污染等级	污染情况	通常出现场合
P1	没有污染物沉积，或者只有干燥的、无导电性污染物沉积，污染不会对安全产生影响	完全密封的元件内部，并且不会产导电性的灰尘（如碳粉、金属末等）
P2	只有干燥的、无导电性的污染物沉积，偶尔会出现冷凝现象	普通使用条件下。通常，大部分设备都是在这种条件下使用

续表

污染等级	污染情况	通常出现场合
P3	出现具有导电性的污染物沉积，或者预期会出现冷凝现象，不管污染物沉积是否具有导电性	比较恶劣的使用环境，无论是室内的还是室外的
P4	由导电性粉尘、雨水或雪花引起持久导电性的污染物堆积	非常恶劣的使用环境

需要注意的是，设备所处环境的污染等级和设备某个部位周围的微环境的污染等级未必是一样的，密封的外壳可以防止外界环境灰尘的沉积，但对设备内部产生的污染却无能为力。如，一台电机的工作环境的污染等级是 P2，但是在其密封的外壳内部，电机的碳刷产生的碳粉会导致附近空间的污染等级为 P3。

污染等级会影响爬电距离的测量，因此，在产品设计时，必须考虑设备的使用环境以及内部元件的微环境的污染等级对产品安全特性带来的影响。

2.3.6 防护等级

防护等级（Ingress Protection code，IP Code），也称为 IP 防护等级，是指设备外壳对设备的防护程度，即设备外壳防止某些外部影响、防止外部异物进入设备内部的防护等级。

IP 防护等级一般用两位特征数字等级来表述（必要时使用附加字母及补充字母），这些数字用来表示防护的等级，如 IP20、IP67 等。其中，第一位数字用于表示外壳防护固体物质进入程度，第二位数字用于表示外壳的防水程度。对于设备外壳而言，人体可以等效认为是外部固体物质，因此，IP 防护等级的第一位数字体现了对人体的防护程度。在某些情况下，IP 防护等级可以不指定某个特征数字等级而用"X"表示，表示讨论该等级没有意义，或者忽略该等级的特征，如 IPX4 表示忽略第一位特征数字等级，不讨论设备外壳对外部固体异物的防护。

标准 IEC 60529 详细定义了 IP 等级中各种数字的含义（表 2-25 和表 2-26）。IP 1X、IP 2X、IP 3X 和 IP 4X 可以分别采用 IEC 61032 中的试具 A、B、C 和 D 等测试指和测试销进行判定（详见本书第 2.2 节），而 IP 5X 和 IP 6X 则需要使用 La2 沙尘试验箱进行测试判定。

在实际中，由于防水和防止固体物质并不是完全独立的两种防护，一定的防水等级通常也具有一定的固体异物防护等级，因此，并不是所有的防护等级组合都是有意义的，常见的 IP 防护等级有：

- IP00：没有任何防护措施，通常是内部元件。
- IP20：外壳能够防止手指触及危险部件，但是没有防水能力，大部分的设备都是这个防护等级。

- IP54：通常设备用于室外恶劣环境最起码的防护等级。
- IP67：水下设备必须的防护等级。

表2-25 防护等级第一位数字含义

数字	防止异物进入程度	等效人体防护
0	没有防护	没有保护
1	可防止直径超过50mm的固体物质进入	防止手背意外触摸设备内部
2	可防止直径超过12mm直径、长度不超过80mm的固体物质进入	防止手指进入设备内部
3	可防止直径超过2.5mm的固体物质进入	防止手持金属工具进入设备内部
4	可防止直径超过1.0mm的固体物质进入	防止细小金属丝进入设备内部
5	防尘：灰尘进入的数量不允许累积到干扰设备的正常运行或安全特性	基本防止任何接触
6	尘密：没有灰尘进入，完全防尘	完全防止任何接触

表2-26 IP防护等级第二位数字含义

数字	防水程度
0	没有防护
1	防滴：水滴垂直滴到外壳
2	防滴：当外壳与竖直方向倾斜15°时，水滴垂直滴到外壳
3	防淋：水从60°角喷溅到外壳
4	防溅：水从任何方向喷洒到外壳，但不损害安全
5	防喷：水喷射到外壳
6	防强喷：用高压水喷射
7	水密（浸没）：在短暂时间内浸入水中
8	加压水密（潜水）：长时间浸没在水中
9	防高压高温喷水：任意方向的高压高温水喷射

由于历史原因，在美国和加拿大还采用另外一套系统来表达外壳的防护程度，分别是：

IP等级符号

早年的一些产品安全标准（如 IEC 60598 - 1 第 5 版）采用一些符号来表示不同的 IP 等级；例如，以水滴的组合图案来表示不同的防水等级，用防护网的组合图案来表示不同的防尘等级。不过近年修订的标准（包括 IEC 60598 - 1 在内）基本已经不再使用这些符号。

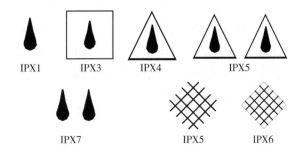

■ 美国：美国电气制造商协会（NEMA）标准——ANSI/NEMA 250 Enclosures for Electrical Equipment（1000 Volts Maximum）；

■ 加拿大：加拿大电气规范（CEC）——Canadian Electrical Code（CEC）Part I, C22.1 - 02。

两者对外壳防护等级的规定不尽相同。标准 NEMA 250 将非危险场所外壳防护等级产品划分为以下 11 种类型：

■ 户内使用：2，5，12，12K 和 13；
■ 户外使用：3，3R，3S，4，6 和 6P。

有关 NEMA 250 外壳防护等级的含义和防护能力参见表 2 - 27 和表 2 - 28。

表 2 - 27　NEMA 250 外壳类型等级含义

外壳类型	防护程度
2	室内使用的外壳，结构上提供一定等级的保护，以防止滴水、非腐蚀性液体轻微飞溅和微小跌落物的损害
3	室内或室外使用的外壳，结构上提供一定等级的保护，以防止雨水、下雪、飞扬粉尘及外部结冰的损害
3R	室内或室外使用的外壳，结构上提供一定等级的保护，以防止雨水、下雪及外部结冰的损害
3S	室内或室外使用的外壳，结构上提供一定等级的保护，以防止雨水、下雪、飞扬粉尘及外部结冰的损害；外部机械装置在冰雪覆盖下仍可操作
4	室内或室外使用的外壳，结构上提供一定等级的保护，以防止雨水、下雪、飞扬粉尘、溅水、软管直射水及外部结冰的损害

续表

外壳类型	防护程度
4X	室内或室外使用的外壳,结构上提供一定等级的保护,以防止雨水、下雪、飞扬粉尘、溅水、软管直射水及外部结冰的损害,抗腐蚀
5	室内使用的外壳,结构上提供一定等级的保护,以防止滴水、非腐蚀性液体轻微飞溅,丝状物质、沙尘、纤维和悬浮的杂质
6	室内或室外使用的外壳,结构上提供一定等级的保护,在临时浸没在一定水深时,防止水进入壳内;外部形成的冰霜对其无损害
6P	室内或室外使用的外壳,在长时间浸没在限制水深时,构造上提供一定保护等级防止水进入壳内;外部形成的冰霜对其无损害;抗持续性腐蚀
12	室内使用的外壳,构造上提供一定保护等级对扩散的沙尘、皮棉、纤维和飞毛;滴水和非腐蚀性液体轻微飞溅;无撞击开孔机构(knockouts)
12K	室内使用的外壳,构造上提供一定保护等级对扩散的沙尘、皮棉、纤维和飞毛;滴水和非腐蚀性液体轻微飞溅;有撞击开孔机构(knockouts)

表 2-28 NEMA 250 中各类外壳防护能力

符合如下防护要求	外壳防护等级										
	2	3	3R	3S	4	4X	5	6	6P	12	12K	13
滴水、轻微溅水、防微小跌落物	X	X	X	X	X	X	X	X	X	X	X	X
尘土、棉绒、纤维物和飞扬物流通的环境	—	X	—	X	X	X	—	X	X	X	X	X
尘土、棉绒、纤维物和飞扬物沉淀的环境	—	X	—	X	X	X	X	X	X	X	X	X
水管直射水	—	—	—	X	X	—	X	X	—	—	—
腐蚀环境	—	—	—	—	—	X	—	—	X	—	—	—
偶尔、暂时性潜水	—	—	—	—	—	—	—	X	X	—	—	—
偶尔、短时性潜水	—	—	—	—	—	—	—	—	X	—	—	—
油、冷却液渗漏、喷出、溅出	—	—	—	—	—	—	—	—	—	—	—	X
雨水、雪和结冰(1)	—	X	X	X	X	X	—	X	X	—	—	—
结冰(2)	—	—	—	X	—	—	—	—	—	—	—	—
飞扬的粉尘	—	X	—	X	X	X	—	X	X	—	—	—

注:结冰(1)——当冰雪覆盖外壳时,外部机械部件不需运作;

　　结冰(2)——当冰雪覆盖外壳时,外部机械部件需要运作。

需要注意的是,NEMA 250 的外壳类型等级和 IEC 60529 的 IP 防护等级之间并不存在简单的转换关系，这是因为 IP 防护等级仅仅考虑了外壳对外部固体异物和水的防护程度，而 NEMA 250 外壳类型等级还考虑了以下因素：
- 结构要求；
- 门和盖子的固定要求；
- 抗侵蚀要求；
- 垫圈的老化和抗油；
- 结冰的影响；
- 冷冻液的影响等。

因此，满足一定 IP 防护等级要求的外壳不一定能够满足 NEMA 对外壳的要求。表 2-29 是 NEMA 250 外壳防护等级和 IP 防护等级对照表，该表并不表示两者之间的直接转换关系，而是用于比较两者之间的要求的区别。如，对于 IP45 的外壳，通过表 2-28，可以发现 NEMA 250 外壳类型 3、3S、4、4X、5、6、6P、12、12K 和 13 都超过了 IP 等级第一个数字 4 的要求，NEMA 250 外壳类型 3、3S、4、4X、5、6 和 6P 都超过了 IP 等级第二个数字 5 的要求，因此，外壳类型 3、3S、4、4X、5、6 和 6P 可以满足 IP45 的要求。

表 2-30 是 NEMA 250 外壳类型对应的 IP 防护等级转换表。由于 NEMA 250 外壳类型的要求超过对应的 IP 防护等级的要求，因此该表只可以用于参考从 NEMA 250 外壳类型转换到相应的 IP 等级，而不可以用来把 IP 等级等效成相应的 NEMA 250 外壳类型。

表 2-29　NEMA 250 外壳类型对应的 IP 防护等级

NEMA 250 外壳类型	IP 代码
2	IP 11
3	IP 54
3R	IP 14
3S	IP 54
4 和 4X	IP 56
5	IP 52
6 和 6P	IP 67
12 和 12K	IP 52
13	IP 54

表 2-30 NEMA 250 外壳防护等级和 IP 防护等级对照表

注：A 表示 NEMA 250 外壳等级的要求比灰色框对应的 IP 防护等级对外部固体物质的防护要求高；B 表示 NEMA 250 外壳等级的要求比黑色框对应的 IP 防护等级的防水要求高。（摘自 NEMA 出版物 "A Brief Comparison of NEMA 250 and IEC 60529"）

2.3.7 保护接地和功能接地

对于电气设备而言，所谓接地（earthing，北美更多用grounding），是指将设备的某一部分连接到建筑物中的接地电极。按照接地的目的和作用，可以把电气设备的接地分为两种：

- 保护接地：为防止绝缘损坏造成设备外部的非带电部分带电（即俗称漏电），从而危及人身安全而设置的保护措施。
- 功能接地：为了达到除了安全保护以外的某种目的，实现产品某种功能的接地措施。如，通过功能接地，为电子电路提供一个基准电位（即信号地），不至于由于电位浮动而引起信号误差，从而确保电路能够正常工作。

在设备内部，保护接地和功能接地的端子可以连接在一起，但是功能接地电路应当用双重绝缘、加强绝缘等方式和危险带电部件隔离。有关保护接地和功能接地的一些主要区别可以参见表2-31。

表2-31 保护接地与功能接地比较

条件与要求	保护接地	功能接地
目的与作用	提供电击防护功能。在绝缘失效的情形下，通过将漏电的金属部件接地，避免人体由于接触漏电部件而被电击	在任何情况下提供一个统一的基准电位，保证产品能够正常使用，实现其设计功能
电流	正常状态下没有电流流经接地端子；只有在出现绝缘失效的情形下，才会有电流流经接地端子	正常工作状态下有电流流经接地端子
接地导体	要求电阻尽可能小（小于0.1Ω），并且有一定的载流能力	由于一般情况下流经导体的电流非常小，对接地电阻和载流能力没有特殊要求，只要电路能够正常工作即可
导线颜色	一般是黄-绿色，并且线径有一定的要求	一般是黑色
成品常规检验	一般要求100%检验，通常使用特殊的检测设备（接地电阻测试仪）进行检测，要求在通过大电流（一般要求至少25A）的情形下，接地电阻非常小	根据具体需要进行检测，通常只要求在电气上导通即可
符号	⏚	⏄

接地保护的基本原理就是通过接地电阻的钳位作用，将漏电部位的对地电压钳制在一定范围内，避免通过人体流向大地的电流过大而对人体造成伤害甚至死亡事

故。本书以图 2-32 为例大致说明接地保护的基本原理。

假设一个金属外壳的电热设备，额定工作电压为 V，电路的等效内阻为 R_i。在正常情况下，金属外壳通过绝缘和内部的带电导体隔离，不带电，通过设备本身的分布电容耦合后经人体流向大地的电流一般非常小（在电气产品安全中称为接触电流或泄漏电流，本书第 3 章将会有进一步的阐述），不会对人体造成伤害。

当设备的绝缘损坏时［见图 2-32（a）］，金属外壳会带电，一旦人体接触金属外壳，人体会在金属外壳和大地之间构成回路，就会有电流流经人体。在正常的环境下，人体的等效电阻约为 $2k\Omega$，而设备的等效内阻 R_i 远远小于人体的等效电阻（如，对于一个工作电压为 AC 230V、功率为 1500W 的电热设备，其等效内阻 R_i 约为 35Ω），可以计算出流经人体的电流 I_b 约为 110mA。这样大的电流流经人体是足以致命的。

如果通过合适的手段将金属外壳接地［见图 2-32（b）］，并且接地电阻非常小（0.1Ω），仍以上述电热设备为例，此时流经人体的电流 I_b' 仅为 0.3mA，大部分的电流都通过接地电阻回路 I_e 旁路。这样，通过将设备的外壳进行保护接地，可以避免大电流流经人体而导致电击伤亡事故。

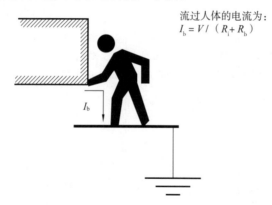

流过人体的电流为：
$I_b = V / (R_i + R_b)$

（a）金属外壳无接地保护

流过人体的电流为：
$I_b' = V \times R_e / (R_e R_i + R_e R_b + R_i R_b)$

（b）金属外壳有接地保护

图 2-32　接地防护示意图

接地保护的目的是为设备提供一种有效的电击安全防护措施，但同时应当认识到接地保护这种防护措施的局限性。通常，接地保护只是对单相触电电击防护有效，即人体和大地构成回路的一部分，电流通过人体流向大地，在这种情况下，接地保护措施能够很好地限制通过人体的电流。但是，如果人体遭受电击的是其他方式，如，左右手同时接触三相电源中的两相，此时，人体本身就可以构成回路的一部分，电流直接通过左右手流经心脏，接地保护措施并不能提供任何防护作用。

在某些场合，不恰当的接地措施不但起不到电击防护的作用，反而会造成安全隐患。如，游泳池的水中照明系统通常要求采用安全隔离变压器来提供安全特低工作电压，在这种情况下，虽然人体浸泡在水中时的等效电阻变得非常小（约为500Ω），但是由于照明系统的次级电路对大地是浮空的，人体即使接触电路，经过分布电容流过人体的电流很小；然而，如果次级电路接地，人体一旦接触电路，反而会在人体与大地之间构成回路，会有相当大的电流流经人体，造成电击事故：以12V的低压照明系统为例，此时，流经人体的电流约为24mA，足以导致死亡事故发生。

因此，在选择保护接地方式作为电气产品电击防护措施时，应当结合具体的产品结构和使用场合来考察。

剩余电流动作保护装置（RCD）

剩余电流动作保护装置（residual current device，RCD，旧称漏电开关）是指在正常运行条件下能接通、承载和分断电流，以及在规定条件下当剩余电流达到规定值时能使触头断开的机械开关电器或组合电器，属于一种安全防护装置。常见的剩余电流动作保护装置类型包括带过电流保护的剩余电流动作断路器 RCBO（执行标准 IEC 61009，对应中国标准为 GB/T 16917）、不带过电流保护的剩余电流动作断路器 RCCB（执行标准 IEC 61008，对应中国标准为 GB/T 16916）以及不带过流保护的移动式剩余电流装置 PRCD（执行标准 IEC 61540，对应中国标准为 GB/T 20044）；用于 I 类的移动式电气设备、手持式电动工具等末端保护的通常是 PRCD。

剩余电流指通过剩余电流保护装置主回路的电流瞬时值矢量和的有效值。剩余电流动作保护装置针对的是出现接地故障时所产生的剩余电流（即由于绝缘失效而接地线路的电流），一旦超过基准值能够迅速断开电路。接地故障电流与对地泄漏电流两者性质不同，对地泄漏电流指的是产品在不存在绝缘失效的正常情形下流入接地线路的电流。

剩余电流保护装置主要参数如下：

- 额定电压：制造厂规定的剩余电流动作保护装置能正常工作的电压，目前中国国家标准建议 PRCD 首选 230V。
- 额定电流：制造厂规定的剩余电流动作保护装置正常工作能够承载的最大电流，中国国家标准建议 PRCD 首选 6A、10A 或 16A。

- 额定剩余动作电流：制造厂对剩余电流动作保护装置规定的剩余动作电流值，在该电流值时，剩余电流保护装置应在规定的条件下动作；PRCD 一般为 0.006A、0.01A 和 0.03A。
- 额定剩余不动作电流：制造厂对剩余电流动作保护装置规定的剩余不动作电流值，在该电流值时，剩余电流保护装置在规定的条件下不动作；额定剩余不动作电流通常为 0.5 倍的额定剩余动作电流。

剩余电流保护装置的分断时间是有要求的，对应不同的剩余电流，分断时间的要求也不同；对应于 1 倍、2 倍和 5 倍额定剩余动作电流，以及 250A，允许的最大分断时间分别为 0.3s、0.15s、0.04s 和 0.04s。

需要注意的是，剩余电流保护装置只作为直接接触电击事故基本防护措施的补充保护措施，并且无法为相线与相线、相线与零线之间形成的直接接触电击事故提供防护。

第 3 章

CHAPTER 3

电气产品安全防护原理

Implementation of Safeguards

3.1 电击防护

3.2 能量危害防护

3.3 过热防护

3.4 防火

3.5 机械伤害防护

3.6 化学防护

3.7 辐射防护

3.8 功能性危险的防护

3.9 异常状态下的安全防护

3.10 针对儿童的特殊防护

3.11 特殊群体的安全防护

3.12 标志与说明

3.13 其他安全防护要求

实践中对产品安全的理解是产品正常使用时以及在可预见的非正常情况下,都不会给人、动物或环境带来危害。

3.1 电击防护

3.1.1 电流的人体效应

按照 IEC 61140[①] 的定义,电击 (electric shock) 是指电流通过人体或动物躯体引起的各种生理效应(包括从轻微的感觉,到肌肉收缩、呼吸困难等不适,到灼伤、心脏功能紊乱等);但通常在电气产品安全领域,电击一般是特指电流通过人体或动物躯体引起的不适、甚至伤害性生理效应,因此,在本书中使用电击这个术语,通常是指其后一个定义。

电流通过人体并不一定总是会引起电击,因此,在讨论电击防护之前,应了解电流对人体造成的生理效应。图 3-1 是 IEC/TS 60479-1[②] 发布的交流电流和直流电流通过人体(手-双脚)的电流-时间效应分区示意图,横坐标是通过人体电流,纵坐标是电流通过人体的持续时间,有关各个区域引起的生理效应见表 3-1。图中不同区域分别对应电流对人体造成的不同性质的生理效应,从基本没有反应到不适、轻微伤害、严重伤害直至死亡,可以对比交流电流与直流电流的差异。电击造成死亡的主要原因主要是引起心室纤维性颤动,在图 3-1 中引起心室纤维性颤动的电

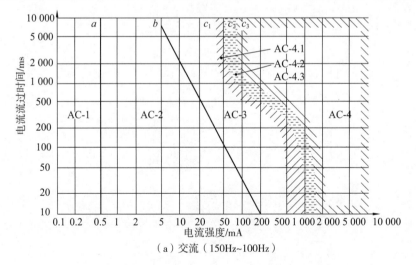

图 3-1 电流通过人体的电流-时间效应分区示意图
(摘自 IEC/TS 60479-1:2016 图 20 和图 22)

[①] 最新版为 IEC 61140:2016《Protection against electric shock – Common aspects for installations and equipment》;中国国家标准对应的标准号为 GB/T 17045。

[②] 最新版为 IEC/TS 60479-1:2016《Effects of current on human beings and livestock – Part 1:General aspects》;中国国家标准对应的标准号为 GB/T 13870。

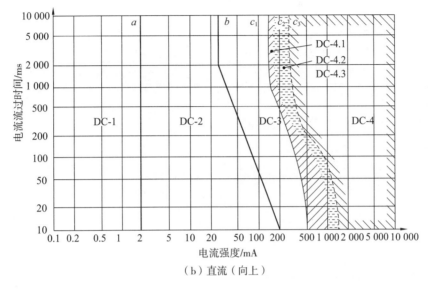

（b）直流（向上）

图 3-1（续）

流通路是从左手到双脚，对于其他电流通路，引起心室纤维性颤动的电流大小略有不同，相关的修正系数参见表 3-2（交流与直流相同），如，从左手到右手通路的电流，要引起与从左手到双脚通路的电流相同的效应，其大小必须除以修正系数 0.4。

表 3-1　电流通过人体的电流-时间效应说明

区域	区域界限	生理效应		
AC-1	一直到 0.5mA（线 a）	通常没有反应，或者轻微感觉；直流在通断瞬间可能有感觉		
DC-1	一直到 2mA（线 a）			
AC-2	自 0.5mA 至线 b	有感觉，可能发生肌肉收缩，但通常没有有害的生理效应；直流在通断或快速改变方向效应比较明显		
DC-2	自 2mA 至线 b			
AC-3 DC-3	线 b 至线 c_1	肌肉痉挛似的收缩，呼吸困难，心脏出现可恢复的紊乱，可能出现瘫痪；随着电流和通电时间的增加，效应会加重，但通常不会发生器质性损伤		
AC-4 DC-4	在曲线 c_1 右方	出现心脏停止、呼吸停止、严重烧伤等危险的病理生理效应；心室纤维性颤动的可能性随着电流和通电时间的增加而加大		
		$c_1 \sim c_2$	心室纤维性颤动概率可增加到 5%	
		$c_2 \sim c_3$	心室纤维性颤动概率可增加到 50%	
		超过曲线 c_3	心室纤维性颤动概率超过 50%	

注：根据 IEC/TS 60479-1：2016 表 11 和表 13 整理。

表 3-2　不同电流路径的效果系数

电流路径	系数
左手—左脚、右脚或双脚	1.0
双手—双脚	1.0
左手—右手	0.4
右手—左脚、右脚或双脚	0.8
后背—右手	0.3
后背—左手	0.7
胸部—右手	1.3
胸部—左手	1.5
臀部—左手、右手或双手	0.7
左脚—右脚	0.04

（摘自 IEC/TS 60479-1：2016 表12）

相对而言，直流电流比交流电流对人体造成的危害程度较低，如果要产生相同的生理效应，直流电流的强度一般要比交流电路大 2~4 倍（如，引起心室纤维性颤动的强度约为 3.75 倍），而且直流电流一般只是在纵向电流时，才会有心室纤维性颤动的危险，横向电流时（如从左手到右手）不大可能引发心室纤维性颤动。

电流对人体的效应因人而异，人体开始感受到电流流过身体的感知阈（threshold of perception）不尽相同，因此，为了便于对电气产品安全特性进行定量评估，目前广泛使用以下经验值：

- 对于通过人体能引起肌肉不自觉收缩的最小交流电流（称为反应阈，threshold of reaction）为 0.5mA，直流电流只有在接通和断开的时候有感觉，而在流通期间不会有其他感觉，通常直流电流的反应阈取 2mA。
- 对于人体不会感觉到痛苦的最大电流（称为痛觉阈，threshold of pain），交流电流为 3.5mA，直流电流虽然只有在接通和断开的时候有感觉，但通常取直流电流的痛觉阈为 10mA。
- 对于握着电极的手能够自行摆脱电极的最大电流（称为摆脱阈，threshold of let-go），交流电流为 10mA，直流电流没有确定的摆脱阈，只有在直流接通或断开时才会引起肌肉痉挛似的收缩。

需要指出的是，电流对人体造成的生理效应，除了与电流的种类、大小和通过人体时间的长短有关外，还和人体与带电件接触的面积、接触的方式、电流流经人体的路径以及个人的生理特点密切相关，通常男性的阈值比女性高、成年人比小孩高，在实际中，各个电流生理效应区域之间并没有一个绝对的边界。

至于高频电流以及非正弦波波形的电流流经人体的生理效应，目前还处于研究之中。一般而言，当频率不超过 10kHz 时，随着频率的提高，人体感知阈和摆脱阈也逐步提高，在实践中，通常以 10mA 作为高频情形下的感知阈上限。对于非正弦波电流造成的危险，初步研究表明不会超过同等峰值的正弦波电流。

上述生理效应的研究结果主要是针对成人的，对于儿童和动物的生理效应，需要更多的研究。初步的研究表明，儿童与成人的总体阻抗是处于同一数量级；而对活牛的初步研究表明，活牛的总体阻抗比人体的略小，但是反应阈似乎与人体很接近，此外，初步研究表明，引起动物心室纤维性颤动的最小电流似乎与动物的质量无关。因此，目前针对成人所得到的研究成果基本上是能够满足电击防护的要求的。在本书的以下章节，如果没有特别注明，使用人体这个术语泛指成人、儿童和动物。限于篇幅，本书不再深入讨论电流的生理效应，有兴趣的读者可参见 IEC/TS 60479 的相关章节。

3.1.2 电击的基础防护措施

对于电气产品而言，电击防护的目的就是无论产品在正常使用中，还是在出现异常状况时，避免出现电流流经人体产生不适的情形，尤其是要避免产生伤害或死亡事故的情形。电击防护的思路主要有两种：

- 避免人体在产品使用过程中接触到危险带电部件（hazardous live part）；
- 限制人体接触带电部件时流过人体的电流强度。

所谓带电部件（live part），通常是指产品使用中带电的导体，或者可能带电的导体，但不包括保护导体（protective conductor，缩写为 PE，如，保护接地电极）；危险带电部件是指可能造成电击事故的带电部件。

需要注意的是，本书所讨论的电击防护，并不包括少数应用电击以实现某种特定功能的特殊场合，如，使用电击作为医疗手段的医疗产品。在这些特殊情形，本书所描述的电击防护措施主要是针对这些产品功能性电击以外部位的电击防护，至于功能性电击危险的防护，应根据具体产品的情况参见相关技术标准的要求。

按照上述的电击防护思路，常见的电击基础防护措施主要有以下几种。

（1）隔离（separation）与绝缘（insulation）防护措施

使用固体绝缘材料将带电部件包裹、封闭起来，避免人体接触到带电部件，是最直观的电击防护措施，电气产品的外壳（称为电气防护外壳）是这种防护措施最常见的结构。由于空气也可以起到绝缘的作用，因此，只要能够使用各种类型的阻挡物、栅栏来保持人体与带电部件之间的距离，那么，即使带电部件没有完全包裹、封闭起来，人体与带电部件之间没有任何固体绝缘材料，都可以是有效的电击防护措施。

在一些特殊场合，对于一些安装在高处的电气产品，只要安装后带电部件在人体手臂的触摸范围之外（通常是指 2.5m 以上），甚至可以认为这种高度就是一种特殊的电击防护措施，但在实践中，这种方式只在少数只供专业人士才进入的受控区间使用，在其他情形下，都必须有其他附加防护措施配合使用，当然，只供专业人士进入的受控区间可以认为是一种特殊的附加防护措施。

(2) 非导电环境防护

这种防护方式的特点是人体处在一个与大地隔离的浮空环境中，接触带电部件时并不会通过大地形成回路，因而没有电流通过人体，不会产生电击事故。然而，非导电环境的构造有着特殊的要求，相对实现成本较高，对于大部分电气产品而言，采用这种防护方式并不现实，通常只是在少数用于工厂、医院的特殊设备中使用。

(3) 自动切断电源

这种防护方式的特点是在出现异常状况时，通过自动切断危险带电部件电源的方式来避免电击事故的发生。然而，由于许多电气产品内部存在储能元件，即使切断电源，产品内部储能元件的放电也有可能对人体造成电击。此外，使用这种防护方式时，为了实现自动切断电源的功能，一般需要产品安装适当安全联锁机构来实现，因此，在实际使用时，这种防护方式通常配合其他防护方式一起使用。

(4) 保护接地（Protective Earthing，北美使用术语 grounding）

这种防护方式的特点是利用等电位的原理来实现电击防护。在这种防护方式中，作为将危险带电部件封闭、隔离起来的屏蔽装置是用金属等导电材料制作的，屏蔽装置与大地实现等电位连接，即使产品内部出现异常情形，屏蔽装置始终确保维持与大地等电位，这样，人体即使接触到导电屏蔽装置，由于不存在电势差，不会有电流流经人体，这样就避免了电击事故的发生。为了保证产品在正常情形下能够正常运行，通常保护接地装置与带电部件之间至少应当满足基本绝缘的要求。

(5) 保护阻抗（Protective Impedance）防护

保护阻抗防护是另一种通过限制流经人体的电流强度来实现电击防护的措施。这种保护阻抗是一种电气元件，可以是纯电阻元件，也可以是阻容元件，它跨接在人体与带电部件之间，形成串联回路，保护阻抗作为回路中的限流元件，限制流经人体的电流。只要保护阻抗能够将流经人体的电流总是限制在安全范围内（如，不超过反应阈），那么，就可以认为保护阻抗也是一种有效的电击防护措施。

> 安全特低电压其实是一个比较容易误导人的概念，因为决定人体生理效应的是通过人体的电流的大小，而人体阻抗在不同的环境和情境下波动很大，低电压也有可能导致致命的电流；使用电压这个参数的原因很大程度是因为测量与控制电压远比电流容易，因此国标GB 50420—2007《城市绿地设计规范》在8.3.5中就明确规定旱喷泉和景观水池中电气产品工作电压不得超过12V。

(6) 安全特低电压（Safety Extra Low Voltage，缩写为 SELV）防护

由于人体具有一定的阻抗，只要人体接触到的带点部件的对地电压，或者人体同时接触到的带电部件之间的电压在一定范围内，流经人体的电流就可以被限制在一定范围内，不会造成电击的危险。根据 IEC 61140 的定义，只要电源的电压在正常情况和单一故障情况下都不会出现超过规定的特低电压，就可以认为属于 SELV 系统；然而，在实践中，一般还要求

SELV 必须是与供电电网（即俗称的市电）之间实现双重绝缘（或加强绝缘，通常通过安全隔离变压器或类似的装置实现）。一般认为安全特低电压（SELV）为低于交流 50V 或无纹波直流 120V 的电压，但不同的国家、不同的产品安全标准略有差异，常见的划分标准还有交流 42.4V 峰值或无纹波直流 60V、交流 42V 或无纹波直流 50V 等划分标准，实际中应参见具体的产品安全标准的要求。

3.1.3 电击防护的实现

按照目前的电气产品安全理论，电击属于极度危险，因此，电气产品的电击防护采取双重保护的原则，也就是说，产品的电击防护系统至少采用两套相互独立（或等效于两套相互独立）的电击防护措施，这两套防护措施之间不会互相影响，不存在相互依赖的关系，其中一套防护措施失效不至于导致另外一套防护措施失效。产品在设计和生产时，应确保每一套防护措施都不太可能失效，采用至少两套相互独立的防护措施，可以有效地保证产品电击防护系统的有效性。这样，产品在正常使用时，可以避免电击的发生；即使在产品出现单一异常现象，其中一套防护措施失效时，另外一套防护措施也能够提供有效的防护，避免危险带电部件变成可触及，同时也避免可触及的非危险带电部件或不带电的金属部件变成危险带电部件。产品的设计应当保证在正常情况下，人体不但不会接触到危险带电部件，同时也不会接触到基本绝缘，或者与危险带电部件之间仅使用基本绝缘隔的金属部件（保护接地除外，在这种情形下，保护接地可视为附加的防护措施）。

目前，绝大部分电气产品采取的电击防护系统都是上述 6 种防护措施的组合。需要注意的是，低压配电系统中的剩余电流动作保护装置（缩写为 RCD，俗称漏电保护开关）是不能直接作为电气产品的电击防护措施的，因为其动作原理是基于接地故障电流触发动作机构以切断电源，对于相线与相线之间或者相线与零线之间发生电击时无能为力，它是一种用在电源中性点直接接地的供用电系统防止电气线路或电气设备接地故障引起电气火灾和电气设备损坏的技术措施，因而只能作为电击事故防护措施的补充保护措施[①]。

按照产品电击防护系统结构的不同，电气产品可以分为以下 5 种类型：

（1）0 类设备（Class 0 equipment）：0 类设备指产品的电击防护仅仅依赖于基本绝缘。一旦该基本绝缘失效，设备的电击防护依赖于设备的电气安装环境。0 类

---

① 摘自 GB/T 13955—2017《剩余电流动作保护装置安装和运行》相关条款（4.1.1、4.2.1、4.2.2）作为参考：
4.1.1 在直接接触电击事故的防护中，剩余电流保护装置只作为直接接触电击事故基本防护措施的补充保护措施（不包括对相与相、相与 N 线间形成的直接接触电击事故的保护）。
4.2.1 间接接触电击事故防护的主要措施是采用自动切断电源的保护方式，以防止由于电气设备绝缘损坏发生接地故障时，电气设备的外露可接近导体持续带有危险电压而产生电击事故或电气设备损坏事故。
4.2.2 剩余电流保护装置用于间接接触电击事故防护时，应正确地与电网的系统接地型式相配合。

设备的外壳通常是以下两种结构:
- 绝缘材料做成的外壳,但是只能满足基本绝缘的要求;
- 没有接地的金属外壳,并且金属外壳和危险带电部件只用基本绝缘隔离。

0类设备由于不符合双重电击防护的要求,在大部分国家是不允许销售和使用的。少数国家和地区允许在少数特殊的应用场合使用这种结构的产品,如,产品只是安装在工厂的高处,或者是安装在特定的受控封闭区间(如,非导电环境),在这种情形下,这些特殊环境也可以认为是一种特殊的附加防护方式。

(2) Ⅰ类设备(Class Ⅰ equipment):Ⅰ类设备是指产品的电击防护不仅依靠基本绝缘,而且包括附加接地安全防护措施,即把与危险带电部件通过基本绝缘隔离的易触及导电部件连接到电气安装设施的固定布线中的接地保护导体上,这样,即使基本绝缘失效,易触及的导电部件也不会带电。如,常见的金属外壳的电热水壶就属于Ⅰ类设备。Ⅰ类设备的典型特点就是它的电源插头带有接地插销。Ⅰ类设备没有特殊的符号,不用在铭牌上标示出来。

(3) 0Ⅰ类设备(Class 0Ⅰ equipment):0Ⅰ类设备是指产品的电击防护至少满足基本绝缘的要求,并且带有接地端子,但是接地通常需要另外安装。如,一个金属外壳和危险带电部件只用基本绝缘隔离的设备,虽然设备的电源插头没有接地插销,但是金属外壳可以另外提供接地措施,那么,这种设备就属于0Ⅰ类设备了。0Ⅰ类设备只有少数国家(如日本)允许在少数特定应用场合使用。

(4) Ⅱ类设备(Class Ⅱ equipment):Ⅱ类设备是指产品的电击防护是依靠两重相互独立的绝缘(称为双重绝缘)来实现,该类设备并没有保护接地的措施,在一些特殊情形下,还可以使用等效于双重绝缘防护效果的加强绝缘来直接作为电击防护系统。

Ⅱ类设备的符号见图3-2,它必须标示在设备的铭牌上。Ⅱ类设备的外壳结构通常有以下几种:
- 一个能够满足加强绝缘要求的绝缘材料外壳,或者该绝缘外壳是构成双重绝缘的一部分,它将所有的带电部件隔离开来。
- 一个不接地的金属外壳,该金属外壳与设备内部的所有带电部件通过加强绝缘或者双重绝缘隔离开来。

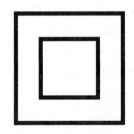

图3-2 Ⅱ类设备符号

- 以上两种外壳结构组合而成的外壳。

Ⅱ类设备中不允许采用任何保护接地措施。如果产品各处都具有双重绝缘或加强绝缘的结构,但又带有保护接地的防护措施,那么该产品是属于带Ⅱ类结构的Ⅰ类设备。

某些情形下,Ⅱ类保护的电气设备需要提供了一个保证接地连续性的端子,如,用于提供给额外连接到该产品的其他产品提供工作电源,在这种情形下,接地部件与产品内部任何带电部件之间一定要用满足双重绝缘(或加强绝缘)的绝缘件隔离开来。

此外，如果Ⅱ类设备在使用中需要与燃气、水源等相连接，那么，与煤气管道、水管以及水接触的金属部件，都应采用双重绝缘或加强绝缘与带电部件隔离。

（5）Ⅲ类设备（Class Ⅲ equipment）：Ⅲ类设备是产品通过使用安全特低电压（SELV）来实现电击防护，同时，产品不会产生高于安全特低电压而导致电击的危险电压。Ⅲ类设备的带电部件一般使用基本绝缘隔离就可以，甚至允许部分带电部位裸露，只要不会出现同时接触这些裸露的带电部件而产生危险即可。Ⅲ类设备的符号见图3-3，一些国家和地区要求必须标示在相应产品的铭牌上。

图3-3　Ⅲ类设备符号

Ⅲ类设备同样可以认为满足双重保护的要求：无论是单独采用电池作为工作电源，还是通过安全隔离变压器或类似的电源适配器提供的SELV作为工作电源，都实现了与供电电网的双重隔离。需要注意的，目前行业通行的观点是：如果安全隔离变压器或类似的电源适配器是设备不可分的一部分，那么，即使设备内部的工作电压是安全特低电压，但是由于设备整体的电源电压不是安全特低电压，设备在这种情形下不可以认为是Ⅲ类设备，必须根据它整体的防护结构来判定其防护类型。

如果设备的电源电压虽然采用安全特低电压，但是设备内部会产生危险电压，那么，设备不可以归为Ⅲ类设备，它有可能属于Ⅱ类设备。此外，Ⅲ类设备不允许采用任何保护接地措施。

Ⅲ类设备虽然通常不存在电击的危险，但并不表示此类产品一定是安全的，它同样有可能存在其他诸如过热、起火、化学泄漏、电池爆炸等危险。如，设计存在缺陷的电路有可能因为放入电池时因为极性错误而出现过热甚至起火的现象。

表3-3是常见设备电击防护类型结构示意图，其中不接地金属件是指不和任何带电部件连接并且也不接地的金属，包括固定螺钉、金属铭牌等各种金属件。

表3-3　常见设备电击防护类型结构示意图①

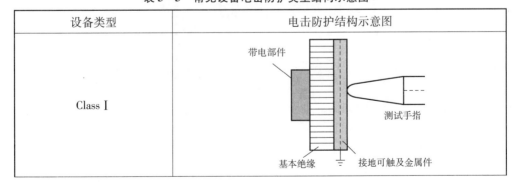

---

① IEC 61140：2016 在附录 A 提出了一套通用的防护模型，有兴趣的读者可以对比参考。

续表

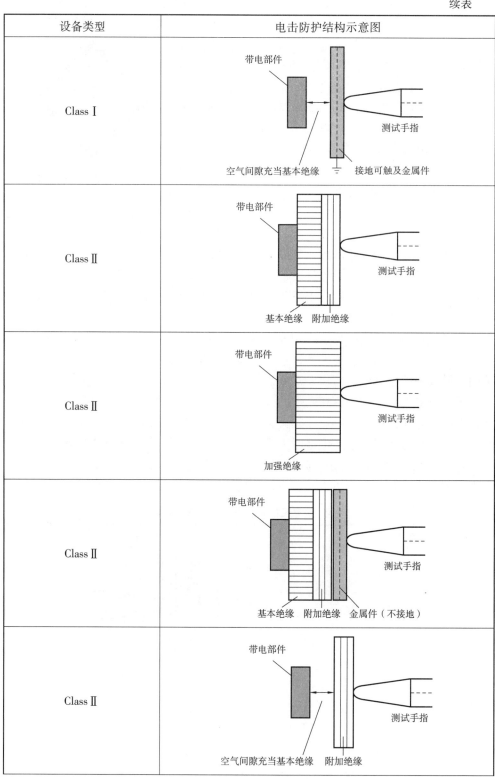

续表

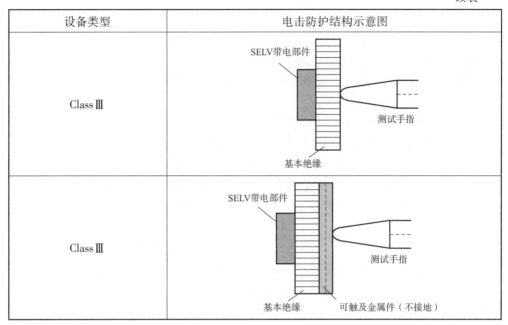

至于自动切断电源防护和保护阻抗防护两种防护方式，在实践中只是作为局部带电部件的电击防护措施。

自动切断电源防护，通常是用于需要打开设备外壳、防护门等而进入产品内部进行维护工作的场合，一般需要安装适当的联锁装置，确保外壳等防护装置一旦被打开，可触及部位的电源立即被全极断开，并且这些部位与仍然带电的部件之间至少满足基本绝缘的要求。需要注意的是，由于产品内部可能存在储能元件，切断电源后这些储能元件依然有可能导致电击。

保护阻抗防护，通常是用于非安全特低电压电路中人体可接触的带电部件的电击防护，这些带电部件通常是由于实现某些功能而需要裸露在外（如，台灯的人体触摸亮度调节开关）。使用保护阻抗时，同样需要满足双重保护的要求。通常，保护阻抗应至少由两个单独的元件构成，而这些元件中的任何一个即使出现短路或开路，也不会导致电击，也就是说，保护阻抗应当等效于双重绝缘。但是对于保护阻抗是否允许采用等效于加强绝缘的形式（如采用一个 Y_1 电容替代两个串联的 Y_2 电容），目前在电气产品安全领域存在争议。在一些产品安全标准中，认为保护阻抗应至少由两个单独的元件构成，因此，单个 Y_1 电容是不能满足要求的；而在另外的一些产品安全标准中，认为 Y_1 电容可以达到等效于加强绝缘的效果，因此，是满足电击防护中的双重防护措施的要求的，因此，单个 Y_1 电容是可以满足充当保护阻抗的。对于保护阻抗使用中这种不一致，在取得进一步的协调之前，产品在设计保护阻抗时应当留意这个技术细节。此外，需要注意由保护阻抗连接的部件应采用双重绝缘或加强绝缘分别隔开。

电击防护一般是针对整机设备而言的，产品的内部元件由于不能独立使用，使

> 尽管对于元件而言单独讨论电击防护是没有意义的，但是这并不表示不需要考虑其在电击防护中的作用，而是指必须将其放在所设计的使用场合来进行讨论。例如，对于安全隔离变压器而言，要求其初次级之间必须满足双重绝缘（或加强绝缘）的要求；对于开关而言，当按照设计要求装配后，人手进行操作所接触到的操作机构与内部接线端子之间的绝缘防护必须满足相应的要求。

用时它们是作为设备的一部分，因此，对于元件而言，单独讨论电击防护是没有意义的。

需要指出的是，电气产品局部的电击防护措施，并不一定与其设备电击防护分类是一致的。对于产品局部的电击防护，还可以划分以下两种结构：

（1）Ⅱ类结构（Class Ⅱ construction）：指产品中采用双重绝缘或加强绝缘作为电击防护的局部结构。在实际中，保护阻抗可以认为是一种特殊的Ⅱ类结构。

（2）Ⅲ类结构（Class Ⅲ construction）：指产品中采用安全特低电压作为电击防护措施，并且不会产生危险电压的局部结构，相应的电路称为 SELV 电路。在满足一定条件的前提下，Ⅲ类结构允许被人体触及。采用Ⅲ类结构的部位必须与其他工作在危险电压的部位通过双重绝缘或者加强绝缘隔离开，否则不能被认为是Ⅲ类结构。

如果工作电源不是来源于安全隔离变压器或类似的电源适配器，而是通过某些功能转换（如自耦变压器）从电网获得，虽然电压在安全特低电压的范围内，但是这种电路只能称为功能性特低电压（FELV）电路，而不能视为 SELV 电路，该部位不能认为是Ⅲ类结构。

可见，人体可接触的带电部件，或者是 SELV 电路中的带电部件，或者是通过保护阻抗进行防护的带电部件，这两种情形以外的带电部件都是不允许接触的，以免导致电击。

Ⅰ类设备中有可能包含有Ⅱ类结构和Ⅲ类结构，Ⅱ类设备中有可能包含有Ⅲ类结构。如，在图 3-4 中的设备，该设备基本上装配在金属外壳内（除了触摸按钮部分外），执行机构的工作电压属于危险电压，整个金属外壳保护接地，因此，设备属于Ⅰ类设备。设备的控制主板工作和触摸按钮的工作电压为安全特低电压，属于Ⅲ类结构。安全特低电压由安全隔离变压器提供，安全隔离变压器的初次级之间属于Ⅱ类结构。控制主板通过继电器、光电耦合器等隔离元件控制执行机构。

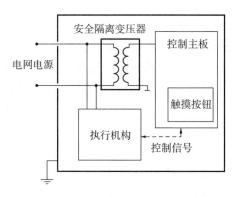

图 3-4　带Ⅱ类结构和Ⅲ类结构的Ⅰ类设备

3.1.4 电击防护系统有效性的保证

电气产品电击防护系统的有效性，取决于多种技术要素的有效性，缺一不可。

(1) 电气连接的可靠性

应当保证所有带电部件都可靠地固定，所有的导线都有适当的附加固定装置以防止内部导线断裂（尤其是在焊接部位附近）后引起短路，这种设计要求同样适用于裸露的带电部件（如裸露电热元件上的电热丝），除非它们在断裂后不会导致电击。

(2) 绝缘的有效性

许多电击事故的发生，往往是由于绝缘材料失效导致的，失效的原因有可能是绝缘材料老化、破裂等内因造成的，也有可能是受损、受潮等外因造成的。因此，为了确保电击防护系统的有效性，必须选择合适的绝缘材料，并且采取必要的措施避免绝缘材料因为受损、受潮等原因而造成失效。

制造绝缘部件的材料必须能够满足绝缘的要求，木材、棉花、纺织品、普通纸以及类似的纤维和吸湿性材料，除非经过浸渍，否则不应作为绝缘材料使用；作为附加绝缘来使用的各种天然或合成橡胶部件，应当是耐老化的；陶瓷或类似的材料虽然是常用的绝缘材料，但是未紧密烧结的陶瓷或类似材料不应作为附加绝缘或加强绝缘使用。

绝缘材料的选择还应该考虑到应用中工作环境（工作电压、环境温度、湿度、污染程度、机械承压等）的影响。绝缘材料应该有足够的电气强度，能够长期承受电压而不会失效，不会承受可能降低绝缘预期寿命甚至导致绝缘失效的高温，不会承受过分的机械压力，避免出现磨损、割裂等对绝缘材料的机械损坏；如果产品在使用中可能涉及水，应当注意水管软管、水管接头等可能出现破裂、泄漏而对绝缘产生的不利影响等。对于这些外部因素的影响，可以通过适当的试验来验证绝缘的有效性。

对于采用空气作为绝缘的场合，除了注意产品内部裸露的带电部件要采取有效的固定措施外，还需要注意产品的外壳在遭受外力作用下（甚至是在可预见的野蛮操作下）产生变形时，能够有足够的强度满足电气间隙的最小要求。

(3) 安全低电压（SELV）系统的可靠性

采用安全特低电压系统作为电击防护系统，其有效性主要依赖于提供安全特低电压的电源系统（如安全隔离变压器）；在设计时，要注意 SELV 电路与非 SELV 电路之间的有效隔离，并且采取有效措施，避免将工作在安全特低电压系统的电气产品误接到电网电源，因此，此类电气产品所使用的电源插头应当有别于标准化的电网电源插头，并且两者之间应当不兼容，不存在安全特低电压系统的电源插头可以插入电网电源插座的情形。

需要注意的是，工作在安全低电压的产品并不是所有带电部件都允许触及，因为同时触及裸露的带电部件虽然不会导致电击，但是有可能导致其他安全事故发生（如能量危害）。

(4) 接地保护系统的可靠性

采用接地保护作为设备的电击防护措施之一，不仅要求产品的接地回路可靠，而且还要求设备使用场合的电气安装环境的接地措施可靠。然而，由于种种原因，不少Ⅰ类电气产品在使用中存在接地系统不可靠的情形，导致大量的Ⅰ类电气设备在实际使用时其实是作为 O 类设备使用；一旦发生基本绝缘损坏时，原以为接地的金属外壳由于对地浮空，反而由于增加了接触面积而提高了使用者遭遇电击的可能性，因此，不少业内人士认为在建筑电气规范性较差的发展中国家，电气产品应当审慎采用Ⅰ类结构①。

当前，导致接地保护系统不可靠的因素主要有以下三类：

1）不合格的接地系统。我国许多工厂、家庭、办公室等在装修时，不少负责建筑电气的施工人员往往不重视接地系统，从而导致许多电气安装环境的接地措施不可靠，甚至根本没有安装地线（这一点在农村地区尤为严重）；而正常情况下，无效保护接地系统许多时候并不影响产品的使用，且普通用户一般无法检验接地系统的有效性，因此埋下了安全隐患。如，2004 年广东佛冈县的一家温泉酒店发生蒸汽淋浴房顾客遭电击死亡的事故，其中的一个原因就是浴室中电源插座的接地端没有与酒店电气安装系统中的接地网相连②。因此，在采用保护接地作为电气产品的电击防护措施时，应当充分考虑我国的这种现实状况。

2）使用不合格的电源延长线、转换插头或电源插板，导致接地连续性被破坏，甚至还引起相线、零线反接的问题。如，2014 年报道的一起发生在杭州的电击致死

图 3 – 5　不合格的Ⅰ类电源插头

事故③，主要原因之一就是使用了不合格的插板搭接空调机电源，造成空调机室外机的金属机壳与相线相接而导致电击事故。这类不合格电源延长线和电源插板的问题具有一定的普遍性，如，欧盟 RAPEX 公告 A12/1689/15 通报了一款地线缺失的插板，公告 A12/1528/15 通报了一款地线缺失的电源延长线。因此，对于Ⅰ类设备而言，应当尽可能避免使用此类装置，并对使用者进行提醒。

3）设备安装时不按要求连接地线，或者胡乱改造插头，造成接地可靠性存在问题。图 3 – 5 是在许多工地、简易厂房或办公场所常见的一种不合格Ⅰ类电源插头：有关人员使用两根颜色相同的电线接在一个单相三极插头上用作

---

① 有兴趣的读者可以参考以下文献：
[1] 黄欣，徐豪，陈非. 热水器触电事故调查与要因分析（上）[J]. 家电科技，2014（10）：67 – 69.
[2] 黄欣，徐豪，陈非. 热水器触电事故调查及要因分析（下）[J]. 家电科技，2014（11）：84 – 86.
② 参见 http://news.sohu.com/20070815/n251588676.shtml，原载《信息时报》，标题"酒店侍应生查淋浴器触电房客伸手相救不幸身亡"。
③ 马薇. 空调外机触电事故分析及家用电器用电安全 [J]. 机械工程师，2014（07）：205 – 207.

电气产品的电源插头，不仅没有地线，而且极易造成相线与零线反接。

此外，在发生接地故障时，通常会出现过流的现象，为了避免由此引起火灾等事故，在采取保护接地措施的电气产品中，一般需要有适当的过流保护装置。

(5) 电源切断装置的可靠性

一般来说，产品应当有适当的措施来实现其与电源的完全断开：

1) 目前，大部分的电气产品都提供了带插头的电源线作为连接电源的装置，可以充当彻底切断电源的装置；实际中，器具耦合器也可以充当彻底切断电源的装置。对于固定接线的设备，则应当安装一个有全极断开的开关来实现彻底切断电源。

2) 使用插头与电源连接的产品，内部应当有适当的放电电路，避免在拔下插头后内部储能元件通过插头的插脚放电而导致电击。

3) 在产品使用说明书中，应当提醒使用者在对产品进行清洁、装配或维修等维护工作时，彻底断开与电源的连接，而不是依赖于产品上的开关。开关上的数字"0"或类似的符号，只能用于表示切断电源；如果开关只是起到待机的作用（如笔记本计算机），那么，这种开关只允许标识待机符号。（需要注意的是，一些产品为了适应不同电压的应用，可能会有电压调节装置供使用者调节，这些调节装置应当设计成为不可能发生意外的变动，并且即使使用者错误调节，也不会导致电击）。

4) 对于已经标准化的接插件（如，器具耦合器、电源插座、插头、灯头等），不允许改变他们的用途，以免引起误用而导致电击；尤其是要避免安全特低电压电路使用这些标准化的部件。

自制取电装置

这是菲律宾一个酒店自制的一种房间取电装置，方法将当地所使用的三极插头和插座进行改造：插座的相线端子和零线端子分别串接在入户相线；插头的相线端子和零线端子用一根比较粗的导线连接起来；插头和插座都是当地供电电网所用的制式，在当地五金店可以方便地购买到。插头和插座相当于接在相线上的开关，当插头插入插座时接通房间的电源。无疑，这是一种根据当地工业发展水平因地制宜的解决方法，但是误插时存在的安全隐患、带电插拔时可能出现的电弧等安全问题，都值得思考。

需要指出的是，电气产品的电击防护设计并不是孤立的，它需要充分考虑到产品的具体功能、使用场合（包括使用者的因素）的影响，并且往往与其他安全防护措施的设计密切关联，如，在设计产品的电击防护系统时，必须同时考虑产品的过热防护，以免可能出现的高温会对绝缘材料的性能产生不利影响。

3.1.5　电击防护系统有效性的验证

由于电击防护系统是电气产品最主要的安全防护系统，因此，对电气产品安全已经形成了一套比较完善的电击防护系统有效性验证措施。这些验证措施主要是通过电气产品在极端工作条件下（甚至包括可预见的异常情形下）的一系列测试（包括加速测试），验证产品的电击防护系统的长期有效性和可靠性。常见的测试主要有以下几种：

（1）防止触及有害带电部件检测。
（2）电气强度检测。
（3）接触电流检测，绝缘电阻检测。
（4）保护接地电阻检测。
（5）可接触电极输出电压检测。
（6）防水、防尘和防潮测试。

有关这些测试的介绍可以参见本书的第 4 章。除了上述这些测试外，还有许多其他针对产品电击防护系统特定项目的测试（如针对电气间隙的脉冲测试、针对绝缘材料的漏电起痕测试等），这些测试一般与产品的具体结构有关，在相关的产品安全标准中都有详细的测试方法、测试参数以及判定标准，限于篇幅，本书不再深入这些验证测试的讨论。

需要强调的是，所有这些测试都带有一定的偶然性，它们是作为产品的安全防护结构在理论上已经满足要求后所进行的验证，也就是说，只有在产品的安全防护结构在理论上得到肯定后，进行验证测试才有意义，这一点在执行产品的安全标准时尤其需要注意。

3.2　能量危害防护

3.2.1　概述

电气产品的能量危险（energy hazard），是指产品出现能量在短时间内释放（如因为短路的缘故），产生高温过热、火灾、金属熔化、人体灼伤、爆炸等危险现象。即使产品的电压属于安全特低电压,不会对人体造成电击危险,同样有可能存在能量危险。

对于电气产品而言,能量危险的首要来源是电网电源。电网电源的容量可以认为是无限的,理论上可以提供无限的能量,因此,使用输出能量受到限制的电源,也是产品进行能量防护的有效手段之一。对于使用能量输出受到限制的电源的产品,可以认为出现火灾等危险的概率大大降低。这种能量输出受到限制的电源称为受限制电源(limited power source)。受限制电源按结构特性可以分为内在受限制电源和非内在受限制电源两种。内在受限制电源本身的结构就可以满足限制能量输出的要求,而非内在受限制电源必须附加相关的过流保护元件或电路等才能满足限制能量输出的要求。受限制电源必须满足下列要求中的一项:

- 内在地限制输出(如隔离变压器的容量限制),使其符合内在受限制电源的限值要求(表3-4)。
- 使用阻抗限制输出,使其符合内在受限制电源的限值要求(表3-4)。
- 使用过流保护装置限制输出,使其符合非内在受限制电源的限值要求(表3-5)。
- 使用一个调节电路限制输出,使之在正常工作条件下以及调节电路的任何单一故障条件下,输出均能符合内在受限制电源的限值要求(表3-4)。
- 使用一个调节电路限制输出,使之在正常工作条件下的输出符合内在受限制电源的限值要求(表3-4);同时,在调节电路出现任何单一故障时,由一个过流保护装置限制其输出,使其符合非内在受限制电源的限值要求(表3-5)。

在结构上,受限制电源与交流电网电源之间应当通过隔离变压器隔离;如果使用过流保护装置,它应当是电流熔断器,或者是一种不能调节的、非自动复位的机电型装置。

表3-4 内在受限制电源的限值要求

最大输出电压 U_{oc}/V		最大输出电流/	最大输出功率/
交流	直流	A	VA
≤20	≤20	≤8.0	≤5×U
20<U≤30	20<U≤30	≤8.0	≤100
—	30<U≤60	≤150/U	≤100

注:1. 对于非正弦波形的交流电压和带有纹波大于10%峰值的直流电压,峰值电压不应超过42.4V。
2. U 为工作电压。

表3-5 非内在受限制电源的限值要求

最大输出电压 U_{oc}/V		最大输出电流/	过流保护装置的	最大输出功率/
交流	直流	A	电流额定值/A	VA
≤20	≤20	≤1000/U	≤5.0	≤250
20<U≤30	20<U≤30	≤1000/U	≤100/U	≤250
—	30<U≤60	≤1000/U	≤100/U	≤250

注:对于非正弦波形的交流电压和带有纹波大于10%峰值的直流电压,峰值电压不应超过42.4V。

除了电网电源外，由于储能元件的使用，这些储能元件储存的能量也是能量危险的来源。常见的储能元件能量危险主要有电池、电容与电感。以下分别进行叙述。

3.2.2 电池的能量危险

电池（battery，纽扣电池英文为cell），是目前最常用的电能储能器件。电池的应用非常广泛，种类繁多，从日常小电器（如，随身听、手电筒等）使用的小型电池，到笔记本电脑、UPS等使用的大容量电池组。除了一些专业的后备电源所使用的电池组外，常见的电池和电池组的电压都远远低于安全特低电压，一般不会造成电击事故，因此，电池往往给人造成一种错觉，以为电池是一种安全的元器件。

事实上，电池和电池组是有可能存在危险的。目前的电气产品安全理论认为，如果电池或电池组的电压超过2V，并且可以维持240VA的输出功率60s以上，那么，该电池或电池组才被认为是存在能量危险的。这种电池或电池组一旦短路或过载，所产生的能量是会导致火灾、灼伤、爆炸等安全事故的。

> 2017年12月，公安部针对近期电动车火灾事故频发的问题，颁布《关于规范电动车停放充电 加强火灾防范的通告》，规定电动车的停放和充电应当落实隔离、监护等防范措施，防止发生火灾。2018年2月南方航空发生一起旅客所携带行李中的充电宝在行李架内冒烟并出现明火的事故，据称该充电宝额定容量未超过100W·h（瓦特小时），符合民航局相关规定，且当时并未在使用中。

以往，由于材料技术的限制，大容量的电池由于成本、性能和体积等原因，使用并不普遍。然而，近年来随着材料技术的进步，大容量电池（如锂电池）的制造成本不断降低，同时容量不断增加，体积却不断缩小，大容量电池应用的场合也越来越广，而由此带来的能量安全隐患也越来越严重，尤其是三星电子智能手机Galaxy Note7的电池事故更是成为大众热议的事件。可见，即使电池的输出容量没有达到240VA，电池依然有可能存在能量危险。在这一点上，目前的电气产品安全理论存在滞后的现象。无论如何，在使用电池和电池组的时候（包括对电池和电池组的充电），应当不会出现下列的能量危险：

- 起火燃烧，火焰蔓延到产品外部。
- 因过热或起火等原因，导致金属熔化流出产品外部。
- 出现导致人身伤亡的爆炸。
- 出现化学泄漏。
- 由于过热、泄漏等原因，导致产品的绝缘性能出现部分或者全部失效。

在电气产品中，电池的应用电路主要有以下三种形式：

(1) 使用者可以更换电池（可充电电池或不可充电电池），电路没有充电功能。大部分使用电池的产品都是采用这种电路。这种电路最重要的是避免电池极性装反的时候带来危险，同时避免电路因为切换等原因导致电池短路。这种电路的防护措施比较简单，甚至最简单的二极管电路就可以起到作用。

(2) 电路使用可充电电池并且带有充电功能，可充电电池使用者不可以更换。这种电路最常见的就是 UPS 后备电源。这种电路在装配的时候已经确认电池的极性正确安装，并且电池的型号和参数是固定的，因此，这种电路最重要的是避免充电时对电池的过充和电池的过放电。这种电路的防护措施一般可以根据电池电压作为参考，利用一些逻辑电路来控制电池的充电速率和方式，在放电过程中当电压下降到一定程度时自动切断电路。

(3) 电路带有充电功能，并且使用者可以更换可充电电池。这种情况最常见的就是充电器。这种电路除了在设计上需要避免充电时对电池的过充外，还必须考虑几种可能出现的错误，如：

- 由于可充电电池的极性装反，而导致对电池反向充电。
- 错误安装不可充电电池，导致对不可充电电池充电。
- 充电过程变成对电池的快速放电过程。
- 更换过程中，或者电路切换时，导致电池出现短路。

因此，对于可更换的电池，应当采取正确的标示，包括极性、型号；如果是可充电电池，还应标示充电电路和可充电电池的参数，确保充电电路和可充电电池的参数匹配。

对于使用者可更换的电池模块（如，手机电池、笔记本计算机电池组等），应当采取适当的安全防护措施，通常包括：

- 输出保护电路，避免输出过流，避免过放电，能够在输出短路的时候切断输出。
- 提供充电保护装置，避免对电池的过充。
- 电池模块的两极应尽量不同时裸露，避免出现短路现象；如果在结构上有困难，至少应当设计成不容易短路的两极，如，在两极之间采取适当的挡板，或者把它们设计成为凹陷等形状，避免在实际中轻易可以同时触及电池的两极。
- 电池模块的外壳可以有效防止化学物质泄漏出来。
- 对于采用多组模块的情形，应当同时考虑对整个电池模块的防护措施，是否也能够起到对各组模块的安全防护。

就目前的制造工艺而言，市场上销售的碳锌电池和碱性电池，可以认为在短路情况下是安全的，可以不用考虑它们在放电或者存储状态下会出现泄漏。

锂离子电池标准

联合国颁布的《关于危险货物运输的建议——检测与标准手册》（Recommendations on the transport of dangerous goods-manual of tests and criteria）中的 UN 38.3 是最早有关锂电池的检测标准之一。近年来，随着锂电池的大量使用以及不断引发的安全事故，IEC 也加快了相关标准的制定步伐，相继颁布了诸如 IEC 61960、IEC 62133、IEC 62619、IEC 62620 等标准；在中国，GB 31241—2014 便携式电子产品用锂离子电池和电池组安全要求也已经纳入 3C 强制性认证的执行标准。

以 GB 31241 为例，从标准内容来看，涵盖了针对电池与电池组的环境安全试验（包括极端环境温度与气压，跌落，挤压撞击等），内置或外部保护电路的电安全试验（包括外部短路、过载、各种极端充放电模式等），以及设计和制造工艺的介绍。可以说，这是一份很好的产品验收规范，对提高相关产品的出厂质量无疑有着积极的作用。

另一方面，标准在提供良好工程规范指引方面，仍然有较大的改进空间。

首先，不少学者的研究已经表明锂电池在充放电过程中会逐渐形成枝晶电沉积（dendritic electrodeposition），这些枝晶有可能刺穿正负极之间的隔膜而导致短路[注]。显然，为了考查这种枝晶电沉积导致的短路现象，标准应当有相应的（加速）老化测试。

其次，锂电池产品最主要的危害是起火与爆炸，但标准仅在第 8 章对外壳材料的阻燃等级提出了要求，而对于外壳的形状、内部分隔要求等均无法提出有效的指引，在防火防护外壳方面相对其他标准较为滞后。

最后，锂电池电池芯（即不包含任何保护电路或其他外部器件的最小电池模块）对检测结果的影响究竟有多显著？如果最终产品的安全性其实取决于电芯的生产一致性，则针对成品电池或电池组制定大量检测标准、开展认证检测的实际意义何在？

可见，有关锂电池产品安全标准的制定与完善，相信仍然还有许多工作要做。

注：Tikekar, Mukul & Choudhury, Snehashis & Tu, Zhengyuan & Archer, Lynden. (2016). Design principles for electrolytes and interfaces for stable lithium-metal batteries. Nature Energy. 1. 16114. 10. 1038/nenergy. 2016. 114.

3.2.3 电容的能量危险

除了电流持续通过人体所产生的生理效应外，在实际中，还需要考虑单次放电（指放电时间在 0.1～10ms）造成的生理效应，图 3-6 是电容放电的生理效应。电容放电造成的生理效应主要与电容储存的电荷量有关,在实践中,通常约定感觉阈为 $0.5\mu C$,痛觉阈为 $50\mu C$。

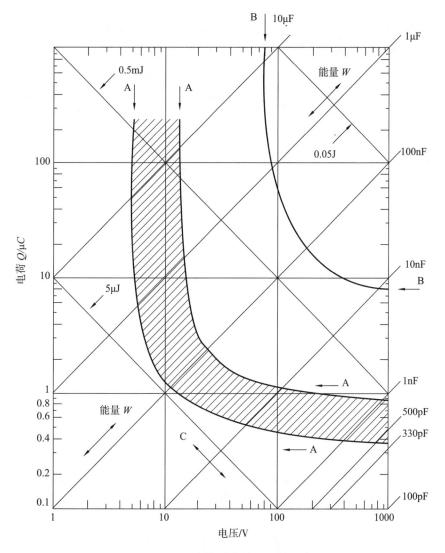

图 3-6 电容放电的生理效应

(摘自 IEC/TS 60479-2:2017 图 22)

注:曲线 A 之间为感觉阈;曲线 B 为痛觉阈。

电容器(capacitor),简称电容,是基本的电子电气元器件,它在电子电气设备中的应用非常广泛,通常用于滤波、整流、旁路、耦合、移相等电路中。电容的基本原理就是利用两个互相绝缘的电极来储存电荷,因此,电容最基本的物理特性就是一个储存电能的元件。

电容由于是储能元件,因此,切断设备的电源后,电容本身存储的电能并不会立即消失。如果没有适当的放电回路,大容量的电容仅仅依靠本身的泄漏电流缓慢放电，放电时间会很长。如果在此期间，人体能够通过直接或者间接的方式构成电容放电回路的一部分，那么，就有可能会造成电击事故。

在实际生活中，电容通常是安装在防护外壳内部，一般情形下使用者不会直接接触到电容，但是，使用者有可能通过接触设备的插头（通常是电源插头），构成设备内部电容放电回路的一部分，从而导致电击。对于维修人员而言，由于检测的需要，会直接接触到电容的两极，稍微不小心，有可能被一些大容量的电容所储存的电能伤害，轻则有轻微的电击反应，重则有可能被灼伤。因此，通常在电源的两端跨接放电电阻，避免产品内部的电容产生电击。一般，家电产品要求插头从电源插座拔下来后 1s 内，跨接在电源线相线和零线之间的所有电容的电压都必须通过放电电阻等回路衰减到不超过 34V。在设计放电电阻的阻值时，可以通过计算电路的等效电容和放电电阻构成的阻容电路的时间常数（电容乘以电阻）来确定，在一个时间常数周期内，电容两端的电压会衰减到原来的 37%。

必须注意的，电容储能的危害不仅仅是产生电击事故。即使是直流低压电路，如果其中的大容量电容因为短路等原因瞬间放电，也可能产生能量危害，对人体造成灼伤、引燃周围易燃物品等，并且损坏电容。当电容储存的能量超过 20J，并且电容两端的电压超过 2V 时，电容就存在能量危害。电容储存能量的计算方法如下：

$$E = 0.5CU^2 \times 10^{-6}$$

式中，E 是能量，单位为 J；C 为电容值，单位为 μF；U 为工作电压，单位为 V。以开关电源中常用的 3300μF 电容为例，如果两端的电压超过 110V，这个电容所储存的能量就有可能造成能量危害。

因此，在产品设计时，使用大容量的电容时，都必须设计相应的放电回路（如，根据电容的电容值，在电容旁边并联一个几千欧到几百千欧的放电电阻）。

实际应用中，对于标称电容量小于 0.1μF 的小电容，一般不认为会有能量的危险。

对于电容而言，除了需要考虑因为储存电能造成电击危害和能量危害外，还需要考虑电容爆炸的防护。电容的基本结构是由中间的绝缘层隔离的两个电极构成的，而电解电容采用电解液作为绝缘材料。在使用电解电容时，如果电解电容长期工作在环境温度过高、工作电压超过额定耐压或者极性接反的情形时，电解电容中的电解液有可能会出现体积膨胀的情况，在这种情形下，轻则电容破裂，电解液泄漏，即俗称的电容爆浆，严重的情况下会整个电容会炸裂，而飞溅的电解液有可能对电路板和人体皮肤产生腐蚀，危害维修人员的健康。目前大多数的电解电容都带有防爆结构。在使用时，应尽量使用带有防爆结构的电解电容。

3.2.4 电感和电弧的能量危险

电感（Inductor）也是一种储能元件，它的表现是在电路断开的瞬间，继续维持电路的电流，往往就会形成电弧（Arcing）。

电弧是能量危害的一种表现形式。事实上，当用开关断路设备断开电路的时候，只要电路电压不低于 10V，电流不小于 80mA，开关触头之间就会产生电弧。电弧的产生和维持是触头间的气体被电离的结果，因此，电弧本质上是高温导电的游离气体。

电弧产生的过程是：当触头分离之初，触头间距离很小，电场强度很高。当电场达到一定强度的时候，阴极表面的电子就会被拉出，在触头间形成自由电子。从阴极表面发射出来的自由电子，在电场的作用下，向阳极方向作加速运动，不断与其他粒子发生碰撞，使其他粒子游离形成自由电子和正离子。碰撞游离连续进行的结果导致触头间充满了电子和离子，在外加电压作用下，触头间的气体被击穿形成电弧。同时，电弧的温度很高，在高温的作用下，气体中中性粒子的不规则热运动加速，相互间的碰撞游离出更多的电子和离子，维持电弧的燃烧。

电弧的危害是很明显的，它产生的高温会对断路设备的触头造成损坏，对人体造成灼伤；如果周围有易燃物品，还有可能会引起火灾。此外，电弧还使得电路断开时间延长。

电弧的防护主要有封闭隔离和灭弧两种方法。封闭隔离主要采取有效的隔离措施，将产生电弧的触头封闭隔离，避免电弧对周围造成危害。对于大电流的高压断路器，还必须采取有效的灭弧措施。常见的灭弧措施主要有以下几种：

- 吹灭电弧：如，在高压断路器的灭弧室中，利用气体或油吹向弧隙，使电弧熄灭。
- 利用灭弧性能优越的介质灭弧：如，真空断路器。
- 采用多断口灭弧。在高压断路器中每相采用两个或多个串联断口，使加于每个断口的电压降低，弧隙恢复电压降低，电弧易于熄灭。

电弧的危害已经得到广泛的认识，因此，现在市场上大部分的合格开关断路产品都采取了有效的隔离或灭弧措施。在使用时，应选用这些产品，避免使用一些早期的产品（如，原始的电闸刀），就可以有效地对电弧进行防护。

在实际中，电弧并不是总是扮演危害的角色，人们同样可以利用电弧来造益人类。如，在电焊机中利用电弧产生的高温来进行焊接。

3.2.5 能量危险的防护

能量危险防护的原则和电击防护的原则类似。事实上，电击可以认为是能量危害的一种特殊形式，是电能作用在人体上的一种特殊的能量危险。

能量危害防护的第一个原则是限制存在能量危险的部位和元件的能量，手段包括使用受限制电源、提供储能元件的能量释放电路（如，电容的放电电路）或能量输出限制电路（如，电池模块使用输出过流保护元件）等。

如果因为产品的特性，限制能量在技术上是无法实现的，那么，对于这些存在能量危险的部位和元件，可以采取封闭隔离的手段，避免对产品外部造成危害，同时也避免产品外部因素的作用（如，短路电池组的两极）导致这些元件出现能量释放而造成危险，可以采取的手段包括隔离栅栏、防护罩和联锁装置等。

需要注意的是，由于储能元件的使用，仅仅切断产品的电源未必能够防止能量的瞬间释放，因此，采用联锁装置来进行能量危害防护，在联锁装置动作的时候，除了切断产品的电源，还必须切断储能元件的输出，联锁装置的运作机制会变得更加复杂。

3.3 过热防护

3.3.1 概述

电气产品在使用中，都会出现发热的现象。如果发热产生的高温会导致危险的出现（如烫伤、着火等），这种发热现象就称为电气产品的过热现象。过热防护的目的就是为了避免产品在使用中出现过热的现象。

按照电气产品在使用中发热的性质，可以分为功能性发热和非功能性发热两种情形。

功能性发热，是指产品设计功能的发热情形。对于电气产品的功能性发热，产品本身存在功能性危险，这种危险是无法避免的，在这种情形下，过热防护的原则是采用适当的措施，降低热源对使用者和周围的影响，同时利用适当的警告标识，最大限度地提醒使用者避免直接接触产品的发热部位。

非功能性发热，是指产品所出现的发热现象，并不是产品的设计功能的所有其他情形。对于电气产品的非功能性发热，过热防护的首要原则在于尽可能降低相关部位的发热程度，同时采取有效的隔离、屏蔽措施，避免人体直接接触到危险发热部位。

热的传递总是从高温区域向低温区域传递，传递的方式有传导、对流和辐射方式。在设计产品的过热防护措施时，应充分考虑热传递的特点，采取适当的屏蔽和散热措施。

3.3.2 过热的危害方式

3.3.2.1 对人体的危害

电气产品过热产生的高温，有可能导致人体在接触这些部位时造成烫伤。具体的烫伤温度，是与发热部位的材料、接触时间的长短以及个体差异密切相关的。图3-7

（摘自《CENELEC Guide 29 – Temperatures of hot surfaces likely to be touched》）中金属、陶瓷玻璃类以及塑料等三种常见产品外壳材料接触温度 – 接触时间的烫伤曲线，可以发现，相同的接触时间，不同材料导致烫伤的温度是不同。三类材料中，金属对应的温度低而塑料对应的温度较高，其中一个原因在于金属导热性能较好，单位时间内能够传递更多的热能，因而更容易导致烫伤的发生。

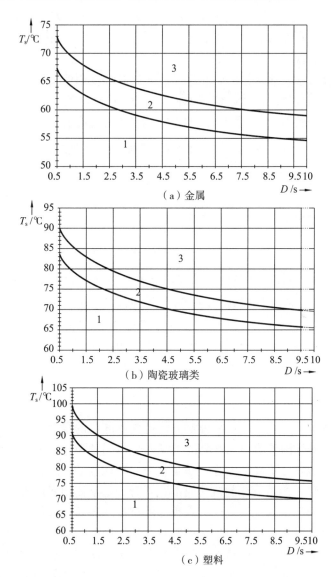

图 3–7　不同材料烫伤差异（摘自 CENELEC Guide 29 图 A.2、A.4 和 A.5）

注1：区间1通常不会发生烫伤；区间3肯定发生烫伤；区间2属于过渡区。

注2：横坐标为接触时间（D），单位为秒；纵坐标为接触温度（T_s），单位为℃。

根据接触时间的长短，可以分为以下四种情形：

（1）长时间把握的情形，通常是指产品在使用中往往需要长时间握持，握持的时间超过数秒,这种情形最常见的就是使用各类手持式产品。

(2) 短时间把握或接触,通常是指有意识接触的时间通常在数秒内,实际中,调节旋钮、控制按钮或利用把手进行调节控制等都是这种情形。

(3) 可能接触的情形,通常是指使用中无意识接触的情形,接触时间通常在1s左右,这是人体可以感觉到热、烫,而采取回避行为的正常反应时间。

(4) 仅仅在安装时调节才会偶尔接触到的部位(如,天花安装的聚光灯调节部件),只要在正常使用时一般不会接触到,而且也不会有引起火灾的危险,一般不会对这些部位有温度限制的要求。

一般,人体接触发热部位的时间越长,允许的温度限值就越低;接触部位材料的导热性能越好,允许的温度限值就越低。表3-6是电气产品在正常使用中普遍采用的温度限值经验值(在不同产品的安全标准中可能会有5℃左右的偏差)。

表3-6 正常情况下人体可接触部位的温度限值　　　　　　　　　单位:℃

材料类型	金属	玻璃陶瓷	塑料橡胶木材
长时间把握的手柄、旋钮、提手等部位	55	65	75
短时间把握或接触的手柄、旋钮、提手等部位	60	70	85
产品外部可能被接触的部位	70	80	95

表3-6的温度限制主要是针对电气产品的功能性发热部位以外的其他可接触部位,对于使用中人体可以接触到的功能性发热部件(如,电热产品的发热元件),或者会明显发热的部件(如,白炽灯灯泡表面),限制其表面温度往往会影响产品的性能,因此,采用限制发热部件温度来防止烫伤是没有实际意义的。对于这些功能性发热部位,主要是依赖于使用者的常识和产品上适当的警告标识来防止人体接触这些高温部位,在可能的情形下,适当的隔离措施(如,防护栅栏)有助于提高产品的烫伤防护。

在产品出现异常状况时,产品外部人体可接触部位的温度限值允许适当升高至105℃~175℃,具体限值取决于产品的类型和故障的种类。这并不是说在产品出现异常时,人体可以承受更高的温度,而是基于一种现实的考虑,适当允许温度限值升高,可以大大降低产品设计制造的成本,同时,基于使用者的常识和正常生理特征,一旦产品因为异常状况而出现一定程度的过热现象时,人体在靠近这些过热部位时,一般都会有不适感觉而避免直接接触;即使偶尔接触到,也会由于条件反射而迅速缩回,从而避免长时间接触,只要接触部位温度在上述范围内,一般不会造成烫伤。此外,在实际中,产品出现过热现象,也可以作为使用者发现产品出现异常状况的一种简单判断方法。

3.3.2.2 引燃周围的危险

电气产品出现过热现象时,对周围环境最主要的影响是有可能引燃周围的易燃材料。图3-8是木材着火温度-时间关系示意图,从图中可以看到,温度越低,

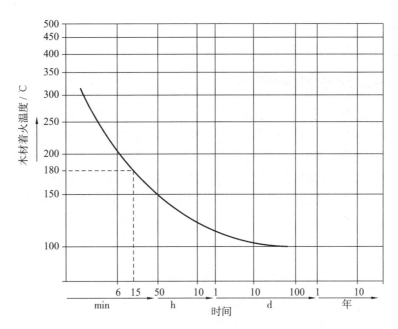

图 3-8　木材着火温度-时间关系示意图
（摘自 IEC 60598-1：2014 图 27）

着火需要的时间越长，随着温度的升高，着火需要的时间越来越短；当温度达到 180℃ 时，只需大约 15min，木材就有可能着火；而当温度低于 100℃ 时，木材即使长时间接触高温，基本上也不会着火。尽管示意图中的温度-时间关系是基于统计结果，在同样温度下，不同厚度、种类的木材着火时间略有差别，但是它揭示一个重要的现象，即当温度低于一定限值时，即使长时间接触，也不会引起着火。考虑到实际使用中的安全裕量，在电气产品安全领域，一般都把 90℃ 作为易燃产品（木、纸、纺织物和类似物品）长期接触而不会着火的温度限值，也有部分产品安全标准将这个限值定为 85℃，尽管各种常见易燃材料的着火温度略有不同。

在实际中，为了防止产品过热而引起火灾，还需要考虑热辐射对周围的影响，包括产品的支撑面（或安装面）；如果产品使用时是内嵌在柜子等密闭或半密闭空间内的，还需要同时产品四周墙面的温度，尤其是要特别注意被聚光灯照射的表面。一般，这些受辐射影响的表面的温度都应当在 90℃ 以下。

在实际中，有一些产品被特别设计成使用时必须固定安装在非易燃表面（如水泥地板），对于这种产品，可以不限定安装面的温度限值，但是需要在产品说明书和铭牌标识中特别注明产品的安装限制。

当产品出现异常状况时，同样基于技术原因，允许周围的温度限值适当提高，但不得因此引起火灾。对于产品外部周围的温度限值，一般允许提高到 105℃ ~ 175℃，具体取决于产品实际使用的环境、高温过热持续的时间等因素。一般，如果是持续时间比较长的故障（如，产品出现长时间的过载、堵转等异常状况，但是过热保护装置不动作的情形），温度限值是 105℃；在其他情形下，如果故障时间不超过 15min，温度限值允许适当提高，甚至达到 175℃，但是不允许出现任何着火、金属熔化流出、外壳严重变形等危险状况。

3.3.2.3 对元件和绝缘材料的影响

产品出现过热，对产品的性能、寿命和安全特性同样有不利影响。对于电气产品的元件而言，其周围环境温度过高的原因，有可能是元件本身发热而又无法及时散热引起的，也有可能是周围其他他热源传导、辐射的结果，不管是哪种情形，如果元件长期工作在过热环境下，会影响元件的性能，缩短元件的使用寿命。对于绝缘材料而言，长期工作在过热环境下，会加速绝缘材料的老化，降低绝缘材料的绝缘特性，最终导致绝缘材料失效。因此，产品在设计时，必须充分考虑元件和绝缘材料周围温度对元件和绝缘材料性能的影响。表 3-7 是常见的元件和绝缘材料在长期使用中的环境温度参考限值。

需要注意的是，如果绝缘材料在使用中会长期承受机械压力，绝缘材料可以长期承受的温度限值会相应降低；如果产品的发热部位和具有某一闪点的可燃液体接触，那么，发热部位的温度和闪点之间必须至少有 25℃ 的安全裕量。

表 3-7 常见元件和绝缘材料环境温度参考限值

元件和材料类型	正常使用时允许的温度限值/℃
绕组线圈：	
A 级	100
E 级	115
B 级	120
F 级	140
H 级	165
元件：	
普通开关	55
带 T 标志开关	T
普通电容	45
抑制干扰小型陶瓷电容器外表面	75
带 T 标志电容器	T
电线电缆：	
普通电线电缆	75
带额定温度值 T	T
作为附加绝缘的软线护套	60

续表

元件和材料类型	正常使用时允许的温度限值/℃
橡胶：	
作为附加绝缘或加强绝缘的橡胶	65
不起绝缘作用的橡胶	70
硅酮橡胶	200
不起绝缘作用的硅酮橡胶	230
热塑性材料：	
ABS	95
CAB	95
聚苯乙烯（PS）	75
聚碳酸酯（PC）	130
聚氯乙烯（PVC）	90
聚酰胺（尼龙）	120
热固性塑料：	
填充无机物的苯酚甲醛树脂（PF）	165
填充纤维的苯酚甲醛树脂（PF）	140
尿醛树脂（UF）	90
玻璃纤维加强的聚酯（GRP）	130
其他绝缘材料：	
浸渍或涂覆的编织物、纸或压制纸板	95
木、纸、纺织品或类似物品	90
环氧树脂粘合的印刷电路板	145
玻璃纤维增强聚酯	135
用作附加绝缘或加强绝缘的纯云母和紧密烧结的陶瓷材料	400
硅酮清漆浸渍的玻璃纤维	200
聚四氟乙烯（PTFE）	250
硅酸乙烯氯乙烯（EVA）	140

注：本表所罗列温度限值根据 IEC 60335-1、IEC 60598-1、IEC 60950-1 等标准整理；相关数值仅作为一种学习参考，实际使用中这些材料的绝缘特性还受到许多其他因素的影响，具体应当参见相关的产品安全标准。

在产品出现异常情况下，同样基于现实技术考虑，允许元件和绝缘材料周围的温度限值适当提高。通常，电源线绝缘的温度限值允许高达 175℃，而热塑材料以外的绝缘材料允许的温度限值可以适当提高 50%。至于作为附加绝缘和加强绝缘的热塑材料，一般不会限定其温度限值，但是要求这些材料在产品出现异常状况时，依然能够承受一定的电气强度，满足绝缘的要求，同时其耐热特性能够确保受热变形不会达到导致绝缘失效的程度（可以利用球压测试来考察）。

3.3.3 发热原因及防护

电气产品的过热防护，需要根据导致出现过热现象的热源的性质分别采取相应的措施。除非使用其他的能源（如燃气产品），有可能导致电气产品出现过热的热源主要来自电热功能、正常工作状态下的非功能性发热和异常状况下发热等三种情形。

3.3.3.1 电热功能

电热功能是电气产品最常见的功能之一，通过电热元件，电能向热能转换，从而实现产品加热的功能。此外，传统的白炽灯也可以看作是一种用于发光的特殊的电热元件。

由于发热是产品的基本功能，因此，电热产品在设计过热防护措施时，主要原则是避免发热元件的发热对周围环境和相邻部件构成不利影响。通常，可以采取以下一些措施来进行过热防护：

- 安装合适的温度控制元件，确保正常使用中，产品能够在设定的温度范围内工作，在超出温度范围时能够切断发热元件的回路，或者降低发热元件的工作电流。
- 在发热元件周围使用隔热挡板，降低辐射对周围环境和相邻部件的影响。
- 用于连接电热元件的导线，使用适当的耐高温导线，防止高温损坏导线的绝缘；同时采取适当的固定方式，避免导线直接接触发热元件。
- 在发热元件周围，避免使用易燃材料，或者出现易燃材料制作的部件，尽量使用金属、陶瓷等材料作为支撑发热元件的材料。
- 在可能的情形下，在发热部件周围安装适当的防护栅栏，尽量避免人手轻易就可以接触到发热元件，尤其是在使用以辐射为主的电气产品的时候（如室内电热取暖设备）。
- 必要时，在产品外壳上安装适当的限距装置（spacer）（图3-9），确保使用中产品周围能够有足够的散热空间。
- 对于一些需要经常接触的部位（旋钮、把手等），应当尽量使用非金属材料，而不是金属材料。
- 适度的警告。

图3-9 电烤箱背后的限距装置

如果采取以上措施后，仍然存在支撑面等周围环境、控制按钮或把手等的温度过高的情形，那么，还可以适当考虑加大产品的体积，或者在受到影响的非电热元件周围采取适当的散热措施；如果依然无法解决问题，那么必须适当减小产品的发热功率，修改产品的设计。

3.3.3.2 非功能性发热

电气元部件（包括各类电工元件、电子元件）在工作时都存在不同程度的发热，尤其是变压器等绕组元件、大功率半导体元件等，是产品中最常见的非功能性发热热源。近年来，随着集成电路技术的发展，集成电路元件越来越多地成为另一种常见的非功能性发热热源，尤其是在各类计算机中，随着工作频率的不断增加，CPU 的发热状况越来越严重，成为产品安全中必须考虑的新因素。在传导、对流或辐射的作用下，与这些热源接触和相邻的部位，都会受到影响。因此，除了采取隔离、热屏蔽等方式来减少这些热源对周围的影响外，还可以必须采取适当的散热措施来降低这些元部件的发热程度。

常见的散热措施主要有被动散热和主动散热两种方式。

被动散热，主要是利用空气对流来进行散热，使用散热孔、散热片是最常见的被动散热方式。为了提高被动散热的有效性，通常采用增加散热孔的数量、加大散热片的面积等方法，甚至通过改用金属框架和外壳的方式（金属框架可以看作一种特殊的散热片），都能够提高被动散热的有效性。此外，在发热比较严重的部件周围，还可以通过适当增加架空高度、适当增加部件之间间隔、加大散热片的有效接触面积等加大散热空间的方式，来提高散热效果。需要注意的是，使用传统的被动散热方式，如散热孔、散热片、金属框架和外壳等，都会对产品的电击防护带来不利的影响，尤其是使用外置式散热片，更加需要注意由此带来的绝缘防护问题。

对于发热比较严重的场合，使用被动散热方式可能无法满足降温的需求，在这种情形下，需要使用主动散热方式。常见的主动散热方式主要有强制空气对流方式（如，使用风扇）、主动热交换方式（即在散热片或类似装置上使用热交换器）、增加环境温差方式（如，使用空调设备）等多种方式。使用主动散热方式的优点在于可以有效地控制散热效果，提高散热的有效性，但是同时也带来成本上升的问题，而且由于散热机制比较复杂，无形中也提高了产品的故障率。

对于元器件而言，还可以通过降级使用元件的方法来降低其发热程度，即选用额定参数较高的元件来替换额定参数较低的元件，从而进一步提高元件的安全裕量，降低元件的发热程度。但是这种方法会带来产品制造成本的上升，并且不同等级之间的元器件在体积上往往也不同，额定参数较高的元件体积往往也相对较大，这与产品小型化的发展趋势是背道而驰的。

因此，无论是采取哪种散热方式，都各有优缺点，在设计时应根据产品的实际情况进行综合考虑。

3.3.3.3 异常状况

当电气产品出现电路故障（如，元件故障、短路等）或过载等异常现象时，电路中工作电流会增大，导致内部元件（如，变压器、电机绕组、功率半导体元件等）的发热加剧。为了确保产品在出现异常现象时，也不会出现过热的情形，必须设计适当的异常过热防护措施。

由于在许多情形下，电气产品的异常现象往往表现为电路中出现过流现象，因此，使用过流保护器、电流熔断器等是最传统的过热保护方法。然而，这种过热防护方式是通过检测过电流来实现的，属于间接防护方式。随着产品结构越来越复杂，通过过流防护的方式来进行过热防护，有可能出现无法满足实际需求的情形。一般，许多时候过流保护装置都是安装在产品的主回路上，但是局部发生的过热异常现象，并不一定在主电路中出现过电流现象，。以主动散热系统为例，如果因为某种原因导致其散热系统（如，散热风扇）散热性能下降，甚至停止工作，在主电路中并不一定能够检测到过电流，但是却有可能在相应部位出现过热现象。

使用温度敏感类型的过热防护元件是另一种常见的过热防护方式，这种过热防护元件常见的有过热断路器、热熔断体等。使用过热防护元件的优点在于直接检测相应部位的温度，一旦出现过热现象能够准确动作，但是这种过热保护方式的缺点在于过热防护元件的安装工艺要求较高，过热防护动作的可靠性与安全工艺关系较大；同时，当温度上升较快时，相对过流保护元件而言，过热防护元件需要较长的感应时间，保护动作不够敏捷。因此，对于过热原因比较复杂的场合，往往需要同时使用两种过热防护方式。

近年来，在许多电气产品（尤其是电子产品）中使用电子线路来进行过热防护，但是在实践中，对于电子安全保护线路的可靠性，电气产品安全领域仍然存在争议。因此，在使用电子安全保护电路和元件时，需要参见具体产品安全标准的要求。

设计产品在异常情形下的过热防护机制时，需要注意两种特殊的电路结构。

第一种，是使用自复位过热保护装置的电路。在这种电路中，使用自复位过热保护装置作为产品出现异常现象时的过热保护装置，一旦出现感温部位的温度超过设定值的情形，过热保护装置会自动切断相关回路的电源，避免温度进一步升高而出现危险；由于切断了电源，相关故障部位的温度会逐渐下降，当温度降到低于过热保护装置的复位温度时，自复位过热保护装置会自动复位，接通相关回路的电源，故障部位的温度会重新上升，如此周而复始（图3-10）。图中各个周期的温度略有差别，是由于过热保护装置的感温特性和故障部位附近温度分布不均匀造成的。

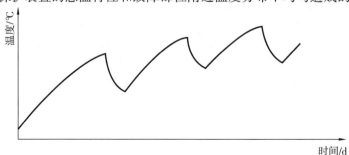

图3-10　使用自复位过热保护装置电路的温度-时间关系示意图

显然，使用自复位过热保护装置最主要的优点是在故障解除后，无需人工干预，设备就可以重新工作。但是，由此带来的危险也是明显的。首先，设备可能存在突然启动的情形，对于在设备周围不知情的人员，有可能构成潜在的危险；其次，如果在出现故障期间没有人注意到设备的异常状况，没有解除设备的异常状况，那么，设备会不断周而复始地重复自动切断、自动启动，最终有可能动作次数超过自复位过热保护装置的设计寿命，引起过热保护装置失效，以至于酿成危险。因此，使用自复位过热保护装置时，必须同时考虑设备不断自启动带来的危害。因此，对于使用装有自复位过热保护装置的电机的办公设备，一般需要考核电机连续堵转18d的情形，确保在如此长时间范围内产品不会因为重复启动而导致危险。18d的周期可以满足大部分机构可能出现的最长无人值守时间。

第二种，是使用接地保护的电热设备中的过热保护机制。在这种设备中，出现接地故障时，有可能出现其中的电热回路维持导通，发热元件继续发热的情形，在这种情况下，如果过热保护装置的安装方式不恰当，有可能无法起到过热防护的作用。因此，如果产品是使用可正反插接的插头（如，德国单相插头）或类似的连接器进行供电，或者是使用无确定极性插座供电的情形，那么，应当是分别在电热元件的两端安装过热保护装置，以确保在出现接地故障时，如果出现过热现象，能够至少切断其中一端的电气连接。在图3-11的示例中，电热元件的一端安装热熔断体，一端安装温控器，而不是将两者同时安装在电热元件的一端。

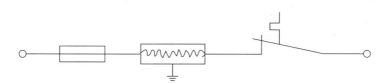

图3-11　接地保护电热设备双边保护电路示意图

总之，电气产品在设计时，应当有足够的过热防护措施，确保产品无论是在正常使用中，还是在出现异常状况时，都不会出现着火、金属熔化流出危险状况；即使当产品出现异常状况时，外壳有可能出现一定程度的变形，但是产品外壳出现的变形不会暴露各种危险部件。此外，如果产品在异常状况解除后还能够工作，相关绝缘系统必须能够满足正常使用时的电气强度要求。

3.3.4　过热防护相关的安全警示

在目前的技术水平下，电气产品的非功能性发热是无法避免的；而对于电热产品而言，功能性发热本身就存在着无法回避的功能性危险。因此，电气产品的有效过热防护，除了结构上采取必要的技术措施外，还需要使用者拥有适当的常识和产品信息，才能最大限度地实现过热防护。因此，在产品说明书中，至少需要有以下警告内容：

■ 对于电热产品而言，提醒使用时应当远离儿童，放置在儿童无法触及的地方；提醒使用者在使用后，应注意避免被余热烫伤，只有在产品完全冷却后才进行清洁、包装等处理活动。
- 提醒使用时不要覆盖产品，避免在产品周围放置任何可能堵塞散热孔、通风口的物品；提醒使用者注意一些塑料薄膜等有可能吸附在散热孔、通风口周围而影响产品的散热。
- 提醒使用时产品应当与周围应当保持的最小距离，确保有足够的散热空间；对于嵌入式安装的产品，应当尤其需要提供详细的安装距离。对于那些必须固定安装在非易燃材料表面（如，水泥表面）的产品，说明书中必须有明显的说明和警示。
- 提醒使用者在产品出现过热、异味等异常现象时，应及时切断电源，然后通过专业人士检查产品是否出现过热异常。

此外，在电热产品的发热部位附近，应当有明显的警告标识（图3-12）；而隔热手柄、把手应当方便、明显，不会和发热部位混淆。尽管目前大部分产品安全标准并没有对把手或手柄的尺寸做出明确规定，但是，在设计时应当利用常识，确保有足够的握持空间。

（a）高温警告标识
（IEC 60417）

（b）不得覆盖
（IEC 60335-2-30）

（c）最小照射距离
（IEC 60598-1）

（d）仅安装于非易燃材料表面（IEC 60598-1）

图3-12 过热防护警告标志示例

3.3.5 发热的其他危害

过热是电气产品最常见的危害之一，但是单纯从技术上来说，过热防护的实现并不困难。在设计过热防护措施时，最关键的是实现过热防护的成本问题，以及市场对产品不断小型化的需求对过热防护带来的挑战。设计时，如何在降低成本、体积小型化和产品安全之间找到平衡，需要不断地经验积累。由于电气产品的有效过热保护措施需要综合考虑许多因素，因此，在许多产品安全标准中，往往通过考察产品在各种正常工作条件和异常状态下的发热情形，作为考核产品安全特性的一系列试验的基础。

对于电气产品而言，除了需要注意过热可能对人体造成的伤害外，还需要注意两类持续发热可能造成的伤害，而这类伤害往往由于没有产生立即的烫伤而很容易被忽视。

第一种就是长期接触高于体温的低温热源可能造成的伤害。人体如果长期接触高于体温的低温热源，并且没有采取适当的散热措施，即使温度不高，所累积传递的热量也有可能对人体造成烫伤，也就是俗称的"低温烫伤"。对于电气产品而言，最容易发生低温烫伤的就是各种贴身使用的电暖产品，这些电暖产品由于存在热惯性，甚至在断电后一段时间内都存在造成这种烫伤的可能性（如，"暖手宝"之类的产品）。这种烫伤多发生在老人、病人或婴幼儿等反应比较迟缓、行动不便的人群；但是正常人如果在睡眠中长期接触（如，冬天睡觉时取暖），同样也有可能发生。相对一般的过热烫伤，这种烫伤表面看起来似乎不严重，但是由于发生时往往都是在长时间接触以后，几乎都是造成深度烫伤，甚至有可能出现深度组织坏死的情形，危害程度其实相当严重。因此，对于人体有可能长时间接触的电气产品，除了需要考虑过热造成的伤害，还需要采取相关技术措施避免造成低温烫伤：

- 避免同一人体部位长时间接触热源；
- 控制人体有可能长时间接触的发热部位的温度和发热时间（如，在 IEC 60335-2-17 中，要求电热毯等电暖产品在一个小时后相关位置的温度不可以超过 37℃ 的正常人体体温）；
- 提醒使用者长期接触低温热源可能存在的危害。

欧盟RAPEX公告A12/1717/15，A12/1718/15，A12/1719/15，A12/1723/15连续数起有关电热毯产品安全缺陷的通报中，主要原因都是电热毯没有配置合适的控制装置，使用时有可能由于长时间处于通电加热状态中而导致使用者被烫伤；而在我国，每年冬季长时间将"暖手宝"之类的电热产品捂在身上导致烫伤的新闻也时有报道。

第二种就是发热对男性生育能力的影响。多年前已经有学者研究发现[1]，如果将笔记本计算机放在膝盖上使用，笔记本计算机的发热及两腿对笔记本的支撑作用，会使男性生殖器区域的温度增高，长此以往，有可能导致男性精子数量减低，导致不孕不育症的出现。

可以预见，随着社会的发展，对于电气产品的过热防护，将缓慢地从传统的烫伤防护向人体健康、使用舒适性等方面延伸。

现实生活中，还有一种与温度相关的伤害类型就是冻伤。冻伤多发生在人体较长时间接触0℃以下物品（尤其是金属部件）的情形；对于带冷冻功能的电气产品，冻伤防护的原理与过热防护的原理类似；至于在严寒地区如何避免由于接触到包括室外使用的电气产品在内的金属部件而造成的冻伤，属于一种生活常识，不再赘述。

---

[1] Yefim Sheynkin, Michael Jung, Peter Yoo, David Schulsinger, Eugene Komaroff; Increase in scrotal temperature in laptop computer users, *Human Reproduction*, Volume 20, Issue 2, 1 February 2005, Pages 452-455.

3.4 防火

3.4.1 概述

火灾是电气产品另一个最主要的安全隐患。随着电气产品的普及化,因电气产品导致的火灾所造成的人身和财产的损失逐年上升。发达国家由于电气产品或配电电路过热、过载、短路、起弧等原因引起的火灾在各种火灾成因中所占的比例相当可观。根据美国联邦消防总署发布的报告[①],2014 年 ~ 2016 年全美发生约 1800 起住宅致命火灾事故,在已经查明的起火原因当中,电气故障占 10.8%,设备直接导致或操作不当等引起的占 4.7%(统计中没有罗列设备种类,但是相信不少设备属于电气设备)。可以看出,尽管美国长期严格执行电气产品防火标准规范,与电气产品相关的火灾事故仍超过了 10%,中国由于电气安全规范普及和执行情况尚落后于发达国家,情况可能更为严重。俗话说"水火无情",因此,各国政府相关部门、标准制定和执行机构等也都将电气产品的防火安全看作是和电击防护一样重要的一项电气产品安全内容。

3.4.2 起火原因分析和基本防护原则

电气产品导致的火灾事故,通常可以分为两种,即产品作为火源引起的火灾,和产品由于过热、热辐射等原因导致周围的易燃材料起燃引起的火灾。所以,对电气产品的防火主要有两种思路:第一种,是认为只要不具备必要的条件,起火就不会发生,因此,关键是防止出现引起起火的热源和避免使用可燃物,在从源头消除起火的可能性。第二种,是认为起火总是无法避免的,因此,关键是及时控制火势,避免火势的蔓延。在实际应用中,这两种思路并不是截然分开的,只是体现在具体措施的侧重点不同,如,要避免电气产品成为火源,除了避免产品内部起火外,还可以使用适当的防护外壳或挡板,将火焰限制在产品的内部,不要向外部蔓延。

起火可以解释为热量聚集在可燃物上引起的剧烈氧化反应。根据这种理论,引起火灾需要三个必要条件:能量源、传输途径和可燃物,防火的关键就是对这些起火条件产生的原因进行分析,并找出对应的措施。以下就从这三个条件的产生原因来讨论如何采取有效措施进行防火。

3.4.2.1 限制可燃材料的使用

限制易燃、可燃材料的使用,是最基本的防火措施。各种材料的燃烧特性是不

---

① National Fire Data Center. Fatal Fires in Residential Buildings (2014—2016), *Topical Fire Report Series*, Volume 19, Issue 1, June 2018.

同的，起火燃烧需要的能量和温度条件也是不同的。表 3-8 是一些常见材料的起火温度。表中的数据和一些常识性的知识是一致的，如，不要使用像赛璐珞那样能够剧烈燃烧的材料，不要使用棉布、丝绸、纸和类似的纤维材料作为绝缘材料，除非经过浸渍处理，而且不得使用蜡或者类似的材料浸渍等。

表 3-8　常见材料的起火温度

材料（不加阻燃剂）	引燃（有火种）温度/℃	自燃温度温度/℃
纸张	177	233
棉花	210	400
聚丙烯（PP）	320	350
聚乙烯（PE）	320	350
聚氯乙烯（PVC）	340	350
ABS	390	480
尼龙 66（PA66）	490	530
聚碳酸酯（PC）	520	—

（摘自 International Plastics Flammability Handbook，Hanser Publishers，1990）

在目前的电气产品安全标准中，更多的是采用阻燃等级来评估材料是否属于易燃，从而能够有一个客观的指标用于比较不同材料的阻燃特性。这种做法应当归功于美国保险商实验室 UL。UL 是最早开展材料燃烧特性研究的机构，积累了相当的经验，并颁布了最早的材料测试标准，其中 UL 94 仍然是目前最常用的材料阻燃等级测试标准。IEC 整合 UL 及其他成员国代表的相关标准和经验，颁布了测试标准 IEC 60707 和 IEC 60695，有关材料阻燃等级的介绍可以参考本书的相关章节。对于无法确定其阻燃等级的材料，许多电气产品安全标准中都给出了一些等效的检测方法，用于评定材料的阻燃特性。常见的检验方法主要有以下几种：

- 500W（125mm）火焰测试；
- 50W（20mm）火焰测试；
- 针焰（needle flame，12mm）测试；
- 灼热丝（glow-wire）测试；
- 热丝（hot-wire）测试。

针焰测试、50W 和 500W 火焰测试以及灼热丝测试常用于产品外壳。针焰有时也用于有高压电弧的产品。热丝测试多用于测试接近（距离小于 0.8mm）或接触带电体的部件。

表 3-9 汇总了一些电气产品安全标准中对材料的防火要求，读者可以从中得到一个初步的概念。

表3-9 材料防火要求汇总

部 件	材料要求
防火外壳（固定安装的电气产品）	5V
防火外壳（可移动式电气产品）	V-1
防火外壳外侧的元部件	HB，HBF
防火外壳内侧的元部件	V-2
高压元件（工作电压4000V以上）材料	V-2，HF-2
线束	HB
绝缘热塑外壳材料通用要求	通过650℃灼热丝或其他等效测试
支撑带电体的热塑材料（如接线端子材料）	V-1，或通过850℃灼热丝测试或其他等效测试

需要注意的是，材料的阻燃特性是和材料的厚度密切相关的，如，厚度超过6mm的木材可以认为是达到FV1级的，因此，在设计时要注意材料的厚度，不要因为体积、重量等原因减少材料厚度，导致材料的实际阻燃等级下降。

3.4.2.2 能量源的控制

电气产品中引起起火燃烧的能量源的形式主要是发热和电弧。

众所周知，任何导体都有电阻，电流流过时都会发热。电气产品的发热现象可以是功能性的（即发热是器具的主要功能和目的，如电炉、电烤箱、电水壶、电暖气等电热产品中的发热器件），但更多的是非功能性的（即发热并非产品的目的，甚至是有害的副产品，如电机、变压器的绕组发热，功率器件的发热等）。无论产品出现的发热现象是功能性的还是非功能性的，这些发热部位通过传导、辐射等方式引起周围可燃物起火燃烧。图3-13是芬兰电气产品引起火灾的种类统计，可以看到，只有三成的火灾是因为功能性发热电气产品引起的，因此，控制热源，特别是非功能性热源，可以有效地提高产品的防火特性。

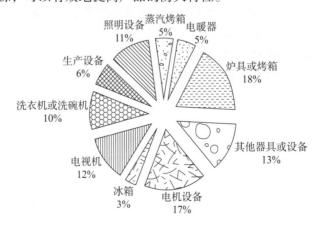

图3-13 芬兰2000年电气火灾起火类别比率

（数据来源：TUKES，"Televisions as a cause of fire"，TV-Palo p65，2002）

引起火灾的另一种常见能量源是电弧，一般存在于电视机行输出等高压器件，以及开关、断路器、电机电刷等电接触器件中，其产生的能量汇聚和局部高温也可造成周围的可燃物起火燃烧。

限制引起火灾的能量源出现，是电气产品防火安全措施的一个重要环节，它可以从根本上避免起火的发生。然而，受到产品功能的要求和现有技术水平的限制，完全消灭能量源是不可能的。防火措施往往是针对非功能性的能量源，将能量控制在一个较低的水平，使之不足以引燃可燃物。在设计上，主要采取以下几种措施：

（1）合理选择材料和元器件（特别是功率元件）的参数，减少电气产品自身的发热。尽管面临市场对电气产品小型化的要求和成本压力，但是在选择元器件参数时，始终应当留有一定的裕量，或者至少应当按照电气产品安全标准的要求，在其标称范围内使用。一个简单的例子就是只要合理选择变压器漆包线的线径和规格，就可以显著地降低变压器的发热。如何选择合适的材料和元器件，各国电工手册均提供相关数据和计算方法供设计人员参考，这里就不再赘述。

（2）采取有效散热措施。散热器可以使功率器件产生的热量通过加大热交换面积而降低器件的表面温度，从而达到保护器件和防火的目的。必要时，散热器可以与其他散热措施如风冷、水冷一起工作，从而使散热效果更佳。需要注意的是，当散热器为人体可接触时（如音响功放中就大量使用这种外部安装的散热器），应当注意散热器的工作温度和绝缘防护措施，以免灼伤人体或造成电击事故。

（3）消除电弧，或采取措施隔离电弧。一般电气产品中的电弧是高压引起的短距离空气击穿放电。防护措施有消除接触毛刺和尖端，消弧电路（如电刷、开关上并联的消弧电容，感性元件上的防反冲二极管等），高压器件灌胶隔缘空气（如行输出变压器）等等。

（4）采取有效的过流保护和过热保护措施。产品在出现异常状况时，如产品处于非正常工作状态（如，电机堵转或过载），或出现故障时（如，短路、功率元件被击穿），电路电流往往会大大超出正常工作电流，导致元件过热，如果没有及时切断电源，那么有可能会导致火灾事故。因此，采取有效的过流保护措施，安装适当的过流保护元件（如，电流熔断器等），可以有效地确保产品防火安全。然而，过流保护措施有时可能无法有效应用，如，对于电机类产品，由于启动电流可以是正常运转电流的数倍，与堵转电流相当，选择合适的电流保护措施并不容易，因此，在这些情形下，可以选择适当的过热保护措施（如，加装热熔断器、电机过热保护器等）来进行防火保护。

（5）使用能量限制电源。引燃物体需要持续提供一定的能量（热量），当能量源被限制在较低水平时，引燃的可能性大大减低，从而降低了对其他防火措施的要求。

典型的能量限制电源是北美的 Class 2 电源。根据美国电工守则（National Electrical Code，简称 NEC，标准代码为 NFPA 70），使用 Class 2 电源供电的电路（即 Class 2 电路），是从引燃观点来看是安全的，也就是说这种电路即使出现故障，也不会引起火灾[①]。Class 2 电源一般要求在正常和故障条件下均能保持输出低电压（低于 AC 30V，或 DC 60V）、小电流（不超过 8A）和最大功率不超过 100VA。这一概念在 IEC 60950 得到了继承，并更名为受限制电源（limited power source，也称为 LPS），凡是使用 LPS 的产品，电路的防火措施要求可以稍微降低，如塑料外壳可以不采用 V-1 级材料。

关于限制能量进行防火的思路，目前最常用的是 15W（VA）法则，这一法则在大部分 IEC 标准中得到充分的体现。15W（VA）法则是指，当低压电源（通常 50V 以下）的最大输出功率（包括在过载条件下）不超过 15W（或 15VA）时，可以认为被供电的产品或电路是不可能引起起火的；如果电路中只有部分电路符合这一条件，那么也可以无需考虑这部分电路的防火要求。

3.4.2.3 隔断传输途径

热能只有传递到可燃物才能引起燃烧，因此，切断或限制热量的传输途径，或者将火灾控制在局部的区域避免扩散是常用的防火措施，最常见的例子就是建筑中使用的防火门和防火墙。采取类似的原理，将电气产品中的热源和可燃物隔离也是一种有效的防火措施。

热能在电气产品中的传递主要以传导和辐射的方式。由于空气不是良好的热导体，因此，增加热源和可燃物之间的距离，或者在其中增加隔热挡板，是一种有效的隔断传输途径的方式。目前绝大多数电气产品安全标准公认的可燃物和热源（包括可能产生电弧的元件）之间的最小安全距离是 13mm（北美是 0.5in）；如果使用隔热挡板，挡板的材料要求是金属或 V-0 级以上的阻燃材料，面积足够大，并且挡板和热源之间的距离至少为 5mm。

由于电气产品的设计越来越趋于小型化，结构更加紧凑，因而导致热源和可燃物之间的最小安全距离在许多情形下都难以保持。在这种情况下，同样可以采用隔离的方法进行防火设计，即使用防火外壳将热源和可燃部件隔离。防火外壳的材料可以是金属，也可以是 V-1 级以上的阻燃材料。防火外壳可以是产品外部的，也可以是内部的。外部防火外壳的作用是隔离设备内部带电件（能量源）和外部有可能接触的可燃物（如放置设备的桌面），而在产品内部出现起火时，能够将火焰限制在产品内部，避免蔓延；内部防火外壳是将内部主要能量源置于独立的防火壳体内，达到与其他可燃部件隔离的目的，如将显示器的行输出变压器封装于 V-1 级以上的塑壳内，以免高压电弧引燃周围部件。事实上，许多电源模块的外壳都具有

[①] 原文：NEC 725.2 Due to its power limitations, a Class 2 circuit considers safety from a fire initiation standpoint….

防火和绝缘的双重目的。

值得注意的是，许多取得认证的印刷电路板（PCB）本身具有 V-1 以上的防火等级，因此，在某些设计中，可以考虑将印刷电路板同时兼做防火隔离材料。

3.4.3 小结

综合以上对起火三个要素的分析和采取的对策，可以看到，电气产品的防火设计同样遵循电气产品安全防护的基本原则，即产品在设计中，应不使用易燃材料，采取有效措施避免出现高温热源；如果以上条件无法满足，那么应当尽量减少可燃材料的用量，同时避免可燃材料接近引燃的能量源；如果以上条件依然是无法满足的，那么，应当并使用适当的材料和适当的结构制作防护外壳或挡板，在出现起火时将火焰限制在内部，同时在起火时切断电源，避免火势向外部蔓延，让火焰在内部慢慢熄灭；对于固定安装的电气产品，还可以要求安装在合适的场合，如要求产品只能安装在混凝土或类似的不易燃的材料的表面上，这些应当在产品的说明书中告知使用者，作为产品的残余危险处理。

需要指出的是，由于各国建筑风格和建筑材料特性不同，各国对电气产品的防火要求相差很大。以北美（美国和加拿大）为例，民用建筑不少为易燃的木质结构，而且由于电网电压（110V）比其他地区的电网电压低（中国为220V），电气产品的工作电流相对较大，电气产品防火问题更为突出。所以，总的来说，北美对电气产品的防火性能往往提出更高的要求。如，UL 60065 对电视机行输出变压器采用较 IEC 更严格的测试，对存在高压（4kV 以上）的电气产品（如电视机）要求防火外壳的材料必须达到 V-0 级以上，而 IEC 标准仅仅要求 V-1 级即可。因此，在进行出口电气产品的防火设计时，应当注意这些不同地区对防火要求的区别，在产品的通用性和设计成本之间取得平衡。

目前，绝大多数的电气产品安全标准中都提出了详细的防火结构要求，具体可参考相关的标准，因篇幅所限本书不再展开讨论。以下列出一些主要的通用防火材料测试标准供读者在设计时参考：

——UL 94 – Test for Flammability of Plastic Materials of Parts in Devices and Appliances.

——UL 746C – Polymeric Materials – Use in Electrical Equipment Evaluations.

——CAN/CSA – C22. 2 No. 0. 17 – Evaluation of Properties of Polymeric Materials.

3.5 机械伤害防护

3.5.1 概述

电气产品的机械伤害,是指电气产品在正常安装、使用中,如果人体接触到一些机械部件,就有可能对人体造成一些物理上的伤害,如、割、刺、划、夹、撞、压等多种伤害,甚至导致死亡。按照电气产品机械伤害的性质,常见的机械伤害可以分为以下三种类型:

(1)静态机械伤害;
(2)动态机械伤害;
(3)爆炸。

电气产品的机械伤害防护,就是在技术上可行、成本可以接受的前提下,避免在使用中出现这三种机械伤害。

> 根据媒体报道,2017年11月贵州省贵阳市的一个商城、2018年2月在新疆昌吉市的一家餐厅、2018年5月在浙江杭州市的火车站商场,都分别发生了女性使用者的头发卷进按摩椅的事故,虽然最终在消防员帮助下得以脱险,但是均已造成不同程度的伤害。随着用于减轻劳动强度、替代人工操作的电动类产品越来越普及,出现机械类危险的概率也越来越高,相关技术人员不可不提高警惕。

3.5.2 静态机械伤害

并不仅仅是运动中的机械装置才有可能对人和动物造成伤害,静止状态下的机械装置都有可能存在潜在的危险。常见的静态机械伤害主要有以下几种方式。

(1)产品的锐边、锯齿边、锐角或者尖端等部位对人体的伤害

不管是在正常使用时,还是在按照说明书的要求进行常规清洁维护时,都应当避免使用者接触这些危险的部位,以免被割伤或者扎伤。这种静态机械危险通常存在产品中的以下部位:

——金属板材加工时未经处理的边缘;
——自攻螺丝、铁钉等的尖端;
——防护网、防护栅栏的边缘;
——破碎的玻璃;
——一些坚硬材料(金属或者塑料)的边角等。

除了产品的外部不能有可能割伤或扎伤使用者的锐边、尖角外,还应当确保一些人手可以伸进去的开孔和缝隙中不存在这些危险部件。如果产品内部存在这些有可能会割伤或扎伤使用者的部件,那么,应当确保人手无法从这些开孔、缝隙伸进

去，或者伸进去的时候不会接触到这些危险部位。

避免静态机械伤害的方法比较简单，通常是在材料的处理上下功夫。图 3-14 是一种金属托盘，出于工艺和成本等原因，一般都是采用冲压成型的方式制造的，但是，冲压出来的金属边会存在毛刺、锐边，如果不做任何处理，使用者握持托盘时可能会割伤手部。因此，这种冲压出来的金属盘外的边缘都做了翻边处理，这样，边缘变得光滑，可以避免割伤使用者。

图 3-15 是一种电气产品中安装的照明设备，它采用两颗自攻螺丝将该照明设备的外框固定在产品的内壁，然而，使用者在更换灯泡的时候，手有可能触及自攻螺丝的尖端而被扎伤。因此，在制定安装工艺时，应考虑将这两颗自攻螺丝改用其他螺丝，或者调整安装方向，或者采用其他适当的防护方式，避免使用者被自攻螺丝的尖端扎伤。

图 3-14 带翻边的金属托盘

图 3-15 使用自攻螺钉的安装

尽量避免使用易碎材料也是解决这种静态机械伤害一种有效的方法，因为这些材料在使用中破碎时，会对人体造成伤害；如果确实需要使用，应当尽可能对这些材料做相应的处理。玻璃是电气产品中使用最广泛的易碎材料。在使用玻璃时，不但要考虑玻璃的机械强度是否足以承受正常使用中的冲击（如，冰箱中的间隔玻璃），还应当考虑玻璃在温度变化时是否会破裂（如，电烤箱的玻璃门），将玻璃做钢化处理是一种有效的解决方法。

需要注意的是，专门设计、起到功能作用的锐边、锯齿边、锐角或者尖端（如切肉机的刀口），虽然也会因为接触而造成对人体的伤害，但是这种危险更主要的是来自产品的功能性危险，并不包括在本章中所指的机械伤害中。然而，这种潜在的危险必须通过适当的方式提醒使用者注意，如在说明书中注明，或者使用适当的警告标志或警告标签。

如何准确地定义锐边、锐角，目前还存在争议，通常，半径不小于 0.5mm 的边缘被认为是平滑的。

（2）产品的倾倒、跌落、脱落等造成的危险

电气产品如果在使用时倾倒，不仅会对使用者造成伤害，而且还有引发其他危险，如，由于倾倒时的撞击造成防护罩破裂而导致电击，触地的发热部位引燃地毯

等危险现象。因此，要求产品具有良好的稳定性，在正常使用的状态下不会倾倒。目前的电气产品安全理论要求电气产品即使在倾斜10°的情况下也不会倾倒；而对于倾倒会带来火灾等严重后果的电气产品（如，电热产品，落地灯等），甚至要求在倾斜15°的情况下也不会倾倒，否则必须考察是否会引起其他的危险（如，因为温度过高而引燃周围的引燃品）。部分电气产品安全标准甚至要考察产品在受到外力碰撞时是否会倾倒，保证使用者、儿童或动物经过时无意碰撞到产品也不会造成产品倾倒。如，对于高度超过1.7m的落地风扇，在离地面1.5m的地方施加一个40N水平方向的推力，落地风扇不应当倾倒。

考虑产品的稳定性时，还必须同时考虑产品使用中出现的震动（如，电搅拌机）、晃动（如，摇头风扇）、内部负载移动（如，洗衣机）以及液体沸腾（如，电热水器）等对产品稳地性带来的影响，甚至还需要考虑一些产品非正常使用时的情形。如，随着家用电冰箱的体积越来越大，电冰箱的门也越来越大，一些儿童有可能吊在冰箱门上玩耍，这种情况下，不但要保证正常情形下电冰箱不会被推倒，而且同样必须保证即使出现儿童吊在冰箱门上玩耍，冰箱也不会倾倒。

产品即使处在静态环境下，也有可能因为结构出现变化而出现倾倒，如，在打开产品的门、窗、盖子等而导致重心出现移动时，或者在装载的负载出现变化时，尤其是装载的负载是流动性很好的液体类时。

解决产品倾倒带来的危险，最基本的方法就是提高产品的稳定性，这可以通过固定安装产品，或者调整产品重心的方式来实现。在调整产品重心时，必要的情况下可以通过配重的方式来进行调整；也可以通过增加产品的支撑面的方式（如增加支撑脚）来改善产品的稳定性；或通过限定门、窗或盖子等的开启程度来限制重心的变化，如图3-16中的电咖啡壶，在打开上盖使用配套的玻璃杯加水时，整个产品又可能因为上盖开启程度和幅度过大而导致倾倒，解决的方法之一可以是在上盖的活页处设计适当的限位（图3-16（b））来限制上盖的开启幅度。

 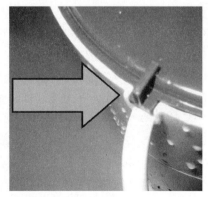

（a）带限位结构的电咖啡壶　　　　　　（b）带限位结构部位

图3-16　上盖带限位结构的电咖啡壶

产品从固定设施上跌落、脱落，特别是一些凌空安装固定的电气产品（如，吊灯、吊扇),会造成极大的危险。然而,对于固定设施的机械强度,目前并没有很统一的标准,不同的制造商、安装人员之间对此的认识和操作都有一定的差异。通常,对于吊装的电气产品,一般要求固定设施能够承受4~5倍所吊装的产品重量不会出现断裂;同时,考虑到吊装的产品会因为晃动而产生一定的扭矩,固定设施还需承受一定的扭矩(如1Nm)。需要注意的是,一些电气产品从成本和方便等因素出发,直接使用电线进行吊装(如吊灯),在这种情况下,除了要考虑机械可靠性问题外,还必须考虑是否会对电线的绝缘产生影响,造成潜在的电击危险,因此,通常是不鼓励使用电线作为吊装设施的。

产品的把手、提手、吊钩等也可以认为是起到悬挂的作用。为了防止产品在搬动、提起的过程中出现提手等脱落的现象,这些装置必须可靠地固定在产品上。尽管某些产品安全标准(如IEC 60335-1)中只考虑把手、提手等在30N拉力下不脱落就算合格,但在实际应用中,如果通过把手、提手等可以将产品提离地面,这时应当考虑把手等可以承受产品的重量,以免脱落而导致产品跌落,对人体造成伤害。

另一个需要注意的问题是在安装、维修、维护时对这些固定设备的保护问题。在进行安装、维修、维护时,如果不注意而对安装设施造成冲击(如让吊装的产品自由落下所造成的冲量),有可能出现机械损伤,造成潜在的危险。

(3)静态压力(如水压,拉伸或压缩的弹簧等)造成的危险。这种危险更多的是体现在破坏产品的结构,从而引发其他危险。如,在水下工作的电气产品,如果外壳强度不够,有可能因为水压的作用而造成外壳破裂。一旦出现这种现象,水会通过裂缝渗入产品中接触带电件,不仅会出现短路现象,而且会导致水路带电,引发电击事故。对于所有有可能承受这些压力的部位,包括外壳、阀门等,都必须有足够的机械强度。

> 欧盟RAPEX公告0537/09通报了一款储水式热水器固定螺钉不牢靠,导致热水器脱落并已造成事故;公告A11/0049/13通报了一款电烤炉的箱门打开后放上物品会导致炉体翻倒;公告A11/0066/16通报了一款吊灯的悬挂机构不合格,吊灯有可能掉落;公告A12/0418/16通报了一款落地风扇的十字脚支架结构不稳,有可能导致风扇翻倒。

综合以上,可以发现,对于静态机械伤害,防护的思路遵循电气产品安全防护的原则一,即避免危险源的出现,这主要是通过在设计时,选择合适的材料或合适的材料处理方式来进行防护。

3.5.3 动态机械伤害

动态机械伤害是指产品的运动,以及产品内部的危险运动部件对人的身体可能造成的伤害。最简单的动态机械伤害就是带脚轮的产品由于滑动带来潜在危险。

如，一些较重的电气产品通常都在底部安装有脚轮，以方便搬运或移动。但是，如果在使用中，由于安装平面可能存在倾斜而出现产品自行发生滑动，则有可能导致撞击、扯断电线、部件倾倒脱落等危险的产生。因此，对于安装有脚轮的产品，一般都要求必须在外力作用下才能滑动，解决的方法很多，或者至少在某1~2个脚轮上安装刹车锁紧装置（图3-17），或者只安装部分脚轮（如，四个支撑脚中，只有一边的两个有脚轮），必须在使用者抬起产品的情形下才能推动产品。

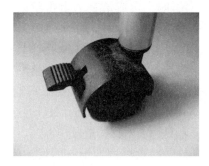 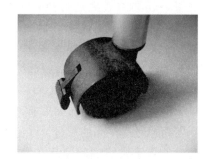

（a）松开状态的滑轮　　　　　　　　　　（b）锁紧状态的滑轮

图3-17　带锁紧装置的滑轮

在电气产品安全领域，最常见的动态机械危险是危险运动部件带来的危险。但并不是任何运动的部件都存在危险，通常认为符合以下要求的三种运动部件并不存在动态机械危险：

（1）材料硬度小，并且没有锐边或锐角：如，风扇扇叶材料的肖氏硬度如果小于D60，那么，扇叶转动时不认为会对人体造成伤害。

（2）运动部件运行速度比较缓慢，并且没有锐边或锐角：部件的运行速度如果比较缓慢，那么，一方面部件的动量比较小，不会对人体造成伤害，而且由于运动比较缓慢，人体有足够的时间进行躲避。如，风扇扇叶在运行时，如果线速度小于15m/s，那么，可以认为扇叶转动时不认为会对人体造成伤害。

（3）运动部件驱动装置的输出扭矩、输出功率很小，并且运动部件没有锐边或锐角：如，搅拌电机的功率如果小于2W，是可以认为它在运动时对人体是不会造成伤害的。

如果产品的运动部件在材料硬度、运动速度、输出功率等各方面都超出了一定范围，那么，这些运动部件在运动时是有可能对人体造成伤害的，在这种情形下，必须对采取有效的措施避免这些危险运动部件对人体造成伤害。对于危险运动部件进行防护的基本思路有以下两点：

1）采用防护罩或其他隔离手段，避免人体接触到这些危险运动部件；

2）如果防护罩是可以拆卸的，或者由于维护等原因必须接触到这些部件，那么，应当采取有效措施避免接触到运动中的这些部件，也就是说，如果这些运动部件是可以接触的，那么，在接触的时候，这些部件必须处于静止状态。

由于危险运动部件对人体的伤害是通过直接接触实现的，因此，只要通过栅栏或者其他装置作为防护罩，保持人体与危险运动部件无法直接接触，就可以避免动态机械伤害。甚至只要产品安装在适当的位置，保持人体与危险运动部件之间的距离，避免人体接触到危险运动部件，就可以满足这种要求。如，吊扇扇叶的高度只要高于2.3m，就可以认为正常情况下，人体是无法接触到吊扇扇叶的，吊扇的旋转是不会对人体造成伤害。

如果使用栅栏来隔离，应当确保栅栏有足够的强度，栅栏之间的间隙必须足够小，以防止人手可以穿过栅栏接触到运动中的危险部件。采用封闭式的外壳将危险运动部件完全包围起来，也是一种有效的防护方式。这种外壳称为机械外壳，有关机械外壳的要求可以参考本书的相关章节。无论是使用栅栏还是封闭式的机械外壳作为防护罩，防护罩都必须牢靠地固定在产品上，不允许用手就可以拆卸。

如果因为某些原因（如清洁、维护），防护罩有可能需要拆卸下来，或者因为设计上的原因，防护罩的一部分是盖子或门，那么，应当安装合适的联锁装置，确保防护罩、盖子或门等在打开的情形时，驱动产品运动部件的电机电源是断开的。

图3-18　EK1281-05决议中的食物处理器

使用安全联锁开关进行动态机械伤害防护时，特别需要注意安全联锁开关误动作的问题。图3-18是德国EK1技术委员会在决议281-05中曾经讨论过的一种多功能食物处理器，这种食物处理器可以通过多种组合，包括不同的容器和上盖，来实现多种功能。然而，由于产品可以适应多种组合，就出现了图中的一种危险的组合，即：在没有安装容器（从机械防护的角度看，它起防护罩的作用,）上盖可以平稳地安装在产品底座上，并且将联锁开关正常触发，一旦产品处于通电中，刀片马上可以自动旋转起来。这是一种非常危险的状态。因此，在设计机械危险防护联锁开关时，必须注意在任何情形下，联锁开关都不会被旁路或误动作。有关联锁开关的要求可以参考本书的相关章节。

需要注意的是，由于运动部件都有惯性，即使联锁开关已经动作，切断了驱动电机的电源，但是在惯性的作用下，危险运动部件仍然会继续运动一段时间，依然对人体存在危险。因此，对于一些人体可以比较方便地接触到的危险运动部件，应当安装刹车装置，在最短的时间内（通常是1.5s以内）将运动部件停止下来。如，对于那些类似于图3-18的食物处理器，由于刀片旋转速度很快，而且盖子比较方便打开，人体很容易接触到刀片。为了避免对人体的伤害，可以利用电机旋转时产生的反电动势给电机刹车，在1.5s内让电机完全停止下来，避免对人体造成伤害。

另外一个需要注意的问题是，高速旋转的部件一定要牢靠地安装，如起固定作用的螺钉应当同时装配适当的垫圈，以免高速旋转部件（包括固定螺钉）在旋转过程中脱落，造成危险。

还有一种容易被疏忽的动态机械伤害，就是手持式产品的把握问题。手持式产品如果在使用中，出现严重的振动，有可能导致人手把持不住而脱落，造成事故，即使人手可以把握住，强烈的振动也会对人体造成严重的危害，迅速加剧人体的疲劳，同时，强烈的振动往往伴随着极强的噪声，对人体的伤害是相当严重的，这一点对于手持式电动工具非常普遍。另一种容易导致把握问题的，是产品在使用中出现的反向扭矩，这种扭矩如果超出一定限值，不但会造成把握不住而脱落，甚至会导致扭伤。安全扭矩大小与手持式产品的结构和把握方式有关，通常，对于单手握持、没有明显把手的产品，安全扭矩的限值在 8~10Nm。

需要注意的是，机械运动部件造成的危害有时候是间接的，即导致其他危害的发生。这种情形多发生在需要联动、联锁的场合。如，欧盟 RAPEX 公告 1164/07 通报过一款多士炉，使用中有可能因为烘烤架无法弹起而引发火灾。

3.5.4 爆炸

电气产品出现爆炸的情形，主要有以下几种情形。

（1）压力容器爆炸

压力容器发生爆炸，一般是由于压力容器内部压力超出了设计指标而无法及时泄压，导致压力容器爆炸，伤害周围的人员。从工厂的锅炉到家庭中使用的压力锅，都属于压力容器，如果设计不当，都有可能产生爆炸而伤害周围的人员。

以电压力锅为例，在使用中，水不断蒸发，水蒸气产生的压力不断增加。如果不控制压力的大小，一旦超出压力锅的承受范围，就会产生爆炸事故。因此，为了确保压力容器不会出现过压的现象，一方面，在电气产品的控制上必须随时监控压力容器的压力，一旦接近危险值就应切断电源，另一方面，应当在压力容器上安装安全阀，一旦出现过压，安全阀能够及时泄压，避免压力继续增大。

> 欧盟RAPEX公告0913/09通报了一款已经造成伤害事故的咖啡研磨机，使用者如果没有严格按照说明书的步骤进行清理，即使已经断开电源，刀具仍然会继续转动；公告A11/0022/15通报了一款食物处理机，打开盖子后刀具不能马上停下来。这两起公告所通报产品的主要缺陷都是高速旋转的刀具不能在使用者有可能接触到之前迅速停下来，从而有可能导致严重的伤害事故。

不仅如此，由于压力容器爆炸危害较大，除了安装安全阀，还应当有意识地设计出压力容器的过压破损部位，保证在安全阀由于堵塞等情况失效时，能够将高压气体、高温蒸汽从该部位的破损处喷出泄压，以免压力继续增加而导致爆炸。这一点体现了压力容器爆炸防护所采用的双重保护防护原则。图 3-19 是压力咖啡壶的内部结构,中间是容器破裂部位。设计时,将此处的强度设计得相对较弱,当遇到过压而安全阀又被咖啡渣堵塞时,压力容器在这个部位破裂。这样,一方面释放了内部压力,另一方面有选择地将高温高压蒸汽向咖啡壶的内部喷出,避免对周围的人造成伤害。

压力容器出现爆炸的另一个常见现象是内部燃烧引起的爆炸。通常所说的爆炸,就是由于燃烧等原因在很短的时间内产生大量气体,由于无法及时释放,从而造成容器破碎,对周围产生破坏。电气产品常见的爆炸是容器内的可燃气体爆炸引起的。如,早期电冰箱和空调中的压缩机所使用的是可燃冷媒,这种冷媒会因为泄漏等原因,一旦遇到火花,就会引起燃烧和爆炸。因此,对于这种内部燃烧引起的爆炸,最基本的方法是避免使用易燃易爆的气体和

图 3-19　破损的压力咖啡壶壶体

液体;如果无法避免使用这些材料,那么,对于一些可能引起电火花的元件(如开关和继电器等),必须使用具有防爆特性的。有关防爆电气可以参考 IEC 60079 的要求,这里就不赘述了。

(2) 高真空元器件的爆炸

高真空元器件,由于元器件内外存在较大的压差,如果没有适当的防护措施,在一定的外力冲击下,会引起爆炸而危及周围的人员。电视机和显示器的阴极射线显像管是最常见的高真空元器件。对于这类显像管的爆炸防护,可以通过选用防爆型显像管,或者加装防护屏的方式来进行防护。

(3) 玻璃

玻璃作为一种电气产品中常用的材料,目前还没有任何一种其他材料可以完全替代它,然而,由于玻璃在破碎时,飞溅的玻璃碎造成的伤害不亚于爆炸造成的伤害,因此,有必要专门讨论玻璃破碎的防护问题,特别是一些面积比较大(如,面积大于 $0.1 m^2$,或某个方向的长度大于 450mm)的玻璃的防护问题。电气产品中最常见的玻璃制品就是灯泡,灯泡(特别是高压卤素灯泡)在发光时,灯丝温度很高,导致灯泡气体膨胀,压力增大,一旦灯泡生产工艺上有任何疏忽,都会导致灯泡炸裂,飞溅的玻璃碎会对人体(特别是眼睛)造成极大的伤害,因此,使用高压灯泡(指内部充气压力)的场合,原则上都必须在其前面加装防护罩,防止飞溅的玻璃对人眼造成伤害,除非人眼不会直接注视到灯泡。

另外一种导致玻璃破裂产生飞溅玻璃碎的原因是玻璃受到骤冷骤热的热冲击,如,高温下的玻璃突然溅到冷水,如果玻璃的质地不均匀,就有可能破裂而飞溅玻璃碎。因此,为了防止玻璃破碎,除了尽量使用钢化玻璃外,应避免玻璃受到骤冷骤热的热冲击。

3.5.5 小结

综合以上讨论三种机械伤害的成因和防护方法，可以看到，电气产品的机械危险防护遵循了产品安全防护的以下几个原则。

原则一，避免危险源的出现。这一原则主要体现在静态机械伤害防护和爆炸防护上。

原则二，隔离危险源。

原则三，切断危险源的电源。

原则二、原则三主要体现在动态机械伤害防护。

对于一些特殊电气产品的机械伤害，还应当考虑原则五和原则七的适用性，即提供双重以上的防护措施，并用适当的方式提醒和警告使用者注意可能出现的残余机械危险。

3.6 化学防护

3.6.1 概述

现代电子电气产品的制造都离不开化工产品的应用，如塑料、橡胶、油漆、涂层等。这些化工产品包含的化学物质有可能含有毒性，会危害人体健康，对人体造成伤害。通常，这些有毒化学物质主要是通过三种途径进入人体：

- 皮肤接触：通过长期接触，这些有害化学物质缓慢渗入人体，有的甚至会腐蚀皮肤。
- 呼吸：有害化学物质通过挥发和气化，或者通过其他方式产生有害气体和烟雾，通过呼吸系统进入人体。
- 通过被污染食物和饮料进入人体：一些和食物和饮料接触的化工产品（如烧烤架的铬镀层，水壶的硅胶密封圈等）中的有害化学物质迁移到食物和饮料中，一旦进食这些被污染的食物和饮料，有害化学物质就进入人体。

因此，化学防护主要有以下几个基本原则：

（1）限用和禁用含有有害物质的化工产品，特别是接触食物和饮料的部件，避免使用会挥发或气化而产生有害气体或烟雾的化学物质。许多产品的安全技术标准中都列出了禁用的化学物质。如，家电产品标准 IEC 60335 中就明确列出了几种禁用的物质：汞、石棉和含 PCB 的油类等。企业在设计产品的时候，应当具备一定的常识来了解企业产品常用的一些化工产品的毒性，至少了解一些重金属（汞、铅、镉等）的禁用情况，这些物质的危害在世界各国和地区基本上已经得到一致的认可，检验手段也已经基本协调统一。

（2）对于一些由于技术或经济上的原因无法限用和禁用的有害物质，应做好相关的密封和防护设计，特别要注意避免泄漏而对人体和周围造成危害。如，电解电容和电池在出现短路、极性相反等异常情况时，有可能会泄漏腐蚀性的化学液体，因此，在产品的设计阶段，必须充分考虑相关的密封措施，避免化学泄漏对人或周围造成危险。

> 欧盟RAPEX公告A12/0287/17通报的电子闹钟所使用的倾斜开关水银含量约10μL，不符合RoHS2指令要求；公告A12/0017/15通报的收音机闹钟所使用的天线、电容及金属部件中铅镉含量超标，不符合RoHS2指令要求；公告A12/1509/15通报的电卷发器的印刷电路板上的焊锡含铅量超标，不符合RoHS2指令要求；公告A12/1521/16通报的电筒所使用的塑料扣中阻燃剂deka-BDE含量达0.28%，不符合RoHS2指令要求。

（3）避免在产品的使用中出现导致物质的化学特性出现改变的情形，以免由于物质的化学特性改变而分解出对人体有害的物质。导致物质的化学特性出现改变最常见的原因是过热现象，化工产品无论是直接接触热源（甚至沸腾的水都会改变某些化工产品的特性），还是遭受热辐射，只要超出相关材料的正常使用温度范围，都有可能产生有害物质。如，采用特富龙涂料的不粘锅在正常使用中是安全，但是一旦遇到过高的温度（超过260℃），就有可能分解出致癌物质。

（4）对于一些由于目前技术上或经济上的原因无法完全避免使用的有害化学物质，应当采取有效措施避免其出现累积到会危害人体或环境的程度。如，采取适当的通风或排放措施来防止有害物质的堆积。当使用某些粉末、液体或气体的时候，注意采取有效的密封和排放措施，避免由于凝结、蒸发、泄漏、溢流或腐蚀而对人体和周围造成危害。通常，这些添加、排放、通风、密封等措施应当在相关的产品说明书中详细说明，并且就可能出现的有害化学物质和危险提供警告表示，以告诫相关人员注意危险和采取有效防护措施。

3.6.2 对策

在电气产品安全实践中，如何有效实施化学防护，面临的挑战是多方面的：

首先，对于电气产品安全工程技术人员而言，化学完全是另外一个专业领域。

其次，对于有害化学物质的监管和检测，各个国家和地区的具体要求差异是非常大的：以德国 GS 认证为例，在欧盟共同的 REACH、RoHS2 等指令之外，还额外要求检测多环芳烃（PAH）含量；对于与食品接触的材料，要求符合有关生活用品与饮食用品的法规 LFGB（Lebensmittel – und Futtermittelgesetzbuch）的要求。

最后，对大批量的配件进行有毒化学物质检测，在技术和成本上存在相当的困难。

因此，德国负责电气产品安全技术的 EK1 委员会就曾经在 EK1 决议 23-98 中指出：在进行产品的 GS 认证中，增加 LMBG[①] 的化学物质毒性检测是不现实的。决议背后的原因，在于缺乏足够的专业知识与有效的操作模式。

对于企业而言，鉴于无法对所有元部件和原材料开展有害化学物质检测[②]，因此，化学防护和有害化学物质的有效控制手段最主要的是做好供应链管理，同时辅以有针对性的检测验证[③]。一些大企业都发布了企业的环保绿皮书，以方便供应商共同协作，在所提供的原料和部件中限用和禁用有害化学物质；如，索尼集团发布 SS-00259 有关零部件和材料中的环境管理、物质管理规定的绿皮书[④]，其中，所列举的物质清单见表 3-10。有关绿色供应链、有害化学物质的检测与控制等内容已经超出本书范围，且公开资料比较丰富，因此不再赘述。

对于电气产品安全工程技术人员而言，尽管实施化学防护面临诸多挑战，但是并非完全无能为力，更不能以此推脱责任。通常，应当从项目管理的角度确认电气产品符合化学防护的要求：

（1）了解相关法律法规的基本要求，能够根据供应商提供的合格声明与检测报告进行初步的符合性评估（如，是否已经在相关的合格声明或检测报告中回应了法律法规的要求，等等）。

（2）具备基本常识，能够识别一些常见的、可能含有有害化学物质的材料（如，冷媒可能含有的破坏臭氧层的物质、支撑载流部件的塑料件中可能含有的禁用阻燃剂、电极中的限用禁用重金属含量等）；必要时能够寻求专业机构的技术支持与检测服务。

简而言之，化学防护对于电气产品安全工程技术人员而言，可参考项目管理的理论与技巧，不再赘述。

---

① 已被 LFGB 替代。
② 个别认证检测机构宣称的化学认证服务，实际上只是对企业送样提供检测和限值比较服务；由于既没有抽样方案，也没有相应的监管手段，检测结果只能证明所检测样品合格，并无法保证后续供应的一致性。
③ 由于技术工艺的限制，许多时候要求在材料完全不含有有害化学物质是不现实的，更多的时候是将其含量（包括以杂质的形式存在的情形）限制在一定的浓度或数量以下，从而确保在产品的使用过程中，这些物质的累积不会对人体和环境造成危害。
④ 该绿皮书可以从索尼官网 www.sony.net 下载。截至 2018 年 6 月，最新版为第 16 版。本书所附为 2007 年第 6 版的主要内容，有兴趣的读者可以对比 10 年期间的变化。

表 3-10 索尼技术标准 SS-00259（第 6 版）控制物质清单

物质		常见用途	主要限制使用的国家和地区
重金属	镉（Cd）以及镉化合物	连接材料；表面处理；稳定剂	欧盟；美国；中国；日本
	铅（Pb）以及铅化合物	颜料；焊料；稳定剂	
	汞（Hg）以及汞化合物	电极；防腐剂	
	六价铬化合物	颜料；催化剂；电镀	
有机氯化合物	多氯联苯（PCB）	润滑剂	欧盟；日本
	多氯化萘（PCN）	润滑剂；涂料	
	多氯三联苯（PCT）	润滑剂；涂料	
	短链型氯代烷烃（SCCP）	增塑剂；阻燃剂	
	其他有机氯化合物		
有机溴化合物	多溴联苯（PBB）	阻燃剂	欧盟
	包含十溴联苯醚的多溴联苯醚（PBDE）	阻燃剂	
	其他有机溴化合物		
三丁基锡化合物（TBT）三苯基锡化合物（TPT）		杀菌剂	日本
石棉		绝缘体；填料	欧盟；日本
特定偶氮化合物（Azo）		染料	欧盟
甲醛		防腐剂	德国；丹麦
聚氯乙烯（PVC）以及聚氯乙烯混合物		氯乙烯树脂	
氧化铍，铍化铜			
特定邻苯二甲酸盐（DEHP，DBP，BBP，DINP，DIDP，DNOP，DNHP）		可塑剂	
氢氟碳化合物（HFC）全氟化碳（PFC）		冷媒	欧盟

3.7 辐射防护

3.7.1 概述

辐射（radiation）是指产品以波或粒子的形式发射辐射能的过程，也称为放射。电气产品安全中辐射的概念可以包括各种射线、声频、射频、紫外线、电离、高强度可见光、激光等，广义上的辐射甚至包括高温蒸气、热能辐射等。

设备产生的辐射有可能会对使用人员和维修人员造成危险。辐射对人体的危害主要表现在对人体的感官（如眼睛、耳朵等）、皮肤和内分泌系统等的危害。如，激光会严重损伤眼睛，甚至致盲；紫外线会破坏皮肤的细胞正常新陈代谢，甚至导致皮肤癌。由此可见，辐射对人体的伤害有可能是非常严重的。

某些情形下，尽管辐射不会直接作用到人体，但是它的某些特性可能会破坏产品的材料或其他特性，导致产品出现安全隐患，从而对人体产生间接的危害。如，在紫外线的长期照射下，PVC电线的绝缘护套会出现老化和龟裂的现象，从而导致绝缘失效，一旦人体接触，有可能产生电击的危险。因此，在电气产品安全设计中，对各种可能产生的辐射防护必须充分考虑。

避免产品出现辐射危险最简单的方法是杜绝产品产生辐射：包括不要使用任何放射性金属，产品在设计上和功能上避免出现任何副作用形式的辐射。但是在实际中，完全杜绝辐射的产生很多时候在技术上或工艺上是不现实的，特别地，某些产品甚至需要某种辐射来实现其特定的功能，如，利用紫外线的实现消毒和杀菌功能。在这些情形下，对辐射的防护更多的是通过以下两个原则来实现的：

（1）避免暴露在辐射中；

（2）如果不可避免暴露在辐射中，应采取有效措施限制辐射的强度和暴露时间，并提供适当的额外保护措施。

避免暴露在辐射中，最简单有效的方法就是屏蔽辐射源。不同的辐射类型，屏蔽的方式也是不同的，如，金属屏蔽网对屏蔽微波是有效的，但是对于X射线则毫无意义。在产品设计时，应针对产品所出现的具体辐射类型，采取有效的措施进行屏蔽。

需要注意的是，产品在采用屏蔽装置后是否有可能衍生其他问题。如，如果采用了金属屏蔽网，应当注意是否会因此而出现电击防护的问题。此外，还应当注意屏蔽装置是否可以长期有效地起作用，避免由于屏蔽装置在产品的使用中提前老化失效而产生危险。如何考察屏蔽装置的长期有效性可以参考具体产品标准的要求。

为了避免屏蔽装置失效，特别是屏蔽装置的某一部分是产品的门、窗或使用者可拆卸的外壳的情形下，应当在产品中使用安全连锁装置，一旦屏蔽失效，可以立即切断辐射源的工作电源，防止辐射产生危险。

在设计产品的屏蔽装置时，可以充分利用某些辐射的衰减梯度来降低屏蔽装置的成本。如，对于大部分家用电器产品的 EMF 辐射（电磁场辐射），随着与辐射源之间距离的增加，辐射的强度呈指数衰减，在这种情形下，如果产品的体积允许，只要增加人体与辐射源之间的距离，就可以采用简单的屏蔽装置，甚至基本上不用屏蔽装置，就可以将 EMF 的危险降到最低[①]。

当因为某种原因（如利用辐射的治疗作用，或者维修时必须维持辐射），必须暴露在辐射中，应采取有效措施限制辐射的强度和暴露时间。限制辐射强度的有效措施包括限制辐射源的能量等级、采取适当的过滤防护措施等。采取适当的额外保护措施来降低辐射的作用也是一种有效的方法，虽然这种额外的保护措施有可能已经不是产品的一部分了。如，为了保护眼睛，可以配置适当的护目镜来降低辐射对眼睛的伤害。

不同的辐射类型，对于人体的不同部位的伤害是不同的，如，同样强度的紫外线对眼睛的伤害要比皮肤更为严重。因此，允许的暴露时间是和辐射的类型、辐射的强度和辐射的作用部位密切相关的。通常，辐射的强度越高，允许暴露的时间就越短；辐射的危害程度越高，允许暴露的时间就越短；辐射感受部位越敏感（如眼睛），允许暴露的时间就越短。具体允许暴露时间应根据辐射的具体情况来考虑。

对于不可避免暴露在辐射危险中的情形，产品还应当有醒目的警告标示来告诫相关人员，并尽可能将可能遭受的辐射强度、允许的暴露时间、可以采取的额外防护措施等信息在相关使用说明书中明确规定，最大可能地降低辐射带来的危害。

本书介绍的辐射及其防护要点，其中体现的思想可以供读者在进行辐射防护设计时参考。

3.7.2 激光

激光（中国香港和台湾地区称为镭射，来源于其英文 laser 的谐音），英文名称为 LASER（该词是 Light Amplification by Stimulated Emission of Radiation 的首字母的缩写），是指受激辐射产生的光放大，是一种高强度的光源，波长范围为 180nm～1mm。激光具有方向性强、相干性高和单色性的特性，被广泛应用于科学技术、工业生产和日常生活中。由于激光的相干性极好，可以聚集成强度极高的光束。这样的光束一旦作用到人体，有可能对眼睛和皮肤造成伤害，因此，必须采取有效措施对激光进行防护。

激光的防护是产品安全设计中典型的辐射防护，所体现的防护原则具有如下普

---

① 欧盟最早执行的标准是 EN 50366：2003，随着 IEC 62233：2005 颁布，欧盟等同采用为 EN 62233。两者都是考察家电产品周围 10Hz～400kHz 频率范围内的电场强度和磁感应强度。EN 62233 根据产品实际使用时与人体的距离，分为三类控制距离：0cm（贴身使用的产品如电热毯等）、10cm（近距离操作的产品如电吹风等）以及 30cm（远距离操作类如空调等），取消了 EN 50366 中的 50cm 类别。从欧盟 RAPEX 公告来看，自 2008 年至今，尚未有 EMF 不合格的电气产品被公告。

遍性：

图 3-20　激光警告符号

（1）对于使用中人体可以接触到的激光辐射，根据接触的部位（眼睛或皮肤）、接触的时间长短，采取有效措施限制激光的强度。

（2）对于激光强度无法减弱的情形，采取有效措施避免人体接触到激光；在人体无法避免接触的场合，采取有效措施进行衰减，保证在人体可以接触的区域内激光的强度和照射时间在安全的范围内。

（3）如果产品使用了超出安全限值的激光产品，必须在明显的位置标示警告符号（图3-20），告诫相关人员注意防护，并根据激光产品的类型提供相应的文字警告，如：

```
LASER RADIATION
DO NOT STARE INTO BEAM
CLASS 2 LASER PRODUCT
```

或

```
激光辐射
不要注视光束
2 类激光产品
```

目前，关于激光产品的安全，世界各国（包括北美）都基本上按照 IEC 60825 的要求来进行设计和检测。按照激光辐射的强度，IEC 60825-1 将激光产品分为七种类型（表3-11），按照所使用激光产品的危险程度从低到高排列。

表 3-11　激光产品分类

类型	特　点
1 类（Class 1）	此类产品在正常情况下的激光辐射处于安全范围内，不会对眼睛或皮肤造成伤害
1 类（Class 1M）	此类产品在 302.5～4000nm 范围内的激光辐射处于安全范围内，不会对眼睛或皮肤造成伤害，但如果使用光学透镜（如凸透镜）则有可能出现危险
2 类（Class 2）	此类产品在波长 400～700nm 的范围内的辐射会对眼睛造成不适，但相对而言还是安全的。其他波长范围的辐射强度满足 1 类产品的要求
2M 类（Class 2M）	此类产品的激光在波长 400～700nm 的范围内的辐射会对眼睛造成不适，但相对而言还是安全的，但如果使用光学透镜（如凸透镜），则有可能出现危险。其他波长范围的辐射强度满足 1M 类产品的要求

续表

类型	特　点
3R 类（Class 3R）	此类产品的激光在波长 302.5~10⁶nm 范围内直接照射到眼睛是会对眼睛造成伤害的，但是危害程度比 3B 类稍低
3B 类（Class 3B）	此类产品的激光直接照射到眼睛是会对眼睛造成伤害的，但是漫射的反射光则是相对安全的
4 类（Class 4）	此类产品即使是漫射的反射光也是会对眼睛造成伤害的，甚至有可能会对皮肤造成伤害，或引起火灾

需要注意的是，根据激光照射时间的长短，激光辐射强度的安全限值也不同，如对于 1 类激光产品，在波长 180~302.5nm 范围内的激光辐射，如果照射时间少于 0.01ms，辐射的强度只要不超过 $3\times10^{10}\rm W/m^2$ 就可以认为是安全的，但是如果照射时间大于 0.01ms，则累计的辐射强度不可以超过 $30\rm J/m^2$。具体的限制要求和检测方法可以参考 IEC 60825 的相关条款，本书不再深入讨论。

> 欧盟RAPEX公告专门有激光产品（laser pointer）类别，2013年~2017年5年间，分别有17份、16份、11份、12份和7份公告与激光产品有关，这些被公告的产品以激光笔为主，但是也有一些使用激光的测距仪和定位仪；主要问题都是激光辐射强度或者超过1类标准，或者超过其宣称的类别的限值，不符合EN 60825-1的要求。

一般，1 类和 2 类激光产品可以在平常的显示、展示和娱乐等场合中使用，无需额外的防护措施，而 3 类和 4 类激光产品则必须采取合适的防护措施，避免直接照射到人体。

鉴于激光辐射的危险较高，即使作用时间非常短，也有可能造成永久的伤害。因此，对于激光辐射的防护首先是屏蔽危险的激光源，其次是采用安全互锁装置，一旦安全屏蔽被打开或被破坏，互锁装置立即切断激光源的电源，避免接触危险的激光辐射。

发光二极管（LED）

发光二极管（LED，light emitting diode）指的是被电流激发时无需增益就可以发出光辐射的带 PN 结固态器件。LED 的发光原理与激光类似，在辐射强度较大的时候可能具有危险。最早，LED 产品的光辐射安全被纳入 IEC 60825-1 标准中考查，按照激光产品的要求进行评价。但由于 LED 产品与激光产品在应用范围、光源特性等方面的差异，LED 产品最后被纳入非激光类产品标准 IEC 62471《Photobiological safety of lamps and lamp system》(《灯和灯系统的光生物安全性》)，对应中国标准号为 GB/T 20145）中进行考查。

IEC 62471 根据光辐射危害的程度将连续辐射灯分为 4 类：
- RG0 无危险类：在 8h 照射中不会造成光化学紫外危害，并且在 10000s 内（约 2.8h）不会造成对视网膜蓝光危害，并且在 1000s 内（约 16min）不会造成近紫外危害和对眼睛的红外辐射危害，并且在 10s 内不会造成对视网膜热危害。
- RG1 低危险类、RG2 中度危险类及 RG3 高危险类四大类；其中，RG1 类被认为是在绝大多数的使用情况下是安全的，除非是长时间地直视；RG2 类危险程度高于 RG1 类，但是不会产生对强光和温度的不适反应；而 RG3 类则即使在极短的瞬间有可能会造成危害。

对于 LED 光辐射危害的防护遵循辐射防护的原则为：
- 对于使用 RG1 类光源的产品，对使用者进行安全警示。
- 对于使用 RG2 类光源的产品，求出阈值距离，即产生 RG1 类危害和 RG2 类危害的临界距离，并按要求在灯具上做标记，提醒使用者不要注视亮着的光源以及不要在小于阈值安全距离下长时间盯着灯具看。
- 避免使用 RG3 类的光源。

3.7.3 紫外线

紫外线（ultra violet），俗称 UV 射线，是指电磁波谱中波长为 100～400nm 辐射的总称。紫外线按波长可划分为 UVA（315～400nm）、UVB（280～315nm）和 UVC（100～280nm）三种射线。

在日常生活中，紫外线无处不在，从太阳照射地球的日光，到白炽灯、荧光灯发出的光线中，都包含有紫外线。适量的紫外线照射能增强人的体质和抵御传染病的能力，促进体内维生素 D 的合成，维持正常的钙磷代谢和骨骼的生长发育，预防小儿佝偻病和成人软骨病的发生，也可以促进机体新陈代谢。

但过量的紫外线照射对人体是有害的，尤其是会对人体的皮肤、眼睛以及免疫系统等造成危害。紫外线能破坏人体皮肤细胞，严重时可导致皮肤晒伤，长期照射可引起癌变，特别是对 18 岁以下的未成年人的危害尤其明显。眼睛是紫外线的敏感器官，紫外线会对眼睛的晶状体造成损伤，短期可造成眼花流泪，长期可造成白内障。

另一方面，当足够剂量的紫外线照射到水、液体或空气时，其中的各种细菌、病毒、微生物、寄生虫或其他病原体在紫外线（主要是 UVC）的辐射下，细胞组织中的 DNA 会被破坏，从而可以在不使用任何化学药物的情况下，在较短时间内（通常为 0.2~5s）杀灭水中的细菌、病毒以及其他致病体，达到消毒和净化的目的。

大部分的电光源在工作的时候都会辐射紫外线。普通使用的白炽灯、荧光灯，只要装有普通的玻璃灯罩，一般就认为所辐射的紫外线不会对人体造成影响了。但是，如果采用金属卤化物灯作为光源，则必须加装特殊的防护屏，防护屏的透射特性要求能够将紫外线的辐射限制在日常曝光限值（$30J/mm^2$）的范围内，避免其所辐射的紫外线对人体造成伤害（有关防护屏的具体特性要求可参考 IEC 60598-1 的相关附录）。

紫外线并不总是作为副产品出现。许多时候，人们会利用紫外线的特性，特意产生紫外线来实现某种特定的功能。如美容院会使用太阳灯来模拟太阳光的照射作用，让人体暴露在太阳灯下，经过一定时间的照射后，将皮肤的颜色变为古铜色，满足部分人士的美容要求。利用紫外线对细胞等有机机体的破坏作用，还可以制造相关的消毒设备和杀菌设备，如常见的紫外线净水器，它利用 UV 灯管产生较强的紫外线，杀灭水中的细菌和病毒。

对紫外线辐射的防护遵循辐射防护的基本原则，即采取有效屏蔽措施避免接触紫外线；如果无法避免接触紫外线，则应当控制紫外线的辐射度和接触时间，避免过量的紫外线辐射，即使接触紫外线是一种刻意的行为（如使用太阳灯进行美容）。

过量紫外线辐射会对人体造成一定程度的伤害，尽管这一结论已经被广泛认同，但是，由于紫外线的应用场合不同，对过量辐射的定义在不同的应用场合并不是一致的，它和紫外线的有效辐照度、照射时间和使用目的密切相关。

如，使用紫外线作为诱饵的紫外线杀虫器，利用紫外线吸引蚊虫到杀虫器的高压栅格上灭杀蚊虫。为了实现吸引蚊虫的目的，这种杀虫器必须产生一定辐射度的紫外线，基本上无法避免对人体的照射。在这种情况下，必须控制紫外线灯管的功率，要求在距离紫外线灯 1m 的地方紫外线的总有效辐射度不超过 $1mW/m^2$，尽可能将对人体的辐射降到最低而又不影响产品的特性。

至于像太阳灯这种刻意产生紫外线作用在人体上的情形，既要有一定的紫外线辐射以达到照射的目的，又必须限制其总的辐射度和照射时间，避免对人体造成伤害。本书以太阳灯产品为例，根据 IEC 60335-2-27，介绍目前对人体接触紫外线的限制，供读者在设计类似产品和进行防护设计时参考。

根据产品所辐射的紫外线种类的不同，可以把此类产品分为四种类型，不同类型产品允许的最大有效辐射度也是不一样的（见表 3-12）。其中，UV 1 型和 UV 2

型产品只允许在美容院等类似机构的专人监控下使用；UV 3 型产品可以供普通用户在家庭中使用；而 UV 4 型产品则要求遵医嘱使用。

表 3-12　紫外线照射产品分类及有效辐射度限值

产品类型	紫外线类型	有效辐射度限值 / (W/mm^2)	
		250~320nm	320~400nm
UV 1 型	UV 发射器的生物效应主要由波长超过 320nm 的射线辐射造成，而且波长在 320nm~400nm 射线的辐照度相对较高	< 0.0005	≥ 0.15
UV 2 型	UV 发射器的生物效应主要由波长超过和小于 320nm 的射线辐射共同造成，而且波长在 320nm~400nm 射线的辐照度相对较高	0.0005~0.15	≥ 0.15
UV 3 型	UV 发射器的生物效应主要由波长超过和小于 320nm 的射线辐射共同造成，但整个 UV 射线波段的辐照度有限	< 0.15	< 0.15
UV 4 型	UV 发射器的生物效应主要由波长小于 320nm 的射线辐射共同造成	≥ 0.15	< 0.15

此类紫外线照射产品除了需要限制有效辐射度外，还应控制照射的距离、连续照射的时间和照射的间隔，必要时应配备相应的定时开关。这些信息（包括使用者在年龄、性别、身体状况等方面的限制）都必须在相关产品使用说明书中注明。

此外，为了防止紫外线对眼睛的伤害，还应当明确规定使用此类产品时必须配备合适的护目镜。护目镜对紫外光的穿透量要求见表 3-13。

表 3-13　护目镜的最大穿透量

波长/nm	最大穿透量/%
250~320	0.1
320~400	1
400~550	5

尽管表 3-13 规定了一些限值，但是该表还是存在一定缺陷的：UV 1 型和 UV 2 型产品没有限制 UVA 的最大辐射度；UV 4 型产品没有限制 UVB 的最大辐射度；而四种产品都没有限制 UVC 的最大辐照度。为此，德国的 EK1 技术委员会提出了限制 UVC 辐射度决议。在决议 247-05 中，EK1 委员会要求 UVC 的有效辐射度不应超过 0.03W/m^2。即便如此，对于允许连续照射的时间，还是没有具体的规定。

为了协调紫外线辐射的安全标准，IEC 60825-9 规定了普通使用者在正常使用条件下，允许连续照射不超过 8h 的有效辐射度限值，以及专业技术人员在维修阶段允许连续照射不超过 30min 的有效辐射度限值。当然，如果照射时间缩短，这些限值允许一定程度的上调。

在人体可能被紫外线照射的场合，无论是在正常使用产品的时候，还是在维护产品的时候，都应当有紫外线的警告标志（图 3 - 21），提醒相关人员注意防护紫外线。

过量的紫外线除了会对人体造成伤害外，还会加速非金属材料（特别是塑料件）的老化，这是由于太阳光中的紫外线容易使高聚物的分子链断裂，从而使材料加速老化。因此，对于户外使用的产品，或者虽然是在室内使用，但是有可能被紫外线照射（如防护罩）的产品，都应当注意紫外线对材料寿命的影响，所选用的材料应当能抵抗紫外线的影响，不会因为老化而影响产品的安全。

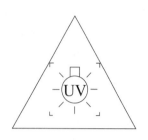

图 3 - 21　紫外线警告标志

因此，除了需要注意防止紫外线对人体的直接伤害，还需要注意紫外线带来的间接伤害，如，由于产品的绝缘失效而带来的电击危险。常见的例子就是室外使用的电线电缆不能使用普通的 PVC 电缆，以免因为绝缘护套老化而产生电击的危险。材料抵抗紫外线照射的性能可以根据相关产品标准中的检测方法进行测试，这里就不再做进一步讨论了。

需要注意的是，波长 200nm 以下的短波紫外线能分解氧分子而产生臭氧。因此，在这种情况下，除了需要注意紫外线照射防护问题外，还需要注意臭氧浓度是否符合相关的卫生安全标准。

此外，和紫外线相关的另一个问题是保护大气臭氧层。大气中的臭氧层为地球遮挡了绝大多数的紫外线。然而，近年来，人类社会大量排放的各种气体和污染物严重地破坏了大气中的臭氧层，导致全球紫外线照射幅度的大幅增加。因此，广泛意义上的紫外线防护还包括限用和禁用破坏臭氧层的物质，如，氟利昂等。

3.7.4　臭氧

臭氧（ozone）又名三原子氧，俗称"福氧、超氧、活氧"，分子式是 O_3。在常温常压下，较低浓度的臭氧是无色气体；当浓度达到 15% 时，臭氧呈现出淡蓝色。臭氧的稳定性极差，在常温下就可自行分解为氧气；臭氧的化学性质是氧化能力很强。利用臭氧的强氧化还原能力，可以用于杀菌、消毒、降解农药，广泛用于食物和饮用水的净化、空气净化、除臭、卫生消毒灭菌、果蔬保鲜防霉等。臭氧杀菌、消毒和除臭时，0.0004×10^{-6} 的浓度能够奏效。人能够感觉到臭氧的独特臭味时的浓度大致为 $0.01 \sim 0.015 \times 10^{-6}$，大部分人对臭氧的臭味感觉不适的浓度为 0.1×10^{-6}。

但是，当空气中臭氧的浓度过高时，会对人体产生不良影响，能刺激眼、鼻、喉咙的黏膜，对支气管及肺等呼吸系统造成影响，甚至造成人的神经中毒，引起头晕头痛、视力下降、记忆力衰退等症状，破坏人体的免疫机能，诱发淋巴细胞染色体病变，严重时甚至会导致晕厥和死亡。一旦出现人体不适症状，只要停止继续产生臭氧，同时及时通风，大部分的臭氧就会自动分解，不会出现残留现象。

人工产生臭氧通常可以采用化学法、电解法、紫外线照射法与高压放电法等。其中紫外线照射法与高压放电法使用最广。日常生活中，臭氧最常见的应用场合是消毒和空气清新。

按照电离式空气清新机制造商所宣称的空气清新原理，电离式空气清新机在工作时会产生所谓的"负离子"，能够与细菌结合后，使细菌产生结构的改变，最终导致细菌死亡，也能够中和空气中的正离子，并产生沉淀，从而净化空气。所谓的"负离子"的产生过程，实际上就是电离空气的过程（如采用3000~5000V电离空气），在这个过程中，会把氧分子电离，产生臭氧，因此，需要限制空气的电离强度来防止产生过量的臭氧。

避免产品出现过量臭氧的危险，可以采取以下几个原则来进行防护：

（1）避免产生和堆积过量的臭氧副产品：当产品中存在紫外线（特别是UVC）、直流高压时，有可能因为空气被电离而产生臭氧。因此，要避免产生过量的臭氧副产品，就需要限制空气的电离强度。通常，对于可能产生电离的产品，要求在它周围的电离辐射剂量率不超过以下限制：

- 周围5cm处电离辐射剂量率不超过$5\mu Sv/h$（0.5mR/h）（见 GB 4943—2001）；
- 周围10cm处电离辐射剂量率不超过$1\mu Sv/h$（0.1mR/h）（见 IEC 60950-1：2005）。

在密闭房间中，离臭氧发生源5cm处的臭氧浓度不得超过0.05×10^{-6}（见 IEC 60335-2-65：2005）。

（2）对于使用臭氧以实现特定功能的产品，如消毒和灭菌设备，应当注意避免出现严重的臭氧泄漏。如，对于消毒碗柜，在其周围20cm处，泄漏的氧臭氧最高浓度不超过$0.2mg/m^3$（相当于在25℃，760mmHg大气压的条件下，不超过0.10×10^{-6}）（见 GB 17988—2004）。同时，应当注意臭氧在产品停止工作后的残余时间，在相关产品说明书和警告中提醒相关人员应当在产品停止工作后等待一定的时间，在臭氧基本分解完毕后才打开产品的门、窗或外壳，避免臭氧中毒。

（3）采取有效的通风措施来降低臭氧的堆积：由于臭氧比空气中，当产品大量产生臭氧的时候（如静电复印机在大批量复印的时候），周围会堆积大量的臭氧。对于无法避免会产生臭氧的设备，应当在产品说明书中警告相关人员，告诫他们必须在通风的空间中使用该设备，必要时配置适当的排风设备。由于臭氧浓度达到0.1×10^{-6}时，可以闻到一股特别的腥臭味，因此，可以在产品说明书和设备明显的地方提醒使用者，一旦闻到腥臭味，应立即停止使用产品，避免产生更多的臭氧，同时及时通风。由于臭氧本身极不稳定，在空气中都会自然分解，只要及时通风并切断臭氧发生源，一般就不会对人体产生影响。

日常使用中，只要臭氧作为副产品出现时的堆积浓度不要太高，并且使用的空间适当通风，就可以有效地防护臭氧带来的伤害。

3.8 功能性危险的防护

原则上，任何电气产品在使用中，其结构应使其在正常条件下能安全地工作，即使在正常使用中出现可能的疏忽时，也不会引起对人员和周围的环境的危害，这是许多电气产品在进行安全设计时的基本原则[①]。但是，在实际中，即使电气产品已经按照本书前面所概述的原则进行安全防护设计，仍然因为成本、技术等原因，产品可能存在一些功能性危险。

电气产品的功能性危险，一般是指产品为了实现某种功能，在实现过程中固有的一些危险现象。如，对于电炉而言，直接接触电炉的发热部分可能会造成烫伤，但是，降低电热产品发热部分的温度，或者完全将其封闭起来，又无法实现加热的目的。因此，电气产品的功能性危险可以看作是人类为了实现某种目的，在目前的技术和经济水平下，愿意承受的一种残余危险。

电气产品功能性危险的首要来源是产品某项功能本身固有的特性所构成的潜在危险。除了上述类似于电加热这种直接的功能性危险外，还包括一些产品的间接功能性危险。最常见的间接功能性危险之一就是产品的定时功能，特别是定时启动的功能。定时功能，是现代电气产品一种重要的性能，能够在无人值守的情形下，按照设定要求，在设定的时间自动启动或停止设备。但是，产品的这种自动功能有可能是在周围的其他人员不知情的情况下自行进行的，无形之中会

> 2013年EK1决议550-13中要求更换灯泡时，灯泡的金属螺纹一旦开始旋入灯座，测试指就不可触及金属螺纹；在2017年EK1决议657-17中，相关要求改为必须符合EN 60061-3中7006-31-5或7006-22A-5量规的要求，因为相应的量规已经规范了如何在更换灯泡过程中避免触及金属螺纹。在兼容以往产品的基础上持续提升产品的安全水平，E27灯座是一个很好的案例。

对这些人员的安全构成危害；或者，产品的合适运行环境条件已经发生变化，但是产品还是依照原来的设定自动进行动作，因而同样有可能对周围构成危害。类似的，像产品的远程操作性能、故障消除后自动复位的性能等常见的产品功能，虽然

---

① 参见 IEC 60335-1：Appliances shall be constructed so that in normal use they function safely so as to cause no danger to persons or surroundings, even in the event of carelessness that may occur in normal use.

都有它们便利的一面，但是都有可能对周围不知情的人员构成潜在的危险。当然，在设计产品的这些功能时，可以适当增加产品对周围环境的智能感应功能，同时，产品提供足够的警示功能，包括通过指示灯等来告知周围的人产品会自行动作。但无论如何，这些都增加了产品的设计和生产制造成本。

电气产品功能性危险的另外一个来源是由于技术和经济水平而造成的成本压力，这种成本压力不仅仅是指制造当个产品的实际成本，还包括了整个社会的分摊、替换等成本，尤其是指那些由于历史原因而造成的社会成本。如，常见的螺口灯座、卡口灯座、微型螺旋式熔断器座等，这些元部件的带电部位都是使用者可以接触得到的，是和目前电气产品安全防护的要求不一致的，但是由于这些部件的使用历史非常悠久，使用的场合非常广泛，马上淘汰和替换它们的成本很高，是不现实的；另一方面，由于市场的原因，新开发的产品又必须在一定程度上和这些产品兼容以降低使用成本，从而导致了产品出现某种功能性危险。对于这类型的功能性危险，可以采取渐进式的改良和替代方法。如，对于传统的螺口灯座，为了降低更换灯泡时遭遇电击的概率，许多制造商对现有的灯座做了不少改良，包括修改灯座杯口的形状、减少金属螺旋导体的暴露面积等。

电气产品的功能性危险还有一个重要来源就是产品需要使用者参与大量的设定、组合等工作，以实现产品的多种功能。由于产品设定、组合的多样性，尤其是当产品功能、结构非常复杂的时候，在实际使用中，有可能出现一些设计者始料不及的组合状态，加上由于使用者的知识背景千差万别，这些意外的组合就成了功能性危险的另一个重要来源。如，多功能家用食物处理机就是一种常见的需要使用者组合使用的电气产品，使用者可以通过不同的组合实现搅拌、打磨、绞碎等功能。

对于实际中存在的功能性危险的容忍程度，本书以家用切片机（图3-22）为例阐述当前电气产品安全领域的观点。

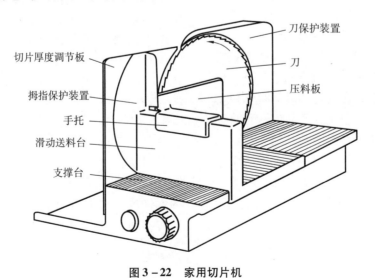

图3-22　家用切片机

（摘自 GB 4706.30—2008 图101，略有改动）

家用切片机的主要功能是将一些大块的食物（如冰冻的肉）切成一片一片的。使用时，将需要切片的食物放在切片机的送料台上，利用送料台将需要切片的食物送到高速旋转的刀片上，逐次将食物切成片。很显然，在假设该产品的其他安全特性（如电击防护、过热防护等）均已经满足产品安全基本要求的前提下，该产品最主要的危险来源于使用中高速旋转的刀具。这种高速旋转的刀片在使用中是可以触及的，对人体可能造成的伤害是属于极其危险的级别，因此，按照以往的经验，这种家用切片机至少应当在旋转刀片周围安装防护罩，将整个刀片封闭起来，避免刀片在旋转时人手可以触摸。

但是在实际使用切片机时，为了实现产品的功能，切片机的刀片是必须接触食物的，因此，将刀片完全罩起来不现实。另一种可能的方法是将整个切片机完全罩起来，利用其他方法，甚至是自动加载的装置来进行送料。显然，这些实现手段的成本是比较高的，对于制造成本非常敏感的家用电器产品而言，并不是现实的解决方法。

然而，采用图 3-22 这种设计结构的家用切片机，高速旋转的刀片是可以触及的。在这种情形下，如何最大限度地降低家用切片机的功能性危险对人体可能带来的伤害呢？家用切片机的产品安全标准 GB 4706.30（等同于 IEC 60335-2-14）给出了一些详细的技术规范，表 3-14 摘录了这些相关的条款。

表 3-14　家用切片机相关的标准条款

（摘自 GB 4706.30—2008，略有文字改动）

标准条款	规范要求
20.107	除了固定式和那些带有偏置断开开关的切片机，其他切片机应提供保持其在原位的装置，在使用之后允许将这种装置撤除。 注1：吸帽是一种保持器具在原位的合适方式。 通过以下试验来检查其合格性。 切片机固定在一块置于水平平面上的光滑玻璃板上。将 30N 的力沿着刀的平面，水平施加在距支撑原料供给台底座上表面以下 10 mm 处，切片机在玻璃上应没有移动。 注2：可用一挡板防止玻璃板滑动。
20.108	切片机的环形刀周围应有保护装置，其开口区域不能大于器具使用所需的区域，如图 101 所示。 刀的保护装置应当是不可拆卸的，除非电机在保护装置拆下后不能通电。使用 IEC 61032 的试具 B 不能使联锁开关工作。 图 102 所示的开口区域上部分的 θ 角不能超过 75°；如果超过 75°的刀锋部分从上面被屏蔽起来，那么 θ 角的限值可增加到 90°。 刀的外圆周与其保护装置之间的径向距离 a 应不超过： ——如果保护装置与刀同一个平面（$b=0$）为 2mm； ——如果保护装置凸出刀的平面至少 0.2~3mm。 注1：图 102 所示的 b 为刀平面与保护装置凸起间的距离。

续表

标准条款	规范要求
20.108	当切片厚度调节到 0 时，刀的外圆周与调节切片厚度的板之间的距离 c 不能超过 6mm；在开口区域的上部和下部，调节切片厚度的板与任何其他保护部件之间的距离 e 不能超过 5mm。 注 2：如果在距离 e 处有防护，则该限值不适用。 如果切片的厚度可超过 15mm. 则应提供附加的防护装置。 注 3：延长调节切片厚度的板的上部或延长刀的防护装置是附加防护装置的例子。 切片机应带有一个具有手架、拇指保护装置和压料板装置的滑动送料台。拇指保护装置应将工作区域完全屏蔽，并且其结构应使其他手指与刀刃保持的距离 f 不小于 30mm。拇指保护装置的面与刀刃之间距离 d 的不应超过 5mm，滑动送料台向前移动停止后，拇指保护装置比刀的外径至少凸出 8mm。 压料板装置应能将小块的食物切成片，还应能用高度约为 1.5mm 的凸块保持住滑动的食物。压料板的长度至少为 120mm，高度至少为 70mm，而且要比手架凸出至少 20mm。 如果出现下列情况，则滑动送料台的支撑物不能用于支撑食物： ——刀的直径超过 170mm； ——刀的空载转速超过 200r/min； ——额定输入功率超过 200W。 通过视检、测量和手工试验来检查其合格性。
20.109	切片机的结构应防止器具意外工作。 注：可要求装上拉通开关来满足该要求。 若使用了按钮、板钮、跷板或滑动开关，则开通开关的力应至少为 2N，并且开通元件应置入凹槽中。若滑动开关的开通元件的开通力至少为 5N，并且其放置方式不可能出现无意的开通，则滑动开关的开通元件可以不置入凹槽中。通过直径为 40mm、末端为半球形的圆柱形棒，施加不超过 5N 的力触及开关，器具不应启动。
20.110	豆类切片机的切割刀片与入口平面之间的距离至少为 30mm。进出口的最大尺寸应不大于 30mm，最小尺寸应不小于 15mm。如果手指不能插入出口，并且插入一片硬纸也不能切碎时，则对出口的尺寸没有限值。 通过测量和手工试验来检查其合格性。

注：标准条款中的图 101、图 102 分别对应本书的图 3-22、图 3-23，略有改动。

首先，根据条款 20.108 前半部分的要求，除了在使用中直接接触食物的部位外，刀片其他刀刃的位置是尽可能封闭起来的；而对于使用中需要手持的滑动送料台，上面装有拇指保护装置，拇指保护装置将切片工作区域隔离起来，并且规定了一些关键部位的尺寸（见图 3-23），使得其他手指与刀刃之间的距离不小于 30mm。在正常使用中，只要手是按照产品的设计要求把握在手托上，无论拇指如何放置，拇指保护装置始终将隔在拇指和刀刃之间，确保拇指和刀刃之间维持一定的距离，即使将滑动送料台推到尽头，拇指和刀刃之间的距离至少还有 8mm。通过这种设计要求，虽然刀刃是暴露的，但是操作滑动送料台的手只要不是故意的行为，是不会接触到裸露的刀刃的。此外，条款 20.110 对于其他类型的切片机也提出了相应的尺寸要求。

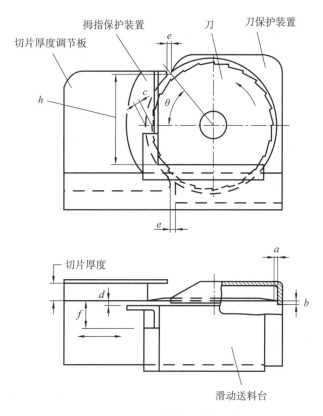

图 3-23　家用切片机防护要求

（摘自 GB 4706.30—2008 图 102，略有改动）a—刀的外圆周与保护装置之间径向距离；b—刀平面与凸起间的距离；c—刀的外圆周与切片厚度板之间的距离；d—拇指保护装置的面与刀刃之间的距离；e—调节板与保护部件之间距离；f—手指与刀刃之间的距离；θ—开口区域角度。

　　其次，为了避免切片机由于误动作而无意间启动，对使用者造成伤害，在条款 20.109 对切片机的启动开关的位置提出了具体的要求，避免人体（如，手、肘等）无意间接触到开关而导致切片机启动。通常，为了提高切片机抗误动作的性能，许多切片机的启动开关上都另外安装了联锁开关，只有在将联锁开关按下后，启动开关才能动作；而启动开关很多都是采用自复位结构的偏置断开开关，一旦人手释放，开关就自动断开。

　　最后，为了避免切片机在使用中由于不稳定而造成危害，在条款 20.107 中还对切片机的稳定性提出了特殊的要求，要求切片机即使在光滑的表面上也不会出现滑动的现象，这可以通过在底座的支脚上安装吸盘来实现。

　　除了以上的设计要求外，标准还在条款 7.12 中对切片机使用说明书的内容提出了特殊的要求：

"……对于在切片原料供给台下装有平面底座的切片机，使用说明书应包括以下内容：

器具必须与在相应位置的切片原料供给台和供给手柄一起使用，除非由于食物的大小和形状不能如此。"

事实上，在切片机的使用说明书中，至少还应当提醒使用者注意：

- 切片机在使用时，只允许一个人操作（这一点甚至应当作为警告语张贴在切片机上）。
- 切片机在使用时，切片机周围不应当还有其他人，尤其是儿童。
- 避免儿童接触到切片机，以免被裸露的刀刃割伤。
- 使用后务必将电源插头拔下，避免任何可能的误操作。
- 清洁切片机时，务必小心，以免被割伤。
- 刀片在断电后有可能因为惯性的原因继续旋转，避免接触以免造成伤害。

通过以上例子可以看到，尽管由于目前技术和成本的原因，无法将产品功能性的危险源完全隔离，但是根据现有的产品安全标准，还是采取了以下一些措施来降低使用产品时的危险：

（1）在结构上，提供尽可能完备的防护措施，保证正常使用情形下，只要使用者运用基本的安全防护常识，没有故意的行为，就不会接触到危险源而造成伤害。

（2）在使用说明书中和产品上的适当位置提供足够的安全警示，提醒使用者注意潜在的危险。

因此，对于产品功能性危险的防护，可以采取以下步骤：

（1）对于存在具体产品安全标准的产品，严格执行相关的条款，同时提供适当和足够的警告，利用使用者的常识来降低产品造成危害的概率。

（2）对于不存在具体产品安全标准，而且由于技术和成本等原因确实暂时无法避免的功能性危险，可以仔细对产品的残余危险进行评估，并将相关的结果形成标准，或者根据相应的技术法规，寻求相关机构的协助或决定。如，对于出口欧盟的电气产品，可以寻求公告机构（Notified Body）的合格评估报告作为产品已经得到合适防护的依据。必要时，甚至还可以为产品购买一定的责任险。

（3）无论是哪种情形，在相关的产品使用说明书中，都必须明确地告知使用者存在的潜在危险，并提供一些适当的防护指导。

由于产品的功能性危险是产品具体的设计功能所固有的特性，而产品的安全标准中对于实际中具体产品的细节很难面面俱到，因此，即使严格执行了相关的产品安全标准，产品依然有可能存在某些功能性危险，这一点，在许多产品安全标准中都有指出。如，在电源变压器的安全标准 GB 19212 的引言中，就明确指出，"对符合本部分要求的变压器，如果在检查和试验时，发现有其他特性会损害这些要求的安全水平，则不一定能判该变压器符合本部分的安全原则。"

以下是电气产品安全领域常见的几种功能性危险，在进行安全防护设计时应当注意。
- 定时功能对产品周围不知情的人员可能造成的危险。
- 自动工作模式产品自动启动或停机对周围不知情的人员可能造成的危险。
- 使用遥控功能导致,本地操作与遥控操作出现冲突,对产品和本地操作人员可能造成的危险。
- 存在多个操作平台或控制面板,同时操作时出现冲突,对产品和操作人员可能造成的危险。
- 使用时必须由普通使用者进行组合、装配而可能带来的危险。
- 普通使用者更换损坏的灯泡、灯管、熔断器等操作带来的危险。
- 电热设备的发热部位可能造成的危险。
- 使用时必须手持产品而可能带来的危险。
- 半封闭式电动产品的运动部件可能带来的危险。

此外,产品的功能性危险始终贯穿在产品的整个设计使用寿命期间,无论是对使用者还是对制造商,都存在着一定的风险。企业应当采取积极措施,在技术上和成本上不断寻求降低产品的功能性危险的机会。这不仅仅是社会道德的问题,在事实上也降低了企业自身的风险。

3.9 异常状态下的安全防护

3.9.1 概述

电气产品安全需要考虑的,除了正常使用时产品必须安全外,在产品出现异常使用状况时,更必须是安全的,这样才不会对人、畜和环境造成危害。事实上,随着整个工业水平的不断提高,产品在处于完好状态下正常使用时,产品的安全特性基本是有保障的。但是,由于产品的实际使用条件千差万别,以及产品的质量不同,产品在使用中会出现部件失效等非完好现象,或非正常使用的现象,在这些异常情形下,同样需要确保产品的安全特性,许多电气产品安全标准都把这一点作为考察产品安全特性的重要项目。以家电产品为例,电气产品安全标准指出,产品的结构应当使其正常使用中能安全地工作,即使在正常使用中出现可能的疏忽,也不引起对人员和周围环境的危险[1]。

电气产品在出现异常现象时,并不一定要求产品能够正常使用,即使产品因此

---

[1] IEC 60335-1: 2010 + A1 + A2 cl.4: Appliances shall be constructed so that in normal use they function safely so as to cause no danger to persons or surroundings, even in the event of carelessness that may occur in normal use.

而损坏，也是可以接受的，只要产品不会出现危险。通常，可以通过以下几个方面来考察产品在异常情形下的安全特性：
- 产品是否喷射出火焰、流出熔化的金属、产生大量的有毒或可燃气体。
- 产品是否会出现过热导致引燃周围物品的现象。
- 如果在出现异常现象时，以及异常状况解除后，产品还能够使用，产品外壳、防护栅栏等的变形是否会导致使用者可以接触危险部件，从而导致电击、机械伤害等危险。

需要注意的是，在出现异常情形时，产品的一些安全指标（如，产品发热状况）允许在一定范围和一定时间内，出现超出产品正常工作时的安全限值的现象，只要不会构成危险状况。这是因为只有在安全指标超出正常状态并达到一定程度时，产品的安全保护机制才能判断出产品处于异常状态，从而采取安全防护动作。

3.9.2 异常现象的类型

电气产品在使用中可能出现的异常现象（abnormal），按照起因，可以分为产品内部因素和产品外部因素，而产品外部因素又可以分为人为因素和非人为因素。

引起异常现象的产品内部因素，主要体现在内部电子电气元件由于老化、工艺等原因出现失效、参数漂移等现象，机械运动部件由于老化、摩擦、疲劳等原因出现磨损、断裂、卡位、运动不畅等现象。常见功能元部件的异常状况主要有以下几种现象：

（1）电子元件

——电容被击穿，造成两极短路；但是通过认证的 X 电容和 Y 电容，只要在其参数范围内使用，一般是认为不会出现击穿现象的。

——PN 结被击穿造成短路，或损坏造成开路。所有包含 PN 结或类似的元件，如二极管、三极管、可控硅、光电耦合器等，都存在这种可能性。

——集成电路损坏。

——晶体管、电容、电阻等电子元件的参数出现漂移。

——管脚由于焊接工艺等原因出现开路现象。

——元件管脚之间出现短路现象。

——功能性绝缘由于老化出现短路现象等。

（2）电工元件

——双金属型温控器由于金属疲劳无法正常动作切断回路。

——起辉器由于金属疲劳无法正常动作。

——变压器等的绕组出现匝间短路。

——灯泡使用寿命接近，灯丝电阻急剧下降（几乎为原来的一半）。

——荧光灯管使用寿命接近，出现整流效应，等等。

(3) 机械部件
——联动机构由于磨损而无法正常触发电路。
——传动机构被卡住，无法到位，或者动作迟缓，无法及时到位。
——运动部件之间的摩擦过大，导致驱动负载过大，甚至导致电机堵转。
——由于磨损等原因导致转轴出现不平衡，转动中的振动现象加剧等。

(4) 产品外部非人为因素

主要体现在使用环境和使用条件的变化超出了产品的设计范围，如：
——电源电压异常波动，导致电机欠压工作，或者电源超压工作。
——三相电源缺相。
——工作环境温度过高，超出设计使用范围。
——使用工作环境过低，产品无法正常启动。
——出现结冰现象，导致负载过大。
——工作中由于水的沸腾导致溢出现象。
——电源输出端由于负载故障，出现短路或过载现象。
——动物、昆虫造成的短路、开路现象（如老鼠尾巴导致架空走线灯出现短路）。
——负载出现异常变化，导致负载过大，甚至出现电机堵转；或者出现空载现象等。

(5) 产品外部人为因素

主要体现在使用者在使用中出现疏忽的现象，如，误操作、错误设定参数、错误加载负载等，如：
——产品与周围距离太近，或者在产品上覆盖物品，导致产品散热受到影响。
——负载加载不当，导致产品过载或空载（如，电热水器干烧现象）。
——拆卸、清洁或维护后未正确安装到位就使用产品。
——产品放置不当，导致产品在使用中倾倒。
——加水过程中由于疏忽而导致产品溅水等。

这些异常情况的发生，会导致产品丧失原有的功能，出现误动作，不但有可能对产品造成暂时或永久的损坏，甚至有可能对使用者和产品的周围造成各种危害，如，对于正常工作条件下发热正常的变压器，由于出现过载，有可能导致变压器过热而引起火灾。因此，产品的安全防护，不但体现在产品正常工作的情况下，在产品出现异常现象时，更加需要采取有效的防护措施。

对于电气产品而言，异常情况下安全防护的基本思路是，在危险情况发展到一定程度时，及时切断电源，避免情况的进一步恶化。这一点遵循了产品安全防护原则三的要求。特别的，只要产品不会对人体和环境造成危害，即使产品出现暂时的失效或永久的损坏，都是可以接受的。在某些情况下，甚至希望产品能够损坏并且有明显的表象，因为这是普通使用者可以观察到的最直观的现象。避免使用有故障的产品，是防止引发安全事故最简单有效的方法。

3.9.3 异常现象后果分析原则

在进行电气产品的异常状况安全防护设计时，必须首先对产品在使用中可能出现的异常现象产生的后果进行分析；对于有可能构成安全隐患的，必须采取相应的安全防护措施；对于不会构成安全隐患的，则视其是否会损坏产品，以及出现的概率，从产品的制造成本和使用者满意程度等方面决定是否采取相应的保护措施。总之，通过对产品异常现象的准确分析，设计时可以有的放矢地采取防护措施，在保证产品的安全特性的前提下，尽可能地降低产品的制造成本。

在进行产品的异常现象后果分析时，目前的电气产品安全理论遵循以下几个原则。

3.9.3.1 单个功能故障原则

单个功能故障（Single Fault）原则，是指在分析电气产品异常现象产生的后果时，只考虑和分析单个功能元件出现异常，或者单种外部异常因素出现的情形。

所谓功能元件，一般是指除了安全保护元件以外用于实现产品功能的元件，功能元件和安全保护元件最大的不同点在于，在正常情况下，如果没有这些功能元件，产品的功能会受到一定的影响，甚至会导致某些功能或全部功能的丧失，而安全保护元件只是在产品出现异常的情形下才发挥作用，在正常工作时，把安全保护元件去掉并不会影响产品的功能。

在目前的电气产品安全领域，一般只分析单个功能元件失效带来的后果；至于起安全保护作用的安全保护元件，只要电路无论是工作在正常状态时，还是工作在异常状态时，都是工作在安全保护元件的参数范围内，并且安全保护元件的制造工艺和质量是有保证的（如取得认证），那么，一般认为安全保护元件是可靠的，是能够根据其动作特性起作用，因此并不考虑安全保护元件失效的情形。

此外，对于几种制造工艺和质量有保证的（如，取得认证）主要功能元件，如电源开关、电源线等，一般也认为是可靠的，不考虑它们出现异常的情形。

单个外部因素的出现，是指只考虑其中的一种可能的异常现象，如，在考虑电机的过载或堵转时，不再考虑电机工作环境同时超出设计范围的情况，也不再考虑电机控制线路的元件失效的情况。

也就是说，根据单个功能故障原则，在分析电气产品出现异常情况时，只分析单个功能元件出现异常的情形，或者只分析出现某种外部异常现象的情形，一般不考虑两个以上功能元件同时出现异常的情形，也不考虑两种以上外部异常现象同时发生的情况，也不考虑既有内部元件异常，又有外部异常现象的组合。只有对于少数极端危险的产品，如大型燃气产品的电子控制线路，才会考虑两个关键功能元件同时失效时的异常现象。

需要注意的是，单个功能故障原则并不否认异常现象的出现往往会导致连锁反应，从而导致更多功能元件出现异常。单个功能故障原则的着重点是在于异常现象的出现，无论来源，都只是由一个单个故障因素首先引起的。

单个功能故障原则体现的是产品安全领域中一种务实的态度。没有人可以保证不会同时出现多种异常现象，但是在现实生活中，这种情形出现的概率是非常低的，如果要将所有可能的故障组合都考虑并且提供合适的防护，在技术上是无法实现的，在制造成本上也是无法接受的。单个功能故障原则在现实和风险之间取得了一个很好的平衡，多年的实践已经证明根据这个原则批量生产的民用产品，出现安全事故的概率是可以接受的，因此，单个功能故障原则在产品安全领域得到广泛的应用，也是分析电气产品异常现象后果的一个重要原则。

3.9.3.2 15W 原则

15W 原则，也称为低功率（low-power）原则，是指从电源可以获得的最大功率不超过 15W 的电路或者一部分电路，这种电路或电路的一部分称为低功率电路。低功率电路可以通过以下方法来确定：

产品工作在额定电压条件下，将一个已经调节到最大电阻值的可变电阻器连接在电路上的某一点，以及电源的另一极，然后逐渐减小电阻值，直到该电阻器消耗的功率达到最大值，如果在 5s 后，供给该电阻器的最大功率不超过 15W，并且这一点是最靠近电源的一点，那么，这一点就称为低功率点，比它更靠近电源的点测得的功率都超过 15W，而比它离电源更远的点测得的功率都小于 15W。距电源比低功率点远的电路称为低功率电路。如，在图 3-24 中，C 点相当于电源的另一极，A 点和 B 点测得的功率小于 15W，而 D 点测得的功率大于 15W，那么，A 点和 B 点就称为低功率点，A 和 B 后面的电路属于低功率电路。

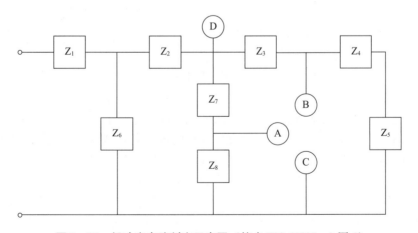

图 3-24 低功率电路判定示意图（摘自 IEC 60335-1 图 6）

15W 原则主要用于寻找低功率电路，而区分低功率电路的意义最主要在于减少电气产品进行异常现象分析时的工作量。低功率电路只要不是起到保护电路的作用，也就是说，产品对于电击、火灾、过热、机械伤害等的防护不依赖于该电路的正常工作，那么，在评估产品的安全性能时，这一部分的电路的任何异常现象都是不会构成安全隐患的，在进行异常现象分析的时候可以不用考虑这部分电路。

3.9.3.3 合情理原则

在评估由于人为因素而导致产品出现异常现象的后果时，遵循这一条合情理（reasonable）的原则，也就是说，导致产品出现异常现象的人为因素，是使用者由于疏忽（carelessness）造成的，这种疏忽是正常使用状态下可以预见的，而不是使用者故意的行为。通常，使用者这种故意的行为，除了对产品的故意破坏外，还包括私自改装、维修产品，超出产品的设计范围使用产品等。对于如何区分使用者的疏忽和故意行为，很难有一项明确的标准，这也是在制定产品安全标准时经常出现争议的地方：一方面，使用者必须具备一定的常识来使用产品，另一方面，期望使用者都是专业人员，具备专业知识来操作也是不现实和不正确的，完全依赖使用者的专业知识和小心翼翼更是荒谬的，即使在相关说明书中提供了大量的信息和安全警示。

一个案例是20世纪80年代国内曾经有一种称为"热得快"的电热产品（图3-25），这种产品主要用于加热或煮沸开水。这种产品结构非常简单，主要是电加热丝，然后在两端分别接上电源线，使用时需要将其浸入水中。这种产品没有任何安全保护元件（如过热保护器或热熔断体），有的甚至电源接线还裸露在外，使用者可以轻易地接触得到。这种产品的安全保护措施仅仅是通过说明书中的提醒与警告来实现的，如：

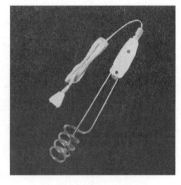

图3-25 "热得快"

- 使用时必须完全浸泡在水中；不用时必须拔下电源，以免由于过热发生火灾；
- 不要接触两端的接线端子，使用时不要接触水，以免触电等。

很显然，产品的安全完全依赖于使用者的准确动作和小心翼翼，一旦有任何疏忽，就会造成严重的安全事故，这种产品的残余危险超出了可以接受的范围。事实上，由于使用这种电热产品造成的火灾事故和电击事故频繁发生，造成极其恶劣的社会影响。对于这种产品，虽然使用者出现没有按照说明书操作的行为，如不用时忘记拔下电源，也不可以认为属于使用者的故意行为。

另一个案例是发生在国外。一个家庭主妇为了装扮家居，在一台电视机的上面放置插有鲜花的花瓶。然而有一次在给花瓶加水的时候，就直接向花瓶倒水，一些溅出的水就从电视机的散热孔中流入，出现短路现象，导致电视机损坏。虽然电视机的说明书中明确指出电视机必须远离有水和潮湿的地方，但是使用者的行为并不是针对电视机，而是在处理与电视机无关的事务。这种行为是否属于可预见的疏忽，至今仍然存在争议。但是从这个案例可以看出由于产品在实际使用中的情况千差万别，准确定义可以预见的疏忽行为是不现实的。

尽管对于如何准确区分使用者的疏忽和故意行为始终存在争议，但是在实际生活中，明显的疏忽行为和明显的故意行为之间还是比较容易区分的。一般认为，只要使用者没有故意改变产品内部结构的行为，没有故意敲击、撞击、拆卸产品的行为，也没有破坏防护措施、有意识地使用工具或用力从一些开孔、缝隙中间去触摸危险部位的行为，那么，出现以下的一些行为，是可以认为属于可预见的疏忽的：

（1）按照产品正常使用的步骤操作时，在程度的把握上出现与要求不一致和疏忽的行为；或者在设置参数时，设置的参数与要求不一致。如，在加水的时候，由于疏忽，导致水超过允许的最大容量，甚至溢出；或者加水的时候操作不当，导致产品周围溅到水。

（2）按照产品正常操作步骤操作时，遗漏、重复、颠倒了某些步骤。最典型的情形就是在空载的时候启动设备工作。如，在电热水器已经没有水的情形下，启动电热水器进行加热。

对于以上这些可预见的疏忽行为，在产品的安全防护设计中必须充分考虑。在评估产品出现异常情形的后果时，采取合情合理原则，可以避免在一些不合理的假设上无休止地纠缠，从而大大降低产品进行安全防护的成本。

3.9.4 异常现象后果分析步骤

在进行电气产品的异常现象后果分析时，通常先根据 15W 原则，剔除不需要进行考察的电路（除非该电路属于安全保护电路，对产品的安全防护的作用），然后根据单个故障原则和合情理原则，对可能出现的各种异常现象的后果进行分析考察。由于产品的结构、功能和使用情况差别很大，没有可能罗列出产品可能遭遇的各种异常现象，在设计时，必须具体问题具体分析。通常，在分析时，可以从异常现象的起因进行分析。

（1）对于产品的内部因素，可以从以下几个方面来分析。

①电子元件：包括电子元件的开路与短路；元件之间的功能绝缘失效造成的短路等。

②电工元件：包括金属疲劳无法元件正常动作（如，双金属型温控器和起辉器等）；绕组元件出现匝间短路；灯泡出现灯丝电阻减小；荧光灯管出现整流效应等。

③变压器等电源模块：输出短路和输出过载等。

④执行元件：电机出现堵转、过载和欠压工作等。

（2）对于产品的外部非人为因素，可以从以下几个方面来分析：

①电源电压的波动等。

②负载的变化，包括空载、过载甚至导致堵转等。

③外接设备的故障，如，短路和过载等。

（3）对于产品的外部人为因素，可以从以下几个方面来分析：

①产品放置位置不正确导致无法正常散热。如，产品在使用时，没有按照要求放置，而是放置在墙角、嵌入在封闭或半封闭空间中，甚至被覆盖起来。

②操作次序或参数设置不当。

③没有按照要求正确装配可拆卸部件，或者在使用中突然打开产品的门、窗或外壳等。

④对产品的处置不当。如，在加水过程中，由于疏忽而出现溢水现象，导致产品出现内部短路。

在实际中，当产品结构比较复杂的时候，分析和考察产品异常现象的工作量是非常大的，特别是在元件故障会出现多种连锁反应的时候，穷尽所有的组合几乎是不可能的。此外，大部分外部因素导致的异常现象，最终都可以归结为等效于某个内部元件故障出现的现象。然而，在许多时候，内部元件的故障只是造成产品功能的丧失，甚至导致产品永久损坏，但并不会构成危险。如，一个电子产品的显示部分出现元件故障，并不会导致产品出现危险，除非该显示部分直接起到安全警示的作用，并且对这种警示的忽略会直接导致伤害。

因此，可以通过以下三种方法来减少异常现象分析评估的工作量。

（1）功率元件短路法：在许多情况下，电气产品出现异常情况的结果可以归结为电路中出现故障电流，即电路出现过流的现象。这种现象的产生，通常是由于电路出现故障，其中的功率控制元件无法按照设计要求自动调制电路电流大小，或者切断电路的电流。一般，常见的功率控制元件的故障有以下几种：

①电源的整流桥或整流二极管出现短路和开路。

②开关元件被击穿后短路：如，开关三极管的发射极和集电极、可控硅的阳极与阴极等被短路。

③电源变压器次级出现短路或过载现象。

④自复位控制元件短路：如，自复位温度控制器由于动作寿命原因而短路。

一旦对功率控制元件的故障进行考察评估，并采取相应的防护措施后，和该功率控制元件相关的控制电路的故障，一般都可以不用再进行分析。

（2）执行部件故障法：执行部件故障法主要对产品中的电机、电磁阀等出现异常状况时的情形进行考察评估。这些执行部件在出现异常状况时（如，电机堵转），不但执行部件自身会出现过热等危险现象，同时控制电路也会出现过流的现象，功率控制元件出现过热现象。因此，通过考察执行部件出现故障后的情形，可以反向考核产品大部分的相关电路。在对潜在的危险进行防护后，相关控制电路可能出现的故障一般可以不用进行分析。

（3）绝缘突破法：电气产品在出现异常状况时，最常见的潜在危险就是绝缘被破坏，从而导致电击事故。绝缘突破法就是考察产品绝缘结构上的弱点，评估绝缘是否会在出现异常状况时被旁路。常见的绝缘结构弱点主要有以下几种：

①发热元件旁边的绝缘。在出现异常状况时，发热元件通常会出现过热现象，

有可能导致绝缘材料变形或绝缘性能下降，从而破坏绝缘结构。发热元件除了功能性的发热元件外（如，发热丝），还包括那些在工作中会发热的非电热元件，包括绕组元件（如，变压器）、功率控制元件（如，大功率开关晶体管）等。

②绝缘阻抗因为电路故障被短路。产品出现异常现象时，往往会出现某些元件被击穿而出现短路现象，如果电路设计不当，充当绝缘阻抗的部件有可能因为电路中出现的短路现象而被旁路。

③与水或水蒸气接触的绝缘部位，这些部位包括相邻接合处、缝隙等。这些部位有可能因为在异常情况时溢水、渗水、漏水等原因而出现短路，导致绝缘失效。

结合产品的具体结构，有选择地采用以上几种方法，可以在确保对产品异常状况进行足够的分析评估的前提下，降低分析评估的工作量，有效地提高产品安全设计的工作效率。

3.9.5 异常状况下安全防护的实现

异常状况下电气产品的安全防护，通常是使用安全保护元件或安全保护电路实现的。这些安全保护元件和电路在产品正常使用时，对产品的性能没有任何作用，但是，当产品出现异常状况时，在可能演变成为危险状况之前，这些安全保护元件和电路能够及时动作，通常是切断产品的电源，或者切断故障部位的电源，从而避免危险的出现。

（1）使用安全保护元件

常用的安全保护元件主要有电流熔断器、断路器、PTC 热敏电阻等过流保护元件、过热保护器、热熔断体等过热保护元件，压敏电阻等过压保护元件等。有关相关保护元件的参数说明和使用可参考本书的第 5 章。

如何选择合适的安全保护元件的种类和参数，是产品安全设计中经常遇到的问题，因为这些元件既要在正常状态下不会误动作而影响产品的正常工作，又要在出现异常状况时能够及时动作，提供安全保护。在实际中，在选择安全保护元件时，应根据产品的工作特性，包括温度变化特性、工作电流变化特性（启动电流、正常工作电流）等，具体问题具体分析，有针对性地进行选择。如，同样是选择电流熔断器，但是由于音响功放输入端存在电流冲击，应采用延时动作的电流熔断器，以免在正常工作时由于信号变化而导致电流熔断器误动作。

为了避免安全保护元件在正常使用时误动作，必要时还可以采取多种安全元件组合的方式。如，图 3-26 是一款计算机产品的开关电源电路，为了减少开机冲击电流，防止电流熔断器（F 901）异常开路，通常会在电路上串联一个 NTC 负温度系数热敏电阻（TH 901）；此外，为了避免 MOV 浪涌保护元件（VD 901）在动作后产生过热现象，一般将电流熔断器（F 901）置于 MOV 浪涌保护元件（VD 901）之前，限制流过它的电流。可以看到，通过这些安全保护元件之间的组合，可以有效地避免安全保护元件的误动作，避免成为新的危险源。

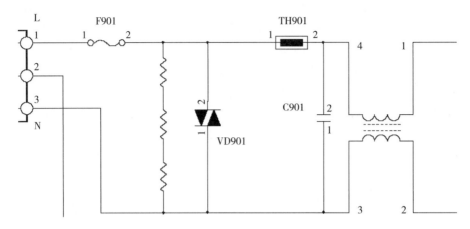

图 3-26　安全保护元件的组合使用

（2）使用电子保护电路

相对传统的安全保护元件，电子保护电路动作灵敏、迅速，但是电子元件在异常条件下的可靠性始终受到关注和怀疑。对电子电路是否能够作为安全保护元件，在产品安全认证机构之间一直是存在争议的。由于许多电子保护线路往往是使用半导体开关元件（如可控硅）高阻特性来限制电路中的电流，从而达到切断电路的效果，并没有像传统的机械类保护装置在物理上切断电路，加上电子元件在实际使用中可能出现的可靠性问题，因此，许多认证机构对电子保护的可靠性往往持怀疑态度，在实际操作中往往持比较保守的态度。

以 CTL 决议 DSH-441A 为例。在 DSH-441A 所讨论的，是一种典型的电热器件过热保护形式（图 3-27），在发热器件的两端各有一个过热限制元件，其中一端是使用传统的机械式过热切断器，另一端使用电子电路作为控温装置。最初，VDE 认为对于该电路，必须有一个额外的机械式过热保护器，才能够满足标准条款 19.5 关于异常防护的要求。该提议最初在 CTL 会议上获得通过，尽管后来在 2005 年第 42 届 CTL 会议上，该决议修改为只适用于 IEC 60335-1 第 3 版（即 IEC 60335-1：1991），而不适用于 IEC 60335-1 第 4 版（即 IEC 60335-1：2001），变相否定了对电子保护方式的怀疑；在 2010 版的 DSH-441A 决议中，实质已经明确这种电子保护只要能够通过相关考核，在今后的产品中都是可以使用的，没有必要再额外使用一个传统的机械式过热切断器。

在实际操作中，对电子电路作为安全保护措施的可靠性和有效性持怀疑态度，相信会继续存在。因此，虽然越来越多的场合允许使用电子电路作为安全保护措施，但是，其中的安全电子保护电路必须通过众多的严格考核，才可以认为是可靠的[①]。

以家电产品为例，在 IEC 60335-1 中，对起安全保护作用的电子电路，以及起

---

① 相关细节可参考最新版的 IEC 60730-1 附录 H。

断开或待机作用的电子开关,除了根据单个功能故障原则逐一考察电子保护电路中的元件故障是否会导致产品出现危险外,还要求电子保护电路能够通过相关的抗干扰试验[1],包括:

- 根据 IEC 61000-4-2 进行静电放电试验;
- 根据 IEC 61000-4-3 进行射频电磁场辐射抗扰试验;
- 根据 IEC 61000-4-4 进行电快速瞬变脉冲群抗扰试验;
- 根据 IEC 61000-4-5 进行浪涌抗扰试验;
- 根据 IEC 61000-4-6 进行传导骚扰抗扰试验;
- 根据 IEC 61000-4-11 进行电压暂降、短时中断和电压变化的抗扰试验;
- 根据 IEC 61000-4-13 进行电网信号的低频抗扰试验。

此外,随着越来越多的电气产品内嵌计算机系统,特别是单片机应用的普及化,一些产品甚至采取软件作为电气产品的安全防护措施。对于起到安全防护作用的软件模块,安全等级必须达到 Class C 级别。限于篇幅,本书不再介绍软件的评估方法,有兴趣的读者可以参考相关的标准[2]。

(3) 使用安全保护元件和电子电路的注意事项

在使用安全保护元件和电子保护电路时,必须注意它们所固有的缺陷。

1) 安全保护装置的动作盲区

为了防止安全保护元件和电子保护电路等安全保护装置在正常使用中出现误动作,影响产品的正常使用,甚至导致产品永久损坏,因此,在选用保护元件装置的动作参数时,该参数与产品正常工作时的电路参数之间应当有一定的裕量,也就是说,保护装置的动作参数应当选在产品正常工作时电路参数可能出现的波动范围以外,以免电路出现正常波动时,保护装置误认为异常状态而动作。由于产品在出现异常状态时的初始表现和产品正常波动的现象往往很相似,因此,保护装置必须等到电路参数超出正常波动范围一定程度后才会动作。电路参数波动的峰值,与安全保护装置动作设定参数之间的区域,就是保护装置的设计动作盲区。

另外,由于制造工艺和元件特性等原因,安全保护装置的参数本身存在一定的不可靠动作区,在这个区域内,保护装置的动作是不可靠的,也就是说,电路参数进入这个区域时,安全保护装置有可能会动作,也有可能不会动作,在正常工作

---

① 有关细节除了可以查阅相关标准,还可以参阅以下文献:

[1] 李滟. 电磁兼容抗扰度试验在 GB 4706.1—2005 中的应用(上)[J]. 安全与电磁兼容,2006 (03):16-20.

[2] 李滟. 电磁兼容抗扰度试验在 GB 4706.1—2005 中的应用(下)[J]. 安全与电磁兼容,2006 (04):57-62.

② 相关内容可参阅最新版的 IEC 61508;IEC 60730-1 附录 H 有关软件评估的内容,也是从该标准中摘录。不过从著名的能力验证组织机构澳大利亚的 IFM 公司网站 www.ifmqs.com.au 提供的能力验证历史记录与安排来看,2015 年~2018 年期间尚未真正开展过有关软件评估的能力验证。现实中软件评估需要面对的另一个问题就是评估成本的问题。

时，电路参数是不应当进入这个区域的，而在出现异常状况时，电路参数只有超出了这个区域，保护装置才有可能可靠地动作。加上保护装置制造中出现的参数误差、使用中允许出现的参数漂移，这些构成了保护装置的固有动作盲区。

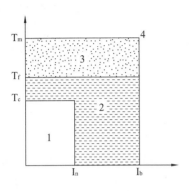

图 3-27 热熔断体动作区域示意图

图 3-27 为热熔断体动作区域示意图，在区域 1 内工作时，热熔断体处于长期可靠导通区域；在区域 3 内工作时，热熔断体可以可靠分断，并长期维持在开路状态；热熔断体不应当进入区域 4 工作，因为在这个区域内，热熔断体无法可靠分断，失去了应有的保护作用。因此，产品在正常工作状态下时，热熔断体应当工作在区域 1 内；而在产品出现异常状态时，热熔断体应当迅速进入区域 3 工作，实现可靠分断。热熔断体在区域 2 的工作状态是无法具体确定的，有可能在一段时间后分断，也有可能长期保持导通状态，因此，该区域属于过渡区域，是热熔断体的动作盲区，热熔断体不应当工作在这个区域。

安全保护装置动作盲区的存在，对产品的安全设计是一个严峻的挑战。在评估和考核产品异常状况时，必须考核产品工作在安全保护装置动作盲区时的情形，这是产品在安全保护装置动作前有可能出现的最严重的情形，产品在这种情形下同样必须确保安全。电气产品安全理论把这种产品工作在安全保护装置动作盲区的情形成为产品的过载现象（overload），这一点和平常的定义有所不同。如果没有特殊说明，本书所指的过载都是指这种现象。

由于安全保护装置动作盲区的存在，安全保护装置动作参数的选用都带有一定的经验成分。而提高保护元件动作的敏感程度和提高产品的容错性能是存在一定的矛盾的，如何在两者之间取得平衡是产品在进行安全设计时需要注意的一个重要内容。

如，根据 IEC 60127（或相应的国家标准）认证的电流熔断器，如果额定电流为 I，那么，它能够可靠动作的最小电流为 I 的 2.1 倍（2.1I）。如果电流熔断器所在电路的工作电流为 I'，正常波动范围在 $I'_{min} \sim I'_{max}$，那么，I'_{max} 必须不超过电流熔断器的额定电流 I，以免在长期工作中引起电流熔断器的误动作，电路的工作电流 I'_{max} 和电流熔断器的动作电流 2.1I 之间就是保护元件的设计动作盲区。此外，电流熔断器的设计是，当通过电流熔断器的电流为 2.1 倍额定电流时，只要电流熔断器在 30min 内动作，都是满足电流熔断器的设计要求，也就是说，当电路的故障电流为 2.1I 时，电流熔断器有可能在此后 30min 内的任何时刻动作，甚至有可能出现电路工作在故障电流 2.1I 的情形下长达 30min，电路在这段时间内，由于长期工作在过流状态，有可能出现过热甚至起火的危险。电流熔断器在故障电流达到最小动作电流起，到电流熔断器真正动作的这段时间，属于电流熔断器的固有动作盲区。因此，在选择电流熔断器作为电路的安全保护元件时，必须充分考虑保护元件动作盲区可能带来的安全隐患。（有关电流熔断器可参考本书相关章节）。

伴随着安全保护元件盲区的存在，带来的是异常状态的过冲现象。由于盲区的缘故，一些故障参数由于惯性等原因，在保护元件来不及动作就迅速变化，超出保护元件的设计范围。如，对于根据 IEC 60691（或相应的国家标准）认证的热熔断体，正常动作时的温度变化速率为每分钟约 1℃（1℃/min），但是，在实际中出现过热情况时（如短路），温度上升的速率远远超过 1℃/min 时，热熔断体往往来不及在故障温度刚达到额定动作温度的时候动作，而是需要滞后一段时间才能动作，而且，即使动作后，由于热惯性，温度有可能还会继续上升一段时间。

安全保护装置盲区在实际中，可以通过安全保护装置之间的组合搭配，来降低它对安全防护造成的负面影响。如，电机类产品由于启动电流可达运转电流数倍，与堵转电流相当，从而使选择过电流保护装置的选择非常不易，因此，电机经常采用过热保护装置来对堵转状态进行防护，同时使用带延时功能的大电流（可达正常运转电流的数倍）熔断器作为短路保护元件。

2）自动复位的危险

随着一些可重复动作的安全保护元件，如机械式过热保护器、PTC 过流保护器（俗称可恢复电流保险）的广泛应用，一方面，在出现异常情况时能够及时动作；另一方面，在异常情况消除后能够恢复正常状态，不需要更换或维修，大大提高了产品的使用方便性，延长了产品的使用寿命。但是，自动复位是有可能带来潜在的危险的，特别是存在危险运动部件的时候，在使用者没有意识到的情形下，突然间启动起来，是有可能造成危险的。

另外，许多时候故障根源并没有排除，只是故障现象在保护元件动作后消失了而已。如，对于过热保护元件而言，在温度出现过热时，元件会动作，切断电源，温度会自然冷却下来，之后，元件自动复位，然而，只要故障原因没有排除，温度会重新上升，排除过热保护元件动作。这种现象会不断重复出现，除非故障根源被排除。然而，一旦动作次数超出保护元件的设计寿命，有可能出现保护元件失效，这时候就有可能引发一系列的危险。

因此，应尽量将可重复动作的安全保护元件进行手动复位。对于一些手动复位不现实的情形，如电机绕组的过热保护装置，那么，采用适当的联锁装置，即虽然保护元件复位，但是主回路被切断，需要手动重新启动，这样可以有效避免在故障没有排除的情形下，或使用者没有意识的情形下自动复位，除非这种自动复位在复位的时候不会给使用者带来危险，并且在复位后可以有效地让使用者察觉到产品已经自动复位且重新运行。

3.9.6 小结

电气产品在使用中出现异常现象是无法避免的，这是产品在进行安全设计时必须面对的问题。以上所介绍的，是常见异常现象的分析思路，在实际中，还必须根据具体产品的实际情况，评估可能出现的特殊危险现象的防护，包括特殊的化学危害（如，产生过量的 CO）、异常辐射危害（如，微波泄漏）等。由于具体产品的实际情况千差万异，这里就不再深入讨论了。

总之，对于电气产品异常状况的安全防护，就是在产品的状态到达危险的临界状态前，安全保护装置能够及时动作，通常是将产品的电源切断，或者切断异常部位的电源。只要产品不会导致危险的发生，即使由于安全保护元件的动作而导致产品永久损坏，都是可以接受的。

另一方面，实践表明，产品在出现一些严重的异常现象后，如果能够呈现出明显损坏的迹象，从产品安全的角度，未尝不是一种好现象，因为这样可以引起使用者的警觉，避免使用者再次使用可能存在某些内部故障的产品。

而在异常现象的评估中单个故障原则的应用，则说明了产品安全的相对性，也就是说，即使按照产品安全标准对产品进行考察、评估、测试、认证，产品始终存在同时出现多个异常现象的可能性，因而总是存在着某种无法有效防护的危险，虽然这种可能性的概率很低。这是人类社会为享受科技进步所必须承担的后果和付出的成本，产品安全技术和质量控制就是将这种成本降到最低。

3.10 针对儿童的特殊防护

3.10.1 概述

儿童是人类的未来，保护儿童免受危害是每一个产品设计工程师的义务和道德要求。然而，目前许多产品安全标准在考虑电气产品安全的时候，一般不考虑儿童单独使用或玩耍的情况。这一点在目前大部分产品安全标准中都明确指出。以 IEC 60335-1 为例，它在第 1 章中明确指出：本标准涉及在住宅内和住宅周围所有人员遇到的而由器具所表现出来的共同危险，但是本标准一般没考虑无人照看的儿童和残疾人对器具的使用，以及儿童玩耍器具的情况[①]。

实际上，几乎所有采纳 IEC 标准作为国家标准的国家和地区，无一例外都把以上条款作为现有电气产品安全标准的指导思想。因此，对于儿童而言，原则上除了

---

① 原文：As far as is practicable, this standard deals with the common hazards presented by appliances that are encountered by all persons in and around the home. However, in general, it does not take into account the use of appliances by young children or infirm persons without supervision, playing with the appliance by young children.

小型电动玩具、电子玩具以外①，出于安全原因，其他的电气产品都不是以儿童为使用对象的，家长、教师、保姆等成年人有义务确保儿童远离这些电气产品，或者儿童必须在成人的监督和照看下使用。

尽管如此，从生活中产品实际使用的事实出发，产品在设计时，仍然需要考虑如何尽可能地保护儿童，最大限度地避免伤害儿童。通常，产品的使用场合如果有可能出现儿童，电气产品应当从以下几个方面来保护儿童，避免儿童无意间受到伤害：

（1）避免儿童接触或因为好奇而玩耍：产品放置在儿童不易触及的地方，或者儿童必须在成年人的监督下才能使用；同时，产品不应当吸引儿童玩耍，从而避免出现可能导致儿童出现伤害的安全问题。

（2）使用时考虑儿童的生理特点：在使用中有可能出现儿童单独使用的场合，产品应当尽可能安全，无论是在正常使用状态下，还是非正常使用状态下，都不会对儿童产生危险。

（3）降低产品针对儿童可能的潜在危险：对于产品虽然设计时并不是针对儿童使用，但是在实际使用时，无法避免儿童接触的，应当充分考虑到儿童玩耍和接触的可能性，将危险降到最低。

3.10.2 避免接触

避免儿童接触或单独使用电气产品，避免吸引儿童玩耍电气产品，是保护儿童最简单有效的方法。因此，在产品的使用说明书中，都应当明确地警告家长：

- 产品不是玩具，不允许让儿童玩耍。
- 产品应当避免放在儿童可以接触的地方。
- 不让儿童使用，或者避免儿童单独使用。如果儿童使用时，必须有监护人等成年人在旁边监督、指导。
- 使用后，必须切断电源（通常是拔下电源插头）。对于一些即使使用完毕后，还残余危险的（如电热水壶，即使切断电源，在一定时间内，依然存在烫伤的危险），家长必须继续注意这些产品，避免儿童触及从而导致危险。
- 教育儿童产品的危险性，增强儿童的自我保护意识。

以上这些措施，是一种安全防范常识，和电气产品本身的特性并没有直接关系，更多的是作为制造商在出现事故时为免除或减轻责任的抗辩事由，因此，本书不准备就如何实现上述的要求做进一步的讨论。

在现实生活中，避免儿童接触产品，特别是使用中的产品，除了教育儿童远离

---

① 玩具通常是指供 14 岁以下未成年人以玩耍为目的的产品；电类玩具一般指的是使用电能的玩具，通常包括小型电动玩具、电子玩具、积木类玩具等，这些玩具可以供儿童独立玩耍和操作，但是通常不包括游乐场的大型游乐设施、运动器材等。限于篇幅，电类玩具安全在本书中不作讨论，有兴趣的读者可参阅 EN 62115、EN 71 等标准。

> 欧盟RAPEX公告中有关新奇打火机的通报举不胜举,原因就在于其小巧、新奇并且容易获得,因而成为吸引儿童玩耍的典型产品。另一类容易吸引儿童的就是模拟食物外形的产品,例如,公告0148/09和A12/0443/18分别通报了外观酷似葡萄的灯串,大小、颜色、外观都是惟妙惟肖,然而因为存在被儿童误吞入口的危险,不符合欧盟指令87/357/EEC的规定,被判定为存在安全隐患的产品。

电气产品,以及把产品放置在儿童无法触及的地方外,最主要的一个设计理念是不要吸引儿童玩耍,不要因为儿童的好奇心而引发对儿童的伤害。目前许多电气产品安全标准出于安全原因,一般情况下,都要求电气产品的外形不应当设计得像玩具,也不应当装饰得像玩具一样,因为儿童有可能误认为该产品是玩具而玩耍,从而在玩耍中出现电击、烫伤、机械伤害等伤害甚至死亡。如,家电产品安全标准 IEC 60335-1 中就明确规定:产品外观不应当设计或装饰得以至儿童会认为是玩具①。

然而,如何定义产品像玩具,目前国际上并没有一个统一的标准。一般认为,产品的三维外形和动物、人物造型或卡通形象类似的,都会引起儿童的兴趣,有可能吸引儿童玩耍;至于二维的图案,在 21 世纪初,行业内一般不认为是会被儿童误认为是玩具②,然而,从近几年西方发达国家的市场监督情况来看,一些印有容易引起儿童关注的平面图案的产品也越来越多被认为会被儿童误认为是玩具。

图 3-28 中的电风扇外壳造型可以联想到卡通型的青蛙,儿童有可能误认为是玩具玩耍,从而有可能出现电击或机械伤害。因此,对于普通的家电产品,特别是带大功率发热元件或电动部件的产品,应当避免设计成类似于动物、人物造型或卡通形象,或出现以上结构的三维部位。随着市场竞争的白热化,许多制造商在产品的外观上力图突破传统的造型,包括推出一些卡通造型的外观。然而,如果考虑不周,产品有可能变成潜在的儿童杀手。

图 3-28 青蛙造型的电风扇

表 3-15 是近年来欧盟 RAPEX 公告中通报的一些比较典型的家电产品,这些产品的共同点都是被判定为有可能吸引儿童使用或玩耍,或因为其设计功能,或因为其造型,或因为其发出的声音。

---

① IEC 60335-1 cl. 22.44:Appliances shall not have an enclosure that is shaped and decorated so that the appliances is likely to be treated as a toy by children.

② 本书 2008 年初版时,在实际操作中,大部分的电气产品安全认证机构都不认为平面图案会导致儿童误以为是玩具。

表 3-15　欧盟 RAPEX 公告中部分玩具造型家电产品

通报公告号	产品外观	备注
2007 年 0189/07		公告认为这款电动棉花糖机无论是从设计功能的角度还是从外观，都有可能被儿童视为玩具
2008 年 1252/08		这款牛形外观的多士炉可以发出仿牛叫的哞声，因此，公告认为极可能被儿童当作玩具
2012 年 A12/1051/12		公告认为，这款配有数个小炒锅的电炉的使用者极有可能包括儿童
2013 年 A12/1885/13		公告认为这款印有海绵宝宝的三明治机的造型和图案都会让儿童误认为是玩具
2015 年 A12/0889/15		公告认为这款电蚊拍的造型有可能被儿童视为玩具

注：表中公告号 A12/1051/12 对应的图片来自被通报企业的产品目录，其余图片均来自对应的 RAPEX 公告。

至于灯具，情况比较复杂。现代家居中，灯具除了照明功能外，还具有装饰作用。随着人民生活水平的提高，许多儿童都已经有自己独立的卧室，并且有可能单独使用台灯、落地灯等移动式灯具。因此，这里存在一种矛盾，即一方面，灯具的外观（包括灯罩、底座等）应当尽可能多姿多彩，造型有趣，另一方面，又不至于被儿童误认为是玩具而勾起儿童玩耍的冲动。正如前面所说，如何定义产品像玩具，目前国际上并没有一个统一的标准，一般也可以认为，移动式灯具的三维外形如果和动物、人物造型或卡通形象类似的，就可以被认为是会引起儿童的兴趣，有可能吸引儿童玩耍，必须按照童灯（即供儿童使用的或会吸引儿童玩耍的移动式灯具）的要求来处理。

表 3-16 是几种带有卡通图案的灯具的判定结果。从中可以看到，其表决结果还是比较耐人回味的，不同的执行机构在考核这些产品时，把握的尺度并不一致。

表 3-16 关于童灯造型的表决结果

决议文件/年份	灯具造型	外观	结论
154.03 OSM/2003 年		灯罩印有米老鼠图案，高度未知	非童灯
154.03 OSM/2003 年		灯罩印有卡通型眼睛和嘴巴的图案，高度未知	8 票认为是童灯，7 票认为是非童灯
161.03 OSM/2003 年		卡通人像，43cm 高	童灯
270.03 OSM/CTL/2003 年		洋娃娃，30cm 高，头部为陶瓷	童灯
270.03 OSM/CTL/2003 年		雪人，1m 高，塑料外壳	非童灯

续表

决议文件/年份	灯具造型	外观	结论
270.03 OSM/CTL/2003 年		天使与卡通熊，20cm 高，塑料外壳	童灯
272-05 号 EK1 决议/2005 年		采用白炽灯替代传统明火的走马灯，图案是平面图案	童灯
RAPEX 公告 1855/10 号/2010 年		灯罩印有卡通形象尼莫鱼图案的直插式夜灯	童灯

从这两个表中可以看到一种趋势，就是对于是否会吸引儿童的判定尺度逐步趋严，从以往主要考虑明显的外观立体造型，到近年同时考虑平面造型：产品的三维外形和动物、人物造型或卡通形象类似的，都被认为会引起儿童的兴趣，有可能吸引儿童玩耍；而对于二维的图案，早年一般不认为是会被儿童误认为是玩具，但是近年来也同样认为会引起儿童的兴趣，有可能吸引儿童玩耍。这种趋势不仅需要引起产品安全工程师的注意，也对中国工业设计界敲起了警钟。

如何判定产品是否会被儿童误认为是玩具，EK1 技术委员会在 271-05 决议中的表述是目前关于这个问题比较有指导性的结论，即：产品会特别吸引儿童，这意味着儿童不仅仅是开关产品（的电源），而且还将产品纳入游戏中。也就是说产品吸引儿童，而且由于其外观造型而会被儿童纳入游戏中去[1]。

在具体操作上，目前有一种趋势认为，如果产品体积比较大（如，1m 以上高度），或者产品质量比较重（如，20kg 以上的质量），只要儿童无法将它彻底拿在手中玩耍，同时加上一些必要和醒目的警告语，如："非玩具，请勿玩耍！"等类似

---

[1] 原文：... it can be especially expected from children. That means more than just switching on or off, it includes the integration... into the games... That implies that... is child appealing and due to its shape can be integrated into the children's games.

的警告语，就可以认为即使其外观或装饰类似于动物、人物造型或卡通造型，也不会吸引儿童把它误认为是玩具玩耍，从而导致安全问题。但是以上这种评定方法还没有被正式的标准采纳，因此，产品在设计时，产品工程师应当充分认识到这种做法的市场风险。

总之，为了避免儿童接触、单独使用电气产品，或吸引儿童玩耍电气产品，产品在设计时可以参考以下的经验：

（1）提供足够和有效的安全警告和提示，让儿童的监护人参与到安全防范中来。

（2）产品的任何三维造型不要被儿童误认为是玩具，不应被儿童作为游戏中的道具；即便是二维图案，如果是儿童喜爱的图案（如卡通人物、故事连环画等），都有可能会被儿童误认为是玩具。

（3）产品不应发出会引起儿童感兴趣的声音、产生儿童会感兴趣的动作。

（4）产品的功能不应导致儿童误以为是面向他们设计的产品。

（5）产品的体积或重量超出儿童玩耍的能力范围，如产品高度超过1m，或者产品质量超过20kg，才可以考虑认为儿童是否会因为无法玩耍而不会将其视为玩具，并采取适当的风险评估。

3.10.3 提高防护要求

如果电气产品在正常使用时，有可能出现儿童独自操作使用的情形，那么，电气产品应当尽可能地考虑儿童的生理和心理特点，提高产品的安全性，确保无论产品无论是在正常使用状态下，还是在非正常使用状态（如误操作或出现短路等异常现象），都不会对儿童产生危险。因此，对于儿童有可能单独操作使用的电气产品，应当从以下几个方面来提高产品的安全特性：

（1）提高产品的电击防护程度

由于儿童的好奇心和缺乏应有的自我保护意识，通常避免儿童遭受电击的最好方法就是使用安全特低电压（SELV）作为儿童用电气产品的电源，或者产品主要结构采用Ⅲ类结构。

图3-29　玩具变压器标志

以童灯为例，随着人民生活水平的提高，许多儿童都已经有自己独立的卧室，并且有可能单独情况下经父母等成年人教育后使用台灯、落地灯等移动式灯具。在IEC 60598-2-10中，明确规定使用钨丝灯泡的童灯必须采用低于24V的安全特低电压（SELV）电源作为供电电源。因此，通常这种灯具是Ⅲ类结构。

为了防护儿童触及危险带电件，一些开孔、防护栅栏等要防止儿童手指可以穿过，因此防护等级一般要求达到IP3X以上，而通常的电气产品要求IP2X即可。

此外，儿童使用的电气产品要求采用Ⅱ类或Ⅲ类结构。

可以供儿童使用的电气产品，应当有特殊的标志来区别（图3-29）。

(2) 降低产品的发热程度

儿童皮肤比成年人的娇嫩，因此，儿童比成年人更加容易被烫伤。为了避免儿童因为使用电气产品被烫伤，设计供儿童使用的电气产品在正常使用情形下和出现异常状态时，儿童可以触及的部件的允许温度限值都比普通的电气产品的限值要低。表3-17是摘自IEC 61558电源适配器标准中温度限值比较：

表3-17 电源适配器温度限值比较 单位：℃

部件	正常使用状态下		异常状态下	
	玩具电源适配器	普通电源适配器	玩具电源适配器	普通电源适配器
金属部件	50	60	50	105（175）
非金属部件	60	80	60	105（175）

注：括号中的限值只适用于无危害式电源适配器。

从表中可以发现，供儿童使用的产品允许的温度限值比普通的产品的限值要低至少10℃以上。即使是在异常情形下，产品可触及部位的温度也必须维持在较低的限值以内。

(3) 提高产品的机械强度

儿童使用的电气产品，由于儿童玩耍等原因，会更多地出现跌落、碰撞等意外，因此儿童使用的电气产品必须比普通的电气产品结构强度更加牢靠，才可以避免由于产品在使用中损坏而给儿童带来的伤害。所以，儿童用电气产品的外壳和固定方式都应当比普通的产品更加结实，表3-18对此做了比较。

表3-18 儿童用电气产品和普通电气产品结构强度要求比较

测试类型	童灯 （IEC 60598-2-10）	玩具电源适配器 （IEC 61558-2-7）	普通电源适配器 （IEC 61558-1）
跌落高度	0.85m	0.4m	25mm
跌落面	带2mm厚橡胶层的钢板	5mm厚的钢板上	5mm厚的钢板上
跌落次数	1次	10次	100次
其他测试	0.7Nm的冲击试验	0.4m高的摆锤冲击试验	0.5Nm的冲击试验

从表中可以看到，尽管检测方法不尽相同，但是都有一个特点，即儿童用电气产品比普通电气产品需要更多考虑跌落和冲击等带来的破坏。

(4) 避免产品被儿童调节或改装

儿童使用的电气产品，应当尽量做到结构简单、使用简便、功能单一，不要出现任何需要儿童进行调节的功能或部件，产品最好避免存在任何可以进行调节、改装等的部位和功能。

如，一些充电器为了方便使用者出国、旅行，可以通过开关切换不同的输入电压，有的甚至还可以通过一些配件来方便使用者自行改变电源插头。但是如果是供儿童使用的充电器，则不应当有进行电压切换或者更换插头等功能，避免儿童由于好奇或者其他原因自行调节，从而在使用时由于和实际使用环境不匹配而产生危险。此外，充电器和其他电气产品还应当避免可以被儿童进行包括互相连接在内的各种改造，以免出现危险电压对儿童造成电击，或者出现误动作等现象，对儿童造成伤害。

（5）参考玩具安全标准中的要求

儿童使用的电气产品，除了在一些常规的产品安全性能参数上要求更加严格外，还应当尽可能考虑玩具安全标准提出的要求，特别是产品上带有玩具成分的部件，应当满足玩具的相关要求（可以参考 ISO 8124），尽可能避免产品存在任何有可能对儿童产生伤害的潜在危险。

如，如果产品上存在一些小部件有可能被儿童拆卸，那么，应当采取有效的方法避免被儿童拆卸，以免被儿童吞食而出现窒息死亡事故。如果无法避免存在此类小部件，应当有明确的警告语，如："避免 36 个月以下儿童使用以免吞食导致窒息！"等。

总之，相对普通电气产品，儿童可使用的电气产品在安全防护设计时，应当在以下方面做进一步的考虑：

- 提高产品的电击防护程度，一般采用Ⅲ类结构，使用安全特低电压电源（SELV），防护等级一般要求达到 IP3X 以上。
- 结构更加牢靠，更加能够抗御跌落和冲击等带来的破坏。
- 无论是正常使用，还是使用中出现异常情况，产品本身的发热很低。
- 不存在给儿童带来伤害的物品或机械结构。
- 尽量做到结构简单、使用简便、功能单一，不要出现任何儿童可以进行调节、改装的功能或部件。

需要注意的是，无论如何增加儿童防护措施，电气产品都不能作为玩具给儿童玩耍，产品对儿童始终存在一定的危险。这一点在相关产品说明书中必须明确说明。

3.10.4 增加隔离措施

虽然许多电气产品并不是针对儿童使用的，但是随着电气产品的普及化，特别是在家庭中，儿童不可避免地会接触到许多电气产品。从目前经济和技术的角度，尽管这些电气产品无法满足儿童用品的要求，而且这些产品设计时也并不是针对儿童使用的，但是在实际使用时，无法避免儿童接触这些电气产品。因此，凡是儿童有可能接触的电气产品，即使不是针对儿童设计的，都应当充分考虑到儿童玩耍和接触的可能性，从而将危险降到最低。

表 3-19 是在 IEC 60335、IEC 60598 等 IEC 标准基础上整理的参数，可以用于构建儿童模型。

表 3-19　儿童模型

气力	最大 70N
质量	最小 23kg
体积	不小于 60L（60L 的容积被认为是儿童可以藏身的最小体积，除非单边长度小于 150mm 或者任意两个垂直方向上的长度均小于 200mm）
手指、手臂	比成年人细小（可参看本书第 2 章有关测试指的内容）

以下从几个方面来说明如何降低普通电气产品对儿童的潜在危险：

（1）使用带童锁的插座，避免儿童无意间接触带电件

任何电气产品，都必须采取有效措施保护儿童免遭电击。目前，随着越来越多的电气产品执行产品安全标准，儿童直接接触产品内部危险带电件的机会越来越少。现实生活中，儿童最有可能接触到的危险带电件是电源插座，儿童有可能因为好奇、玩耍等原因使用金属件而接触到电源插座的带电件，因此，特别是国外，越来越多的插座，无论是固定的墙上插座，还是可移动的电器或者电源插线板，都采用童锁功能（图 3-30），即必须同时均匀地将插头插入插座的插孔，才能够推开插孔的挡板，否则，插孔的挡板是无法被推开的，这样，就可以避免儿童接触带电件。

图 3-30　带童锁的标准德式插座

（2）谨防电气产品常规防护设施无法为儿童提供足够的防护

以往，儿童可以接触的电气产品的种类是不多的，然而，随着社会经济的发展，家庭中的电气产品的种类越来越多，一些以往在普通家庭中不常见的产品也逐渐走入家庭，而这些产品在目前的使用中基本上是不考虑儿童的因素的。由于这些电气产品的安全防护一般只是考虑成年人，随着这些产品进入家庭，会由于无法为儿童提供足够的防护，无形中对儿童造成了伤害。

以电动产品为例，以往儿童最经常接触到的电动产品是电风扇。通常，电风扇的扇页在外面有一个防护罩（吊扇除外，这是因为吊扇通常安装的高度超过常人可以触摸的高度），无论是成人还是儿童的手指都无法穿越防护罩接触到扇页，避免扇页在转动的时候伤害到人。

但是随着社会的发展，出现越来越多的在家办公，一些以往只有在办公室才有的办公电气产品—如办公室用碎纸机——也进入了家庭，这些产品通常只考虑对成年人的防护，无形中对儿童构成了潜在的危险。以碎纸机（图 3-31）为例[①]，为

---

①　美国消费者产品安全委员会（CPSC）在 2004 发布的《CPSC-ES-0501 An Evaluation of Finger Injuries Associated with Home Document (Paper) Shredder Machines》对此作了详细的分析，有兴趣的读者可以参阅该文献。

了避免使用者的手指触及切纸刀等危险机械运动件，入纸口开口比较狭窄并且有一定的深度，保证手指无法完全伸到开口的底部；另一方面，为了保证产品的性能和方便性，一次能够方便地放入足够数量的纸张进行粉碎，开口又不能够太窄。通常，碎纸机的开口呈斗状设计，即顶端开口比较宽，然后逐渐收窄，在靠近底部切纸刀的地方可以卡住手指，避免手指进一步深入触及切纸刀。在设计时，通常使用标准的测试手指从开口处伸入，确保能够被开口的底部卡住。然而，儿童的手指比标准的测试手指幼细，如果开口的深度和宽度的比例不恰当，那么，即使可以卡住成年人的手指，儿童的手指甚至手掌依然还是有可能触及切纸刀[1]，从而有可能对儿童造成严重伤害[图3-31（b），图中还标出了儿童被碎纸机切断部分的位置和尺寸]。因此，对于一些具有高度危险部件的电气产品，一定要在设计阶段就考虑儿童是否有可能接触这种产品，从而最大限度地降低产品对儿童的潜在危险。

（a）碎纸机入纸口
（注：非事故碎纸机的照片）

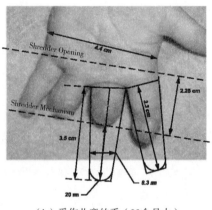

（b）受伤儿童的手（23个月大）
（摘自CPSC-ES-0501 图44）
（注：Shredder Opening—碎纸机进纸口；
Shredder Mechanism碎纸机机械部件，即刀具）

（c）试验手掌
（详见UL 60950-1）

图3-31 碎纸机可能对儿童的伤害

（3）慎重使用自锁、反锁、轻触按钮等便利功能

电气产品中不少对于成年人便利的设计，对于儿童而言可能隐藏着危险。

从产品使用方便和维护方便的角度，产品的门、抽屉等如果带有自锁功能，可以给使用者带来相当的方便，避免使用者由于遗忘关闭而带来不便。但是，这种设

---

[1] 可参看本书第2章有关测试指的内容。

计对儿童存在一定的潜在危险。

以电冰箱为例，随着生活水平的提高，电冰箱的容积越来越大。随着容积的加大，冰箱里面的空间足以让儿童待在里面玩耍。众所周知，儿童最喜欢玩的传统游戏之一就是"捉迷藏"，遗憾的是，随着城市化，儿童可以躲藏的地方越来越少，一些柜子就成了儿童躲藏的地方。

国外曾经有报道，儿童躲藏在报废冰箱中，由于无法打开冰箱门而导致窒息死亡的事故。

因此，电冰箱的产品安全标准中明确要求：

> 根据Fox News报道，2009年2月美国加州南部一名4岁女童从前面爬入滚筒洗衣机中，其后她15个月大的弟弟误触启动按钮导致洗衣机运转，等她母亲发现时已经为时太晚。据报道，事故洗衣机的启动开关是一个简单的按钮开关，开关位置离地面约20in（大约50cm）。
>
> （来源：http://www.foxnews.com/printer_friendly_story/0,3566,487524,00.html）

- 电冰箱内没有儿童可以藏身的空间。
- 如果有儿童可以藏身的空间，必须能够从电冰箱内部用儿童通常的气力就可以打开冰箱门。
- 或者如果有抽屉，抽屉后面必须有开口，开口的高度至少为250mm，宽度至少为抽屉宽度的2/3，这样，儿童可以用手脚自己蹬开抽屉。
- 如果电冰箱内存在儿童可以藏身的空间，那么，相关的门或抽屉不允许有自动反锁。

此外，如果有锁，锁的功能实现要求有至少两个动作，比如钥匙需要插入锁孔后按下、然后扭动才能将锁锁上。通过以上措施，避免产品成为危害儿童的"陷阱"，并且即使儿童无意中陷入这种"陷阱"，也能够通过儿童自身的力量脱离险境。

其他常见的对儿童而言可能隐含危险的便利设计包括：

- 用手可以方便拆卸的电池盒盖（尤其纽扣电池）以方便更换电池。
- 加装小磁铁方便附件定位、门吸附等。
- 轻触开关。
- 亮度过高的LED指示灯等。

如何发现这些潜在的危险，需要产品设计人员的细心与警觉。

3.10.5 中国的现状

由于种种原因，相关的统计资料比较缺乏，但是从媒体报道的情况看，中国在这方面的情况并不乐观，普通民众、产品制造商和专业技术机构都存在不少有待提升之处。

（1）普通民众的无奈与无视

尽管用电安全的教育已经开展多年，但是，在实际中，在一些经济欠发达地区、城乡结合部、城中村等地方，往往因为经济条件等原因，仍然存在着用电不规范、使用报废电气产品、胡乱安装使用电气产品等情形。而由于居住条件所限，不少儿童被迫生活在这样的环境中，电气产品安全确实无从谈起。然而，一些发生在城镇中导致儿童伤亡的电气产品安全事故则有值得思考之处。如，2014年12月安徽宿州一名男童卡在自家放在卫生间里洗衣机的甩干桶里（图3-32，图片来源腾讯网 http：//noN. qq. com/cmsn/20140714/20140714007314，略有裁剪），2018年4月浙江嘉兴也发生了一起类似的儿童被卡在洗衣机甩干桶的事故①，而此前2013年9月在江西南昌甚至还发生了一起两名女童死于洗衣机中的事故②。这些儿童如何在身边大人的眼皮下爬进这些几乎齐身高的上掀盖洗衣机狭小的机身中，实在令人匪夷所思；不过顺着报道的内容，相关监护人是否已经尽责让儿童远离电气产品，洗衣机此类产品何以会成为吸引儿童大费周章玩弄的玩具，如何警示成年人与儿童均不要将洗衣机之类电气产品视为玩乐设备，则是值得思考的。

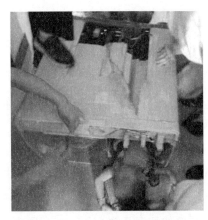

图3-32 卡在甩干桶中的儿童

（2）企业的设计与营销手段

面对激烈的市场竞争，企业发掘细分市场，或者设计外观造型新颖的产品以吸引特定群体，或者针对儿童需求开发相应产品，这些都是无可厚非的创新之举，然而，如果设计不当，这其中极可能埋下导致儿童受到伤害的隐患。在各大网上商城搜索，使用220V供电的卡通造型风扇、台灯、加湿器、多士炉等比比皆是；卡通造型或贴有类似图案的电源适配器（俗称"充电器"）、充电宝也随处可见，个别的甚至还塞入绒毛玩具以提高产品的吸引力。在这些产品当中，甚至一些常识性的危害程度较高的家电产品也在朝着这个方向发展。图3-33是一款在网上销售的电热水壶③，产品名称为"陶瓷电热壶1.2L自动断电家用电茶壶烧水壶泡茶壶快壶煮茶器卡通"，壶

图3-33 带有卡通图案的电热水壶

---

① 摘自 http：//zj. qq. com/a/20180413/023268. htm.
② 摘自 http：//www. chinanews. com/fz/2013/10-17/5390915. shtml.
③ 摘自 https：//item. t＊＊bao. com/item. htm? id=543572893858.

体上印有卡通形象"愤怒的小鸟";类似印有卡通图案在网上销售平台可以轻易地搜索出许多来。这些电热水壶都将卡通图案作为提高生活品质的产品亮点进行宣传,但是,这种产品设计是否存在吸引儿童接近和玩耍进而导致危险的可能呢?

这种设计趋势不仅存在于一些中小企业中,一些龙头企业同样也存在这种设计趋势:如,一些生产高温及紫外线除菌产品的企业,在产品的外壳上涂装流行卡通形象;而一些空调制造商则干脆以儿童为销售对象,将空调外观大面积地装饰童话主题。

诚然,不能简单地将任何存在卡通图案或类似设计的产品都视为存在伤害儿童的危险,但是如何在缺乏监护人现场有效监护的情形下,避免吸引儿童注意、避免激起儿童好奇心而导致儿童玩耍产品引发危险,这是企业在开展创新设计时必须关注的产品安全问题。

(3) 专业机构的含糊

尽管不少电气产品安全事故在被媒体报道时,都有过一定的社会反响,但是对于事故原因的分析,以及对类似产品的安全性是否需要做进一步评估分析等,专业机构或者沉默,或者含糊其辞。即便是在强制性产品认证的实施中,情况也不能令人满意。

以强制性产品认证 TC05 – 2018 – 01《关于带有电光源的地球仪是否属于强制性产品认证目录范围的技术决议》为例,对于内置有电光源的地球仪,决议认为:如果是"预定用途是使地球仪表面的图案和文字更清晰,则该产品不属于照明电器强制性产品认证范围";决议的依据显然是根据全国照明电器标准化技术委员会灯具分技术委员会《(2017)灯标字第(10)号关于"地球仪灯"的标准适用性说明》中的答复:"……儿童用灯具的界定尚存在很多不确定性……地球仪图案本身是否具有吸引儿童的特质,目前未见相关示例"。

然而在中国,一个显而易见的事实是,购买地球仪的目的相当多是为了满足中小学生学习地理的需要;虽然购买者多数为家长或教育机构,但是大多数情况下使用者都是中小学生,这类产品是否应当考虑儿童使用的情形是显而易见的,因此,技术决议显然存在可商榷之处。①

再以目前市场上比较热销的人形玩具机器人为例(图3 – 34)。根据 CNCA – 13C – 069:2010《玩具类产品强制性认证实施规则——电玩具类产品》的规定,相关强制性认证"适用于设计或预定供14岁以下儿童玩耍的、至少有一种功能需要使用电能的玩具产品,包括各种材质的电动玩具、视频玩具、声光玩具等",而从认监委提供的认证信息查询系统,可以查询到不少名称相同或相近的类似人形玩具机器人产品均按照音视频产品进行认证,所依据的标准为 GB 17625.1—2012、GB 8898—2011 和

图 3 – 34 人形玩具机器人

---

① 不妨采用逆向思维方式:一款列入强制性认证范围的普通台灯,将其灯罩改为地球仪形状后,针对儿童的防护性能是否反而会由此得到提升?

GB/T 13837—2012，未发现包含 GB 6675《国家玩具安全技术规范》及 GB 19865《电玩具的安全》。

然而，一个必须面对的现实是，从产品的特性来看，不少使用者会是 14 岁以下的中小学生，因此，即使在产品使用说明书中注明"远离儿童"，注明产品用户年龄限制（甚至指明限于 14 岁以上用户使用）[①]，都无法改变实际使用中儿童会与之接触、甚至独自面对的情形。从产品说明书中类似于"勿伸手进机器人的关节活动范围内"的警告，可以推断企业也预见到了机器人的活动关节存在夹伤的风险，然而，考虑到儿童的天性，这种警告在实际中能否得到儿童的遵守是值得怀疑的；并且，产品提供的姿态编辑功能，可以通过记录用户摆弄机器人手脚姿态的方式进行编程，增加了儿童手部在使用中进入机器人关节活动范围的可能性。因此，相关认证机构是否选择了合适的产品安全标准对该类人形玩具机器人进行认证检测，是有可商榷之处的。

3.10.6 结语

虽然许多电气产品并不是针对儿童设计的，不可能完全考虑儿童使用的情形，而且在目前的现实生活中，从技术和经济的角度，将儿童因素纳入所有电气产品安全考虑的范围是不现实的，也是不可行的。完全将电气产品视为洪水猛兽，企图将儿童与之完全隔离，在电气产品日益普及的今天，既不可取也不现实。产品设计如何与社会常识同步，在最大程度保护与经济、技术可行性之间取得平衡，是企业在进行产品设计时必须认真考量的。无论如何我们必须记住，保护儿童免受危害是每一个产品设计工程师的义务和道德要求。尽可能降低电气产品对儿童的潜在危险，不但是社会道德的要求，也是人类社会进步的要求和趋势。

特别地，消费者期望专业认证机构在认证过程中，能够对产品可能存在的安全风险提供客观的评估，如果认证机构因没有采用适当的标准而使得一些带有安全隐患的产品通过检测认证，将可能的风险隐藏在认证证书之下，实际上增加了发生危险的可能性。

3.11 特殊群体的安全防护

3.11.1 老年人的特殊防护

对于老年人的划分，国际上并没有统一的标准，通常认为当人的年龄超过

---

① 14 岁是大部分电气产品安全标准区分儿童的一个指标。

55岁,即开始进入老年阶段。相对处于壮年的成年人,老年人在主观意识上并没有太大的变化,对产品的安全使用并不会随着年龄的增加而在主观上出现差异。但是随着年龄的增加,不可避免地伴随着人体机能的衰老,出现感觉迟钝、反应缓慢等现象。这些现象的出现,无形之中有可能导致潜在危险的发生:

- 视觉上,由于老花眼等现象的出现,导致老年人的视力不断下降,对一些安全相关的视觉警示(如字体较小的警告语、亮度或体积较小的LED警示灯发出的警告信号等)出现视而不见的情形。
- 听觉上,由于高频听觉的逐渐丧失等现象的出现,导致老年人对一些安全相关的听觉警示(如蜂鸣器发出的高频警告声,或者比较短促的警告声等)出现充耳不闻的情形。
- 反应上,由于各种感觉逐渐迟钝,机体响应动作的时间加长,导致老年人躲避危险的能力下降,如,当手无意中靠近一些高温的部件,由于反应缓慢,有可能因为缩手不及而被烫伤[1]。
- 力气的衰减,以致一些在使用中需要手持的产品,由于气力不支而出现跌落等情形,导致人体遭受机械伤害。

由于人体的衰老是一个缓慢的过程,在很长时间内老年人自己往往没有意识到感觉上和反应上的衰老,也不了解自己的衰老程度,从而往往忽略了许多安全相关的警示,这一点是许多老年人遭遇产品伤害最主要的潜在因素。然而,由于种种原因,目前的产品标准在考虑老年人的防护方面基本上还是空白。由于全世界正在进入老年社会,独立生活的老人越来越多,即使相关的产品安全标准没有考虑老年人安全防护的问题,但是未雨绸缪,在条件允许的情况下,尽可能考虑老年人防护的问题,是具有现实意义的。

在国外,一些制造商已经开始考虑由于老年人感觉衰老而带来的一系列问题,并逐渐在产品设计中体现出来。本书以国外公司针对老年人听觉衰老提出的一些技术改良措施为例,叙述在老年人安全防护方面的一些思路供读者参考。

Lawrence Lile 在其文章 "Making Sounds Accessible to Older Customers"[2] 中指出,老年人由于高频听觉的逐渐丧失,听觉范围一般在125Hz~8000Hz,因此,可以采用两种方法来提高老年人的听觉安全警示效果:

(1) 将警告声音的频率调整到2000Hz以内,最好是在1000Hz左右,相当于钢琴中音的C键;

(2) 使用复合音调的警告声音,如一系列的音调从440Hz,逐渐上升到880Hz、1760Hz和3520Hz,声音一方面可以保持悦耳,另一方面由于包括了低频部分,老年人也可以听到。

从一些外国公司的研究成果可以看到,老年人的安全防护可以通过在一些技术

---

[1] 根据CENELEC Guide 29,普通成年人接触到高温表面的反应时间是0.5~1s,但是老年人的反应时间则是1s~4s。

[2] 发表在"APPLIANCE",ISSN 0003-6781,2001 Vol.58 No.12。

细节上进行改良而实现,由于这些改良措施并不会对现有的产品在成本上和技术上造成冲击,并且有可能成为专利的一部分,因此,对老年人的安全防护要求,极有可能在不久的将来成为一些发达国家新的技术壁垒的重要组成部分。中国作为世界上最大的家电产品制造国家,应当在老年人的安全防护上尽早开展相关的研究工作。

在现阶段,为了避免电气产品可能对老年人存在安全隐患,应当在设计时注意以下几点:

(1) 安全警示的方式是否已经顾及老年人,包括:标志和警告语的字体大小是否能够被老年人清晰地注意到;警告声音是否能够被老年人注意到等。

(2) 在相关的产品说明书中,是否已经提醒使用者注意老年人单独使用时可能出现的安全隐患。

(3) 产品的开关位置和操作方式是否能够确保老年人在必要时能够迅速、便捷地切断电源,或者停止电气产品工作。

3.11.2 残疾人等的特殊防护

由于残疾人的情况千差万别,要求产品在设计时同时充分考虑残疾人的安全防护问题,在目前的技术条件下,并不是一种符合现实的做法。以家电产品安全标准 IEC 60335-1 为例,在第 1 章中就明确指出,其考虑的范围中并不包括无人照看的残疾人使用器具时的危险①。

因此,在大部分情形下,产品对完全失去自理能力的残疾人或病人等可能存在的安全隐患,是作为一种可以接受的残留危险来处理的。虽然如此,为了避免产品在使用中可能带来的产品责任问题,同时作为残余危险的一种防护措施,针对产品的具体情况,制造商应当在产品的相关使用说明书中警告:残疾人使用产品时,应当在相关人员的照看下;残疾人单独使用产品有可能导致安全事故。

尽管如此,在可能的情况下,还是应当在产品安全设计时考虑如何满足那些存在轻微残疾的人士的需求。譬如,大约有 8% 的男性和 0.5% 的女性的视觉存在各种颜色缺陷(即色弱甚至色盲),其中大部分是先天性色盲和红绿色盲,对红色及绿色无法分辨,因此,为了保证这些人士不会因为对不同颜色的感知存在困难而导致危险,在设计产品的安全警示装置时,除了使用颜色变化的方式以外,还应当有其他额外的方式来作为辅助,使用声音报警、指示灯闪烁报警等都可以认为是有效的辅助方式,同时,应当避免使用简单的红-绿二合一装置,因为这种装置对于存在色觉缺陷的人士而言,只能分辨暗和亮两种状态,无法分辨发亮时是红色还是绿色。

---

① 原文:As far as is practicable, this standard deals with the common hazards presented by appliances that are encountered by all persons in and around the home. However, in general, it does not take into account the use of appliances by … infirm persons without supervision…。

对于日常家居（非医院等专业护理机构）中可能供残疾人、病人等自理能力不完全的人士使用的产品，应尽可能地提供便利的控制设备或报警装置，以方便他们在必要时可以切断电源进行自我保护，或者寻求他人的协助。

3.11.3 宠物与家畜的防护

尽管电气产品安全的基本宗旨是确保电气产品在按照其设计用途安装、使用时，不会对人、动物或环境的安全构成危害，但是在目前的具体实践中，对动物的关注还比较少，其主要原因在于绝大多数电气产品的使用对象并不是动物。

一般，有可能接触到电气产品的动物，以人类豢养的动物为主，包括经济类动物（如猪、牛、羊、马和三鸟、鱼等）、观赏类动物（如动物园中的动物、家居中的水族动物等）以及宠物。与动物有关的安全防护，主要是针对上述的动物。

目前与动物有关的电气产品安全标准并不多，常用的有 IEC 60335-2-71（用于动物的电热产品的产品安全）和 IEC 60335-2-76（电栅栏的产品安全）等。电栅栏的使用情形比较特殊，这里不做深入探讨，但是其安全防护还是体现了能量防护的原则。综合 IEC 60335-2-71 中的规范，目前电气产品安全领域与动物有关的安全防护思想主要体现在以下几点。

（1）尽可能避免在动物活动区域内出现动物可以触及的电气产品。如果条件允许，将产品设计成为悬挂在半空不失为一种好方法。

（2）为避免出现电击事故，除非是固定安装的电气产品，否则应当是使用Ⅲ类产品。但是，对于目前许多养鱼的场合，只要人在水中时电气产品并不使用，那么，对于Ⅲ类产品的要求并不是很严格的①。

（3）为避免冲击、撞击等破坏产品的防护外壳而导致危险，要求产品外壳的强度能够承受较高的冲击，尤其是那些有可能遭受大型动物踢、撞的部位，甚至要求能够承受 6.75J 以上的冲击。

（4）为避免动物接触到危险部位，同时为了避免动物的毛发等会造成爬电距离减少，通常要求产品的防护等级达到 IPX4 以上；对于放置在地板上的产品，为了避免动物便溺等造成爬电距离减少，甚至要求防护等级达到 IPX7。

---

① 水族箱、养殖箱或养殖池等是此类应用最常见的情形，然而，在现实中不少此类场合是在保护接地系统不完备的情形下使用Ⅰ类照明灯具、水泵等产品。

可以看到，这些防护原则与儿童相关的安全防护原则是非常相似的[①]。然而，虽然相对于儿童而言，成年动物一般都懂得躲避高温热源，并且一般不会拨弄电气产品，但是另一方面，动物基本上无法通过训练来避免出现导致危险的状况，因此，对动物的安全防护并不比对儿童的简单。目前大部分电气产品对动物可能存在的潜在危险，除了本书前面所提及对儿童存在的潜在危险外，至少还包括以下两种常见的潜在危险。

（1）动物在奔跑、跳跃、打滚等过程中对产品的稳定性、结构等所造成破坏，从而引发的危险。如，一些体积较大的狗，在奔跑时很容易将一些电气产品（如落地灯、落地扇等）碰倒，在这种情形下，现有产品安全标准中关于稳定性的要求可能是不足够的，因为一般在考察产品的稳定性时，都是考察产品自身重量、结构在产品处于轻微倾斜状态下时对稳定性的影响，并没有考虑外力的作用。

（2）动物毛发脱落、飞扬以及便溺对产品内部爬电距离的不利影响。一些宠物虽然经过训练后，可以做到定点便溺，但是其毛发的脱落、飘扬则是无法避免的。在图3-35所示的情形中，尽管电视机在顶端并没有散热开孔，但是由于电视机在正常使用中内部会产生高压静电，宠物猫脱落的毛发会从电视机旁边的散热开孔中被吸附到电视机的内部，造成爬电距离减少，日积月累，不仅会出现内部短路而导致电视机出现故障，而且还有可能造成电击。

图3-35 坐在电视机上的猫

照片中的猫是作者陈凌峰饲养的宠物猫咪咪（1997—2015）；虽然照片中的真空显像管电视机已经退市，目前流行的平板电视机基本不会再出现宠物坐在电视机上的情形，但是正是它让作者很早就开始关注电气产品对儿童和宠物的安全防护问题，故而保留此照片以为永远的怀念。

由于随着生活水平的提高，慢慢地许多家庭都开始养有宠物，对于家居中使用的电气产品，如果能够在进行安全防护设计时尽可能地考虑宠物带来的影响，是一种带有前瞻性的良好工程行为。

[①] 从作者养猫的经验来看，总体并没有发现猫对玩耍电气产品有什么特别的兴趣。猫很喜欢在寒冷的天气靠近电视机、显示器等取暖，但是对于工作中的电暖炉、电饭煲、电热水壶等则懂得保持一定距离；唯一引起它感兴趣的是食物处理机，它会蹲在旁边盯着快速旋转的刀具，偶尔伸爪触摸透明外壳；猫喜欢玩耍有颜色的细绳，会拨弄拉线开关的吊坠，但是没有发现对电线、插头有特别兴趣；最接近危险的时刻大概是它从电线插板上踩踏过去，或者借力电气产品（包括悬空的电源线）攀爬跳跃。猫对电气产品造成的危害主要还是脱落的毛发吸附在电路板上、外壳开孔等位置。其他宠物猫狗等是否具有相似的行为，有待更多的观察和研究。

3.12 标志与说明

3.12.1 概述

由于技术水平和经济水平的限制，任何电气产品的安全性都是相对的，也就是说，电气产品的安全程度是在当前的技术水平和经济水平的程度下，将危险出现的概率降到一个可以接受的程度。即使按照前面的安全思想对产品进行保护，都不可避免地残留一些危险。这些残余危险的来源多种多样，包括：

- 产品的功能：一些产品为了实现其特定的功能，在使用时就会出现某种程度的危险。如，对于提供切割作用的电动产品，把刀具完全隔离或包裹起来，或者在目前的设计水平上可能是不现实的；或者会导致产品的制造成本急剧上升，根本不可能得到市场的认可；或者导致产品的使用极其不方便，无法推广使用。
- 产品部件的失效：在现实中，无论如何精挑细选，总是有可能出现部件失效，无论是功能性的部件，还是保护性的部件，特别是在产品出现故障时，一旦保护性元件失效，有可能会出现安全问题。虽然在产品的安全设计中，对于某些致命的危险采取了双重保护的方式，但在考核中，通常都是考虑单个故障的情形，一旦由于某种原因，出现多个故障，产品有可能出现危险。
- 产品的使用状况：在现实中，产品的使用状况、使用环境等因素情况千变万化，出现的故障千差万别，尽管在产品的设计中尽量考虑了最严酷情形下单个故障的安全防护问题，但是多个故障同时出现，或者及时发现故障苗头，保护产品不遭受损坏。

对于这些残余危险，应用安全防护原则的原则七进行防护，即：对于由于技术上或经济上的原因无法根除的残余危险，应当提供适当的警告，包括警告标志和在说明书中仔细说明。需要注意的是，允许的残余危险是那些出现几率比较低的、不会立即造成危害的，或者危害程度比较直观的，并且在技术上已经充分考虑到的、进一步提供防护措施在经济上或技术上是不可能的危险。根据原则七提供的警示和说明，不能作为产品设计缺陷的补救措施。

安全防护的原则七，是利用使用者的常识（common sense）来避免残余危险的危害。因此，为了让使用者及时发现残余危险，在设计时可以通过产品说明书告知使用者潜在危险的种类、提醒使用者注意，并且在产品上通过一些指示和标志及时提醒或警示使用者可能存在或出现的危险。

3.12.2 铭牌与指示

产品上的警示标识按性质可以划分为两种，即静态警示标识和动态警示标识。

静态警示标识一般是指产品的铭牌和一些固定的警告标识、指示标识等，这些静态的标识通常在产品出厂的时候就永久地固定在产品上（除了那些只用于产品装配时的指示标识）；而动态的警示标识则随着产品的工作状态而变化，通常是用声音或显示（如，指示灯）的方式来表现。

用于指导安装者安装的标识，应位于在安装过程中易于观看的位置。在使用时指导使用者的一般标识（如，铭牌、一般的安全警告等），要求在产品的外部，并且当产品处于正常使用位置时能方便地看到。

用于防范特定危险的安全警告标识，应当在可能出现危险的部位附近粘贴，提醒使用者避免直接接触这些部位，或者在接触这些部位时应做好相关的安全防范措施，保证在实际使用时，即使没有事先阅读说明书，或者遗忘说明书中的相关内容，也可以最大限度地避免出现危险。通常，在门、窗或盖子把手的旁边，或者在打开门、窗或盖子后里面容易看见的地方，标贴警告语说明在打开这些门、窗和盖子后会出现的危险；在一些功能性发热部位的旁边标贴警告语说明高温危险等。而对于针对专业人员的警告标志（如，接线端子的极性、电流熔断器的参数等），直接标示在产品内部的相应位置旁边就可以了。

对于哪些产品安全警告需要张贴在产品表面，哪些可以放在说明书中，在实践中是存在争议的。对于认证检测机构而言，产品安全标准要求张贴的安全警示必须无条件张贴；此外，针对认证过程中发现的问题，许多时候还会有额外的安全警示要求张贴。另一方面，不少企业抱怨产品机身上过多的安全警告标识，不仅会影响产品的美观，而且实际上也起不到警示的作用，因为过多的警示往往会导致使用者不分青红皂白在使用时将其移除，这样一来，对于其他没有看见过安全警示的人，或者使用者过一段时间遗忘后，反而起不到应有的警示作用；因此，产品机身的安全警示应当越精简越好。

如何解决此类争议，需要具体问题具体分析，但是一个基本原则是：凡是造成的伤害程度较高、并且一般使用者的常识无法识别的危险，都应当以不可轻易移除的方式张贴在产品机身。当然，这种警示应当是随着社会发展而与时俱进的，无论是认证机构还是企业都应当协调彼此的取舍原则。

如，十多年前当微波炉在中国市场开始普及时，加热罐头、带壳食品等造成的爆炸事故时有发生，这种危险时大多数使用者无法根据以往常识识别的，因此，在微波炉上张贴相关的安全警示是必要的；然而，在今天，绝大多数的使用者早已知悉微波炉加热食品的这一特性，这种安全警示的迫切性无疑大大减轻了。

再以电磁炉为例，2018年2月，中国不少公众号转发了电磁炉放置在金属托盘上导致爆炸事故的案例；显然，这是一种不少使用者无法依据以往常识推断出来的安全隐患，因为为了保持干净，托盘是不少使用者的选择，因此，这种"不得使用金属托盘"或类似的安全警示必须张贴在产品显眼之处；相反，电磁炉炉体可能存在高温烫伤的安全隐患，则是使用者可以根据常识推断出来的。

电气产品的铭牌也是重要的静态标识，它相当于产品的"身份证"，用一种极其简单明了的方式说明产品的作用和基本参数。电气产品的铭牌通常包括以下内容：

- 制造商的名称[①]：可以用文字或商标的方式来标注制造商的信息。
- 产品名称和型号：使用者可以根据产品的名称简单地了解器具的基本功能；根据产品的型号，对照说明书中相应的型号进行安装、维护或维修等。
- 额定电压和频率：除了要求标示额定电压的电压值或电压范围（单位：V）、工作频率或频率范围（交流电，如，50Hz）外，还应当标示电源的性质是交流还是直流（可以用字母"a.c."或"d.c."表示，也可以用符号表示）。对于额定电压，用符号"—"表示电压范围（如 115—230V 表示额定电压为 115V 至 230V 范围的交流电），而用"/"表示电压选择范围（如 115V/230V 表示额定电压为 115V 或 230V）。
- 额定功率或额定电流：铭牌上一般只标示额定功率或额定电流两者中的一个，如果同时标示两者，要注意额定功率、额定电压和额定电流三者必须对应。额定电流的单位通常为 A 或 mA，而额定功率的单位通常是 VA（除非产品是阻性负载，如普通电热产品，此时可以用 W 表示）。
- 最高工作环境温度：如果产品可以在高于常温的温度下工作，可以在铭牌上标示出来。如 t_a = 40℃ 表示产品可以在 40℃ 的环境温度下正常工作而不会产生危险。
- 产品的电击防护类型：Ⅱ类产品和Ⅲ类产品应当在铭牌上标示相应的符号，而Ⅰ类产品则不用。
- 产品的 IP 防护等级：除了 IP20 外，产品应当用文字或相应的符号在铭牌上标示产品的 IP 防护等级。
- 产品的符合性标志（如 CE 标志）或认证标志（如 CCC 认证标志）等。
- 产品安全标准要求的警告语：如，对于普通的通用型电源适配器，铭牌上要求标示"仅在干燥地方使用"或类似的警告语。

电气产品的铭牌除了以上基本的内容外，根据具体产品的性能，还应标示一些特殊的参数。如，对于间歇工作的电气产品，应分别标示额定工作时间和额定间歇时间；对于使用卤素灯的照明灯具，应当标示最小照射距离等。通常，产品安全标准都会对产品铭牌的内容提出具体的要求。

图 3-36 是联想 ThinkPad 笔记本电脑电源适配器的铭牌。该铭牌主要包含了以下内容：

- 制造商信息：铭牌上用联想的注册商标 Lenovo 来标注制造商，同时，铭牌上明确标示产品的制造地为中国。
- 产品名称：用中英文对照的方式注明产品的名称，即"电源适配器（AC Adaptor）"，用于将电网电源转换为供笔记本电脑工作的直流电源。

[①] 随着 ODM、OEM 等代工模式越来越普遍，本节中"制造商"一词主要是指对产品承担责任的法人，类似于欧盟低电压指令 2014/35/EU 所指的"economic operator"，并非一定就是产品的制造工厂。

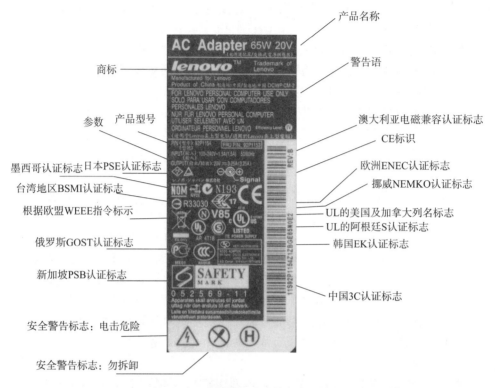

图 3-36　联想笔记本计算机电源铭牌

- 产品型号：用 P/N 号作为产品型号：92P1154。
- 额定输入电压和电流：100V～240V，1.5A，50Hz/60Hz，表示该电源适配器的额定输入电压范围为 100V～240V 的交流电，工作频率为 50Hz 或 60Hz，输入电流为 1.5A，因此，该电源适配器可以在世界上大部分地区（包括北美和亚欧大陆）使用。
- 额定输出：该电源适配器的额定输出电压为直流 20V，输出电流为 3.25A，输出功率为 65W。旁边是输出插头的极性，中间为正极，外边为负极。
- 最高工作环境温度：该电源适配器并没有标示最高工作环境温度，因此，它只能在常温下使用。
- 产品的电击防护类型：该电源适配器的外壳采用 II 类结构来进行电击防护，但是由于电磁兼容的原因，产品必须通过功能接地来符合相关的电磁兼容要求，因此，产品不在铭牌上标示 II 类产品的符号。
- 产品的 IP 防护等级：该电源适配器的 IP 防护等级为 IP20，因此不需要任何标示。
- 产品的符合性标志：该电源适配器标示 CE 标志，表示产品符合欧盟相关的指令，欧盟海关可以放行。
- 认证标志：该电源适配器通过了多种认证，因此在铭牌上有许多认证标志，包括中国的 CCC 认证标志、日本特定电气产品 PSE 认证标志、墨西哥 NOM

认证标志、澳大利亚电磁兼容标志、中国台湾地区安全标志、挪威的 NEM-KO 认证标志、欧盟 ENEC 认证标志、美国和加拿大的 UL 认证标志、阿根廷 S 认证标志、俄罗斯 GOST 认证标志、韩国 EK 认证标志、新加坡 PSB 认证标志等①。

- 产品安全标准要求的警告语：铭牌上标示了该电源适配器指定的用途，即"仅适用于 Lenovo 桌上型电脑（For Lenovo personal computer use only）"，避免产品的不当使用而造成危险。
- 其他标志和信息：包括根据欧盟 WEEE 指令标示的垃圾桶交叉标志、电击警告标志、勿私自拆卸标志等标志，以及产品的能效等级等参数。

除了上述的安全警示和产品铭牌外，电气产品的静态标识还包括一些控制、调节功能的表示方法，如，电气产品的开关、待机按钮、温度调节旋钮、速度调节旋钮、电压调节旋钮等，都应当在旁边用适当的符号和数字表示，防止由于不了解控制的调节方向而误操作，造成伤害。通常使用数字来表示开关的不同位置，其中开关的"关"状态只能用数字"0"表示，而待机按钮（如使用 ATX 电源的个人计算机电源按钮）是不允许使用数字"0"表示的，因为待机状态下电源实际上还是处于工作状态。对于连续调节的控制，可以使用由小变大、由少到多的图案，或者由小到大的数字，或者在两端用"－"和"＋"来表示调节的方向。调节的方向应当和使用者的直观感觉一致，如，对于出水量的调节，当调节旋钮向增加的方向调节时，应当是出水量相应增加，不应当是出水控制阀的闭合程度增加而导致出水量减小。

电气产品的动态标识一般是通过声音和显示来实现的。声音可以是简单的蜂鸣声或多音调报警声，也可以是语音报警；显示可以是简单的指示灯亮—灭指示，或各种形式的闪烁，也可以是彩色视频显示，在这些指示的旁边应当标识指示的内容。无论是哪种方式，都是在成本可以接受的前提下，采取可听、可视的指示方式，或者两者的组合，来告知使用者产品当前的状态，或者警告使用者可能出现的危险。这些动态标识同样应当和使用者的直观感觉一致，并且符合目前的一些惯例，如，红色通常用于警示，绿色通用用于表示安全、正常，因此，在同时使用红色和绿色作为标识时，不应当随意改变它们的传统含义。

对于电气产品而言，最重要的动态标识，就是产品的工作状态。对于使用者而言，只要他们能够正确感知产品的工作状态，特别是开机状态与关机状态，就能够利用使用者的常识来进行自我保护，降低遭受伤害的可能性，从而提高了产品的防护程度。

使用动态标识时，应当注意效果的有效性。如，大约有 8% 的男性和 0.5% 的女性的视觉存在各种颜色缺陷（即色弱甚至色盲），其中大部分是先天性色盲和红绿色盲。红绿色盲对红色及绿色无法分辨；部分是黄蓝色盲，对黄色及蓝色较无法

---

① 经过十年，图中不少认证标志的样式和含义已经有很大变化，个别甚至已经消失，但是考虑到这些变化对本章节内容并没有实质影响，故保留原样以供对认证行业历史有兴趣的读者对比参考。

分辨；因此，为了保证不会因为对不同颜色的感知存在困难而导致危险，除了颜色变化以外，还应当有其他额外的方式来进行动态标识。

对于电气产品的标识，应当注意以下几点：

（1）铭牌等标识必须清晰、容易阅读和持久可靠，因此，通常它们的大小和对比是有一定要求的（如，符号的高度一般不小于 5mm），使用者在正常使用产品的情形下能够清楚地看到这些标识。这些标识必须可靠地固定在产品上，包括使用铸、刻、雕、印等方式。对于标识的可靠性，一般会采用沾了水和汽油的布进行擦拭（通常各 15s），看看擦拭这些标识是否会脱落或模糊，在北美，甚至还要求用于印制铭牌、警示等的材料必须符合一定的要求（如耐热特性等，具体可参考相关的产品标准）。

（2）标识所使用的语言必须符合相关国家的法律，使用英语缩写并不是在所有国家都通行的，许多国家往往要求铭牌上的文字，特别是安全警示文字，必须是当地的官方语言。如，出口韩国的电气产品，要求主要参数的标示文字必须是韩语，在这种情形下，制造商应当寻求进口商的协助。

（3）对于标识中使用的符号，必须是国际通用的符号（可参考 IEC 60417），并且这些符号的含义必须在产品说明书中注明，除非是一些众所周知的符号（如交直流符号等）。此外，使用符号时还必须注意符号在不同地区可能产生的歧义。

总之，产品的标识用最简洁和直接的方式向使用者指出了可能存在的残余危险，提醒使用者注意，因此，它们是产品安全设计的一部分。然而，据有关资料统计，许多遭受退货或撤架的中国出口电气产品，不少出现的问题仅仅是相关标识不足够，尤其是铭牌，通常的问题仅仅是内容不充分（没有标示相关安全标准所要求的全部内容）、文字拼写错误、单位不规范等，这些失误完全是可以避免的，这一点必须引起中国制造商的高度关注。

另一个需要关注的一个问题是符号的选用问题。诚然，英美国家有一句谚语：一幅图胜过千言万语[①]；而且好的图形符号能够一目了然，具有跨越语言、跨越文化的作用，但是选用设计不当的符号，不仅起不到提醒、警告或标示的作用，甚至会带来不必要的麻烦，因此，在选用符号时，应当注意以下几点：

（1）注意所选用的符号是否会隐含有政治、宗教、歧视、种族等相关的含义；谨慎使用国旗类符号来表示国家与语言差异或选择；谨慎使用一些容易引发宗教纠纷的形象（如猪、牛等），谨慎使用诸如十字架"✡"、大卫星"✡"、容易与极端主义混淆的星月符号"☪"、容易与纳粹标志混淆的佛教万字符号"卍"或类似的符号；警惕使用有色人种形象、女性形象、少数群体形象等可能被误会。

（2）谨慎使用儿童形象，以免有允许儿童使用相关产品的嫌疑，除非该产品确实可以供儿童安全使用。

（3）尽可能只使用已经得到大众普遍认可的符号；尽可能不要使用自己发明的

---

① 英文原文为"A picture is worth a thousand words"；然而也有的人认为该谚语其实是从中国文言文翻译后传过去的，待考。

符号标志；即便是 ISO 或 IEC 标准发布的符号，也需要考查其通用性，考查其是否已经得到普遍认可；对于不常见的符号，必须充分认识到从提出到得到大众的认可和理解是需要较长时间的。

总之，使用符号时务必要考虑使用者文化、群体的差异，确保符号能够一目了然，不会产生不良联想，因此，对于出口产品上的符号标志等①，最好能够事先对当地的风俗习惯等有所了解，这里不再赘述。

 符号歧义示例

随着表情符号的普及，一些企业也在其宣传材料或使用说明书中使用，但是应当注意这些符号在不同文化、群体中的差异。

	抱拳的表情符号，许多内地的中国人将其视为作揖，用于表示感谢等；然而无论设计初衷如何，在不少西方人看来（也许得益于《街霸 Street Fighter》系列游戏中女性角色春丽的形象），这其实是表示战斗（fight）的含义
	微笑的表情符号，设计初衷是用于表示友好的微笑，不少使用者也是按照这个设计使用；但是不少"90后"年轻一代则将其用于表示类似"呵呵"等带有蔑视含义的冷笑
	IEC 60335-2-76：2002+A1+A2 中"不要连接到电网"的符号，以免发生电击时会持续供电而导致伤亡事故；然而有不少人第一眼误认为是"不要推开门或栅栏"的含义

3.12.3 产品说明书

产品说明书是产品的重要组成部分，是向使用者交付产品时不可缺少的组成部分。产品说明书提供的信息可以确保使用者能够按照制造商的设计意图正确使用产品，了解使用产品可以得到和应当得到的预期结果。

产品说明书提供的信息也是产品安全防护体系中不可缺少的部分。虽然产品说

---

① 即便是竖起大拇指这样一个普遍被视为友好、赞成、肯定等正面含义的符号，在南欧个别地区特殊语境下其实还含有某种不良含义。

明书不能替代实际的安全防护措施，不是用来补偿产品设计中存在的缺陷，但是它所包含的安全相关信息能够保证在目前技术水平和经济水平的条件下，通过警告使用者在正常使用产品和产品在可合理预见到的误用时可能存在的风险，确保使用者能够避免不能承受的风险（如人身伤害）、损坏产品或错误的操作，了解产品使用中使用者应当预期承担的全部责任，从而将产品残余危险带来的危害降到最低[①]。

> 欧盟RAPEX公告A12/1418/13通报的LED模块的问题之一，就是没有相应的匈牙利语的使用安装说明；公告A11/0134/16通报的一款LED泛光灯、公告A12/1372/17通报的一款点胶枪，从外观造型和功能来看，两者都是市场上常见的产品，但是由于使用说明书的缺陷，两者都被通报并被要求召回。

根据产品的复杂程度，制造商有可能需要提供不同类型的产品说明书，如提供给普通使用者的操作指南和常见故障自行维修指南，以及提供给专业维修人员的修理手册等。实践证明，编写一套完善的产品说明书并不是一项简单的工作，它取决于产品说明书编写者对产品的了解程度、制造商的安全理念和产品潜在使用者的文化背景等。为了提高编写产品说明书的效率，规范产品说明书的内容，IEC 发布了标准 IEC 62079（中国国家标准对应为 GB/T 19678），用于指导编制产品说明书时可以遵循的要求、方法和规则，有兴趣的读者可以通过研究该标准的要求进一步了解产品说明书编写中应当注意的问题。

通常，电气产品的说明书的内容除了应当涵盖产品铭牌和外包装上的所有内容（包括参数和相关的警示等）外，还应当包括以下内容：
- 产品的基本信息，以及制造商、代理商或分销商的信息；
- 产品的技术规范；
- 产品使用前的准备工作；
- 产品的基本功能和使用方法；
- 产品的日常维护、清理，以及故障维修；
- 产品报废的方法；
- 相关的安全防护和注意事项；
- 其他有助于使用者正确、安全和方便地使用产品的信息。

具体地说，电气产品说明书包括以下内容：

[①] 对于产品安全相关的内容，不少认证机构要求必须以纸质文本的形式随产品提供，不允许以电子版的方式代替，如德国的 GS 认证；也有的产品标准要求除了纸质文本方式，还应当有诸如网页等电子版方式另外提供，如 EN 60335-2-9：2003 + A13：2010。考虑到产品安全警示的重要性以及用户访问电子版便利性的差异，提供纸质文本形式的产品安全说明是一种良好的工程规范。

(1) 产品的基本信息

产品的基本信息应当至少包括以下内容：

- 产品的品牌、名称和型号等；
- 产品的装箱清单；
- 产品的保修期限，包括作为配件一起装箱的消耗品的有效期等；
- 产品的可选配件名称和型号等；
- 产品说明书的涉及范围和版本等；
- 生产商、代理商、分销商以及维修点的联系方式；
- 产品取得的认证标志等。

这些基本信息可以将产品和相应的产品说明书对应起来，方便使用者在需要的时候可以快捷地找到所需的基本信息。

(2) 产品的技术规范

产品的技术规范除了必须包括所有铭牌上的内容外，还应当至少包括以下内容：

- 产品的所有额定参数（额定电压、额定功率、额定工作参数等）；
- 产品的尺寸、质量、体积等；
- 产品的使用环境要求；
- 产品的功能和应用范围；
- 产品噪声、气体、废物、辐射等的排放情况；
- 产品使用时所需的消耗品、原材料等的基本要求；
- 产品安全使用的基本信息：如，使用者的人身防护措施（工作服、护目镜等）的信息；对特定人群（如，儿童）的限制等。

(3) 产品使用前的准备说明

产品使用前的准备说明应至少包括以下内容：

- 拆包和安装前的安全注意事项，包括要求使用者先阅读说明书，并在阅读后保存说明书以便将来参考；
- 拆包、安装和装配的次序和方法，以及注意事项（如，特殊工具的使用、固定安装时维修空间的预留等）；
- 包装材料的处置，包括提醒使用者应当按照当地的环保要求进行处置等；
- 产品在正常使用中的存放和保养方法以及注意事项；
- 为了防止产品在运输中损坏（如，维修时）的再包装方法；
- 对于复杂的产品，可能还需要介绍产品试运行的方法。

(4) 产品的使用说明

产品的使用说明是产品说明书中最重要的部分，它必须提供足够的信息来确保使用者能够按照制造商的设计目的正确、安全地使用产品，实现所需的功能，满足使用者的需求，因此，这一部分通常是产品说明书中内容最丰富的部分。此外，为了保证使用者的安全，具体的安全事项都必须在这一部分进行详细说明。通常，产品的使用说明应当至少包括以下内容：
- 产品基本功能和其他辅助功能的详细介绍；
- 产品的正常启动方法，以及出现异常停机后重新启动的方法；
- 产品的详细操作，包括各个功能键、旋钮、开关等的功能，产品的各种操作状态和模式等，以及如何避免一些可预见的误操作或错误状态等；
- 产品的手动操作模式和自动操作模式的区别，以及如何在手动操作和自动操作之间相互切换；
- 产品的选购模块或配件的具体功能和使用方法等；
- 使用产品得到的结果，以及所产生的废物的处置方式等；
- 产品使用中的安全注意事项，包括使用者应采用的防护措施、避免接触产品的某些部位、产品使用中出现危险情形时的紧急处理方式等；
- 产品基本功能的快捷操作说明（可以通过提示卡、标示或标记、通过显示的用户指导系统等来实现）。

（5）产品正常维护、清理和维修说明

产品的正常维护和清理工作通常可以由普通的使用者来进行，但是对于产品的维修而言，除了一些常见的简单故障以外，应当由专业维修人员来进行，以免在维修中出现安全事故，因此，产品说明书通常会分为针对普通使用者的产品使用说明书和针对维修人员的产品维修说明书，这两种说明书通常应当分开装订，并且清楚地在产品维修说明书上标示该说明书只供专业人员使用。由于产品维修说明书并不会直接关系到产品的正常使用和安全使用，因此，产品的维修说明书不一定和产品一起装箱，它可以通过其他方式提供给相关的专业维修人员。在产品使用说明书中，产品的正常维护和清理的说明通常应当包括以下内容：
- 产品正常维护和清理时的安全预防措施（如，人身防护、使用专用工具等）；
- 为了确保产品的安全而需要进行的日常维修和检查项目；
- 产品使用后的清理工作；
- 简单故障的诊断和修理。从使用安全的角度，这些修理应当只是一些复位、外部调整或简单的更换措施（如，更换电流保险管等），而不应当涉及产品的内部修理。只要不会对产品产生永久性的破坏，这些修理还可以包括将产品拆卸到产品装箱时的状态的步骤；
- 来自经销商或制造商的技术支持，包括相关维修部门或客户服务部门的联系方式。

（6）产品的安全和卫生信息

产品说明书提供的安全信息也是产品安全防护体系中不可缺少的部分。除了在产品说明书的卷首概述总的安全信息外，还应当及时地将相关的安全警示结合到具体的各种说明中去，确保使用者能够安全而正确地使用产品。通常，产品的安全信息应当包括以下内容：
- 提供产品残留风险的信息（如，由于实现产品功能的需要而可能接触到的刀具，产品说明书应当对使用者提供足够的警示）；
- 提供产品使用中有关要做什么和要避免做什么的明确指导；
- 提供产品使用中需要采取的额外人身防护措施（如穿着工作服、使用护目镜等）；
- 提供产品对于特定人群（如，儿童、残疾人等）可能存在的危险的信息；
- 提供保证产品安全使用的环境要求，包括通风、隔离或间距等要求；
- 提供特定产品信息的分配方式。如，产品的使用说明书应当妥当保存，产品的维修说明书应当只提供给专业人员使用等。

表 3-20 是根据 GB/T 19678（IEC 62079）附录 D 整理的电气产品说明书的目录范例，它对说明书中相关的信息进行分类和排列，概括某一产品从交付到废弃的全部说明，方便不同背景的使用者。本书的范例只是提供参考，具体产品的说明书的内容应当根据的复杂程度和特殊程度，可能需要增加更多的信息，而对于一些简单的产品，可以适当删减一些内容。但是无论产品说明书的内容如何编排，相关的安全信息只能是有增无减。

表 3-20 电气产品说明书的目录范例

序 号	内　　容
1	目录
2	标识 2.1 产品的品牌和型号 2.2 产品的版本和文件版次 2.3 生产商、代理商或分销商等的联系信息 2.4 符合性声明（备注：包括认证标志等）
3	产品规范 3.1 产品的设计用途和性能 3.2 尺寸和重量 3.3 额定参数 3.4 其他特殊技术指标 3.5 噪声强度、废弃物产生状况等 3.6 IP 等级 3.7 使用、储存的环境要求 3.8 安全信息摘要
4	定义（备注：包括产品各个部位、模块、指示或操作按钮等的名称等）
5	产品使用前的准备 5.1 运输和储存 5.2 使用前的安全防护措施 5.3 拆包 5.4 包装材料的安全处置 5.5 安装前的准备工作

续表

序 号	内 容
5	5.6 安装或装配 5.7 正常使用中的存放和保养 5.8 防止搬运损坏的再次包装 5.9 信息的分配（如供普通使用者、专业人员的不同资料） 5.10 说明书的存放
6	使用说明 6.1 使用中的安全事项 6.2 产品的正常操作（备注：包括手动或自动操作） 6.3 其他辅助功能 6.4 可能出现的意外状态 6.5 各种信号指示的说明 6.6 人身防护措施 6.7 选购模块、附件的搭配使用方法 6.8 快速操作参考说明书 6.9 使用中产生的废料的处置
7	维护和清理 7.1 安全防护措施 7.2 日常维护和清理工作 7.3 专业人员进行的维护和清理工作
8	选购模块、附件的技术规范
9	维修 9.1 常见故障的查找、诊断和修理 9.2 保修周期 9.3 指定维修点联系方式 9.4 维修前的准备工作（备注：包括保修程序、重新包装以便于运输等）
10	装箱清单（备注：包括备件和消耗品等）
11	产品的报废
12	适用的法律法规
13	索引

对于电气产品而言，产品说明书中的安全警示可以从以下几个方面来体现：
- 基本的安全警示：如，"使用前必须先仔细阅读使用说明书"（图 3 - 37）；"妥善保存使用说明书以便将来查阅"等。
- 产品工作环境的要求：如，使用前必须确认电源电压和产品的额定电压是一致的；产品使用时不可以被覆盖；产品周围不可以存在易燃易爆物品等。
- 产品的使用用途的限制：如，产品应当仅按照所设计的用途使用，超出范围使用可能会出现危险等；产品仅限于家庭中使用等。
- 特定的人群的限制：如，儿童或残疾人必须在成年人的监护下使用；产品不是玩具，应当放置在儿童无法触及的地方以免产生危险；产品的维修应当由专业人员来完成等。
- 特殊防护措施的要求：如，产品在使用中会产生紫外线，打开门时使用者需要佩戴护目镜和穿着工作服；使用时会产生高温，取出物品时需要使用隔热手套等。
- 产品使用场合的限制：如，产品仅限于在室内使用；产品仅限于在干燥的地方使用，不要在浴室等潮湿的地方使用等。
- 产品维修和维护时的限制：如，产品没有用户可维护的部件，故障维修必须由专业人员来完成；不要私自拆卸、修理或改造产品；维护或清洁产品前，必须先拔下电源插头等。
- 如果产品存在辐射（如，激光、微波、紫外线、超声波等），提醒使用者注意辐射可能带来的伤害：如，产品使用 II 类激光元件，使用中不要打开防护罩；产品在使用中会产生超声波，注意远离怀孕中的妇女等。
- 制定减少产品发生噪声、振动、辐射、气体、水蒸气、尘埃的措施或防止传播的措施：如，产品使用中应保持室内的通风；不要在密闭的房间内使用；产品会产生水蒸气，注意高温灼伤等。
- 一些安全使用产品的常识：如，如果发现电源线损害，必须立即停止使用产品并联系专业人员进行维修；产品使用完毕后拔下电源插头；产品功率较大，不要使用电源转换插或电源插线板；产品在使用中出现××情况时，必须立即断开电源等。
- 防止可合理预见到的误用的警告：如，更换电池时必须注意电池的极性；加水时不要超过最高水位等。

除了以上常见的安全警示内容，在编写产品说明书的安全警示部分时，还应当结合产品的具体功能，对使用这些功能可能出现的潜在危险进行安全警示。

电气产品说明书的内容应当做到完整性、一致性、可读性和正确性。

所谓一致性，是指产品说明书中各个部分所使用的术语一致，产品上的符号、标示和警告术语与说明书中的一致。

所谓完整性，是指产品说明书中所提供的信息是完整的，使用者可以根据常识和这些信息安全和正确地使用产品。

图 3-37 提醒使用者阅读使用手册的符号
（来自 ISO 7000-0790）

所谓可读性，是指产品说明书能够方便使用者在需要的时候阅读。因此，要求产品上的文字、印刷资料和电子文档的字形和尺寸应当清楚、大小适当以保证最佳的可读性。通常，对于印刷品，正文文字应采用不小于五号宋体（英文为 9 磅）的字形尺寸，符号高度不小于5mm，对于安全相关的文字和符号应采取适当的区别，如采用大字号的字形或黑体字等。印刷品的最大亮度对比应尽可能地大，通常应不小于70%（质量好的白纸上的黑字提供约80%的对比度），在不完全不透明的纸上双面印刷可能降低亮度对比和破坏清晰度。由于大约有8%的男性和0.5%的女性的视觉有各种颜色缺陷，因此，在对不同颜色的感知不应是唯一的理解产品说明的方式。

随着产品越来越复杂，产品说明书的内容越来越多，同时出于环保的需要，越来越多的产品说明书采用电子文档的方式（如CD-ROM）提供给使用者，这是允许的，但必须注意的是，产品的安全说明必须同时至少以印刷品的方式提供给使用者，这一点在某些国家和地区甚至是技术法规的要求。

所谓正确性，是指产品说明书的内容除了正确地向使用者传达产品的相关信息外，没有包含任何可能引起误会的内容。因此，产品说明书中应当不要出现错别字，注意缩写和符号的正确性。特别产品说明书中的内容应当简洁和客观，最好不要有广告类的宣传。在文字表述上，不要使用带有歧视性的语言（如，对于视觉丧失的人士应称为盲人或残疾人），不要使用和宗教、政治相关的语言（如，慎用相关国家的国旗作为某种文字种类的标示），注意当地的风俗（如，一些和猪相关的字样、卡通不要出现在出口到中东等伊斯兰国家的产品上或使用说明书中）等。

在许多国家和地区的技术法规中，要求产品的安全警示和使用说明必须是当地的官方语言（但是产品维修说明书由于是提供给专业人员使用的，某些国家和地区允许不采用当地的官方语言，但是必须是某种国际性的语言，如，英语），因此，在翻译的时候，必须注意翻译的正确性，必要时可以要求当地的代理商等协助对翻译结果进行审读。通常，对于出口的产品，说明书中的内容除了当地的官方语言外，最好同时包括英语翻译。

需要注意的是，产品说明书可以认为是制造商和使用者之间某种意义上的契约，即制造商向使用者承诺可以实现的功能，以及要求使用者注意和遵守的一些事项，因此，产品说明书除了向使用者传递产品相关技术信息外，还应当在说明书中告知产品所符合的技术法规和技术标准，甚至指明产生质量纠纷时的适用法律和受理法庭等。

总之，从产品安全的角度，产品说明书提供的信息是产品安全防护体系中不可缺少的部分，它利用使用者的常识来规避产品本身存在的残余危险，进一步提高产品的安全特性，同时也向使用者告知了制造商所承担的法律责任，因此，必须将产品说明书的编写纳入产品安全设计的工作范围。①

---

① 2018搞笑诺贝尔奖（Ig Noble Prizes）评出的搞笑文学奖是颁给一篇研究用户行为的论文：研究结果指出大部分使用者并没有阅读产品说明书。即便如此，制造商仍应当不断探索如何有效地将相关产品安全信息传递给使用者。
有兴趣的读者可以参阅获奖文献：Alethea L. Blackler, Rafael Gomez, Vesna Popovic and M. Helen Thompson. "Life Is Too Short to RTFM: How Users Relate to Documentation and Excess Features in Consumer Products", Interacting With Computers, 2014, 28 (1) 27-46.

3.13 其他安全防护要求

对于电气产品而言,还有许多外部和内部的因素会影响产品的安全特性。这些因素并不是直接产生危险,而是影响和破坏了产品的结构和性能,从而导致一系列的不良反应,最终损害了产品的安全特性。如,潮湿的工作环境可能会影响产品绝缘性能,如果产品设计不当,就有可能导致产品绝缘系统失效,不但会影响电气产品的正常工作,还会导致电击事故。本章介绍一些在电气产品安全防护设计时需要考虑的常见因素,由于具体的产品安全标准中都有详细的要求和评估方法,本书只对它们进行概括以方便读者建立基本的产品安全概念,具体的要求需要参考相关的标准。

3.13.1 防潮和防水

电气产品应当能够承受在正常使用中可能出现的潮湿条件,也就是说,在正常使用中可能出现的任何潮湿条件下,产品都应当能够正常使用,并且产品的安全特性不会受到影响,特别是产品的防电击特性。

确保电气产品防潮特性,首先不要使用木材、棉花、丝绸、普通纸等吸湿性的材料作为绝缘材料(除非经过适当的浸渍),以免破坏产品的绝缘特性,造成电击事故。其次,可以考虑采用适当的方式将电路部分封闭起来,甚至采用密封圈、环氧树脂等作为密封材料将整个电路密封起来,从而避免任何水汽的侵入。但是需要注意的是,产品的密封和产品的散热在一定程度上是互相矛盾的,因此,在考虑产品的防潮特性时,需要综合考虑。此外,增加带电部件之间的间距、在电路板上涂敷绝缘层、在产品内部采取主动防潮措施(如,使用抽湿设备)等,都是提高产品防潮特性的有效措施。

对于电气产品的防潮特性,可以通过相关的试验来考察。如,对于大部分的普通电气产品,IEC 标准都采取将产品放置在相对湿度为 93%、温度为 20℃~30℃的试验箱中 48h(两天),然后考察产品的绝缘特性。对于特殊用途的电气产品,试验条件略有不同,如,对于防水电气产品,试验时间延长到 148h(7d)。关于防潮试验的具体内容,可以参考相关的电气产品安全标准。

至于电气产品的防水要求,可以参考本书的第 4 章,具体的试验方法可以参考标准 IEC 60529,这里就不再赘述。

3.13.2 材料的防护

(1)防锈

产品的金属部件应进行适当的预处理和表面抛光,如烘漆;没有涂层的铝质部件应当尽可能采用带阳极氧化层的铝合金；铁质的部件可以使用适当的材料电镀（如，锌、镍-铬和锡等）来进行防锈。通过以上处理的金属材料，一般可以满足正常室内使用的防锈要求。

对于铁质部件防锈措施有怀疑，可以通过浸泡在氯化铵水溶液中的加速实验来进行考察，具体测试方法可参见相关标准。

（2）防腐蚀

为了避免腐蚀对产品使用寿命和安全防护系统的破坏，任何电气产品都应当避免在有化学气体的环境下工作，除非是进行了特殊防腐蚀处理的特殊用途产品。对于正常使用的产品，由于所有环境中均含有少量比例的腐蚀性气体（如，二氧化硫），因此，提高产品外壳的封闭程度，可以有效减少内部部件腐蚀的程度，从而提高产品的抗腐蚀性能，这一点效果对于室外使用的产品尤为明显。

在设计时，使用金属的地方应尽可能选用具有防腐蚀特性的金属，而对于彼此接触的不同金属部件，采用电化序列上彼此接近的金属可以降低电解腐蚀的程度，如，紫铜或其他合金铜不应与铝或铝合金接触，但是可以与不锈钢接触。使用搪瓷涂层可以防止许多化学物质的腐蚀，但是应当确保搪瓷涂层没有破裂。

在一般情形下，大多数电气产品安全标准认为下列金属可以有足够的防腐蚀性能：

1）紫铜和青铜，或含铜量不低于80%的紫铜；

2）不锈钢；

3）铝板、压铸铝和压铸锌；

4）至少3.2mm厚的铸铁或可锻铸铁，外表面至少镀0.05mm厚的锌，内表面有这种材料的可见镀层；

5）镀锌钢板，镀层平均厚度0.02mm等。

对于其他铜或铜合金部件的防腐蚀特性，可以通过放在氨蒸气中的加速实验来进行考察，具体测试方法可参见相关标准。

（3）塑料部件的防护

使用塑料部件，可以有效地回避金属防锈、防腐蚀等问题，但是塑料部件的可靠实用，有赖于根据使用环境的特点选用合适的塑料类型。如，聚苯乙烯部件在室内使用是合适的，但是如果用到室外，就容易受到阳光辐射、潮气的损坏；室外使用的塑料部件通常应选择那些在很长的时间内特性没有明显变化的材料，如聚丙烯。此外，聚丙烯、聚氯乙烯和聚苯乙烯等类似的塑料能够很好地抵抗大多数无机酸和碱的侵蚀，但是它们又容易受到许多有机液体和蒸气的侵蚀。因此，需要根据产品使用环境的具体条件，来选用合适的塑料类型。

对于塑料部件，应当注意实际使用中可能影响其寿命、特性的因素，如，高温会导致塑料部件变形、变脆；紫外线（阳光中和人造光源中，如高压汞灯）和可见光的辐射，会导致塑料部件发黄、变脆；化学清洁物质、剧烈的机械冲击甚至空气长期的氧化作用，都会导致塑料部件损坏、破裂等。

3.13.3 防震和防冲击

电气产品在运输途中，为了防止运输中的震动、冲击对产品造成破坏，都会采取一些防护措施，如，使用包装泡沫作为缓冲等。实际上，在产品的使用中，同样需要注意产品的防震、防冲击。

对于那些使用环境的附近存在震源，或者在使用中本身会产生振动的电气产品（如音响设备，在使用时喇叭会产生振动），产品需要采取一定的防震措施，以免出现固定螺钉松动、电气连接松动、零部件松动脱落等各种导致短路、绝缘系统被破坏等危害产品安全特性的现象。

对于本身会产生振动的产品，应当采取有效措施降低振动对产品本身和周围的影响，如，对于带有电机旋转装置的产品，可以采取配重的方式来平衡旋转装置，减小旋转时的振动。对于周围有震源的产品，可以采取一些有效的缓冲措施来降低震动对产品的影响，常用的橡胶垫脚就是一种有效的震动缓冲装置。此外，还可以针对一些容易受震动影响的部位采取特别措施，如，将连接部件采用带卡位或锁扣装置的，将接插件改用直接焊接的方式等。

如果对产品的防震能力有怀疑，必要时，可以用扫频振动试验来考察产品的防震特性。如，对于音频放大器，可以采取以下试验：

1）将产品固定在振动台上；

2）振动方向选择为垂直方向，振幅为 0.35mm，频率范围为 10Hz ~ 55Hz ~ 10Hz，扫描速率为每分钟八分之一圈；

3）试验持续时间为 30min。

试验结束后，产品不应出现任何有可能危害产品安全特性的松动。

产品在正常使用中遭受的冲击，主要来源于操作或搬动，甚至一些不当的处置（如，在短途搬动或挪位时的轻微跌落）。如何提高产品抗冲击的能力，可以参考前面相关段落的介绍。对于产品抗冲击的能力，可以通过跌落试验来进行考察。如，对于重量超过 7kg 的电子产品，可以将产品从 5cm 高处跌落到水平放置的木板上，连续跌落 50 次，考察在试验后是否出现危害产品安全特性的松动、短路、破损等现象。

对于直插式的产品，通常是用滚筒跌落试验的方式来进行考察，具体的试验方法和试验设备可以参考相关的产品安全标准。需要注意的是，直插式产品是不应当产生任何振动的，如，电机在旋转时水和其他液体在沸腾时都会产生振动，因此，直插式产品不应当有类似的装置以免损坏插座，同时也避免由于振动而导致产品从插座中脱落，造成机械伤害。

3.13.4 防止使用其他能源造成伤害

在实际中，不少电气产品在使用时，有可能还会使用其他能源，甚至这些能源是产品主要的能量来源,如燃气产品、太阳能产品等。对于燃气产品而言,必须考虑燃气泄漏可能带来的化学危险,以及燃烧时可能带来的过热甚至火灾危险等。在进行产品的安全设计时,应当同时考虑这些其他能源可能带来的危害。

3.13.5 防止有害生物造成损坏

在一些鼠害比较严重的场合,应当考虑如何避免出现老鼠噬咬电线、进入产品内部等;在蟑螂、飞蛾等有害生物比较猖獗的场合,应当考虑如何防范这些有害生物通过排气口、散热孔等进入产品内部。

3.13.6 其他

在电气产品的整个生命周期,都不应当存在有安全空白。如:
- 产品的包装材料的制造和丢弃必须符合相关的环保要求;材料中不得含有法律禁止的有害物质,不得对人畜造成危害[①]。
- 对于需要专业人员安装调试后的产品,必须确保一般用户无法直接开机使用。
- 对于报废的产品,应当如何根据法律要求妥善处置,避免成为安全隐患[②];同时,为了避免对不知情者可能存在的危害,应当提醒使用者在报废时应当在产品表面留下明显的破坏迹象,以避免产品重新投入使用(如,要求在报废时贴近机身剪断电源线等)。
- 对于日常需要清洁或维护的产品,应当告知用户如何辨别产品在清洁或维护后是否适合马上使用。
- 避免使用者因使用不合格配件而导致伤害[③]等。

---

① 如,包装塑料袋必须提醒儿童玩耍可能存在窒息的危险。
② 如,不少地区的空调室外机报废后因拆卸困难而留在原位,成为不少地区潜在的高空"炸弹"。
③ 如,欧盟 RAPEX 公告 A12/0568/17 通报了一款重金属超标的便携式计算机保护套。

第 4 章

CHAPTER 4

电气产品安全技术专论

Engineering Practices

4.1 外壳

4.2 电气连接

4.3 安全隔离变压器结构

4.4 安全联锁装置

4.5 防水措施

4.6 保护接地可靠性

4.7 螺钉与螺纹部件

4.8 电气产品安全检测

产品即便符合标准的所有条款,但是如果发现产品存在危及整体安全特性之处,同样不能认为产品是安全的。忠于标准而不迷信标准,尊重检测结果而不依赖检测结果,是对产品安全工程师的基本要求。

4.1 外壳

4.1.1 概述

外壳（enclosure），作为产品的安装支架，可以起到美化产品视觉效果的作用，而在电气产品安全领域，它还是最重要的安全部件之一，它用隔离、封闭的手段，将危险源与外界隔开，是安全防护的最后一道防线，因此，有必要对外壳的安全防护作用进行专门的讨论。

日常生活中，一般都将产品外部包裹全部功能部件的那部分功能部件称为外壳，但是在电气产品安全领域，只有提供安全防护功能的部分才称为外壳，因此，日常所指的外壳可以划分为防护外壳和装饰件两类。由于在电气产品安全领域，外壳一般是指防护外壳，因此，如果没有特别指出，本节所指的外壳一律是指电气产品的防护外壳。

装饰件（decorative part），是指位于外壳外部那些不起安全防护作用的设备部件。装饰件可以是固定在外壳上，也可以是可拆卸部件。所谓的可拆卸部件（detachable part），一般是指在不使用工具的情况下，用手施加一定的力（对于家电产品而言，该力的大小为50N）能拆卸的部件；在一些国家和地区，对于使用硬币也可以拆卸的部件，同样认为属于可拆卸部件；甚至在一些产品安全标准中，对于那些在使用说明书上指引使用者如何进行拆卸的部件，即使是在需要使用工具才能拆下的前提下，这些部件也被视为可拆卸部件，这是因为一旦在使用中可能拆卸，那么在使用时，这些部件有可能是没有安装或没有正确安装在原来位置的，指望这些部件能够提供安全防护是不可靠的，除非产品在设计上采取了一定的联锁装置，能够确保一旦这些可拆卸部件没有正确安装到位，产品无法工作。因此，一般都将可拆卸部件视为装饰件。术语装饰件在这里是一个泛指的概念，不一定只是起到可有可无的装饰作用，它也可以指那些起到方便使用的功能性部件，如方便使用者扶持的把手等。

外壳按照防护的类型，可以分为机械防护外壳、电气防护外壳、防火防护外壳、异物防护外壳和辐射屏蔽外壳等：

- 机械防护外壳（mechanical enclosure），是指用来减小机械危险和其他物理危险造成的伤害的外壳部件。
- 电气防护外壳（electrical enclosure），是指用来限制与可能导致电击危险或能量危险的电气零部件接触的外壳部件。
- 防火防护外壳（fire enclosure），是指用来将设备内部着火燃烧出现的火焰的蔓延减少到最低限度的外壳部件。
- 异物防护外壳，是指用来限制外部异物（如水、灰尘等）进入设备内部、影响设备的性能和安全特性的外壳部件。

- 辐射屏蔽外壳，是指用来将设备内部产生的对外辐射量减少到最低限度的外壳部件①。

需要注意的是，一个外壳是可以同时作为多种防护外壳的，这是实际中最普遍的情形，如，一个机械防护外壳，也可以同时作为电气防护外壳、防火防护外壳、异物防护外壳等。在实际中，也存在一种外壳嵌套在另一种外壳的内部，这种结构在一些大型的或者结构复杂的电气产品中比较普遍，如，一个电气防护外壳的内部，可以同时有一个防火防护外壳。对于大部分电气产品而言，机械防护外壳和电气防护外壳是最基本的外壳。

外壳并不一定必须是完全封闭的，只要开孔满足符合相关的电气产品安全的要求即可，因此，栅栏也可以认为是一种特殊结构的外壳，是一种开孔尺寸较大的外壳。通常，栅栏可以作为机械防护外壳和电气防护外壳的一部分。

4.1.2 机械防护外壳

机械防护外壳的作用是用来减小机械危险和其他物理危险造成的伤害，它有可能是安装在产品的内部框架上，而更常见的情形是，机械防护外壳本身就是内部框架的一部分，作为产品内部部件安装的支架。无论是哪种情形，为了起到机械防护的作用，外壳必须有一定的机械强度，能够承受使用中可以预料到的合理的机械冲击：

（1）机械防护外壳应当可以承受一定的静态压力，除非该位置一般不会遭遇到外部压力（如固定在地板上的设备底部）。如，根据 IEC 60950-1，IT 产品的外壳应当能够承受 (250 ± 10) N 的恒定作用力持续 5s，该作用力可以通过一根直径为 30mm 的圆形平头探棒施加外壳的顶部、底部和侧面上，但是质量超过 18 kg 的设备的外壳底部除外；此外，对于外壳防护罩或防护门内部操作人员可接触的部位，还应当能承受 (30 ± 3) N 的恒定作用力持续 5s②。

（2）机械防护外壳应当可以承受一定的机械冲击，这种冲击有可能是由于外力作用引起的，也有可能是由于设备跌落引起的。一般，外壳要求应当能够承受 0.5J 的冲击，对于使用环境非常恶劣的，要求能够承受 1.0J 甚至更高的冲击。实际中，可以使用冲击锤来对外壳进行考察，也可以使用自由跌落的钢球来进行考察，具体参见相关产品标准。对于一些手持式和便携式的产品，则需要考虑跌落带来的冲击。由于产品的特性和使用环境不同，需要考虑的跌落高度也不同，对于常见的电气产品而言，跌落的高度一般为 2~100cm。考察跌落的方式一般采用自由跌落的方式，也有一些产品（如直插式产品）采用滚筒的方式来考察。

---

① 屏蔽效果通常是双向的。
② 由于居住环境逼仄等原因，在中国不少地区，许多落地电气产品的顶部（包括大件设备的顶部）往往还会放置其他物品，如：在冰箱上放置微波炉、在滚筒洗衣机上放置各种清洁剂、微波炉的顶部放置厨房用具等。对于产品顶部不得堆叠杂物的警告，许多情形下使用者有意无意间都会忽略，因此，设计者应当留意相关产品安全标准是否充分考虑了这种实际存在的现象。

除了机械强度的要求，机械防护外壳还要求设计得十分完备，产品内部由于发生故障或其他原因而可能从运动部件上松脱、分离或甩出，外壳能够挡住或使其转变方向；外壳即使存在开孔，从运动部件上松脱、分离或甩出的部件不会直接从开孔中飞出来造成危险。

对于机械防护外壳，需要注意开孔对机械强度和完备带来负面的影响，特别是防护网、栅栏等这些特殊结构的机械防护外壳上的开孔、间隙等带来的影响。如果这些开孔、间隙可以让手指穿过，那么，手指无论从哪个方向进入，无论如何弯曲，都不会接触到危险部件；否则，要求开孔、间隙等的尺寸必须小到不会被手指插入到可以接触到危险部件的程度，手指的力度分别为5N、20N或30N等，还可以根据危险程度的增加而增加。通常，考察的时候采用标准的试验指来测试是否能够插入，以及插入的程度。如，在图4-1中，电风扇前面的扇叶防护栏只需要施加5N的推力，就可以穿透后接触到运动中的扇叶，因此，这种电风扇的防护网达不到机械防护外壳的要求，必须重新设计。

图 4-1　用试验指测试电风扇

机械防护外壳的材料可以是金属，也可以是非金属的。如果机械防护外壳的材料是金属的，应当注意对产品电击防护可能带来的负面影响。如果机械防护外壳是模压或注塑成形的热塑性塑料外壳，那么，应注意外壳材料在释放由模压或注塑成形所产生的内应力时，外壳材料的收缩或变形不会导致出现暴露危险部件（包括导致爬电距离或电气间隙减小到低于所要求的最小值）的情形。

机械防护外壳在设计时，需要注意在面积较大的面板中央、长度较长的栅栏中间等强度比较薄弱的地方，内部应当设计有龙骨骨架、支架或其他部件进行支撑，以保证这些部位能够承受使用中的正常冲击和压力；所使用的材料应当有足够的刚性，厚度应当足够，不要使用易脆的材料，也不要使用易碎的材料（如，玻璃，除非经过钢化处理）。

目前的工业水平，设计足够强度的外壳基本上不再存在技术问题，难点在于，如何既保证足够的强度，又能够将生产成本和装配时间控制到最低，这一点需要产品设计工程师在设计的时候，不断探索，在产品性能、成本和基本安全要求之间找到一个平衡点。

4.1.3　异物防护外壳

异物防护外壳的作用是用来限制外部异物（如，水、灰尘等）进入设备内部的，因此，这种外壳设计的关键，在于准确定位实际使用环境中需要防护的外部异物类型，用最经济的方式实现防护。标准 IEC 60529 用 IP 等级的方式，定义了常见的外部异物类型和防护要求，并制定了相应的检测标准，该标准可以作为设计异物防护外壳的指导文件。

异物防护外壳和机械防护外壳可以就是同一个外壳部件，也可以根据成本、特殊防护要求需要等原因，只是在机械防护外壳内部的局部空间。如，对于没有特殊异物防护要求的电气产品（IP 等级为 IP20），内部有可能存在一些有防护要求的精密电路。

异物防护外壳设计的关键在于选择合适的隔板、挡板、开孔方式和密封措施。对于防尘、防水产品而言，使用密封圈是最经典的设计，但是需要注意的是密封圈老化可能带来的问题。对于一些正常使用中不需要拆卸的电气产品，还可以使用环氧树脂对结合处进行固化和密封。对于采用超声波压合的塑料外壳的水密性和防尘能力，需要慎重考察，因为经过对许多此类产品的剖析得到的结果表明，按照目前的工艺水平，压合处是很难在整个范围内均匀压合的，许多压合处往往只有几个点压合在一起。

异物防护外壳设计时，另一个需要注意的问题是如何处理散热和密封的关系，这一点同样需要针对具体产品不断进行探索。如，对于一些使用环氧树脂进行灌封的产品，一些工厂通过在其中添加少量石英砂的方式，来提高内部散热的效果，同时降低环氧树脂因为使用中温度变化而出现的收缩和膨胀程度。

4.1.4 电气防护外壳

电气防护外壳的作用是限制与可能导致电击危险或能量危险的电气零部件接触，因此，为了保证在受到外部压力的情形下，同样能够起到电气防护的作用，电气防护外壳通常和机械防护外壳是同一外壳部件，或者是以机械防护外壳为基础。

电气防护外壳最常见的结构是使用整块的固体材料将危险带电部件隔离、封闭。除非产品内部电路属于安全特低电压（SELV）电路，如果电气防护外壳使用的材料是非金属材料，那么该部位的电击防护结构通常是Ⅱ类结构，外壳应当起到加强绝缘的作用，或者与内部的空气间隙组成双重绝缘的结构。这种结构的外壳的厚度，除了需要满足机械强度的要求外，还应当满足加强绝缘或附加绝缘的要求。如，对于普通家电产品而言（IEC 60335 系列标准），起到加强绝缘作用的，厚度至少需要 2mm，起到附加绝缘作用的，厚度至少需要 1mm。

如果电气防护外壳使用的材料是金属材料，那么，除非产品内部电路属于安全特低电压（SELV）电路，该部位的电击防护结构通常是Ⅰ类结构，也就是说，金属外壳必须与产品内部的危险带电部件之间用基本绝缘隔离，同时金属外壳必须可靠接地，该部位的电击防护结构通常是Ⅰ类结构；但是，如果金属外壳与产品内部的危险带电部件之间是用双重绝缘或加强绝缘隔离的，那么，金属外壳可以不需要接地。

　　电气防护外壳还可以是防护网、栅栏等结构方式，利用人体与危险带电部件之间的空气作为绝缘材料。电气防护外壳对防护网、栅栏的开孔、间隙等的要求，与机械防护外壳的要求类似，要求手指从开孔、间隙不会插入到可能导致危险的程度，即使在施加一定力度的情形下。至于具体的力度，不同的产品要求略有不同，如，对于大部分家电产品而言（IEC 60335 系列标准），该力度是 20N，而对于大部分 IT 产品而言（IEC 60950 系列标准），该力度是 30N。对比机械防护外壳的要求不同的地方是，对于手指从这些开孔、间隙等插入的程度，除了要求不允许直接接触到危险带电部件，不允许接触到仅使用清漆、油漆、普通纸、棉花、氧化膜或密封剂等防护的危险带电部件，而且要求与这些危险带电部件的电气间隙和爬电距离至少满足基本绝缘甚至加强绝缘的要求。

　　除了防止人体从防护网、栅栏等的开孔、间隙接触到危险带电部件外，电气防护外壳还应当能够防止金属异物（包括常见的金属工具和小金属用品，如订书钉、回形针等）掉入产品内部，出现减少电气间隙、爬电距离甚至短路等现象，造成电击危险或能量危险。

　　需要注意的是，电气防护外壳的材料并不是决定产品的电击防护类型的唯一因素，产品的电击防护类型是和电气防护外壳的防护功效密切相关的。有关产品电击防护类型的分类，可参见本书的 3.1 节。

4.1.5　防火防护外壳

　　防火防护外壳（fire enclosure）的作用是用来限制设备内部着火燃烧出现火焰的蔓延，具体地说，就是为了防止火焰从开孔向外壳外部的上方和侧面喷出，防止燃烧的物质从侧面和底面掉出，因此，金属密封外壳是最理想的防火防护外壳。但是，在实际中，外壳因为散热等原因，往往需要有开孔，而外壳的材料有可能使用非金属材料，因此，必须考虑外壳在有开孔和使用非金属材料的情形下，如何满足防火防护外壳的要求。本节主要根据 IEC 60950-1 对 IT 产品防火防护外壳的要求[1]，来介绍防火防护外壳的设计要求。

　　需要指出的是，防火防护外壳的结构并不限于本书所介绍的结构，采取其他形式的结构同样有可能满足防火防护外壳的要求，但是，在选用其他结构的时候，必须有充分的理论分析和实验验证作为基础。

　　此外，在设计防火防护外壳的时候，如果是在同一个外壳上实现多种防护功能，那么，还需要同时结合机械防护外壳和电气防护外壳的要求。

　　（1）防火防护外壳顶部和侧面开孔的限制

　　防火防护外壳顶部和侧面的开孔的尺寸大小，应当至少满足以下一条要求：

---

[1] 现行版本为 IEC 60950-1：2005+A1+A2；对应的中国国家标准为 GB 4943.1—2011。

- 开孔在任何方向上的尺寸不得大于 5 mm。
- 不管开孔的长度多长，宽度不得超过 1mm。
- 顶部开孔的结构可以防止从上面直线垂直进入（参见图 4-2 的实例）。
- 侧面开孔的形状是类似于百叶窗形状的开孔（参见图 4-3 的实例），从而使得外部垂直掉落物向产品外部掉落。
- 开孔的位置不是正落在可能出现火焰的空间的上方（参见图 4-4 的空间 V）。

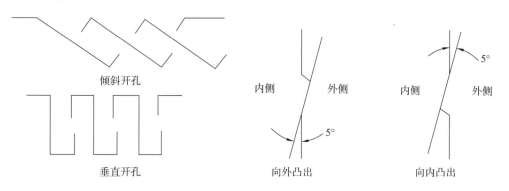

图 4-2　顶部开孔截面结构示例
（摘自 IEC 60950-1 图 4B）

图 4-3　侧面百叶窗结构示意图
（摘自 IEC 60950-1 图 4C）

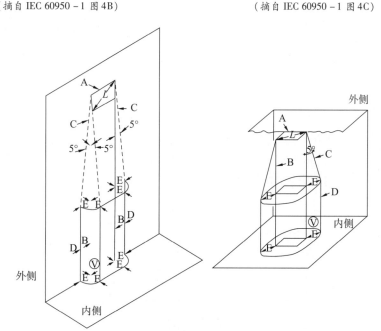

图 4-4　防火防护外壳的开孔
（摘自 IEC 60950-1 图 4D）

A—外壳侧面开孔；B—侧面开孔边缘的垂直投影；C—倾斜线，它以偏离侧面开孔的边缘 5°的方向投影到距 B 为 E 的点上；D—是在与外壳侧壁为同一个平面中直接向下的投影线；E—开孔投影（不大于 L）；L—外壳侧面开孔的最大尺寸；V—容积，在其内不应存在带有电击危险或能量危险的裸露部件

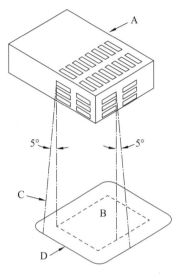

图 4-5 防火防护外壳底部范围
（摘自 IEC 60950-1 图 4E）
A—元件部分，在该部分的下方需要装有防火防护外壳；B—A 所占据的区域在防火防护外壳底部的水平面上垂直投影的轮廓线；C—用以在与 B 同一平面上划出轮廓线 D 的斜线，与沿 A 的各开孔周边每一点的垂线方向成 5° 夹角；D—防火防护外壳底部的最小轮廓线

如果外壳侧面的某一部分落在其上方部件的扩展投影区域内（参见图 4-5），那么，这一部分的开孔尺寸还必须同时满足防火防护外壳底部开孔的要求。

（2）防火防护外壳底部开孔的限制

除非防火防护外壳的底部没有开孔，或者产品是固定安装在特定的不易燃表面上，否则，底部的开孔同样必须满足一定的要求。如果产品是固定安装在混凝土地面等不易燃表面上的驻立式设备，那么，必须在产品的使用说明书和外部标识上注明"仅适宜安装在混凝土等不易燃的表面上"或类似的语句。

如果防火防护外壳的底部有开孔，那么，底部的结构或者开孔上面的防护板、屏网等挡板，应当能够使熔融的金属、燃烧的物质等不会掉落在防火防护外壳的外面而引燃产品的支撑面。为了满足这个要求，防火防护外壳底部或挡板的位置、大小应当能够覆盖其上方的部件的扩展投影面积（参见图 4-5 中的区域 D），而且底部或挡板的形状应当是水平板、鱼鳞板或者其他具有等效防护作用的形状。

底板和挡板上开孔的尺寸限制如下：

- 金属防火防护外壳底部开孔的尺寸和间距必须符合表 4-1 的规定。
- 如果是使用金属网作为底板或挡板，金属网中心线之间的间距不得大于 2mm，而且金属丝的直径不得小于 0.45mm。
- 其他类型的挡板的结构类似于图 4-6。

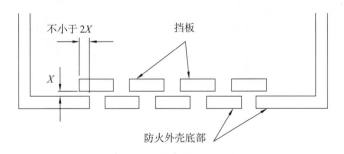

图 4-6 防火防护外壳底部挡板结构示例
（摘自 IEC 60950-1 图 4F）

- 在用可燃性等级为 V-1 级或 HF-1 级材料制造的器件下面的底部开孔，每个开孔的面积不大于 $40mm^2$。

挡板可以安装在防火防护外壳的上面，也可以安装在防火防护外壳的下面。

需要注意的是，对于便携式产品，防火防护外壳底部的开孔限制是不适用的，必须按照便携式产品的要求来设计。

表4-1 金属防火防护外壳底部开孔的尺寸和间距要求

（摘自 IEC 60950-1 表4D）

圆形开孔			其他形状的开孔	
金属底部最小厚度 /mm	最大孔径 /mm	最小孔心距 /mm	最大面积 /mm²	开孔间最小边距 /mm
0.66	1.1	1.7	1.1	0.56
0.66	1.2	2.3	1.2	1.1
0.76	1.1	1.7	1.1	0.55
0.76	1.2	2.3	1.2	1.1
0.81	1.9	3.1	2.9	1.1
0.89	1.9	3.1	.9	1.1
0.91	1.6	2.7	2.1	1.1
0.91	2.0	3.1	3.1	1.2
1.0	1.6	2.7	2.1	1.1
1.0	2.0	3.0	3.2	1.0

（3）便携式产品防火防护外壳开孔的特殊要求

便携式的产品可能会在携带过程中，为了防止一些小金属物品从开孔掉入产品内部，引起短路而导致起火，对于便携式产品的开孔有更加严格的要求。对于外壳上的开孔以及挡板，要求至少满足以下一个条件：

- 不管开孔的长度多长，宽度不得超过1mm。
- 安装有金属防护网，网眼的中心线之间的间距不得大于2mm，而且金属线的直径不得小于0.45mm。
- 有合适的内部挡板。

对于便携式产品而言，这些开孔要求不仅是防火防护外壳的要求，同时也是在一定程度上满足电气防护外壳的要求。

（4）防火防护外壳的材料要求

材料的燃烧特性，直接关系到外壳是否能够真正起到防火防护外壳的作用，因此，对于防火防护外壳上使用的材料，通常都有严格的燃烧特性要求。通常，防火防护外壳的材料应当符合下列的阻燃等级要求：

- 对总质量不超过18kg的移动式设备，防火防护外壳厚度最薄处的材料的可燃性等级至少达到 V-1 级（或等效的级别）。
- 对总质量超过18kg的移动式设备以及所有驻立式设备，防火防护外壳厚度

- 最薄处的材料的可燃性等级为 5V 级（或等效的级别）。
- 防火防护外壳距离起弧零部件（如，开放式的整流子，开放式的开关触头等）的距离小于 13mm 的部位的材料，应当能够通过大电流起弧引燃试验（或类似等效的试验）。
- 如果产品内部存在某些部件，在正常或异常工作条件下可能会达到足以引燃外壳材料的温度，那么，距离这些部件小于 13mm 的防火防护外壳的材料应当能够通过热丝引燃试验（或类似等效的试验）。

需要特别注意的是，即使外壳是整块的材料，如果其最薄处的厚度不能够满足其燃烧等级所对应的最小厚度，那么，该外壳的材料是不能认为已经满足阻燃等级的要求，必须通过进一步的手段来确认。

4.1.6 辐射屏蔽外壳

辐射屏蔽外壳的作用是用来将设备内部产生的对外辐射量减少到最低限度，辐射屏蔽外壳的设计需要针对具体的辐射类型，采取相应的结构。如，为了降低产品的电磁辐射强度，可以加装法拉第盒；为了降低 X 射线等的辐射，可以加装铅制屏蔽外壳；为了降低照明用大功率发光二极管对人眼的刺激，可以加装漫射用的半透明灯罩等。以往，辐射屏蔽外壳通常是在机械防护外壳的内部，但是，随着工艺技术的发展，一些辐射屏蔽外壳也和其他类型的外壳结合起来。如，随着电镀、真空涂覆等工艺技术的提高，金属化塑料作为辐射屏蔽外壳、机械防护外壳和电气防护外壳的应用场合也越来越多。

4.1.7 结语

总之，应当根据危险源所在的部位，有针对性地将相应的外壳部位设计成满足相应防护类型的防护外壳。需要注意的是装饰件可能带来的危险。由于装饰件是在外壳的防护范围以外，因此，装饰件应当避免成为新的危险源，特别避免出现尖角、锐边等危险部件；此外，装饰件还应当适合产品的特性和使用环境，避免误导其他不知情的人员而导致危险，尤其是要避免误导儿童将电气产品作为玩具。

4.2 电气连接

4.2.1 概述

广义上的电气连接（connection）是指电气产品中所有电气回路的集合，包括电源连接部件（如电源插头、电源接线端子等）、电源线、内部导线、内部连接部件等；而狭义上的电气连接则只是指产品内部将不同导体连接起来的所有方式。为了统一术语，本书所称的电气连接是指狭义上的电气连接，而使用电气连接组件来指广义上的电气连接。

一般，按照电气连接组件的位置，电气产品中的电气连接组件可以分为外部电气连接组件和内部电气连接组件两大部分。外部电气连接组件指产品外壳（电气外壳）外部的所有电气连接组件，这些电气连接组件由于不包括在产品外壳（电气外壳）的防护范围之内，因此，必须单独满足相应的电击防护要求；内部外部电气连接组件指产品外壳（电气外壳）内部的所有电气连接组件，这些电气连接组件由于包括在产品外壳（电气外壳）的防护范围之内，因此，一般只需要满足相应的基本绝缘或功能绝缘要求即可。以常见的电饭煲为例（图4-7），

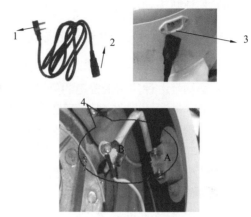

图4-7　电饭煲的电气连接组件

1—电源插头；2—耦合器连接器；3—耦合器插座；
4—内部的电气连接组件，包括耦合器（A）、内部导线、防护套管、发热盘（B）

使用电源线组件和供电电网连接，提供工作电源；电源线组件通过耦合器与电饭锅的内部实现连接；耦合器通过内部导线连接到内部控制器（限温器、热熔断体）及发热管等部件，形成电气回路。

一般而言，电气连接组件主要由电气连接部件（如接线端子等）、电线电缆、电线固定装置和电线保护装置（如单独的电线衬套等）等部件组成。

电气连接部件是通过提供适当的机械作用力，将不同的导体部件可靠地固定在一起，实现电气连接。电气连接部件的关键作用在于提供可靠的连接，避免不同导体之间出现接触不良而引起危险。电气连接部件通常由非金属支撑部件和金属连接部件组成，非金属支撑部件作为支撑基础，除了要求能够在长期工作中起到绝缘的作用外，还要求能够承受使用中所支撑导体的发热影响，不会出现导致危险的变形（对于热塑材料而言，可以通过球压测试来验证），并且有一定的阻燃等级，不会成为潜在的火源。

电线电缆作为主要的载流部件，除了要求有足够的载流能力，还要求有足够的机械强度和绝缘特性，以满足使用中的电击防护要求。

为了确保电气连接长期有效，一般应采取有效措施，避免电线电缆在电气连接部位承受过分的机械应力。通常的解决方法是在电气连接部位附近使用附加固定方式来固定电线电缆，也就是俗称的电线电缆"双重固定方法"。

以下分别介绍外部电气连接组件和内部电气连接组件在设计时应当注意的问题。

4.2.2 外部电气连接组件

常见的外部电气连接组件主要是产品的电源连接组件,常见的电源连接组件主要有以下几种结构。

4.2.2.1 电源插头-电线衬套-电源线-电线衬套-电线固定装置-内部电源连接结构

这种结构是一种使用最普遍的电源连接方式,使用时,只需要将产品的电源插头插入合适的电源插座,产品就可以正常使用。为了保证安全,产品的电源插头应当符合相应国家和地区的标准,与供电电网的电源插座匹配[①]。在使用时,应当避免使用电源转换插头,尤其是那些大功率的电气产品;在市场上,一些转换插头甚至只提供两极极转换,而将接地插头浮空,这无形中破坏了 I 类产品的电击防护系统,是非常危险的。

根据电源线是否可以更换,一些产品安全标准将这种结构划分为三种连接类型:

- X 型连接(Type X attachment)是指非专业人士可以容易更换电源线的一种电源线连接方式。由于允许非专业人士干预产品内部结构,容易造成安全事故,因此,采取这种连接方式应当慎重。
- Y 型连接(Type Y attachment)是指由专业人士更换电源线的一种电源线连接方式。
- Z 型连接(Type Z attachment)是指只有在破坏产品的情况下才能更换电源线的连接方式,采用这种连接方式的产品在使用寿命内是不需要更换电源线的,一般用在特殊环境中使用的产品上,如防水产品为了确保防水特性不受影响,电源连接方式通常都是采用 Z 型连接。

选用电源线时,主要的考虑因素是电线的载流能力和电线的类型。电线的载流能力取决于电线的截面积。表4-2可以作为根据产品额定电流选用电线最小截面积的参考。

---

① 在一些国家和地区,电源插头的结构决定了电气产品的相线和零线不会出现对调的情形(如中国的单相两极带地插头),而在其他国家和地区(如德国),由于插头并不区分相线和零线,使用时有可能出现相线零线对调的情形。因此,对于面向多国市场的电气产品,设计时必须充分评估更换电源插头导致相线零线对调时可能出现的问题。在中国工业界,传统是单极开关安装在相线上,但是这种传统的有效性依赖于所使用的是单相三极电源插头。

表 4-2　电线最小截面积规定

电流/A	标称截面积/mm²
≤ 3	0.5
> 3 并且 ≤ 6	0.75
> 6 并且 ≤ 10	1.0
> 10 并且 ≤ 16	1.5
> 16 并且 ≤ 25	2.5
> 25 并且 ≤ 32	4
> 32 并且 ≤ 40	6
> 40 并且 ≤ 63	10

注：该表仅供参考，具体选用时应参照相关产品安全标准的要求。在许多国家和地区，电源线的最小截面积要求是 0.75mm²，不允许使用 0.5mm² 的电线作为电源线。

选用电源线类型的主要考虑因素是正常使用中，电线可能遭遇的外力和使用环境的条件。常见的电源线一般都是聚氯乙烯（PVC）护套电线，通常，如果产品的质量不超过 3kg，可以选用轻型聚氯乙烯护套电线，但是如果产品的质量超过 3kg，那么必须至少选用普通聚氯乙烯护套电线；对于户外使用的产品，电源线通常要求使用橡胶护套类型的电线。产品电源线作为最基本的部件，已经形成了一套非常成熟的生产、检验体系，标准化程度非常高，在实际中，选用参数合适并且取得适当认证的电线，基本上都能够满足产品的安全要求。

电源线护套主要是在电源线可能遭遇弯曲、磨损的位置，提供适当的保护以免电线受损坏。电源线护套的有效性，可以通过适当的弯曲试验来验证，一般要求在 2 万次弯曲试验后，电线中导体断裂数量不应超过 10%。电源线护套的位置一般是在电线进出产品的入口处。

电源线的长度应当适中，既要考虑到产品在使用时，电源线的长度不应导致绊倒等危险现象的发生（如，对于电热水壶而言，电源线的长度不应超过 75cm），又要考虑到使用时的方便性，以免出现长度不够而需要使用电源插线板或电源延长线组件等情形。大部分常见的电气产品的电源线长度都在 1m~2m。

电源线固定装置的作用是防止电源线在外部拉力的作用下导致内部电源接线端受到拉力或扭矩作用，并且保护电源线的绝缘免受磨损；同时，也避免将电源线推入到产品内部而破坏产品的内部元件或损坏电源线。需要注意的是，这里的产品内部是指产品电气防护外壳、机械防护外壳或防火防护外壳的内部，不包括设计用来将电源线收起来的内藏空间。

电源线固定装置不可以采用打结、捆扎或类似的结构（图 4-8），而应当采取一些可靠的结构（图 4-9），如，可以直接使用压板将电源线固定在产品上；也可以使用一些外部固定部件（如，压扣）先夹紧电源线，然后再固定在产品上；甚至可以使用一些出厂时直接固定在电源线上的一体化固定装置，利用产品外壳的卡槽进行固定。需要注意电源线的固定装置不会损坏电源线的绝缘。

（a）电源线打结

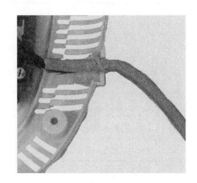
（b）线扎

图4-8 错误的电源线固定装置

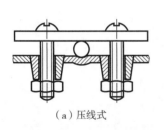
（a）压线式

（b）卡扣式

（c）一体式

图4-9 常见的电源线固定装置

电源线固定装置的有效性可以通过适当的测试来验证。一般，可以采用表4-3的测试参数，在电源线最容易被拉出的方向上施加规定的拉力25次，每次5s，然后在固定装置旁边施加扭矩1min，测试结束后，电源线被拉出的位移不应超过2mm。

表4-3 电源线固定装置有效性测试参数

产品质量/kg	测试拉力/N	测试扭矩/Nm
≤1	30	0.1
>1 并且 ≤4	60	0.25
>4	100	0.35

4.2.2.2 电源线组件（包括电源电源插头-电线衬套-电源线-电线衬套-耦合器）-耦合器-内部电源连接结构

这种结构最显著的特点是，电源软线可以方便、自由地取下而不会影响产品的安全特性。如，对于一些销往不同国家和地区的产品，尤其是大量的IT类产品，往往可以通过仅仅更换电源线组件的方式，就可以在不同的国家和地区使用，大大降低了产品生产制造过程中的库存压力。此外，电源线组件可以从产品上取下，还可以降低产品的体积,提高产品使用的舒适性。

为了提高产品的适用性,大部分的耦合器都是采取标准化结构的(执行标准 IEC 60320、IEC 60309 或等效的国家和地区标准),以便于实现耦合器的互换性。在选用耦合器时,除了要考虑耦合器的规格、参数外,还需要注意耦合器的工作环境限制,普通的耦合器适于冷环境使用,即在耦合器插脚温度不超过 70℃ 的情形下使用,如果需要在更高温度的情形下使用耦合器,必须选用热环境或高热环境使用的耦合器。有关标准耦合器的使用可参见本书的 5.7 节。

此外,还有许多产品使用非标准化的耦合器,以提高产品的使用舒适性,如常见的无绳电热水壶(图 4 – 10)。无论是使用标准耦合器,还是非标准耦合器,在结构上都必须保证耦合器的连接器在使用时不会起到支撑的作用。同时,在接通过程中,耦合器的结构能够保证相极同时接通,并且如果有接地极,比相极先接通;而在断开过程中,耦合器的结构能够保证相极同时断开,并且如果有接地极,比相极后断开。

近年来,一些企业在开发非接触式的耦合器,这种耦合器和传统耦合器的最大区别在于没有直接的电气连接,而是利用电磁感应的方式来传递电能。但是由于电磁兼容、效率等原因,这种形式的耦合器目前仍在普及阶段。

图 4 – 10　使用非标准化耦合器的无绳电热水壶

4.2.2.3　电源连接端子排

这种类型的外部电气连接组件一般只是在使用固定布线连接(fixed wiring)的电气产品使用。这种连接方式的特点是,直接将外部电源线连接到产品的电源连接端子排上。电源连接端子排必须在旁边明确、清楚地标识出正确的接线方式;同时,为了避免在连接外部电源线时对内部布线产生影响,外部电源线不允许与内部导线共用同一个端口(图 4 – 11)。

使用这种连接方式的产品,使用者无法通过拔下电源插头的方式来完全切断产品的电源,因此,一般要求产品必须装备电源全极断开装置(即能够同时断开所有电源连接的开关,并且开关触头断开后能够至少满足基本绝缘的要求),或者在安装说明上强调必须在固定布线中配备全极断开装置。

需要注意的是,以往有许多用于固定布线安装的产品不提供电源端子排,而仅仅提供电源引线。然而,根据许多国家和地区的相关技术安全法规,这种结构的产

图 4-11 电源接线端子排
1—用于连接外部电源；2—用于连接内部导线

品一般不允许在市场上直接销售的，除非提供可靠固定并且清晰标识的电源端子排。

4.2.2.4 直插式结构

使用直插式结构的产品，是直接将电源插头铸造在产品的外壳上，使用时将整个产品插到电源插座上。使用这种结构的产品的特点是体积较小、结构紧凑，但是对产品的生产制造工艺要求较高，尤其是对电源插头部分的公差要求较高，并且在设计时，必须注意在插入电源插座时，手和插座电极之间必须有足够的距离①。

为了避免使用中对插座产生过量的机械应力（一般要求对插座产生的附加力矩要小于 0.25Nm），产品直插部分的质量一般都在 500g 范围内，常见的直插式结构的产品主要是小型电源适配器、充电器；此外，产品在使用中，还要求不会产生振动，因此，这种结构的产品通常不能直接用于加热液体或者带有电动部件。

4.2.3 内部电气连接组件

内部电气连接组件包括电源接线端、各种内部电气连接部件（图 4-12）、内部导线及其护套等，至于绕组则一般不认为包括在内部电气连接组件的范围内，但是印刷电路板则可以认为是一种特殊的内部电气连接组件。

内部电气连接部件的类型很多，既可以使各种螺钉形或无螺钉形接线端子，也可以是各种接插件，甚至可以是钳压连接、缠绕、焊接等。

电源接线端是用于连接外部电源线的接线端。如果产品允许根据需要更换电源线，那么，电源线接线端通常是采用端子排的形式（螺钉型或无螺钉型都可以），并且应当在端子排旁边明确、清楚地标识出正确的接线方式；同时，为了避免在连接外部电源线时对内部布线产生影响，外部电源线不允许与内部导线共用同一个端

---

① 为适应各国市场不同的插座类型，一些企业开发了可更换插头的直插式电源适配器；对此，必须确保插在插座内时插头无法拆卸。

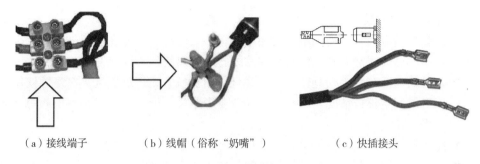

(a) 接线端子　　　　　(b) 线帽（俗称"奶嘴"）　　　　(c) 快插接头

图 4-12　常见的内部电气连接部件

口。此外，为了避免电源线固定装置失效时出现电击的危险，对于Ⅰ类电气产品而言，一旦出现电源线受到外力被拔出的情形时，相零线应当比地线先被绷紧和脱落①。

内部导线同样需要根据工作电流的大小选用截面积合适的导线。内部的截面积可以根据实际工作电流的大小进行选用，不一定需要与电源线的截面积相同。在实际生产装配过程中，一些工厂为了避免混淆不同截面积的导线，通常会使用不同颜色来区分不同截面积的导线，此时，需要注意有黄-绿组合的双色标识导线只用作保护接地导线。

选用内部导线时，还要注意一般不应选用铝线。

在实际生产中，使用多股软线时，许多情况下会采取预先制备的方式来提高工作效率（图 4-13）。需要注意的是，一般不允许使用浸锡的方式来进行制备，但是可以采取在顶端焊接的方式来进行制备。

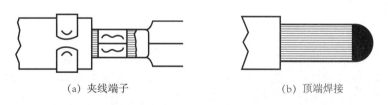

(a) 夹线端子　　　　　　　　(b) 顶端焊接

图 4-13　多股软线常见制备方式

内部导线由于处在外壳防护下，因此，在机械强度、绝缘等方面的要求都比外部电源线的要求相对较低，基本绝缘的导线甚至裸露导线在一定情形下都是允许使用的。需要注意的是，因为布线等原因（如，连接产品不同部位之间的导线）裸露在外、使用中可以被接触的导线，虽然它们在许多场合被称为内部导线（相对电源线而言），但是在产品安全领域，这些导线由于不在外壳防护下，因此同样属于外部电气连接组件的一部分，应当参照电源线来进行要求，除非它们是属于安全特低电压（SELV）电路。

---

① 取决于具体的走线方式，如果地线的接线位置与相零线相距较远，即便地线预留长度较长，同样有可能在电源线受到外力外拔时，地线先被绷紧和脱落；同样，取决于具体的走线方式，即便地线预留长度较短，也有可能后于相零线被绷紧和脱落，因此，不可以简单地通过比较预留长度来进行判定。

在内部布线的结构安排上,应注意以下几点:
- 内部导线应当有效地固定,使用线扎将多股内部导线扎在一起进行固定是实际中常见的固定方式,但必须注意线扎的耐热特性和老化问题。
- 裸露的内部布线必须是刚性的,并且使用机械方式可靠固定,在正常使用中不可能发生移位情况,防止由此导致爬电距离、电气间隙过小而引起短路或电击危险。
- 防止导线与运动部件接触,避免运动部件刮、擦导线而损坏导线的绝缘。
- 对于可能与锐利边、棱接触的导线,应当提供外加护套,避免在正常使用时因为移动、震动等而损坏导线的绝缘。
- 内部导线应当远离热源,导线周围的环境温度不应超过导线允许使用的温度范围;对于热源附近的导线,应当选用适当的耐高温导线,或采取适当的隔热措施,如使用耐热套管等。

印刷电路板可以认为是一种特殊的内部电气连接组件,但是由于印刷电路板是依靠铜箔实现电气连接的,因此,印刷电路板的载流能力是不强的,这一点在设计时必须充分注意。

在内部电气连接中,有两种常见的问题需要特别注意。

> 欧盟RAPEXRAPEX公告0691/09通报的一款主机电源,连接开关的导线仅仅依靠焊接固定;公告A12/1250/15通报的一款直插式电源适配器,连接插销的导线也仅仅依靠焊接固定。两者的问题都是经过一段时候,软线焊接交界部位会在应力作用下断裂,使电线从焊接部位脱落后可以自由活动,从而造成内部短路、减小电气间隙或爬电距离等问题。

一个是焊接可靠性的问题。除了关注虚焊等传统的工艺问题外,必须注意焊接对多股软线的影响。多股软线在焊接后,焊锡凝固的部位无法像原来一样保持柔韧性,软线在焊接的交界部位会因为机械应力、振动等原因而逐渐断裂,因此,多股软线的固定不可以仅仅依赖于焊接;同时,为了避免断开后的导线自由移动,从而影响内部的电气间隙、爬电距离,在多股软线焊接的附近应当有附加的固定装置。如,可以使用热缩套管来同时固定导线绝缘和焊接部位 [图4-14 (a)]。总之,尽量减少焊接交界部位的受力。对于一些焊接端有孔眼的情形,只要导线穿过的孔眼不过大,除了箔线以外,在焊接前勾进孔眼也是一种合适的方法。至于缠绕后焊接的情形 [图4-14 (b)],焊接的部位应当是在顶端,以便缠绕部分能够起到附加固定的作用。

此外,还应注意近年来多个国家和地区对焊锡中含铅量的限制问题。越来越多的焊接已经采用无铅焊接,但是工艺相对要求较高,而且可能出现的"锡须"对电气间隙、爬电距离等会有影响,这是电气产品安全领域需要关注的一个生产工艺问题。

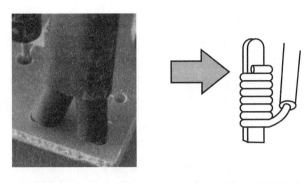

(a) 使用热缩套管来防止过分移动　　(b) 缠绕后焊接部位

图 4-14　焊接可靠性问题

另一个是电气连接中的压力传递问题。一般而言，为了维持接触的可靠性，确保回路的载流能力，尤其是在通过的电流超过 0.5A 的情形，电气连接（包括提供保护接地连续性的连接）的接触压力不应当依靠易于收缩或变形的绝缘材料来保持、传递，除非是陶瓷材料。使用有弹力的金属部件来进行压力补偿，是实践中一种有效的方法。在图 4-15 的结构中，电气连接中的压力施加在金属螺母上，并在顶端螺母的下面有垫片进行弹力补偿，因此，这种电气连接的结构是一种可靠的结构。

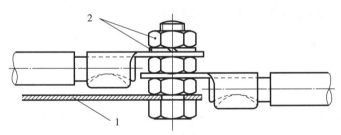

图 4-15　内部电气连接可靠性问题——压力传递
1—绝缘安装底板；2—金属部件

4.3　安全隔离变压器结构

4.3.1　概述

电源变压器（power supply transformer），是指具有两个或两个以上的绕组，通过电磁感应，将一个系统的交流电压和电流转变为通常其值不同、频率相同的另一个系统的电压和电流，作为传输电功率的一种静止的装置。安全隔离变压器（safety isolating transformer），是指在输入绕组（俗称初级绕组，primary winding）和输出绕组（俗称次级绕组，secondary winding）之间具有满足双重绝缘或加强绝缘要求的保护隔离，并且输出电压在安全特低电压（SELV）范围内。

需要注意的是，如果仅仅是为了给电路提供适当的工作电源，产品内部的变压器并不一定必须是安全隔离变压器，也可以是分离变压器（separating transformer），即初级与次级之间采用基本绝缘隔离的变压器，以降低成本。

由于安全隔离变压器的主要作用是提供Ⅲ类电气产品（单纯电池供电的产品除外）的工作电源，合格的安全隔离变压器是Ⅲ类电击保护系统有效工作的基础。从产品安全的角度看，安全隔离变压器设计的两个关键在于初级与次级之间的绝缘，以及控制变压器在正常使用时和异常状态下的发热，保证整套绝缘系统如何在正常使用和异常时不会失效。

本书主要以 IEC 61558 为基础来介绍安全隔离变压器的结构要求[①]。IEC 61558 所覆盖的安全隔离变压器，主要是指驻立式或移动式、单相或多相、空气冷却（自然冷却或强制冷却）、配套用或其他应用的安全隔离变压器，其额定电源电压不大于 AC 1000 V，额定频率一般是 50Hz 或者 60Hz，额定输出不大于 10kVA（单相变压器）或 16kVA（多相变压器）。需要注意的是，IEC 61558 还包括了对电源适配器的附加要求。

4.3.2 安全隔离变压器的骨架和绕组

安全隔离变压器（以下简称变压器）的安全特性首先取决绕组之间的绝缘结构。变压器的结构通常可以分为绕组（winding）、骨架（bobbin）和铁心（core）三部分，铁心常见的结构有 EI 叠片式铁心、环形铁心、R 型铁心等结构，骨架固定在铁心上作为绕组缠绕固定的支撑。按照初级线圈和次级线圈绕组位置的不同，常见的变压器骨架可以分为同心式骨架（图 4-16）和并列式骨架（图 4-17）两种。对于安全隔离变压器而言，无论是采用哪一种骨架，都要求保证初级和次级之间不可能存在直接或间接（如通过其他金属零部件）的任何相连，并且满足加强绝缘或双重绝缘的要求。

设计变压器的初级与次级之间的绝缘结构时，需要考虑初级与次级之间所有可能的爬电路径。对于单个初级和单个次级，通常，主要是通过以下两条途径：

- 初级—绝缘（如骨架，或者各种类型的绝缘衬垫等）—次级；
- 初级—绝缘—铁芯（或其他金属等）—绝缘—次级。

对于安全隔离变压器，初级与次级电路之间必须满足双重绝缘或者加强绝缘的要求。初级与次级绕组之间绝缘的爬电距离、电气间隙和绝缘穿透距离要求见表 4-4，图 4-20 是表 4-4 中各项要求的示意图。从表 4-4 中可以看到，绝缘材

---

① 现行版本为 IEC 61558-1：2005，对应的中国国家标准为 GB/T 19212；在北美，类似的标准是 UL 1585。

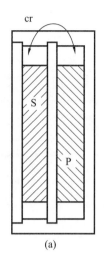
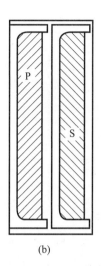

图 4-16　同心式骨架截面示意图

料如果使用等级更高的材料组别，可以降低对爬电距离的要求，因而有可能在一定程度上减小变压器的体积。

为了增加初级与次级之间的爬电距离，实际中根据具体的骨架结构，已经有许多成熟的工艺技术可以采用。如，可以通过在绕制时在各个绕组的边缘预留足够距离的方式来增加爬电距离，如图 4-16（a）所示；或者使用反包等方式，利用绝缘衬垫来隔断初级与次级之间的爬电路径，如图 4-17（a）所示；或者直接使用带有挡板的骨架（如抽屉式结构，见图 4-18（b），注意图中骨架上的为了增加初级线圈与铁芯的爬电距离的挡板）进行绕制等。需要注意的是，如果绕组之间的绝缘是采用薄片绝缘的方式，采用绝缘薄膜、胶带等作为绝缘材料，那么，在绕制过程中，必须确保任何位置都有足够的重叠层数；如果是使用有锯齿边的绝缘带作绝缘，还需要注意锯齿边的影响；此外，如果这些绝缘薄膜等是采用缠绕的方式绕制，必须采取措施保证它们不会松动、脱落。

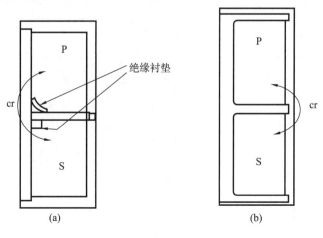

图 4-17　并列式骨架截面示意图

表 4-4 变压器绝缘爬电距离、电气间隙和绝缘穿透距离要求（根据 IEC 61558-1 表 13、表 C.1 和表 D.1 整理）

单位：mm

绝缘类型	绝缘部位	穿过绕组漆膜 P2	穿过绕组漆膜 P3	不穿过绕组漆膜 P2	不穿过绕组漆膜 P3	≥25 ≤50 cl	≥25 ≤50 cr	100 cl	100 cr	150 cl	150 cr	300 cl	300 cr	600 cl	600 cr	材料组别
1. 初级与次级之间（基本绝缘）	a) 初级中的带电部件与次级中的带电部件之间的爬电距离和电气间隙			√		0.2	1.2	0.5	1.4	1.5	1.6	3.0	3.0	5.5	6.0	Ⅲa
				√		0.2	0.85	0.5	1.0	1.5	1.5	3.0	3.0	5.5	5.5	Ⅱ
				√		0.2	0.6	0.5	0.7	1.5	1.5	3.0	3.0	5.5	5.5	Ⅰ
	b) 初级或次级与接地金属屏蔽层之间的绝缘穿透距离要求				√	0.8	1.9	0.8	2.2	1.5	2.5	3.0	4.7	5.5.	9.5	Ⅲa
					√	0.8	1.7	0.8	2.0	1.5	2.2	3.0	4.2	5.5	8.6	Ⅱ
					√	0.8	1.5	0.8	1.8	1.5	2.0	3.0	3.9	5.5	7.7	Ⅰ
	c) 初级与次级之间没有绝缘穿透厚度要求		√			0.2	1.2	0.2	1.4	0.5	1.6	1.5	3.0	3.0	6.0	Ⅲa
			√			0.2	0.85	0.2	1.0	0.5	1.1	1.5	2.1	3.0	4.3	Ⅱ
			√			0.2	0.6	0.2	0.7	0.5	0.8	1.5	1.5	3.0	3.0	Ⅰ
	P1 条件下减小值	√				0.8	1.9	0.8	2.2	0.8	2.5	1.5	4.7	3.0	9.5	Ⅲa
		√				0.8	1.7	0.8	2.0	0.8	2.2	1.5	4.2	3.0	8.6	Ⅱ
		√				0.8	1.5	0.8	1.8	0.8	2.0	1.5	3.9	3.0	7.7	Ⅰ
						–	0.18	–	0.25	–	0.3	–	0.7	–	1.7	Ⅲa
						–	0.18	–	0.25	–	0.3	–	0.7	–	1.7	Ⅱ
						–	0.18	–	0.25	–	0.3	–	0.7	–	1.7	Ⅰ

续表

绝缘类型	绝缘部位	测量路径 穿过绕组漆膜 P2	测量路径 穿过绕组漆膜 P3	测量路径 不穿过绕组漆膜 P2	测量路径 不穿过绕组漆膜 P3	工作电压/V ≥25 ≤50 cl	≥25 ≤50 cr	100 cl	100 cr	150 cl	150 cr	300 cl	300 cr	600 cl	600 cr	材料组别
2. 初级与次级之间（双重绝缘或加强绝缘）	a) 初级中的带电部件与次级中的带电部件之间的爬电距离和电气间隙	√				0.5	1.4	1.5	2.0	3.0	3.0	5.5	6.0	8.0	12.0	Ⅲa
		√				0.5	1.0	1.5	1.5	3.0	3.0	5.5	5.5	8.0	8.6	Ⅱ
		√				0.5	0.7	1.5	1.5	3.0	3.0	5.5	5.5	8.0	8.6	Ⅰ
			√			0.8	2.2	1.5	3.2	3.0	4.7	5.5	9.5	8.0	19.2	Ⅲa
			√			0.8	2.0	1.5	2.8	3.0	4.2	5.5	8.6	8.0	17.2	Ⅱ
			√			0.8	1.8	1.5	2.5	3.0	3.9	5.5	7.7	8.0	16.0	Ⅰ
				√		0.2	1.4	0.5	2.0	1.5	3.0	3.0	6.0	5.5	12.0	Ⅲa
				√		0.2	1.0	0.5	1.4	1.5	2.0	3.0	4.3	5.5	8.6	Ⅱ
				√		0.2	0.7	0.5	1.0	1.5	1.5	3.0	3.0	5.5	6.0	Ⅰ
					√	0.8	2.2	0.8	3.2	1.5	4.7	3.0	9.5	5.5	19.2	Ⅲa
					√	0.8	2.0	0.8	2.8	1.5	4.2	3.0	8.6	5.5	17.2	Ⅱ
					√	0.8	1.8	0.8	2.5	1.5	3.9	3.0	7.7	5.5	16.0	Ⅰ
						—	0.25	—	0.4	—	0.7	—	1.7	—	4.0	Ⅲa
		P1条件下减小值				—	0.25	—	0.4	—	0.7	—	1.7	—	4.0	Ⅱ
						—	0.25	—	0.4	—	0.7	—	1.7	—	4.0	Ⅰ
	b) 初级或次级与接地金属屏蔽层之间的绝缘穿透距离	—				dti	0.1	dti	0.2	dti	0.25	dti	0.5	dti	0.7	—
	c) 初级与次级之间的绝缘穿透距离	—				dti	0.2	dti	0.3	dti	0.5	dti	1.0	dti	1.5	—

续表

绝缘类型	绝缘部位	测量路径 穿过绕组漆膜 P2	测量路径 穿过绕组漆膜 P3	测量路径 不穿过绕组漆膜 P2	测量路径 不穿过绕组漆膜 P3	工作电压/V ≥25 ≤50 cl	≥25 ≤50 cr	100 cl	100 cr	150 cl	150 cr	300 cl	300 cr	600 cl	600 cr	材料组别
3. 相邻初级或者相邻次级电路之间的绝缘	相邻初级电路或者相邻次级电路之间的爬电距离和电气间隙	√				0.2	1.2	0.2	1.4	0.2	1.6	0.5	3.0	1.5	6.0	Ⅲa
			√			0.2	0.85	0.2	1.0	0.2	1.1	0.5	2.1	1.5	4.3	Ⅱ
						0.2	0.6	0.2	0.7	0.2	0.8	0.5	1.5	1.5	3.0	Ⅰ
				√		0.8	1.9	0.8	2.2	0.8	3.1	0.8	4.7	1.5	9.5	Ⅲa
						0.8	1.7	0.8	2.0	0.8	2.2	0.8	4.2	1.5	8.6	Ⅱ
						0.8	1.5	0.8	1.8	0.8	2.0	0.8	3.9	1.5	7.7	Ⅰ
					P1 条件下减少值	—	0.18	—	0.25	—	0.3	—	0.7	—	1.7	Ⅲa
		√	√	√	√	—	0.18	—	0.25	—	0.3	—	0.7	—	1.7	Ⅱ
		√	√	√	√	—	0.18	—	0.25	—	0.3	—	0.7	—	1.7	Ⅰ
4. 连接外部电缆和软线的端子之间（不包括螺纹级端子与次级螺纹端子之间）	a) ≤6A	√	√	√	√	3.0		3.6		4.0		6.0		9.0		—
	b) >6A, ≤16A	√	√	√	√	5.0		6.0		7.0		10.0		13.0		—
	c) >16A	√	√	√	√	10.0		11.0		12.0		14.0		17.0		—

续表

绝缘类型	绝缘部位	测量路径 穿过绕组漆膜 P2	测量路径 穿过绕组漆膜 P3	测量路径 不穿过绕组漆膜 P2	测量路径 不穿过绕组漆膜 P3	工作电压 /V ≥25 ≤50 cl	≥25 ≤50 cr	100 cl	100 cr	150 cl	150 cr	300 cl	300 cr	600 cl	600 cr	材料组别
5. 基本绝缘或附加绝缘	在以下部位之间的爬电距离和电气间隙: a) 不同极性的带电部件; b) 带电部件与接地外壳; c) 可触及金属零部件与其直径相同、直径相同的电线电缆、插入装置护套、固定装置内的金属棒、类似装置内金属棒; d) 带电部件与中间金属部件; e) 中间金属部件与外壳体	√				0.2	1.2	0.5	1.4	1.5	1.6	3.0	3.0	5.5	6.0	Ⅲa
						0.2	0.9	0.5	1.0	1.5	1.5	3.0	3.0	5.5	5.5	Ⅱ
						0.2	0.6	0.5	0.7	1.5	1.5	3.0	3.0	5.5	5.5	Ⅰ
				√		0.8	1.9	0.8	2.2	1.5	2.5	3.0	4.7	5.5	9.5	Ⅲa
						0.8	1.7	0.8	2.0	1.5	2.2	3.0	4.2	5.5	8.6	Ⅱ
						0.8	1.5	0.8	1.8	1.5	2.0	3.0	3.9	5.5	7.7	Ⅰ
						0.2	1.2	0.2	1.4	0.5	1.6	1.5	2.9	3.0	6.0	Ⅲa
						0.2	0.9	0.2	1.0	0.5	1.1	1.5	2.1	3.0	4.3	Ⅱ
						0.2	0.6	0.2	0.7	0.5	0.8	1.5	1.5	3.0	3.0	Ⅰ
					√	0.8	1.9	0.8	2.2	0.8	2.5	1.5	4.7	3.0	9.5	Ⅲa
						0.8	1.7	0.8	2.0	0.8	2.2	1.5	4.2	3.0	8.6	Ⅱ
						0.8	1.5	0.8	1.8	0.8	2.0	1.5	3.9	3.0	7.7	Ⅰ
						—	0.18	—	0.25	—	0.3	—	0.7	—	1.7	Ⅲa
						—	0.03	—	0.1	—	0.24	—	0.7	—	1.7	Ⅱ
		P1 条件下减小值				—	0.03	—	0.1	—	0.24	—	0.7	—	1.7	Ⅰ

续表

绝缘类型	绝缘部位	测量路径				工作电压/V										材料组别
		穿过绕组漆膜		不穿过绕组漆膜		≥25 ≤50		100		150		300		600		
		P2	P3	P2	P3	cl	cr	cl	cr	cl	cr	cl	cr	cl	cr	
6. 加强绝缘或双重绝缘	壳体与带电部件之间	✓				0.5	1.4	1.5	2.0	3.0	3.0	5.5	6.0	8.0	12.0	Ⅲa
		✓				0.5	1.0	1.5	1.5	3.0	3.0	5.5	5.5	8.0	8.6	Ⅱ
		✓				0.5	0.7	1.5	1.5	3.0	3.0	5.5	5.5	8.0	8.6	Ⅰ
			✓			0.8	2.2	1.5	3.2	3.0	4.7	5.5	9.5	8.0	19.2	Ⅲa
			✓			0.8	2.0	1.5	3.0	3.0	4.2	5.5	8.6	8.0	17.2	Ⅱ
			✓			0.8	1.8	1.5	2.5	3.0	3.9	5.5	7.7	8.0	8.6	Ⅰ
				✓		0.2	1.4	0.5	2.0	1.5	3.0	3.0	6.0	5.5	12.0	Ⅲa
				✓		0.2	1.0	0.5	1.5	1.5	2.1	3.0	4.3	5.6	8.6	Ⅱ
				✓		0.2	0.7	0.5	1.0	1.5	1.5	3.0	3.0	5.5	6.0	Ⅰ
	壳体与次级的带电部件之间，如果次级电路采取防止瞬态电压的附加措施		✓			0.8	2.2	0.8	3.2	1.5	4.7	3.0	9.5	5.5	19.2	Ⅲa
			✓			0.8	2.0	0.8	3.0	1.5	4.2	3.0	8.6	5.5	17.2	Ⅱ
			✓			0.8	1.8	0.8	2.5	1.5	3.9	3.0	7.7	5.5	16.0	Ⅰ
					✓	0.2	1.4	0.2	2.0	0.5	3.0	1.5	6.0	3.0	12.0	Ⅲa
					✓	0.2	1.0	0.2	1.5	0.5	2.1	1.5	4.3	3.0	8.6	Ⅱ
					✓	0.2	0.7	0.2	1.0	0.5	1.5	1.5	3.0	3.0	6.0	Ⅰ
						0.8	2.2	0.8	3.2	0.8	4.7	1.5	9.5	3.0	19.2	Ⅲa
						0.8	2.0	0.8	3.0	0.8	4.2	1.5	8.6	3.0	17.2	Ⅱ
						0.8	1.8	0.8	2.5	0.5	3.9	1.5	7.7	3.0	16.0	Ⅰ
	P1 条件下减小值					—	0.25	—	0.4	—	0.7	—	1.7	—	4.0	Ⅲa
						—	0.25	—	0.4	—	0.7	—	1.7	—	4.0	Ⅱ
						—	0.25	—	0.4	—	0.7	—	1.7	—	4.0	Ⅰ

续表

绝缘类型	绝缘部位	测量路径				工作电压/V										材料组别
		穿过绕组漆膜		不穿过绕组漆膜		≥25 ≤50		100		150		300		600		
		P2	P3	P2	P3	cl	cr	cl	cr	cl	cr	cl	cr	cl	cr	
7. 绝缘穿透距离（不包括初级与次级之间的绝缘）	a) 基本绝缘	—	—	—	—	无厚度要求										—
	b) 附加绝缘	—	—	—	—	dti	0.1	dti	0.15	dti	0.25	dti	0.5	dti	0.75	—
	c) 加强绝缘	—	—	—	—	dti	0.2	dti	0.3	dti	0.5	dti	1.0	dti	1.5	—

注：
1. 当工作电压处于表中电压之间时，相应的爬电距离，电气间隙和绝缘穿透距离的数值可以通过线性内插法计算得到。
2. 对于工作电压低于25V的，没有数值的要求，只需要通过相应的电气强度测试即可。
3. 表中绝缘穿透距离只列出固体绝缘的情形。实际上还可以使用薄片绝缘的形式，相关的要求可参见标准IEC 61558-1对应的表格，由于篇幅限制，本表中没有列出。如果灌封，浸渍或其他方式进行密封的情形，可以通过适当的热循环试验来验证，具体可参见IEC 61558-1中第26章。
4. 污染等级为P1级的情形，主要是指使用浸渍，灌封或其他方式进行密封的情形。

（a）筒式骨架（同心式）　　　　　（b）抽屉式骨架（并列式）

图 4-18　骨架实例（为显示内部结构，骨架结构略有破坏）

至于绕组，同样需要考虑松动和脱落的问题，可以采用诸如胶带、合适的胶粘剂等来进行固定，甚至还可以使用浸渍材料进行填充和固定。在绕制过程中，还需要注意绕组线圈两端引线的引出方式。一般对于内侧的引出端，在引出端和其他线匝之间需要有适当的绝缘，不能仅仅依靠漆包线的漆膜，避免可能出现的破损而导致短路，为此，一些工厂在使用骨架进行绕制时，特意在骨架上开槽，使得内侧的引出端不用跨越其他线匝。

需要注意的是，一般用于绕制线圈的漆包线的漆膜只能起到功能绝缘的作用，需要采取额外的绝缘措施才能满足基本绝缘、附加绝缘或加强绝缘的要求，测量基本绝缘、附加绝缘或加强绝缘的电气间隙、爬电距离时，是直接穿过绕组漆膜的（图 4-19）；如果计划使用绝缘绕组线的绝缘来直接提供基本绝缘、附加绝缘或加强绝缘的功能，所使用的绝缘绕组线（如聚酰亚胺绕组线或等效质量的绝缘绕组线）的绝缘层要求能够满足类似于薄片绝缘的要求，并且能够通过弯曲情形下的电气强度测试、附着力和柔韧性测试、热冲击测试、耐磨性测试等，具体可以参阅 IEC 61558-1 的附录 K。

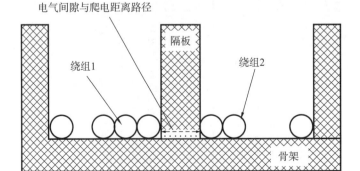

图 4-19　绝缘测量绝缘

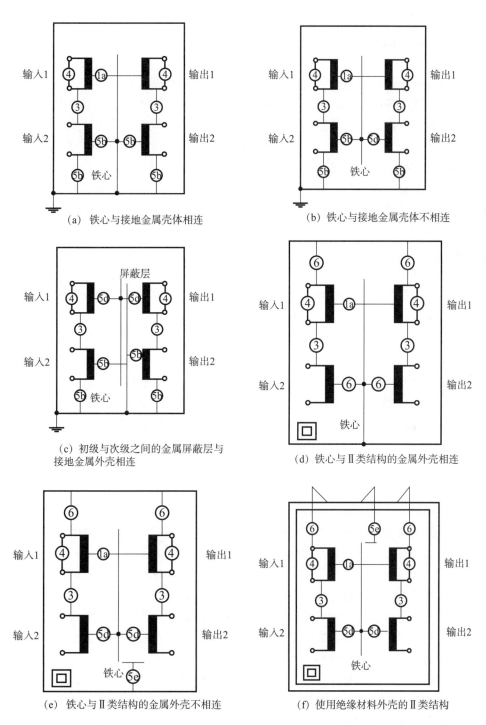

(a) 铁心与接地金属壳体相连
(b) 铁心与接地金属壳体不相连
(c) 初级与次级之间的金属屏蔽层与接地金属外壳相连
(d) 铁心与Ⅱ类结构的金属外壳相连
(e) 铁心与Ⅱ类结构的金属外壳不相连
(f) 使用绝缘材料外壳的Ⅱ类结构

图 4-20 变压器绝缘的爬电距离、电气间隙测量以及绝缘穿透距离测量点示意图
（根据 IEC 61558-1 附录 P 整理）

4.3.3 安全隔离变压器的绝缘等级

变压器在正常使用中，会因为铁损、铜损等原因发热，为了避免长期过热而破坏变压器的绕组绝缘系统，必须根据绝缘系统的等级，控制正常使用条件下变压器的发热。在相关的《电工手册》中，已经形成了一套比较完善的设计体系，可以根据相关的经验公式来计算铁心的尺寸和线圈的电流密度。需要注意的是，在考察变压器正常使用状态的发热情形时，虽然都是根据变压器的标称输出作为测试负载的设定依据，但是，在欧盟、北美和中国的变压器安全标准中，变压器正常条件下的温升负载的具体设定还是略有不同的。由于变压器行业对于成本非常敏感，预留的安全裕量非常小，这一点细微的区别在设计的时候需要特别小心，以免在变压器的安全认证中出现不符合项目。

变压器除了需要控制正常使用条件下的发热外，还需要考虑在短路和过载等异常条件下的发热情形。根据变压器的异常保护方式，可以将变压器分为非耐短路变压器（non-short-circuit proof transformer）、耐短路变压器（short-circuit proof transformer）和无危害式变压器（fail-safe transformer）。非耐短路变压器是指需要使用外部保护装置来防止过高温度的一种变压器；无危害式变压器是指在非正常使用后，虽然输入电路会断开而永远失去原有功能，但是对使用者和周围环境不造成危害的一种变压器；耐短路变压器是指当过载或短路时，其温升不会起过规定的限值的一种变压器。耐短路变压器又可以分为固有耐短路变压器（inherently short-circuit proof transformer）和非固有耐短路变压器（non-inherently short-circuit proof transformer）。固有耐短路变压器是指虽然没有保护装置，但是在过载或短路的情况下，由于结构上的原因，变压器的温度不会起过规定的限值的一种耐短路变压器。非固有耐短路变压器是指装有过载保护装置，当变压器过载或短路时，过载保护装置能断开输入或输出电路，或者能减小输入或输出电路的电流，从而确保变压器的温度不会起过规定的限值的一种耐短路变压器。

通常，变压器的过载是指变压器的输出端的负载出现导致变压器的输出超过额定输出的任意情形，短路可以认为是一种特殊的过载形式。但在产品安全领域，许多时候变压器的过载是指变压器工作在保护装置刚好不动作时的最大可能输出情形下，在这种情形下，变压器的温度一般将长期稳定在一个较高的温度上，是变压器可能出现的最危险的过热情形之一。

变压器常用的保护装置有电流熔断器、热熔断体、过热保护器、PTC 热敏电阻等。对于目前市场上最常见的小功率的安全隔离变压器，通常是在初级安装热熔断体作为保护装置。在设计时，需要根据具体变压器的特性选用合适的保护装置。如，由于热熔断体等过热保护元件是通过感应线圈发热的形式来进行短路和过载保护的，动作时间比较长，因此，对于短路电流很大、绕组线圈温度上升非常快的情形，可能需要同时安装电流熔断器来进行防护。

需要注意的是，对于多个绕组的变压器，在正常使用条件下温升最高的绕组，并不一定是安装保护装置的最佳选择，实际中，需要分别根据各个绕组在异常条件下的表现选用合适的保护装置。

表 4-5 是不同绝缘等级的绕组在正常使用条件下和异常情形下温度允许的最高限值，可以作为设计时的参考。

表 4-5 不同绝缘等级的绕组的温度限制   单位：℃

绝缘系统	正常使用时允许的最高温度	在短路或过载等异常条件下			
		固有保护的绕组	使用保护装置		
			第一个小时内	第一个小时后，峰值	第一个小时后，算术平均值
A 级绝缘材料（Class A）	100	150	200	175	150
E 级绝缘材料（Class E）	115	165	215	190	165
B 级绝缘材料（Class B）	120	175	225	200	175
F 级绝缘材料（Class F）	140	190	240	215	190
H 级绝缘材料（Class H）	165	210	260	235	210

注：1. 在实际进行测量的时候，尤其是在异常条件下进行测量的时候，需要注意热惯性对测量结果的影响。
2. 表中所列数值是指保护熔断器的额定电流不超过 63A 的情形。
3. 在北美，所采用的绝缘系统略有不同，其 Class 105 和 Class 130 分别类似于 Class A 和 Class B。具体可参阅 UL 1446。

4.3.4 绝缘材料要求

变压器的结构中，不应当使用类似于赛璐珞这样能够剧烈燃烧的材料；棉布、丝绸、纸和类似的纤维材料不得作为绝缘材料来使用，除非经过浸渍处理（即，绝缘材料纤维之间的空隙充分填充了合适的绝缘材料）；而对于木材，即使经过浸渍处理，也不得作为附加绝缘或加强绝缘来使用。浸渍的材料一般不应使用蜡和类似的浸渍材料。

4.3.5 结语

安全隔离变压器的额定输出电压和空载输出电压也有一定的限制，具体可参见本书的 5.9 节。目前，中国是世界上最主要的小功率安全隔离变压器生产制造地区之一。由于小功率安全隔离变压器行业的进入门槛较低，竞争非常激烈，对产品的生产制造成本非常敏感，因此，导致许多小功率安全隔离变压器的安全裕量往往非常小，这就对变压器的生产装配工艺提出了很高的要求。如何在确保安全隔离变压器安全特性的前提下，不断降低装配成本和材料成本，是许多变压器企业面临的挑战。在设计时，企业必须充分把握不同地区变压器安全标准的细微差别。

4.4 安全联锁装置

4.4.1 概述

安全联锁装置（safety interlock），指在危险排除之前能阻止接触危险区，或者一旦接触时能自动排除危险状态的一种装置。这种装置可以仅仅由一个元件构成，也可以是由多个元件构成的复杂机构。对于电气产品而言，危险的来源主要是电能，或者是由于电能的使用而引起的，切断危险源的电源基本上就能将危险的危害程度降低，甚至消除，因此，电气产品中使用的安全联锁装置通常都是某种联锁开关或者继电器（以下简称为联锁开关）。这些联锁开关的作用是满足安全防护的第三个原则，即因为某种原因必须接触危险源时，危险源的能量在接触到之前已经被及时切断或消除。

常见的安全联锁装置可以分为手动复位式和自动复位式两种结构。

（1）手动复位式安全联锁装置

手动复位式安全联锁装置的特点是，在动作后，必须手动复位联锁装置，才能重新建立工作状态。图4-21（a）是一种电动切肉机的电源开关装置，由处于顶端的主开关和侧面的保护开关组成（箭头所指部位）。产品要启动，必须按下保护开关后，主开关才能按下；而要停止工作时，无需按下保护开关，只需再次按下主开关就可以；要再次启动，必须重复按下保护开关后再按主开关。这就意味着要两个独立的动作才能使器具工作，保证使用者不会因为无意识地触碰使产品工作起来，造成意外的伤害。因此，旁边的保护开关构成了最简单的手动复位式安全联锁装置。使用中需要人手长期操作的偏置开关，可以认为是一种特殊的手动复位式安全联锁装置。

（2）自动复位式安全联锁装置

自动复位式安全联锁装置的特点是，在动作后，无需人工干预，就可以重新建立工作状态。图4-21（b）是一种电动食物加工器的安全联锁开关，产品利用内置的刀具通过电机驱动旋转来进行食物加工，在产品基座两边对称的部位各有一个或两个开关串联连接，产品的上盖作为联锁装置的触发机构，只有在产品上盖按设

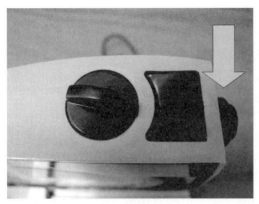

顶视图　　　　　　　　　　　　　　侧视图

(a) 手动复位式联锁开关

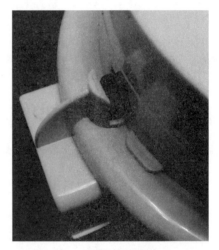

食物加工器　　　　　　　　　　　联锁开关位置

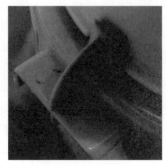

联锁开关未按下　　　　联锁开关正常按下　　　　手无法触及联锁开关

(b) 自动复位式联锁开关

图 4-21　联锁开关和触发机构

计要求安放到位后，同时触发两边的联锁开关，电路才能接通，而只要有一个联锁开关没有触发，电路都不会接通，电机也不会转动；而上盖一旦离开正常的安放部位，联锁开关立即断开，电路马上开路，电机断电后在内部电磁刹车的作用下迅速停止转动；要重新启动电机，必须将上盖重新安放到位。由于这种联锁开关在触发解除后，会自动复位，无需人工干预，只要触发机构重新到位触发，就可以重新建立工作状态。因此，这两个联锁开关构成了自动复位式安全联锁装置。

使用联锁装置最常见的情形就是因为使用或维护产品的需要，必须打开产品的门、窗或防护罩等，这时候，为了避免人体遭到伤害，相关的联锁开关必须事先将所有危险源（如危险带电部件、危险运动部件等）的工作电源切断；只有当所有的门、窗或防护罩（以下统称为防护措施）都按照安全防护设计的要求安装到位或恢复原位后，保证人体无法接触到危险源，才可以恢复供电，或者启动危险运动部件。可见，联锁装置是一种典型的安全防护装置。然而有趣的是，作为一种重要的安全保护装置，在 IEC 60335 系列的家电产品安全标准中，至今仍然没有正式引入联锁开关的定义。

4.4.2 设计要求

（1）联锁动作可靠

联锁开关的基本要求是动作可靠，具体表现为自动复位、传动可靠，具有足够动作寿命。自动复位，是指一旦外部触发机构的作用消失，联锁开关能够自动复位，切断电路。

传动可靠是指防护装置到位时，触发机构能够可靠地触发联锁开关，接通电路；当防护装置离开位置时，触发机构能够同时离开联锁开关，让联锁开关自动复位，切断电路。在这些过程中，触发机构的传动不应当出现任何迟滞的现象（如卡位等）。需要注意的是，在正常工作中，联锁开关的触发机构不应给联锁开关施加过大的机械压力，以免造成联锁开关机械疲劳，无法自动服务，通常，要求触发机构行程不应超过 50%。此外，还需要考虑触发传动机构的机械误差，如，在防护装置还没有完全到位的情形下，联锁开关就已经被触发而接通电路了，此时防护装置和正常位置之间的空隙应当不会造成安全隐患。

联锁开关的寿命通常要求在满负荷工作状况下至少达到 1 万次，如果是舌簧管（reed switch）则要求至少 10 万次。此外，开关的触头之间还应当满足一定的距离和电气强度要求。如，对于直接连接到电网电源的联锁开关，当开关断开时，触头之间的距离至少满足完全断开（full-disconnection）的要求（至少是 3mm），同时满足加强绝缘的电气强度要求。有趣的是，关于联锁开关完全断开后触头之间的距离，OSM 曾经发布过一个决议，要求光学投影机盖板联锁开关的触头距离必须达到 6mm 以上，原因是用户有可能在投影仪通电的状态下打开盖板更换灯泡，但该决议目前已经撤销。

(2) 防止意外触发

联锁开关的传动设计要求产品的防护措施一旦离位，联锁开关必须不会被意外触发（如人手无意间将联锁开关触发），不会因为正常的震动、机械冲击而触发。因此，联锁开关通常安装在产品内部一些内陷的位置，周围有一些凸起来防止人手、工具等无意间触发联锁开关，同时采取一些有效的措施（如固定螺钉、卡位等）将它牢牢固定；而安装在防护措施上的触发传动机构通常采用销形、楔形等形状，这样，只有在防护措施正确到位后，触发传动机构才可以可靠地触发联锁开关。在图 4-20 (b) 的实例中，联锁开关凹下内嵌在外壳下面，开关周围呈凸起结构，整个联锁开关部位形成一个狭长的防护结构，手指无法接触联锁开关，不会出现误按下的情形，而上盖的开口边缘作为触发机构，呈切片状，同时边缘上还有横向的限位突出片，只有在上盖正确放置的情形下，触发传动机构才能够从凸起的中间切入，把开关压下接通电路。

(3) 失效安全（fail-safe）

联锁开关要求在设备的正常寿命期内不可能出现失效；即使发生失效，各种可能的失效状态都不会产生安全隐患。

以图 4-22 为例，在图 4-22 (a) 中，开关 S 是电源开关，开关 K 是一个触头常开的联锁开关，当防护措施到位时，传动机构将开关 K 的控制杆压下时，开关 K 接通电路，电流流过继电器线圈 C，继电器的常开触头闭合，接通电机 M 的工作电源；如果防护措施不到位，开关 K 的控制杆没有压下，此时开关 K 无法闭合，没有电流流过继电器线圈 C，因此，继电器的常开触头不会闭合，电机 M 没有工作电源，不会转动，因而也就不会造成危害。如果因为某种原因传动机构失效，无法将开关 K 的控制杆压下，出现的现象也就是电路无法工作而已。

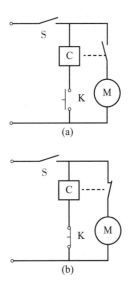

图 4-22 失效无危害电路比较

但是在图 4-22 (b) 中，情况就不一样了。开关 K 是一个触头常闭的联锁开关，当防护措施到位时，传动机构将开关 K 的控制杆压下时，开关 K 断开电路，没有电流流过继电器线圈 C，继电器的常闭触头闭合，接通电机 M 的工作电源；如果防护措施不到位，开关 K 的控制杆没有压下，此时开关 K 处于闭合状态，电流流过继电器线圈 C，继电器的常闭触头断开，电机 M 没有工作电源，不会转动。但这种电路存在的问题是，如果因为某种原因（如由于机械间隙）出现传动机构失效，无法将开关 K 的控制杆完全压下，由于出现控制电路故障，继电器 C 工作不正常，那么，会出现继电器 C 常闭触头维持在闭合状态，从而无法切断电机 M 的工作电源，产品有可能处在危险状态，联锁装置无法起到应有的保护作用。

因此，在设计联锁开关的电路时，必须确保在各种失效的情形下，都不会造成安全隐患，从现实的角度考虑，目前在考核安全联锁装置的失效后果时，每次只模拟一种失效情况的出现。因此，为了确保安全联锁装置即使出现失效也不会产生安全隐患，必要时可考虑采用多重联锁结构。

4.4.3 注意事项

在设计安全联锁装置时，还必须注意以下几种常见的问题。

（1）对于某些会在短时间内对人体造成严重伤害甚至死亡的危险源，需要考虑采用至少两重以上的安全联锁装置。对于一些容易被意外触发而接通电路的联锁开关（如舌簧管），在设计时也需要考虑采用至少两重以上的安全联锁装置。在图 4-20（b）的实例中，在产品对称的两边各有一个联锁开关，两个联锁开关串联连接，这样，只有在两个联锁开关同时正确按下的情形下，产品才能工作，这样，就可以最大限度地防止误触发联锁开关而导致危险。

（2）注意危险源的惯性问题（包括运动惯性和热惯性等），充分考虑安全联锁装置是否能够真正满足安全防护的要求。如，家用绞肉机在工作时，刀片会高速旋转，即使断开电源，刀片依然会在惯性的作用下继续旋转，会对人手构成严重的安全隐患。因此，在这种情形下，仅仅依靠联锁开关来切断电机电源还是不够的，需要加装某种形式的刹车装置，在 1.5s 将电机停止下来（参见 IEC 60335-2-14）。

（3）对产品维护时，如果因为某种原因必须旁路联锁开关（即在防护措施不到位的情形下，利用其他手段强制触发联锁开关，从而接通电路），那么，必须保证这种旁路的行为是维修人员有意识的行为，即维修人员不能用手就可以将联锁开关旁路，而是必须使用工具和一定的气力才能将联锁开关触发；而在产品维护工作结束后，这种联锁开关能够自动恢复正常的状态，否则产品应当无法正常工作。如，在图 4-20（b）中，如果维修中维修人员使用一些工具（如，厚纸片）将开关的控制杆强行压下，那么，在维修完毕后，如果维修人员不将这些工具拿走，是无法正常安放上盖的，这就保证了联锁开关不会被永久旁路。另外，对于使用者可以旁路的联锁开关，应当在产品显要的位置提醒使用者注意不要旁路联锁开关。

（4）可以使用安全联锁装置来进行防护的区域和空间不是无限制的，并不是使用安全联锁装置后，就允许使用者任意进入产品的内部。如果在打开防护罩、盖子、外壳等之后，使用者有可能调整或修改产品的内部结构，并且这种修改或调整会影响产品的安全特性，那么，这些区域、空间是不应当让使用者进入的，使用安全联锁装置来防止进入是不足够的，安全联锁装置在这种情形下并不是恰当的防护结构，而是应当使用适当的固定措施（如，螺钉，或者必须使用工具才能打开的卡扣等）。如果这些区域、空间内部是允许让专业人士在维护时进行调整、修改的，进入这些区域、空间是一种常规活动，那么，在使用安全联锁装置以防止专业人员的疏忽的同时，仍然需要在维护结束后使用附加的固定装置来防止普通使用者无意之间进入。

总之，安全联锁装置的出现，提高了安全防护设计的灵活性，但同时需要注意安全联锁装置所固有的缺陷，在进行产品的安全设计时做到"扬长避短"。

4.5 防水措施

4.5.1 概述

水是生活中常见的物质，许多电气产品的应用都和水有关。虽然纯净的水是不导电的，但是现实中的水由于含有各种杂质，从而呈现出导体的性质，而且会对电气产品的金属部件造成腐蚀，因此，有必要专门讨论电气产品的防水要求。本节从防止绝缘失效造成电击事故、防止损坏产品和防止机械伤害三个方面讨论电气产品的防水要求，这三个方面的防水要求和措施，对于其他的导电液体也是适用的；尤其是对所有在使用中涉及液态物质的电气产品第三个方面的要求也是适用的。

4.5.2 防止绝缘失效

由于人体浸泡在水中时，人体皮肤表面的电阻接近于零，因此，对于人体可以浸泡在其中的场合，如游泳池、浴缸等，所使用的电气产品必须是工作在安全特低电压（SELV）范围内的 III 类电器产品。需要注意的是，产品即使不是浸泡在水中使用，但是如果产品是悬挂在水面以上的，除非是固定安装的，否则，同样必须满足上述的设计要求。此外，即使产品正常使用时是在水面以上，但是如果有可能出现被淹没的情形，同样必须满足上述的设计要求。对于这种要求，德国的 EK1 技术委员会 242 - 04 决议可以很好地说明这个问题。决议中所讨论的，是一个外置的家庭充气泳池过滤泵（图 4 - 23 中箭头所指）。决议指出，这种泵必须是 III 类电器

图 4 - 23 EK1 决议 242 - 04 插图

（略有裁剪，指示箭头是本书作者所加）

产品,因为它一旦出现绝缘问题,会导致水中的使用者被电击,即使产品说明书中注明"仅在池中无人时使用",这种说明也是没有意义的,因为使用者很容易地就会忽略这种警告。

此外,如果电气产品在使用中,其所处理的水是人体可以接触的,那么,为了避免材料由于老化及损坏等原因造成电击事故,Ⅱ类产品中构成加强绝缘或基本绝缘的绝缘材料不允许直接接触水。这种要求对金属水管也是适用的,也就是说,水管必须和危险带电部件用双重绝缘或加强绝缘隔离。

需要特别警觉的是,在干燥环境中遭遇电击时,人体一旦与危险带电部件脱离接触后,造成电击事故的回路很可能就已经断开了;但是在潮湿环境或水中遭遇电击时,人体即使已经与危险带电部件脱离直接接触,造成电击事故的回路仍有可能是继续导通的;特别的,在水中造成的电击事故,往往还会引发溺水事故,增加了造成伤亡事故的可能性。

4.5.3 防止进水

水进入产品内部的途径,不外乎两种情形:一种情形是水从外部进入产品内部,另一种情形是产品内部的水路出现泄漏。因此,为了防止水进入产品内部造成损坏和电击事故,需要从这两种情形的防范出发①。

为了防止水(包括雨水)从外部进入产品内部,导致短路、腐蚀等现象的发生,对于使用中有可能遭遇水侵袭的产品,应当设计适当的异物防护外壳,使用合适的防水部件(图4-24)。通常,室外使用的电气产品的防水等级必须是在 IPX4 以上,而对于在水下使用的电气产品,防水等级必须是 IPX7 以上。此外,为了防止水在产品内部的积聚,除了水密产品外,产品在适当的位置应当有排水孔。需要注意的是,并不是说所有在使用中涉及水的产品整体上都必须有防水等级,除非是整个产品的各个部位都有可能遭受外部的水侵袭,如在室外使用的产品。

(a)防水插座　　　　　　　　(b)防水插座(为防水而特意设计的边缘结构)

图4-24　欧洲的防水插座和防水插头

---

① 此处"产品内部"的含义并非简单地指视觉上的隔绝部位,而是指与使用者隔离以确保使用者无法触及的部位;有兴趣的读者可参阅 GB 17988—2008《食具消毒柜安全和卫生要求》。

在实际中，有两种产品的防水特性容易被疏忽，从而导致水进入产品的内部。

一种是不直接接触水的产品，但是通常是在水边或者悬挂在水上使用的产品。这类产品在设计时，必须考虑适当的防水功能，防止由于溅水、溢水等原因造成水渗入产品内部；对于那些不是采用牢靠固定安装方式安装在水面上的产品，如采用吸盘、钥匙孔悬挂等形式固定的产品，必须考虑可能掉入水中去的情形，因此，此类产品的防水等级甚至要求达到水密级别（IPX7）以上。

另一种是总体上并没有防水等级，但是使用中需要接触到水的产品[①]。这类产品最常见的就是各种电热水壶和类似的电热水器，这种产品在使用时，需要考虑在加水、倒水或倾斜时，出现溅水、溢水等现象时水进入产品内部的可能性。通常，水可能进入产品内部的途径主要是外壳上的各种缝隙、开孔（尤其是在开关周围）。水通过这些途径进入产品内部后，不但会造成腐蚀，而且还会因为流动，导致电气间隙、爬电距离减小，甚至直接在使用者和产品内部危险带电部件之间形成跨接回路，造成电击事故。

产品内部出现水泄漏的现象，通常是由于水管破裂或者接头密封处失效引起的。水管破裂，多数发生在使用非金属水管（如胶管）的场合，这些水管由于受热老化或机械损伤等原因而出现破裂。因此，在设计时，除了需要仔细选用水管的材料和水管接头处的密封材料外，还必须考虑水管和接头周围的电路的防水措施。当然，这些内部部位的防水等级并不一定需要和整个产品的防水等级一致，如，对一个电热水器，整体并不一定需要有防水等级，但是在水路和水管接头附近的部位，防水等级需要达到 IPX4 甚至更高。

此外，对于内部有可能出现冷凝水的产品（如，带有制冷系统的电器产品），还应当有适当的排水措施，避免冷凝水在内部积聚，可行的措施包括安装排水管、底部有适当的排水孔等。

除了在设计上采取必要的防水措施外，对于整体没有防水设计的产品，还应当在使用说明书和产品外部标识提醒使用者在使用中和清洁时的注意事项。如，对于电吹风，通常都必须警告使用者不能在浴室中使用；对于普通的厨房电器产品，通常都必须警告使用者"清洁时不要将产品浸泡在水中"等。

4.5.4　防止机械伤害

日常生活中，常温下的水是以液态存在的，装载有水的容器常常会由于水的流动而造成重心变化。如果设计不当，产品有可能在使用、移动的过程中倾倒而造成危害。因此，对于装载大量水（实际上也包括其他类型液体）的产品，必须关注装载数量变化和流动导致重心移动对产品稳定性带来的影响。

[①] 包括使用前后清洗的情形。

另一种可能需要考虑的机械伤害是水压和蒸汽压力对密闭（或几乎密闭）的容器可能带来的破坏。如，产品直接市政供水系统，或者使用水泵进行供水，如果没有适当的压力自动控制装置，就有可能出现水压过大的情形；而水加热装置则是最常见会产生蒸汽压力的电气产品。因此，对于此类产品，除了要求容器有一定的承压能力，并且安装适当的压力控制设备外，还应当有安全压力阀，以便在出现过压的时候能够进行卸压；对于安装有安全压力阀的产品，在设计时，还需要考虑压力阀一旦出现堵塞时的应对措施。

对于有水蒸气产生的场合，应当注意避免水蒸气喷射出来对人体造成烫伤，尤其是在有可能出现过热水的场合，喷射出来的水蒸气的温度通常都会在100℃以上。在水蒸气可能喷射出来的位置，除了需要适当的警告标志外，喷射口周围应当还有适当的隔离空间（图4-25）。

图4-25　蒸汽出口及警告标志

水在受热对流和沸腾的时候，会产生振动，因此，对于振动比较敏感的应用场合，必须充分考虑水沸腾时带来的影响。最常见的情形时，直插式的电气产品不应当存在导致水（包括任何其他液体）沸腾的现象，以免对插座造成损坏，也避免由于振动而跌落，对人体造成伤害。

水在结冰的时候，会出现膨胀的现象，也会对产品造成机械损坏，因此，对于产品使用环境的温度有可能低于冰点温度的场合，应当提醒使用者不使用产品时应当将其中的水排空，不要浸泡在水中。

总之，从电气产品安全的角度看，一旦产品涉及液态物质，必须充分考虑产品使用中（无论是正常使用还是在可预见的异常情形下）液态物质处于固态、液态和气态三态下以及三态转化时可能存在的安全隐患。

4.6 保护接地可靠性

4.6.1 概述

对于Ⅰ类电气产品，在绝缘防护失效时，它将依靠保护接地来防止电击事故的发生，因此，确保保护接地的可靠性直接关系到产品的电气安全特性。保护接地的可靠性主要从三个方面来评估：

- 结构：为了在各种情形下都能保证接地的长期可靠[①]，除了要求保护接地措施满足电气连接的基本要求外，结构上还必须采取一些特别的措施。
- 材料：用于保护接地的金属部件一定要有足够的防腐蚀性能，能够长期保证接地的可靠性。
- 电气特性：保护接地的接地电阻必须尽可能小，并且能够有足够的容量来通过故障电流。

除了从以上三个方面来评估接地的可靠性外，通常还采取检测保护接地电阻的方式来验证保护接地的可靠性。

4.6.2 结构要求

在结构上，首先要求保护接地端子的连接无论采取哪种方式，都必须非常可靠：接地端子固定导线的夹紧装置应充分牢固，能够防止意外松动，既能很好地夹紧接地导线，但又不会损坏接地导线。在许多时候，保护接地端子都是用螺栓或螺杆来固定接地电线的，常用的接线端子排通常认为符合上述的要求。为了确保螺钉或螺栓在长期使用中不会松动，一般应当使用垫圈，但要注意垫圈的材料不会引起电腐蚀。

对于连接产品到建筑的电网系统中保护地的接线端子，某些产品安全标准甚至要求这种接线端子的结构必须保证只有使用工具才能将已经连接的接地导线松开。此外，还要求连接到产品外部的接线端子可以可靠地连接 2.5mm² ~ 6mm² 标称横截面积的接地导线。

接地端子应当是金属面之间的可靠接触，并且这种接触应当有适当的压力传递。图 4 - 26 的鳍型安装是固定薄金属片部件常用的一种安装方式，即把要固定的薄金属部件的卡榫穿过基座的开孔（通常是一条和卡榫几乎等宽的狭缝），然后稍

[①] 一些特殊结构的接地可靠性问题必须具体问题具体分析，并且不同的技术机构之间往往会存在一定的争议。如，根据 CTL 决议 DSH - 649，在家电产品中，滚珠轴承（ball - bearing）只要符合 IEC 60335 系列标准中有关接地的要求，就可以作为提供接地连续性的部件；然而，在 CTL 决议 DSH - 263 中，则认为依据 IEC 60745 - 1，电动工具中滚珠轴承不能认为是一种可靠提供接地连续性的部件。

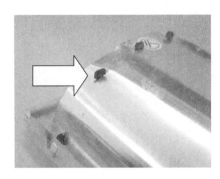

图4-26 鳍型安装方式

微扭曲卡榫，利用金属的变形和本身的弹力来固定。这种安装固定方式是非常成熟的工艺，用于固定产品内部部件的机械固定也是可行的，但是这种接地方式则是不可靠的。从结构上来看，能够采用这种安装方式的卡榫一般都是比较柔软的金属片，因此，期望通过它本身的弹性来实现可靠接触并不现实。而且，生产工艺无法保证卡榫和金属座在接触的地方是理想的平面，每个卡榫和金属座接触的地方实际上只是不可靠的几个点而已，无法实现金属与金属之间整个面的接触。因此，图4-26中的鳍型安装方式是不可以用于保护接地的。

如果使用铆钉作为连接端子，应当注意铆钉是直接固定在金属上，并且铆钉的材料和其他接地的金属不会出现电解反应，接触的面积足以通过故障电流，铆钉在正常使用中不会转动，或者转动不会影响接地的可靠性。由于铆钉固定方式在实践中存在许多问题，某些产品安全标准可能不允许使用铆钉来提供接地连续性，这一点在设计时必须注意。

接地端子除了用于固定接地导线外，一般不应当用于其他机械固定的目的，不应用来固定其他的内部元件，如，将接地导线固定在变压器的固定螺杆的下面是不可取的。此外，为了防止接地端子被意外松动而影响接地的连续性，通常还要求采取以下措施：

- 接地端子应当有适当的标示，并且固定在不易触及的位置，或者采用特殊的螺钉（图4-27）来防止被意外松动。
- 连接外部接地线的接地端子（包括连接电网电源的接地端子，但是不包括电源软线中的接地导线），不应当用来提供产品内部不同部件之间的接地连续性，以防在安装过程中意外地破坏了保护接地的连续性。

其次，为了确保保护接地的可靠性，要求结构上能够保证对于有接地连接装置的产品，在使用连接器、耦合器和插头等连接电源的时候，接地连接应在载流连接之前完成；在断开连接的时候，接地连接应在载流连接断开之后才断开。典型的例子就是电源插头，它的接地插销通常都比载流（如，相线）的插销长。

对于使用电源软线用于连接电源的产品，如果软线的长度设计能够确保当软线从软线固定装置中

图4-27 特殊螺钉作为接地端子

滑落松动时，还应当使得载流导线比接地导线先绷紧和脱落。需要注意的，这并不是简单地要求接地导线必须比载流导线长。通常，如果软线连接到同一个接线端子排，那么，只要接地导线比载流导线稍长，就可以满足上述的要求。但是如果接地导线和载流导线不是连接在同一个接线端子排上，情况会比较复杂，即使接地导线比载流导线稍长也未必能够保证在软线固定装置松开时载流导线比接地导线先绷紧和脱落，而某些情况下接地导线比载流导线短也能够满足要求。因此，在这种情况下，通过松开软线固定装置来考察电源软线的脱落情况是最直接的办法。

连接到接地端子上的导线通常应当采取适当的制备方式（如使用线耳的方式），特别是多股软线，除非接地端子所用接线端子可以可靠地将未经处理的多股软线固定。在处理导线时，不允许使用焊锡焊接的处理方式，以免经过一段时间后在焊接的交界处断裂。

接地导线还应当在接地端子附近的地方采取额外措施进行固定，避免接地端子的连接处受到机械拉力，从而增加接地端子的可靠性。此外，为了便于辨识，保护接地导线绝缘护套的颜色通常采用是黄绿色交错的图案①。

最后，为了确保保护接地的可靠性，必须确保保护接地的连续性，在起保护作用的接地回路中，不可以有开关、保险丝、绕组等元件。如果使用自攻螺钉或宽螺距螺丝来提供保护接地连接（图 4-28），通常要求在每一处连接使用两个以上的螺钉，并且金属部件拧入螺钉处的厚度不少于螺钉两个螺纹的间距，可以通过局部挤压金属部件来增加有效厚度。在某些产品安全标准中（如 IEC 60950），如果金属部件拧入螺钉处的厚度足够（对于螺纹成形的螺钉至少为 0.9mm，对于切削螺纹型螺钉至少为 1.6mm），允许只使用一个单独的自攻螺钉。

(a) (b)

图 4-28 自攻螺钉

需要考虑接地连续性的问题，以及金属表面喷涂油漆等的影响。目前存在一种误解，认为使用菊花型垫圈（图 4-29）或类似的垫圈，可以在拧紧的时候利用垫圈的尖端将金属表面的喷涂刮掉，以为这样就可以确保接地部位是可靠的金属接触。实际上，这种做法受到垫圈形状、机械强度、喷涂质量、拧紧力矩等因素影响，经实践证明采用这种方式将表面的喷涂刮掉的效果是不可靠的。正确的做

图 4-29 菊花型垫圈

---

① 为了避免混淆，一般黄绿色线只能用于保护接地导线，功能性接地导线不允许使用黄绿色线，但是也有一些例外，具体可参见 IEC 60950-1 的条款 2.6.2 和 2.6.3。

法是在喷涂之前采取必要的遮盖措施，避免接地位置被喷涂污染，当然还需要注意没有喷涂的部位必须具有满足抗腐蚀的要求。

4.6.3 材料要求

为了确保保护接地的可靠性，提供接地和接地连续性的金属材料要求具备一定的防腐蚀能力，以免由于金属表面腐蚀而增加接地电阻，甚至导致接地回路断开，破坏接地连续性。通常，下列经过处理的金属认为是能够满足抗腐蚀要求的：

- 本体表面至少有 $5\mu m$ 电镀层的钢制品。
- 冷态工作下的纯铜制品或含铜量不少于 58% 的铜合金制品。
- 含铬量不少于 13% 的不锈钢制品。

除了要考虑金属件本身的防腐蚀能力外，还需要考虑金属与金属之间的电化学作用而产生的腐蚀现象，如，如果接地的主体是铝或铝合金制造的框架（或外壳），这时需要采取预防措施（如电镀）来避免由于铜与铝或铝合金接触而引起的电化学腐蚀。表 4-7 是常见金属之间的电化学电势表。当不同金属间的电化学电势低于 0.6V 时，其接触面的电化学反应极小，所以在表 4-7 中分线以下的金属组合是允许的，而分界线以上的金属组合是不可以使用于接地的电气连接的。

4.6.4 检测验证

在电气特性方面，为了确保保护接地的可靠性，首先要求不管是器具内部作为保证接地连续性的接地导线还是电源线的接地导线，都必须有足够的电流承载能力。接地导线的标称截面积一定要适合于通过足够大的电流，在出现大故障电流的情况下，也能保证起保护作用的熔断器和断路开关能先行断开电路，因此，保护接地导线的线径应至少和电源导线的线径相同。

需要注意的是印刷电路板提供保护接地连续性的问题。印刷电路板是通过表面或夹层中的铜箔来进行导电的，虽然某些情况下可以通过增加铜箔宽度，以及在装配时在铜箔表面镀锡等方法来增加它的载流能力，但是，许多情形下是不推荐使用印刷电路板来提供保护接地连续性的，甚至在某些产品安全标准中（如 IEC 60335）明确规定手持式电气产品不允许通过印刷电路板的导体进行保护接地。即使在其他情形下，使用印刷电路板来提供接地连续性，必须至少满足以下要求：

- 必须提供两条以上独立焊接的接地通路；
- 每条通路必须有足够的载流能力，能够长时间通过故障电流而不会出现剥离、熔断等现象，并且接地电阻足够小；
- 印刷电路板的材料必须符合标准 IEC 60249-2-4 或 IEC 60249-2-5 的

要求。

另外，要求接地电阻足够小，通常通过检测接地电阻的方式来进行验证。测试电流的大小在不同的产品安全标准中不一定相同，通常是根据产品的额定电流来确定的，但是，如果产品在设计的时候已经被考虑到各种故障条件，从而限定了它的接地回路中的电流值的大小，那么在进行接地电阻的测试时，使用的测试电流就可以相应减小。表 4-6 比较了 IEC 60335 和 IEC 60950 中接地电阻测试的不同。

表 4-6 接地电阻测试比较

	IEC 60335-1	IEC 60950-1
检测电流	额定电流的 1.5 倍或 25A，两者取较大者	电路的额定电流不超过 16A：额定电流的 1.5 倍； 电路的额定电流超过 16A：额定电流的 2 倍
检测时间	标准没有明确规定，通常是 1 分钟，如果有疑问，试验要一直进行到稳定状态建立为止	电路的额定电流不超过 16A：60s 电路的额定电流超过 16A：2min
判定标准	不超过 0.1Ω	电路的额定电流不超过 16A：小于 0.1Ω 电路的额定电流超过 16A：压降不超过 2.5V

总之，保护接地的可靠性关系到产品电击防护的有效性，在设计的时候必须全面考虑接地措施的结构和使用的材料能够确保保护接地的长期可靠性。

表 4-7 电化学电位表（摘自 IEC 60950-1 附录 J）

单位：V

	镁，镁合金	锌，锌合金	镀80锡/20锌的钢	铝	镀镉钢	铝镁合金	低碳钢	硬铝（合金）	铝	镀铬钢，软焊料	镀铬镍钢，镀锡钢	含12%铬的不锈钢，高铬不锈钢	铜，铜合金	银焊料，奥氏体不锈钢	镀镍钢	银	镀钯镀银铜，金银合金	碳	金，铂
镁，镁合金	0																		
锌，锌合金	0.55	0																	
镀80锡/20锌的钢，或镀锌铁或钢	0.7	0.05	0																
铝	0.8	0.2	0.15	0															
镀镉钢	0.85	0.3	0.25	0.1	0.05	0													
铝镁合金	0.9	0.35	0.3	0.15	0.1	0.05	0												
低碳钢	1.0	0.45	0.4	0.25	0.2	0.15	0.05	0											
硬铝（合金）	1.05	0.5	0.45	0.3	0.25	0.2	0.1	0.05	0										
铝	1.1	0.55	0.5	0.35	0.3	0.25	0.15	0.1	0.05	0									
镀铬钢，软焊料	1.15	0.6	0.55	0.4	0.35	0.3	0.2	0.15	0.1	0.05	0								
镀铬镍钢，镀锡钢	1.25	0.65	0.6	0.45	0.4	0.35	0.25	0.2	0.15	0.1	0.05	0							
含12%铬的不锈钢，高铬不锈钢	1.35	0.75	0.7	0.55	0.5	0.45	0.35	0.3	0.25	0.2	0.15	0.1	0						
铜，铜合金	1.45	0.85	0.8	0.65	0.6	0.55	0.45	0.4	0.35	0.3	0.25	0.2	0.1	0.05	0				
银焊料，奥氏体不锈钢	1.4	0.9	0.85	0.7	0.65	0.6	0.5	0.45	0.4	0.35	0.3	0.25	0.15	0.1	0.05	0			
镀镍钢	1.6	1.05	1.0	0.85	0.8	0.75	0.65	0.6	0.55	0.5	0.45	0.4	0.3	0.25	0.2	0.15	0.05	0	
银	1.65	1.1	1.05	0.9	0.85	0.8	0.7	0.65	0.6	0.55	0.5	0.45	0.35	0.3	0.25	0.2	0.1	0.05	0
镀钯镀银铜，金银合金	1.7	1.2	1.15	1.0	0.9	0.85	0.8	0.7	0.66	0.6	0.55	0.45	0.35	0.3	0.25	0.1	0.05	0	
碳	1.75	1.25	1.2	1.05	0.95	0.9	0.85	0.75	0.7	0.65	0.6	0.5	0.4	0.35	0.3	0.15	0.1	0.05	0
金，铂																			

备注：

如果两种接触金属的电化学电位之间的互相差别小于 0.6V，那么公由于电化学作用所引起的腐蚀性会很小。本表已列出各种不同的金属组合在正常的使用中产生的电化学电位，应该避免使用分隔线上面的金属组合。

4.7 螺钉与螺纹部件

4.7.1 基本要求

对于那些会影响产品安全特性的螺钉和螺母（包括螺纹部件），应当满足一定的要求，避免影响产品的安全特性。通常，下列场合使用的螺钉和螺母被认为是和产品的安全特性相关的：

- 用于提供电气连接的螺钉和螺母；
- 用于提供接地和接地连续性连接的螺钉和螺母；
- 使用者在根据产品使用说明书进行产品安装、维护时需要进行紧固的螺钉和螺母。

这些螺钉和螺母应当满足下列要求，以确保产品的安全特性不会因为它们而受到损害。

（1）螺钉和螺母必须具有相当的机械强度。

与产品安全相关的螺钉应当具有一定的机械强度，也就是说，失效可能会影响产品安全特性的螺钉，应能承受在正常使用中出现的机械应力。这些螺钉包括提供电气连接、接地连续性及与安全相关的机械紧固的螺钉。用在这些场合的螺钉的材料不应当是像锌、铝、铅等那些软金属；如果这些螺钉是用绝缘材料制成的，则螺钉的标称直径至少在3mm以上。

此外，螺钉在拧紧时，螺钉的强度应当能够承受表4-8中所施加的力矩。对于那些在使用中会出现拆卸的螺钉，特别是那些需要使用者在产品安装和维护时拧紧和松开的螺钉，其强度还应当能够满足多次拧紧和松开而不损坏的要求，通常，对于与绝缘材料的螺纹啮合的螺钉，应当能够拧紧和松开至少10次而不会出现损坏现象；对于其他情形要求能够拧紧和松开至少5次以上而不会出现损坏现象。在拧紧和松开的过程中，可能出现损坏的现象包括出现变形、螺纹损坏（俗称滑牙）甚至断裂等现象。

表4-8 螺钉上的扭矩试验

螺钉标称直径 D /mm	扭矩/Nm		
	类型Ⅰ	类型Ⅱ	类型Ⅲ
$D \leq 2.8$	0.20	0.40	0.40
$2.8 < D \leq 3.0$	0.25	0.50	0.50
$3.0 < D \leq 3.2$	0.30	0.60	0.50
$3.2 < D \leq 3.6$	0.40	0.80	0.60
$3.6 < D \leq 4.1$	0.70	1.20	0.60

续表

螺钉标称直径 D /mm	扭矩/Nm		
	类型Ⅰ	类型Ⅱ	类型Ⅲ
$4.1 < D \leqslant 4.7$	0.80	1.80	0.90
$4.7 < D \leqslant 5.3$	0.80	2.00	1.00
$5.3 < D \leqslant 6.0$	—	2.50	1.25
$6.0 < D \leqslant 8.0$	—	8.00	4.00
$8.0 < D \leqslant 10.0$	—	17.00	8.50
$10.0 < D \leqslant 12.0$	—	29.00	14.50
$12.0 < D \leqslant 14.0$	—	48.00	24.00
$14.0 < D \leqslant 16.0$	—	114.00	57.00

注：表中类型Ⅰ的螺钉是指那些在拧紧后螺钉不会从孔中突出来的无头金属螺钉；类型Ⅱ是指螺母和其他金属螺钉，以及螺钉头对边尺寸超过螺纹外径的六角头绝缘材料螺钉、内键槽对角尺寸超过螺纹外径的带内键槽圆柱头绝缘材料螺钉和槽长超过螺纹外径1.5倍的直槽或十字槽有头绝缘材料螺钉；类型Ⅲ是指绝缘材料的其他螺钉。

（2）用于电气连接和提供接地连续性的螺钉和螺母应当能够满足电气安全的要求。

用在提供电气连接和接地连续性的场合的螺钉不允许使用绝缘材料制造。此外，如果螺钉置换成金属螺钉后会损害产品的绝缘特性（降低电气间隙或爬电距离），那么，在这种场合下使用的螺钉也不允许用绝缘材料来制造。

为了保证电气连接的可靠性，用于电气连接或提供接地连续性的螺钉，应当是旋入金属之中。同时，在这些电气连接装置中，特别是对于电流有可能超过0.5A的电气连接装置，接触压力不应当通过那些易于收缩或变形的绝缘材料（陶瓷除外）来传递，除非结构中的金属零件有足够的弹力来补偿绝缘材料可能出现的收缩或变形。

螺钉的类型对于产品的电气安全也是有影响的。对于宽螺距螺钉（space-threaded screw），只有在用于将载流部件夹紧在一起时才可用于电气连接；自攻螺钉（thread-cutting screw）只有在能形成一个完全标准的机械螺纹的才可用于电气连接，但是，如果螺钉可能由使用者根据产品使用说明书在产品安装、维护时操作的，那么，除非其螺纹是挤压成型，否则不应用于电气连接。至于在用来提供接地连续性的场合，如果在正常使用时不需要改变连接，并且在每个连接处至少使用两个以上的螺钉，那么，在这些场合是可以使用自攻螺钉和宽螺距螺钉的。

另外，还要注意的一个细节是，对于那些在使用中可能因为维修、维护等原因而拆卸、更换的螺钉，应当注意如果重新安装时，使用长度比原来长的螺钉不会引起电击的危险（包括导致电气间隙或爬电距离出现实质性的减小）。

（3）用于连接的螺钉和螺母（包括螺纹部件）应当采取有效措施，确保它们可靠地连接在一起，避免在使用中出现松动而影响产品的安全特性。

在产品的不同部件之间进行机械连接的螺钉和螺母，特别是那些同时还提供电气连接或接地连续性功能的，通常可以使用弹簧垫圈、锁紧垫圈等作为防松动措施，至于那些受热会软化的防滑剂，只有在正常使用中螺钉不承受扭力情形下才能提供有效的保障。

对于不同部件之间采用螺纹的方式进行固定连接的部位，如果在正常使用中可能遭遇到扭矩、弯曲应力、振动等作用时，为了防止其松动，可以用焊接、锁紧螺母或止动螺钉等方式来进行紧固加强。一般，要求螺纹尺寸小于或等于 M10（或相应直径）的连接至少能够承受 2.5 Nm 的扭矩而不会松动，对于螺纹尺寸大于 M10（或相应直径）的则要求至少能够承受 5 Nm 的扭矩而不会松动。

对于那些带有照明功能的电气产品而言，还需要注意在更换光源过程中，在旋动灯泡等的时候，所产生的扭矩不会导致灯座松动而对产品的安全性能（包括相关的机械固定和电气连接）产生影响。通常，灯座应当能够承受以下的扭矩 1min 以上而不会松动：

- E10 灯座：0.5 Nm
- E14 和 B15 烛型灯座：0.5 Nm
- E14 和 B15 灯座（烛型灯座除外）：1.2 Nm
- E26、E27 和 B22 灯座：2.0 Nm
- E40 灯座：4.0 Nm

4.7.2　特殊螺钉的使用

在电气产品安全领域，一般将一字槽螺钉、十字槽螺钉和内六角螺钉以外形状的螺钉视为特殊螺钉（图 4-30）。这些螺钉在本质上与其他螺钉并无太大的不同，使用它们的主要原因是防止使用者拆卸这些螺钉，因此，特殊螺钉通常是使用在一些使用时无需进行内部维护的产品的外壳上，以防止使用者私自打开产品外壳。然而，越来越多的专业销售商场的出现（如，B&Q 百安居、SEARS 等），这些特殊螺钉所使用的工具也可以方便地购买到，因此，利用特殊螺钉来限制打开产品外壳的作用正在被弱化。

（a）H 型

（b）三角型

图 4-30　两种常见特殊螺钉

使用特殊螺钉需要注意的是带来的成本增加，这些成本除了特殊螺钉本身略高采购成本外，还包括库存成本、额外装配工位等非直接成本。此外，至今还有少数保守的认证机构要求产品的外壳至少需要有一颗特殊螺钉，以防止使用者私自打开产品外壳，这种要求可以追溯到早期的一些产品安全标准（如早期的 IEC 60335 系列标准），这些标准对许多产品外壳的安装螺钉、外部可接触的接地螺钉等要求使用特殊螺钉，但是这种要求在现行的大部分标准中已经被删除。因此，在实际中，企业需要使用特殊螺钉的场合越来越少了。

4.8 电气产品安全检测

4.8.1 概述

在完成电气产品的安全设计后，必须通过适当的方式来评估产品的安全特性是否达到设计要求、满足相关技术法规和标准的要求。评估主要通过实验手段和非实验手段两种方式来进行。非实验手段主要有检查和科学计算等方式；对于一些结构清晰、外在的，可以通过简单的目测、度量等方式来进行考察；对于一些可以很方便地建立数学模型的检测项目，可以通过科学计算的方法来考察；此外，对于一些检测成本很高或检测周期很长的，通常也采用科学计算的方式。实验手段则是通过设定一定的检测条件，通过实验的方法来考察产品的结果，这种方法得到的结果比较直接，但是对于一些重复性受到测试条件影响比较明显的实验，得到的结果可能会有偏差；而且产品安全试验往往在极端条件下进行，试验的破坏性较强，可能会对测试人员的安全有影响，并且测试还有成本的问题。

需要指出的是，检测是评估电气产品安全特性的一个重要手段，但电气产品的安全特性首先是通过良好的工程设计来实现的，检测仅仅是一种验证手段而已，并且这种手段往往是在一些控制条件下得到的结果，以便有一个可以进行横向比较的结果，因此，结果并不一定就是实际中的表现。实际中的许多时候，标准中的检测内容往往掩盖了标准中所体现的良好工程规范，造成片面地强调实验而忽略了良好工程规范的错觉。这一点特别是在目前的产品安全认证体系下需要更加注意，由于竞争和商业运作等原因，许多机构往往将实验作为评估的主要甚至是唯一手段，如前所述，得到的结果可能由于条件控制等原因，不能真实反映产品的特性，甚至有可能误导。

电气产品安全特性实验的原则是，通过控制实验条件的方式，考察产品在极端工作条件下可能出现的情况。如果产品在这种情形下依然安全，或者所出现的危害是在可以接受的范围内，或者是使用者可以有效预见或察觉，并且能够进行合理防范和自我保护的，那么，可以认为产品在其设计范围内正常使用时，即使出现极端的使用情形和可预见的误操作或故障，产品都可以认为是安全的，不会对使用者、动物和环境造成危害。

在考察中，主要通过考察产品在正常情形下的极端和异常使用情形。通常，产品在正常情形下的极端使用，是指产品处于正常状态下，使用者按照产品的设计，在产品的设计范围内使用，但是产品工作在极端的条件下，如，在满负荷的情形下工作；异常使用，是指产品出现内部故障，或者使用者忽略产品的使用条件，在可预见的情形下对产品的误用或过失使用。关于异常使用可以参考本书相关章节。针对产品的检测一般持续到产品出现最严酷状况、达到平衡状态或损坏为止。最严酷状态，通常是指产品在该工作周期内出现了最容易导致安全事故的状态，如果产品工作时会持续出现多个周期，通常需要考察这些周期中最为严酷的情形。平衡状态，是指产品的运行达到稳定，如产品的发热特性达到稳定。对于一些周期性动作的产品，平衡指出现稳定的循环状态。

极端工作状态通常包括以下几种方式和它们的组合：

（1）由于电源电压的波动导致产品工作在极端条件下。目前，认为电压波动 ±6% 是正常的（部分国家认为波动范围可以达到 10%，并且不一定是对称波动）。不同类型的产品是不同的。如，对于主要由线性发热元件构成的电热元件而言，当电压工作在极端正偏差时，发热的效果是最严酷的；但对于负荷基本固定的电机元件而言（如空调机压缩机），工作在负偏差的情形可能更加恶劣，在这种情况下，工作电流比正常电流大。实际中，通常选取额定电压的波动极限 0.94 倍或 1.06 倍作为极限工作条件，对于内置电热元件（或发热严重的元件的）则通常选取额定功率的 1.05～1.15 倍作为极限工作条件。

（2）满负载工作。负载按规定的最大负荷工作，并且在允许的最长工作时间。对于一些没有规定最长工作周期的，通常要工作到平衡状态。对于少数产品，最小负载也有可能是极端工作状态之一。

（3）多次启动。普通产品通常只考察一个工作周期，但是对于带有自动重启或连续工作的元件，通常需要将测试进行到达到平衡状态后，考察其中出现的最严酷的情形。不同部位情形不同，并不一定是测试时间越长情况越恶劣。如，对于使用传统的机械温控产品，由于热惯性和传导的不平衡，在靠近发热部件而离感温元件较远的部位，可能在测试开始的时候反而出现更加严酷的情形。

产品在正常状况下的考察内容和异常状况下基本上是一样的，但是对于一些异常现象的后果，在技术指标上允许有一定的超量，如，温度的限制。只要是在短期内出现并且能够很快切断电源的，超量范围可以进一步放宽，但是无论如何，都不允许出现极端危险现象（如出现明火、爆炸、金属熔化、大量有毒或易燃气体等）。而对于一些出现异常情况后仍然能够使用的产品，通常要求在重新使用时，产品的安全防护程度不会出现实质性的下降，尤其是产品的电击防护水平。

除了不允许出现极端危险现象，无论是极端工作条件下还是异常条件下，检测得到的结果通常都应当在标准的限值范围内。只有所有检测项目的结果都符合产品安全标准的要求，才可以认为验证通过。

检测过程中，通常都要选择合适的部位作为考核产品的参照点，这些部位必须能够反映出在安全检测试验中所出现的极端状态。通常，这些部位应当是安全特性最薄弱的部位，通常是：工作条件最恶劣的部位、生产装配过程中最容易出现问题的部位、元件质量相对较低的部位等等。

本书所介绍的检测项目，在相关的标准中都有详细的测试程序、参数、测试部位，本书只是介绍这些检测项目的基本概况，方便读者对电气产品的安全检测有一个基本的了解。这些检测项目排列的次序不一定是实际中的检测顺序，在阅读时需注意。由于电气产品的种类千差万别，因此，只介绍一些主要的电气产品安全检测项目，至于一些针对特定产品而进行的检测，如果检测内容并无代表性，本书不再介绍，有兴趣的读者可以在相关的技术标准中了解到。

需要注意的问题是，同一个检测项目在不同标准中可能名称不同，不同的测试在同一个测试中又有可能是同一个名称。如，接触电流（touch current）测试在家电产品安全标准中，被称为泄漏电流（leakage current）测试，因此，在家电产品安全标准中的不同章节中，出现了两个同样被称为泄漏电流的测试，但是它们实际上是两个性质和测试方法完全不同的试验[①]。

需要再一次强调的是，这些检测项目都是在产品的结构已经能够通过科学计算和观察后，理论上应当能够满足相应的安全防护要求，然后再进行的验证实验，对于设计和检测的关系不可以本末倒置。

4.8.2　电击防护特性的考核

电击防护验证测试的目的，主要是考察电击防护系统的可靠性和有效性。除了电气防护外壳强度测试外，主要的测试项目如下。

4.8.2.1　爬电距离、电气间隙和绝缘穿透距离的测量

电气产品电击防护的基本测试内容就是爬电距离、电气间隙和绝缘穿透距离的测量。测量的方法很多，为了提高精度，必要时可以使用游标卡尺、螺旋测微仪等多种长度测量工具。在实际工作中，为了提高工作效率，还使用一种称作测试卡的测量工具（图4-31）。这种测试卡由多种宽度不等的卡尺组成，根据标准的要求，选用适当宽度的卡尺，通过比较的方式来检查待测距离是否能够满足标准的要求，由于减少了读数的环节，可以大大提高合格判定的效率。

测量过程中需要注意所测量部位周围的微环境的污染等级，并根据污染等级对一些沟槽进行适当的"跨越"（有关爬电距离和电气间隙与污染等级的关系，可参考本书的2.3.1节）。

4.8.2.2　可接触危险带电件检查

电压测试是一种快速判断外部可接触带电金属部件是否可能对人体造成电击

---

① 有兴趣的读者可以参阅以下文献：
陈凌峰，刘跃占. IEC 60335-1泄漏电流测试分析［J］. 安全与电磁兼容，2007（02）：36-38.

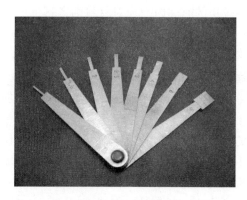

图 4-31 测试卡

伤害的检测项目，检测时，需要测量带电部件对地和相互之间的电压①。由于产品使用的环境不同，对可触及的带电件是否属于危险带电件的判定标准略有差异。以电源适配器为例（根据 IEC 61558），可接触的带电件只要无法满足以下的限值要求，就可以认为是属于危险带电件，必须采取有效的防护措施，避免造成电击事故：

- 电压不超过交流 35V 或直流 60V；
- 电压为 60V～15kV 时，放电量不超过 50μC，接触电流不超过直流 2mA 或交流 0.7mA（峰值）；
- 电压超过 15kV 时，放电量不超过 350mC，接触电流不超过直流 2mA 或交流 0.7mA（峰值）。

在实际中，为了检测方便，通常使用一个 2kΩ 的纯电阻来模拟人体，通过测量流过电阻的电流，快速判定带电件是否属于危险带电件。

需要注意的是，在生活中对危险带电件的认识往往存在误区，认为电压值就是危险带电件的判定标准。事实上，即使带电部件的电压值在安全特低电压（SELV）的范围内，也不能认为是安全的②，只有在带电部件和危险带电件之间通过双重绝缘或加强绝缘隔离，才可以认为是安全的。因此，接触电压测试并不能替代爬电距离、电气间隙和绝缘穿透距离的测量等参数的测量。另一方面，即使带电件的电压超过安全特低电压（SELV），只要能够控制输出能量就可以避免造成电击。

4.8.2.3　电气强度测试（electric strength test）

电气强度测试的目的是考察产品的绝缘系统在电压的长期作用下，是否能够在产品的设计使用寿命内保持绝缘的有效性。通常，产品的设计寿命是 10 年左右，将测试持续这么长的时间，显然是不现实的，因此，需要采用一些缩短测试周期的加速测试方法。电气强度测试是一种加速测试方法，即在一定程度内提高绝缘系统

---

① 通常，还应当检测输出端子短路和过载时的安全特性。
② 如，一些产品通过简单的阻容降压电路直接从电网获得低电压的方式。

所承受的电压；为了在较短的时间内完成对材料的考察，可以在一定范围内提高绝缘材料所承受的电压；从而缩短测试周期，这就是加速测试。由于电气强度测试测试电压较高，所以电气强度测试俗称高压测试（hi-pot test）。有关电气强度测试的具体细节，可参见标准 IEC 61180。

　　电气强度测试中，利用特殊的高压输出设备将高电压施加在绝缘的两端；一旦绝缘被击穿，会呈现出导体的特性，电阻极小，电流趋向无穷大。在实际中，是不可能存在容量无穷大的测试设备，因此，要求电气强度测试仪器的高压变压器的容量足够大即可。实际中，一般要求在进行检测时，在最高的输出电压，最大的输出电流应当达到输出端短路电流能够达到 200mA。在测试中，一旦出现输出电流超过 100mA 的现象，就可以考虑判定绝缘被击穿了。在实际电气强度测试中，测试电压通常施加在电源插头和相关绝缘系统的另一边。

　　尽管在不同的产品安全标准中，电气强度测试的方法和使用的测试设备基本一致，但是测试参数并不一致。电气强度测试中检测电压的大小和产品所在的工作环境、额定电压、工作电压等密切相关。近年来，许多电气产品的电气强度测试的测试电压相对以往标准呈现出轻微下降的趋势。

　　对于大部分工作电压在 250V 以下的电气产品而言，电气强度测试的测试电压如下：
- SELV 电路的基本绝缘：500 V。
- 功能绝缘、基本绝缘：1000 ~ 1500 V，约为 (1.2 ~ 2) U + 1000V，U 是工作电压。
- 附加绝缘：1000 ~ 2250 V，相当于 (1.2 ~ 2) U + 1250 V，U 是工作电压。
- 加强绝缘：一般是基本绝缘测试电压的两倍。

　　测试电压通常是频率为 50Hz 或 60Hz 的正弦交流电，但对于测试点之间跨接电容的，也可以采用是等效于交流电压峰值的直流电压进行测试，也有的产品安全标准采用交流电压有效值的 1.5 倍直流电压进行测试。无论是采用哪种测试电压，测试结果的判定都是考察是否出现绝缘击穿的现象。如果出现绝缘击穿的现象，那么，认为相关绝缘系统不能满足长期使用的要求。

加速测试

加速测试并不是可以无限度的。关于加速测试，曾经有一个比喻：适当提高鸡蛋的孵化温度，可以缩短鸡蛋的孵化时间，但是如果片面提高鸡蛋的孵化温度，一旦超过一定的限度，例如提高到100℃，那么，事情就变成烤熟鸡蛋，而不是孵化鸡蛋了，不仅没有达到缩短时间的目的，反而改变了整个过程的性质。

在型式测试中，电气强度测试的时间一般为1min；但是在生产、验货等需要对大批量的电气产品进行检测的时候，检测的时间通常是1s到数秒之间，并且根据实际情况和标准的要求，测试电压可以稍微提高或降低，而判定是否击穿的限值可以减小。以家电产品为例，在生产线例行检测中，电气强度击穿结果的判定标准为5~30mA。由于在实际中，电气强度测试的操作过程、测试参数比较规范，结果比较直观，因此，在生产线例行检测、验货等过程中，可以将产品作为一个黑盒来进行测试，大大降低了相关人员的劳动强度和素质要求。在这种情形下，电气强度测试的结果更像是起到一种警示作用[①]。

需要强调的是，电气强度测试是带有一定破坏作用的，因此，在产品的例行检测中（包括验货时），不应随便增加测试电压或测试时间。

在实践中，进行电气强度测试时有三个细节需要注意：

（1）加载测试电压时，通常是缓慢上升到规定测试电压的50%，如果没有出现击穿现象，那么迅速将测试电压调节到规定的电压值。

（2）如果测试时，测试部位之一是绝缘材料，应当使用面积适当的铝箔均匀、平整地贴在绝缘材料上，铝箔连接测试探头作为测试的另一极，而不是仅仅将测试探头直接点放在绝缘材料上。

（3）注意加载部位和判定标准。在实际中，许多时候（特别是在验货的时候，因为许多验货员往往没有经过系统的电气产品安全培训）电气强度出现失败的结果，往往是测试电压加载部位不正确，或者泄漏电流的大小是否表示击穿的判定不正确，如，在南方地区，许多企业流传梅雨季节不要验货的经验，这种以讹传讹的现象，就是来源于没有正确理解击穿的现象。

（4）注意操作人员的人身安全，尤其是在使用自制夹具的情形下。

4.8.2.4　防水、防尘和防潮测试（humidity test）

防水、防尘和防潮测试主要是考察产品是否能够承受使用环境可能出现的各种恶劣条件不会降低产品的安全特性。防水、防尘测试通常是针对特殊使用环境下使用的产品进行的，通过一些特殊的测试方法，按照产品的防护等级，来考察产品的防护外壳是否能够有效应对环境中可能出现的污染、破坏，并且不会降低产品的安全防护特性，尤其是电击防护特性。防水测试和防尘测试一般都需要特殊的测试设备。

以最常见的IPX4防水等级测试为例（图4-32），需要使用特殊的喷淋系统，在这个系统中水压、喷嘴的尺寸和间距都是有规范的。测试时，测试样品放置在中间的转台上缓慢转动，同时喷淋系统在产品上方两侧循环摆动，水从产品的正上方和斜上方的各个角度向产品喷淋。测试中，产品所有可徒手拆卸的附件全部去除，

---

① 绝缘被击穿的现象是绝缘呈现导体特性，宛如导线，阻值极小，因而绝缘击穿后电流极大；如果只是泄漏电流稍微超出动作电流限值，并不能简单地判定为存在绝缘击穿。有兴趣的读者可参阅：陈凌峰. 电气强度试验结果辨析[J]. 安全与电磁兼容，2007（03）：13-15.

所有可以徒手打开的外罩、挡板等都打开，以此模拟产品在实际使用处于最不利的防护状态下各个方位可能遭遇的喷淋状况。在许多产品检测过程中，整个测试周期分为两段，其中前一段时间产品处于通电状态，后一段时间产品处于断电状态。测试结束后，考察产品绝缘上出现的水痕是否会导致爬电距离、电气间隙减少到可能影响产品的绝缘特性的程度。通常，在测试结束后，还会进行适当的电气强度测试，甚至是接触电流检测。产品防尘测试的过程和防水测试的过程类似，通常都需要特殊的检测设备（图4-33），判定结果的方式也是考察是否出现导致爬电距离、电气间隙减少的现象，并进行适当的电气强度测试。

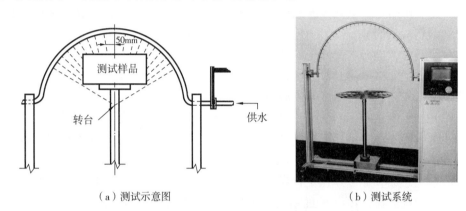

图 4-32　IPX4 防水测试示意图

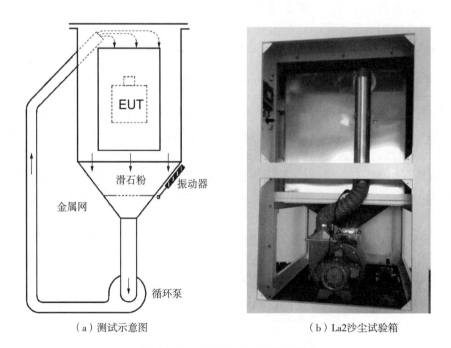

图 4-33　IP5X 与 IP6X 防尘测试

（摘自 IEC 60598-1 图 6，EUT 表示被测试产品）

此外，如果产品在使用时会出现溢水、漏水等现象，还应当根据产品的具体结构，在可能出现溢水、漏水等现象的部位进行相应的测试，考察是否会因此对产品的绝缘系统带来不利影响。

防潮测试主要是考察产品的电击防护系统是否能够在实际可能遭遇的湿热环境下维持有效，因为潮湿会大大削弱绝缘系统的有效性。防潮测试也是一种加速测试，通常是在产品可能遭遇的最严酷湿热条件下进行考察。一般，测试环境的相对湿度在90%左右，温度为20℃~35℃，测试周期至少为48h，对于有防护等级的产品，测试周期甚至延长至168h。测试结束后，除了检查防护外壳是否损坏外，通常还紧接着进行电气强度测试、绝缘电阻测试、泄漏电流测试等，以考察产品电击防护系统的有效性。

4.8.2.5 绝缘电阻（insulation resistance）测试

绝缘材料相对导体而言，最大的区别是在电气性能上呈现高阻特性，因此，考察绝缘材料的绝缘电阻是验证绝缘材料可靠性的手段之一。需要注意的是，任何绝缘材料的绝缘特性都是相对的，一旦承受的工作电压超过一定界限，绝缘材料就有可能被击穿，从而呈现导体的特性，因此，使用绝缘材料的绝缘电阻来验证绝缘的有效性时，必须注意这个指标的相对性。

一般，对于使用电网电源供电、工作电压在250V以下的电气产品，使用DC 500V进行绝缘电阻测量时，基本绝缘的绝缘电阻的下限为$1M\Omega$~$2M\Omega$，附加绝缘的绝缘电阻的下限为$1M\Omega$~$3M\Omega$，而加强绝缘的绝缘电阻的下限为$5M\Omega$~$7M\Omega$。

由于在大部分情形下，绝缘电阻测试的结果可以用其他测试结果代替，因此，越来越多的电气产品安全标准中不再进行绝缘电阻的检测，但是在许多电工进行设备维修时，仍然采用绝缘电阻测试的方法来检查产品的绝缘系统的有效性。

4.8.2.6 接触电流（touch current）检测

接触电流（在一些场合称为泄漏电流）测试，是考察电气产品在正常工作状态和异常情形时，人体接触到产品时流经人体的电流是否在安全范围内而不会引起电击。由于人体电容、产品分布电容的耦合作用，当人体接触到产品时，会有电流通过产品、人体和大地所形成的回路流经人体，因此，对于电气产品外部的非带电金属部件，同样需要考察接触电流。

接触电流的测试需要使用特定的测试网络，以此来模拟人体的电气模型（有关接触电流测试网络可以参考本书关于人体模型的章节）。检测时，产品一般处于正常工作状态，然后将检测网络跨接在电源的一极和检测部位之间。检测部位指的是产品外部人体可以接触的部位，通常是产品外壳上的金属部件和输出端子等带电部件。

接触电流的测试通常是在产品处于极端应用条件下进行。根据产品的使用情况和环境，接触电流的允许限值略有不同。一般，无论是正常工作状态下，还是异常情形下，为了避免电击，接触电流不应当超过反应阈，通常取限值 0.25mA ~ 0.75mA（直流为 2mA ~ 5mA），具体数值根据产品类型不同而略有不同，特别地，对于一些 I 类驻立式产品，接触电流的限值允许为不超过痛觉阈，通常取限值 3.5mA ~ 5mA。以家电产品为例，接触电流的测量（目前在 IEC 60335 系列标准中，使用的术语是"泄漏电流"）是当产品在处于正常状态的极端工作条件下达到稳定状态时进行，所使用的检测网络是感知—反应网络，检测结果的限值如下：

- II 类产品：0.25mA；
- 0 类、0I 类和 III 类产品：0.5mA；
- 便携式 I 类产品：0.75mA；
- 驻立式 I 类电动产品：3.5mA；
- 驻立式 I 类电热产品：按 0.75mA/kW 计算，限值为 0.75mA ~ 5mA。

4.8.2.7　泄漏电流（leakage current）测试

泄漏电流测试主要考察电气产品的绝缘系统因为分布电容和本身内部结构等原因，出现通过大地旁路部分电流的现象。泄漏电流的检测，通常是在产品处于断电状态时，在产品的带电件和产品外部可触及的金属件之间施加一个电压，电压值是产品的绝缘系统在正常使用条件下可能承受的最高电压。

以家电产品为例，根据 IEC 60335 - 1，泄漏电流的检测电压为额定电压的 1.06 倍，泄漏电流允许的限值如下：

- II 类产品：0.25mA；
- 0 类、0I 类和 III 类产品：0.5mA；
- 便携式 I 类产品：0.75mA；
- 驻立式 I 类电动产品：3.5mA；
- 驻立式 I 类电热产品：按 0.75mA/kW 计算，限值为 0.75mA ~ 5mA。

在泄漏电流的检测中，应当注意跨接电容对检测结果的影响。如果存在类似跨接电容的部件，应当将这些部件拆除后才进行检测。由于在大部分情形下，泄漏电流测试考察的结果也可以用其他测试结果代替，因此，越来越多的电气产品安全标准中不再进行泄漏电流的检测。

4.8.2.8　接地电阻（earthing resistance）检测

接地电阻检测主要考察保护接地系统的连续性和可靠性，对于功能性接地回路，是不进行该检测项目的。由于保护接地回路在电气性能上除了要求导通外，还必须有足够的载流能力，这是和其他接地回路最大的区别。因此，保护接地系统的连续性和可靠性不能简单地使用普通万用表检测导通与否来进行判定。

保护接地电阻测试，通常是在电气产品设备的保护接地回路通过可能出现的最大故障电流，通过测量相应的压降，计算出保护接地回路的电阻。通过该测试，可以考察保护接地回路的连通，并且要求所测量得到的电阻值足够小（通常在 0.1Ω

的数量级）；此外，还可以考察保护接地回路是否有足够的载流能力以维持可能出现的故障电流，确保保护接地措施的有效。实际应用中，测试电源一般是采用低压直流电源，空载输出电压通常不超过 12V；测试电流应当超过产品使用中可能出现的故障电流的最大值，通常在 1.5 倍以上。所检测的回路一般是产品与电网（或建筑物）的接地端和产品内部最远的接地金属部件之间的回路，通常不包括电源线。通过这种方法检测得到的接地电阻的阻值一般要求不大于 0.1Ω。

如，对于普通的家用电器，接地电阻检测中的检测电流应当大于产品额定电流的 1.5 倍，并且不小于 25A（约等于常见的 16A 家庭电源插头的 1.5 倍），所测得的接地回路的电阻要求不超过 0.1Ω。

由于接地回路的电阻一般都很小，因此，在检测过程中，应当注意测试方法可能对接地回路电阻的影响（大部分的测试设备都是采用四线法），特别是注意对设备测试探头和接地回路之间的接触电阻的影响。检测中，在读数的时候，应当在回路电流和压降都稳定后才读数。如果在检测过程中出现电流断续或电流波动等现象，应当检查检测设备的探头和回路之间是否存在接触不良的问题，否则，可以认为接地回路的可靠性和连续性是不满足要求的。

4.8.2.9 绝缘材料的考察

绝缘材料的考察主要是考察绝缘材料的物理特性能否满足长期绝缘的需求。根据材料类型、使用环境等因素的不同，测试的内容也不相同，有的是考察内部结构，有的是考察老化特性，有的是考察高温特性，有的考察在紫外线照射下的特性变化等，需要具体问题具体分析。这些测试都具有测试周期长、测试条件严酷、测试设备特殊的特点。

以家电产品中作为附加绝缘来使用的各种天然或合成橡胶部件为例，根据 IEC 60335-1 的要求，为了考察其耐老化的性能，可以使用加速老化的试验，即将样品自由悬挂在一个氧气罐中，氧气罐的有效容积至少为样品体积的 10 倍，氧气罐中充满了纯度不低于 97% 的氧气，压力达到 2.1MPa，温度维持在 70℃，样品在氧气罐中保持 96h，然后将样品从罐中取出，放置在室温条件下至少 16h，观察是否出现裂纹。

可见，绝缘材料的测试成本是非常高的。在实际中，为了减少检测成本，降低产品在生产中质量控制的成本，对于普通的产品，应当尽可以使用特性已知的绝缘材料，或者使用一些已有检测结果的材料（如，参考 UL 的材料测试证书）。

4.8.2.10 功率偏差的检测

功率偏差的检测虽然与电击防护的直接关系不大，但是作为电类检测项目，本书将它同时包括在电击防护检测项目中。

在设计阶段，功率偏差检测主要是考察产品的标称功率与实际功率的偏差，防止使用时的功率偏差导致供电设备容量不足而引发事故。通常，产品的额定功率与实际功率的偏差不应超过±20%，对于电热产品，允许的偏差不应超过±10%，对于电动产品，甚至不允许负偏差。一般，在相关产品安全标准中，对功率偏差都有具体的规定。

在生产阶段，功率偏差检测是一种重要而简单的常规检验项目，除了可用于判断产品是否正常工作外，甚至还可初步分析产品的故障类型，如，如果功率超出允许范围的上限，有可能是产品内部出现短路、堵转等异常现象，而如果功率低于允许范围的下限，则有可能是部分电路没有工作，或者使用了错误型号、参数的部件等。

4.8.3　能量危险防护有效性的检测试验

能量危险防护有效性的检测试验主要通过对产品裸露可触及的带电件是否存在能量危险的检测来进行。由于即使是安全特低电压（SELV）电路同样存在能量危险，短路同样会造成危险，因此，短路测试是考察产品可触及带电件是否存在能量危险的有效措施，在可触及的安全特低电压电源输出端进行短路测试就是一个最常见的短路测试。需要注意的是，并不是所有的可触及带电件之间都需要进行短路测试，一般，只有那些可能同时触及的，才进行短路测试，而在大部分情形下，都是以人手是否可以同时触及作为判断标准的。

图4-34　测试链

在各种情形的短路测试中，灯具产品安全标准（IEC 60598-1）中有一个很有趣的测试，使用一种称为试验链（图4-34）的特殊测试工具进行短路测试。试验链是一种金属链，由63%铜和37%锌制成，当以200g/m的负载拉伸时，其阻值为$0.05\Omega/m$。测试时，将它搭接在裸露的安全特低电压部件之间（如，轨道安装的滑动照明灯具的轨道之间），同时根据跨接的距离在试验链两端施加一定的拉力将试验链拉直，配重为15g/cm，但不超过250g。在测试过程中，除了要求灯具所有部件的温度不得超过相应的限值外，还要求试验链不得融化。这个短路测试可以有效地模拟项链、手链等首饰（甚至诸如老鼠尾巴）造成短路的现象，考察产品是否存在能量危险。

当产品内部存在储能元件时，对能量危害还需要考察产品在切断电源后，残余的能量是否存在危险。如，对于电气产品的电源插头，要求在从插座拔出1s后，电压迅速降低到安全特低电压值以下，人体在触及插头时不会遭遇电击。因此，可以数字储存示波器观察插头从插座拔出后，插头插销之间的放电时间曲线，以此判断是否存在导致电击的可能。

4.8.4 防火和过热防护相关测试

电气产品的防火（fire protection）特性和过热（overheating）保护的检测试验，常见测试主要有整机温升测试和材料测试。整机温升测试主要通过考察产品可能出现的最严酷的发热状况和遭遇的高温环境，从宏观上来考察产品是否能够在防火和过热防护方面满足要求；材料测试主要根据材料在整机中所使用的情形，从微观上来考核产品的部件是否能够承受使用中可能出现的高温，不会出现影响产品安全特性的现象，如起火、严重变形或性能失效等。

4.8.4.1 温升测试（temperature rise test）

整机温升测试可以分为产品在正常温升测试和异常温升测试两种。

正常温升测试，主要考察产品处于正常状态时，在产品设计范围内允许的极端使用条件下可能出现的最严酷的发热现象。通过测试中获得的各个测试部位的最高温度值，以及是否出现起火、严重变形等危害安全的现象和是否出现产品故障、功能失效等现象，来判定产品在正常使用状态下的防火和过热防护措施是否有效。

异常温升测试，主要考察产品处于故障状态或者可预见的疏忽状态，或者出现合理的、可预见的误操作时，产品可能出现的最严酷的发热现象，以及是否会出现起火、金属熔化、产生有毒或可燃气体等危害安全的现象，以此判定产品在异常状况时的防火和过热防护措施是否有效。异常温升测试过程遵循单个故障的原则。

温升测试主要的测试仪器是温度记录仪，用于记录相关测试点的温度随着时间变化的状况。在测试中，一般是通过观察温度 – 时间曲线的变化来获取产品的温升变化状况以及相关测试点的最高温度。温度可以直接使用热电偶、热电阻或者红外测温仪等仪器设备直接测量[①]。对于一些无法直接测量的部位，可以使用特制的测试样品，在需要测试的部位预先埋置合适的温度传感器（如，热电偶）；或者使用间接测量的方式来进行测试，如，对于线圈的温度，可以通过测量绕组的电阻变化来计算线圈的平均温度的变化。

在温升测试中，为了确保测试结果可重复，一般要求在标准化的测试环境中进行。如，对于非嵌入式的产品，通常按照正常状态放置在一个模拟墙角的测试角（test corner）进行测试；这个测试角通常由 3～4 块涂无光黑漆、厚度约为 20mm 的胶合板搭建而成，长宽与被测产品尺寸相匹配。测试时，产品放置的位置一般按照使用中可能出现的最严酷的情形来放置。

此外，为了测量测试角底板等的温度作为支撑面温度考核，以及四周墙体的温度考核，通常热电偶用直径约 15mm、厚度约 1mm 的铜片压在测试角表面上，相隔

---

① 有关热电偶的制备与使用可参考《IECEE OD – 0512 Laboratory procedure for acceptance, preparation, extension and use of Thermocouples》。

间距约 100mm①，相应表面的位置应当适当凹陷，使得铜片的表面与测试角表面平齐。

通常，在进行极端条件下的正常温升测试时，产品一般是按照设计意图来放置；但是，当进行异常温升测试时，产品可能放置在处于倾倒、被覆盖或紧贴测试角等的位置进行测试，具体放置要求可参见相关的产品安全标准。

图 4-35（a）的测试角是用于测试智能马桶盖的特制测试角；相对于普通的测试角，在支撑面有开槽，同时带有污物过滤筛及储水箱，并且在两个侧面带有成排的热电偶接线端子；墙面及支撑面上排列整齐的圆形凹槽可用于布置热电偶。

需要注意的是，模拟测试环境的形状和放置是与产品特性相关的，对于安装在天花的电气产品，测试角有可能是倒置过来模拟天花角落，甚至还有可能是其他形式的测试角和测试箱。图 4-35（b）是 UL 1993 要求的测试箱，形状是一个内置金属圆筒的木箱，模拟嵌入式灯具的工作环境。

温升测试时的环境温度，要求是产品在正常使用时允许的最高环境温度。在不同国家，随着地理位置的不同，最高环境温度的规定略有不同，在欧美等温带以北的国家和地区，通常是 25℃，而在中国等处于亚热带和热带的国家和地区，则通常是 35℃。这种地理上的不同，往往会对产品的温升测试结果带来影响，进而影响对产品过热防护性能的判定。

需要注意的是，温升测试的结果非常容易受到环境的影响，因此，测试环境除了恒温、恒湿的基本要求外②，还必须考虑空气流动的影响（包括为了调节环境温度而采取的强制空气对流），必要时还应采取适当的防风装置：如，根据 IEC 60598-1 的要求，灯具温升测试必须在符合该标准要求的防风罩内进行③，而环境温度的取样，则是通过一个放置在上下开口的双层金属圆筒中间约 30g 的金属块（图 4-35（c）），以减小空气流动带来的影响。

　　（a）测试角　　　　　　（b）UL 1993 测试箱　　　　　（c）环境温度检测筒

图 4-35　标准测试环境

---

① 这种热电偶的排列方式来源于 CTL 决议 DSH-591，可以比较方便地监视支撑面和墙面的温度分布情况，方便快速定位最高温度所在位置。
② 几乎所有的产品安全标准都要求对测试环境的温湿度进行监控。
③ 具体参见 IEC 60598-1：2014 附录 D。

温升测试的时间长短是和具体产品的特性密切相关的，只要能够通过测试获得产品可能出现的严酷的发热状态，那么，测试就可以结束了。在实际中，有的产品只需要考察一个动作周期就可以结束温升测试；有的产品需要考察多个连续工作的周期，直到产品达到热平衡状态为止；而在测试中，一旦出现保护元件动作，只要不会出现自动复位的现象，测试通常就接近尾声了，但需要注意热惯性可能带来的影响。

温升测试通常在具有代表性的样品上进行，除非在测试过程中出现某种允许替换的损坏现象。但是，对于一些测试结果的离散性比较明显的，可能需要在多个样品上进行测试，或者多测试几个工作周期。

通常，产品在达到热平衡状态时，温升结果比起始阶段要严酷，产品出现异常状况时的温升结果比正常状况下更为严酷，尤其是在出现短路和过载的时候；当产品处于极端过载状态时，即产品处于最大而又未引起保护装置动作的过载状态时，温升测试的结果是最严酷的。但是这些规律，是和产品的结构和保护方式密切相关的，如，对于一些带有输出短路保护装置的电源产品，一旦出现短路状况，立即切断产品的供电电源，这样一来，在出现短路状态时，产品的温升结果反而不是最严酷的。这些特殊现象在温升测试中必须注意，以免遗漏更为严酷的温升测试项目。

无论是在哪一种温升测试中，一般都需要测量下列部位出现的最高温度[①]：

- 人体可以接触的部位（如，控制旋钮、外壳等）的温度；
- 产品周围的温度，特别是与产品接触的支撑面的温度；
- 绝缘材料的受热温度，包括那些支撑载流部件、受热变形会影响产品安全特性的材料；
- 元器件的环境温度，包括电线、变压器等器件的环境温度和自身的发热情形；
- 载流部件（特别是大功率载流部件）连接部位的温度；
- 其他过热会对产品的安全特性带来影响的非电热元件的温度，以及其他遭遇高温会出现失效甚至引起火灾等部件的温度。

此外，在温升测试中还应当观察是否出现起火、金属熔化、产生有毒或可燃气体等现象。温升测试中一般并不测试功能性发热元件（如，电热产品的发热丝）的温度，但是需要考察在其附近受到影响的其他部件的温度，作为考察这些部件的可靠性、防火特性或耐热特性等的依据。

如果产品的状况允许，并且和相关的测试条款没有冲突，那么，正常温升测试和异常温升测试可以在同一个样品上连续进行，只要测试结果之间不会出现相互关联的现象，这样可以大大减少温升测试的检测成本。温升测试是电气产品安全测试中的一个重要试验，一般在产品的安全标准中都有专门的章节来解释详细的测试要求和判定方式。

---

① 尽管目前红外测温方式在行业内尚未得到普遍认可，但是使用红外测温方式来寻找最高温度部位是一种比较高效的方法。

产品在温升测试中,或者在温升测试后,通常还会进行一些电击防护相关的测试,来考察产品处于最严酷的发热状态下时,电击防护系统(尤其是绝缘防护系统)是否依然有效。最常用的测试手段是电气强度测试和接触电流测试。

4.8.4.2 材料测试

材料测试主要是材料的防火性能测试和耐热测试(heat resistance)。

材料的防火测试主要是考察非金属材料在遭遇异常高温时(特别是在产品出现异常现象时,如出现短路时),是否会起火燃烧而变成火源;或者在遭遇明火时,是否会起到助燃的作用,等等。试验主要是通过让被测材料的样品直接接触受到控制的发热源或火源,考察材料所呈现的防火特性。常见的材料防火性能测试主要有:

- 灼热丝试验(glow - wire);
- 针焰试验(needle flame);
- 热丝试验(hot wire);
- 燃烧试验,包括水平燃烧测试和垂直燃烧测试等等。

这些试验通常都有比较严格的试验条件,包括测试材料的尺寸(如厚度)、试验的温度或能量、试验的持续时间等,需要使用相应的特殊测试仪器设备来完成(图4-36)。

一般需要进行防火测试的材料,主要是那些直接接触高温发热部件(包括载流部件,尤其是那些电流超过0.5A的载流部件,部分产品安全标准甚至包括超过0.2A的载流部件)的材料、靠近高温发热部件(如,相对距离在3mm以内)的材料,以及起到防火作用的材料(如,防火防护外壳的材料)等。

(a)灼热丝测试仪　　　　　　(b)热丝测试仪

图4-36　材料防火测试

材料的耐热测试主要是考察非金属材料(特别是热塑材料)是否有足够的耐热特性,能够承受产品使用中可能出现的高温,不会因为长时间承受这些高温而出现可能影响产品安全特性的变形。

最常用的材料耐热测试是球压测试(ball - pressure test)。该试验使用特殊的测试设备,在材料测试样品上施加固定的压力和测试温度,经过一段时间后,通过测量材料上的压痕直径来评估材料的耐热特性。材料不同的应用场合和环境温度对应不同的测试温度，通常，测试温度要求至少达到75℃，对于那些直接支撑载流部件的材料，测试温度至少达到在125℃。详细的测试方法可以参考标准 IEC 60695 - 10 - 2。一般认为，如果压痕的直径小于2mm，那么，这种材料在测试所对应的场合中使用时，其受热变形的程度是可以接受的，而且不会影响产品的安全特性。

一般需要进行耐热测试的材料，主要是那些支撑载流部件（包括电气连接部件）的材料，还有那些起到附加绝缘或加强绝缘作用的材料，如产品的外壳等。

需要注意的是，这些材料测试的结果只是为了得到一个可以进行互相比较和参照的测试结果，这种测试结果可以对材料的适用性进行定量地评估，但是不能简单地认为这些测试结果就是材料在实际应用中的参数，材料在实际应用中所反映出来的特性，始终是和具体的应用环境密切相关的。

另一点需要注意的是，如果产品有可能工作在极低温度的环境，甚至工作在可能出现结冰的环境下，或者存在制冷、制冰等功能的时候，温升测试和材料测试还需要包括在极端低温环境下的测试。在这种情形下，温升测试除了测量产品使用中可能出现的最高温度和最低温度等最严酷的工作状态外，还可以作为考察产品在极端低温下工作状态的一种手段。

4.8.5 机械伤害防护及其他机械相关测试

机械伤害主要是通过隔离来进行防护，除非是那些动能小、材料硬度低的运动部件可允许接触，因此，针对机械伤害防护有效性的主要测试是外壳强度测试，电气防护外壳的情况与此类似。常见的机械相关测试主要有以下项目。

4.8.5.1 机械强度测试

机械强度测试的一个主要项目就是对产品外壳强度的测试，常用的测试手段主要有压力测试、冲击测试、跌落测试、振动测试等多种手段，其中许多测试项目主要是针对产品的外壳。

压力测试，通常是在外壳的相应部位施加一个静态的压力，考察外壳是否能够承受相应的压力而不会破损，防护栅栏等是否会被穿透。压力的大小、施加的时间和外壳的位置、材料有关。如，在 IEC 60950 中，对于有外壳等防护的使用者操作区域，施加的压力为30N，但是对整个外壳施加的压力则为250N。

冲击测试，通常是在外壳的相应部位施加一个冲量，考察外壳是否能够承受实际使用中可能遭遇的冲击力。冲击测试一般以两种方法来进行。一种是使用特制的冲击锤（impact hammer），通过冲击锤内部的弹簧来产生冲击力（图4 - 37）。对于一般的外壳，冲击的能量为0.5J，一共冲击三次；对于使用环境比较恶劣的，

图4 - 37　弹簧冲击锤

冲击的能量会提高到 0.75J、1J 不等，甚至更高；而对于一些产品使用中会特别注意的明显易碎部位，冲击的能量可能会降低到 0.35J、0.2J，甚至更低。这种冲击测试的具体实施方法可以参考 IEC 60068-2-75。

另一种常见的冲击测试方法是用一个直径约为 50mm、质量约为 500g 的钢球从不同的高度自由跌落到外壳上，以此模拟实际使用中可能遭遇的冲击（图 4-38）。如，在 IEC 60950 中，对产品外壳顶部的冲击测试，就是利用在 1.3m 高自由落下的钢球产生的冲击来实现的，而对于外壳的侧面，则利用自由摆的形式，让钢球在 1.3m 高落差的地方水平冲击外壳的侧面。

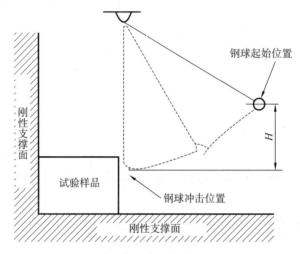

图 4-38　钢球冲击
（摘自 IEC 60950-1 图 4A）

无论是采用哪种方式进行冲击测试，一般都要求产品的支撑面（包括侧面的支撑立面）都是刚性的。

跌落测试一般有两种方式。一种是让产品从一定的高度自由跌落到平整的钢板或硬木板上，跌落的高度、次数和产品的类型、质量等因素密切相关，主要是考察产品是否能够承受在实际使用中可能遇到的放置、轻微跌落所产生的冲击。如，根据 IEC 61558-1，对于便携式的桌上型电源适配器，跌落测试的方法是从 25mm 的高度自由跌落 100 次。另一种方法是将产品放入特制的滚筒（tumbling barrel）中（图 4-39），通过滚筒的旋转来考察产品从不同角度跌落后的情形，这种测试通常是针对那些手持式的产品，或者可以方便地掌握在手中的产品。在这种测试中，跌落的高度、试验的速率是固定的，但是跌落的次数则和产品的重量有关。如，根据 IEC 61558-1，对于直插式的电源适配器，如果质量小于 250g，跌落的次数为 50 次，但是如果质量超过 500g，跌落的次数则为 25 次。

振动测试主要考察产品在遭遇外部震动（如，运输途中）或自身运行中产生的震动时，整个产品结构的可靠性。振动测试需要使用特殊的振动测试台来进行，通过设定不同的振动频率、振动幅度和方向等，模拟产品在使用、运输中可能遭遇的震动。

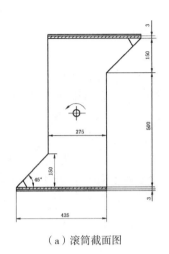

(a) 滚筒截面图　　　　　　　　(b) 滚筒实物

图 4-39　滚筒

除了这些针对整个产品进行的机械强度测试外，对于一些机械强度关系到产品安全特性的个别部位和配件，还需要专门进行特定的测试。如，对于电源线，必须考察其固定的可靠性，对于使用中可能出现的拉力、弯曲，还需要考察相应的保护措施是否足够；对于产品吊装、墙上固定安装等安装装置的可靠性，还需要单独进行相应的测试。

除了需要应用适当的测试方法来考察外部因素对产品机械强度的影响外，对于那些会对产品的机械强度造成影响的内部因素，同样需要采取适当的测试方法来进行考察。如，对于产品内部的密闭容器，如果容器内的水、气体等会因为温度变化（如受热）而导致容器需要承受压力，那么，需要进行适当的承压测试，来考察产品是否能够长时间承受使用中可能出现的最大压力而不会出现爆炸、破裂等现象，考察产品是否能够在出现过压的情形下能够有适当的压力释放装置，以及在压力释放装置因为出现堵塞等情形下是否能够有适当的冗余防护措施等。容器的承压测试通常可以用 1.5 倍以上的静态水压测试来进行考察，而压力释放等试验则往往需要在某种模拟环境中进行，这些试验都带有很高的危险性，测试中必须对相关人员和测试设备采取有效的防护措施。

需要注意的是，对于产品机械强度的测试，除了考察产品外壳等外部结构的完整性、可靠性外，还需要注意产品内部是否因为遭遇外力的冲击而出现危及产品安全的变化。

4.8.5.2　稳定性测试

稳定性测试通常有两种方式，即产品自身的稳定性，和在外力作用下的稳定性。

产品自身的稳定性测试，通常是考察产品在各种可能发生的轻微倾斜状态下（一般是 10°~15° 的倾斜）是否会倾倒。如，对于质量小于 7kg 的 IT 产品，根据

IEC 60950 的要求，必须在倾斜 10°的情形下也不会出现倾倒的现象。这种稳定性检测通常是将产品放置在一个可以自由旋转的倾斜台上（见图 4 – 40），通过缓慢旋转倾斜台，可以全面考察产品在各个方向上的稳定性。

图 4 – 40　旋转式稳定性测试台

产品在外力作用下的稳定性，通常是考察产品在碰撞、人体倚靠等外力作用下，是否能够保持稳定而不会倾倒，一般通过在产品适当位置施加 30 ~ 250N 的水平推力的方式来模拟实际可能遭遇的外力；对于一些有可能被用来作为人体踩踏、支撑的产品，还需要考虑人体重量产生的压力是否会令产品倾倒，如，根据 IEC 60950 的要求，对于落地式的产品，必须在高度 1m 的部位施加一个 800N 的压力，以考察产品是否会倾倒。

4.8.5.3　其他机械相关测试

机械相关的测试还包括利用扭矩、拉力或压力等方式来测试相应部位的机械强度或类似的性能，测试直插式产品产生的力矩（图 4 – 41）等，这些测试项目在产品安全标准中都有详细的规定，这里就不再深入了。

可更换不同
国家插座

图 4 – 41　插头力矩测试仪

4.8.6　化学防护措施的考察

对于大部分电气产品而言，化学防护措施的考察主要是通过静态和动态分析两种途径来进行。静态分析，主要是对原材料的成分分析。如，对于大部分禁用、限用的金属（如，铅）、化合物（如，PCB），都可以通过材料分析的方式来进行考察。这些检测基本上可以独立进行。动态分析，主要是考察产品在使用中，是否会因为受热等原因出现化学变化，产生有毒气体、可燃气体或有毒化学泄漏等。这些变化可以通过观察来进行，必要时可以采取适当的检测手段，如，对于产生的气体是否属于可燃气体，可以使用放电打火装置来进行考察。

由于许多有害化学反应都是在产品出现过热时产生的，而产品往往是处于正常状态的极端使用条件下或者异常状态下，才会出现过热的现象，因此，许多时候化学防护的动态分析可以结合产品的温升测试等试验一起进行。

需要注意的是，在现实中，在设计阶段对材料测试得到的结果，对后续大规模生产中的材料控制并没有太多的参考价值，而且在生产中进行材料测试，始终存在成本较高、可靠性较低、工作量很大等制约因素，因此，对电气产品化学防护措施的有效性考察，更多的是通过对供应链的质量控制手段来保证的，由于这个话题已经超出本章的范围，这里就不展开了。

4.8.7　辐射防护措施的检测

电气产品辐射防护的测试比较复杂，辐射种类不同，测试方法也不同。这些测试的一个共同特点是，一般是在一个受到严格控制的环境中，屏蔽掉任何有可能对试验结果产生影响的外部因素，然后按照严格的程序对产品的工作状态进行设定，得到一些可以进行横向比较的、可以进行评估的检测数据。产品通常是工作在极端条件下，甚至有可能是在异常状态下，但是也有部分辐射防护的检测在产品正常工作条件下进行。具体的检测条件在相关的产品安全标准中都有明确的定义。在检测过程中，由于无论采取任何手段，任何检测环境都不可能是一个完全没有任何外部影响的超"洁净"空间，而许多辐射检测的结果往往受到外部影响很大，因此，在检测中需要注意背景噪声对测试结果的影响，避免出现背景噪声掩盖真实结果的情况。如，对于电气产品产生臭氧的含量和速度，有可能需要在一个完全密闭的空间内进行检测。

有关辐射检测所应用的仪器设备、测试方法、计算方法等都非常专业和复杂，对检测环境的要求都比较高，一般的检测实验室没有能力进行这些测试。对于企业而言，最合适的方式是委托相关的专业实验室进行检测。

4.8.8　耐久性检测

由于元器件的种类很多，相互之间的差别很大，并没有统一的测试项目，因此，具体检测项目必须结合元器件的产品标准进行。此外，由于元器件的检测设备和方法都很特殊，如果在对整机产品进行检测的同时，还必须对各个元器件进行检测，那么，检测成本会非常高昂，在实践中是不可行的。元器件的检测，尤其是性能参数检测，大部分可以独立于整机产品进行，因此，在电气产品的整机安全检测中，通常不再对元器件逐个进行检测，而是采用其他手段来进行考核，如，可以选用取得认证的元器件，认为这些元器件在设计和制造过程中都已经满足相关的要求，不用再进行检测了，这样，就可以大大降低检测成本。

但是，也有一些检测项目最好结合具体的使用条件进行。如，对于一些带有活动部件的元器件（如开关部件的开关、电源线的弯曲、活动调节部位的来回动作等），如果对其可靠性存在怀疑，可以进行适当的耐久性测试（endurance test）。耐久性测试的方法通常是对元器件在一定的时间内重复一定的动作，以此考察元器件是否能够承受实际使用中可能出现的多次动作。耐久测试的速率、次数应当能够反映元器件的实际使用状况。如，对于普通电源开关而言，通常每分钟动作的次数不超过6个周期，总的动作周期为1万次。

对于电气产品的部件的考察中，最容易被忽略的是产品安全标志和铭牌的可靠性和耐久性。由于产品安全标志和铭牌是产品整个安全防护系统中重要的组成部分，因此，在产品的使用寿命内，安全标志和铭牌都必须完好，上面的字迹必须清晰、持久。在对产品的检测中，可以使用沾有水和汽油的布对这些安全标志和铭牌进行擦拭，看看这些标志和铭牌上的字迹是否会被抹去，标志和铭牌是否会脱落、卷曲甚至损坏（不少标准有专门的检测要求）。

4.8.9 基本参数测试

除了以上所介绍的测试外，在实际中，往往还需要根据产品的具体结构、性能和使用环境，增加一些特殊的测试。如，对于生锈有可能对产品的安全特性构成影响的，还需要对产品进行防锈测试。这些测试在相关标准中都有具体的要求和判定结果。

另一个和产品的安全特性密切相关，但是往往被忽视的，就是产品的功能检测。通常。产品功能检测的目的之一是验证产品是否能够按照设计要求进行操作，所实现的功能和得到的结果是和产品的设计一致的，并没有太大的差别；此外，还应当尝试产品的不同操作方式，包括不同的操作组合、不同的操作顺序等，观察产品可能出现的现象，分析这些可能出现的现象是否会对使用者、环境产生危害。产品功能检测的内容取决于产品的具体结构、性能，基本上没有任何通用的检测手段，而对产品设计、产品结构的深入了解，往往能够总结出不少有效的功能检测手段和检测项目。

对于电气产品而言，还有两项简单但非常有效的测试，这就是功率测试和质量称重。

在型式测试阶段，功率测试的目的主要是考察产品的实际功率与设计标称功率之间的偏差，以免由于功率偏差过大，在实际使用时对供电电源产生不利影响，或影响整个用电系统的安全。一般要求实测功率和标称功率之间的偏差不超过一定范围（通常是10% ~20%），但是实际中根据产品的特性和使用场合，允许的偏差和偏差范围可能会有所不同。而在产品的生产制造阶段，功率测试是发现产品内部缺陷、检查产品正常工作状态最简单、有效的考察手段，一旦发现产品实测功率的偏差超过一定的范围，一般就可以认为产品可能存在某种内部缺陷，如局部短路等。

质量称重是另一种在产品的生产制造阶段发现产品内部缺陷的简单和有效的方法，尤其是在产品的认证和验货过程中，因为产品一旦设计定型，产品的质量变化是不大的。即使产品的外观没有任何变化，一旦发现实际生产中的产品的质量与型式测试阶段得到的质量存在较大的偏差，特别是质量减少的时候，往往是产品的内部结构或者所使用的重要元器件出现了改变，而这些改变除非是由于某种技术或工艺创新带来的，否则，有可能对产品的安全特性或性能产生不利的影响。

4.8.10 工作状态设定与标准负载

为了使相关测试项目的结果具有重复性和可比性，设定产品测试时的工作状态是一个很重要的步骤。通常，在设定产品的工作状态时，都是将产品设定在极端工作状态下，然而，许多产品的工作状态是与负载特性密切相关的，而不同负载种类之间的差异也往往很大，因此，为了使得测试的结果具有重复性和可比性，设定工作状态时，必须使用特定的标准负载。

使用标准负载来设定产品的工作状态，是产品安全检测中最有趣的环节，因为这涉及如何用一个简单的模型来覆盖实际中可能遇到的所有情形。如，为了对电旋转烤架［图4-42（a）］进行考核，所使用的标准负载［图4-42（b）］质量约为4.5kg，材料为金属，用来模拟实际中可能烧烤的最大质量的负载，得到的测试结果是可以重复和比较的。如果用实物来作为测试负载，无论是使用肉鸡还是火鸡，使用不同部位、不同形状的肉块得到的结果必定是有差异，无法相互进行比较，而且由于实物负载往往无法长期保存，根本不可能进行测试结果重现和验证。

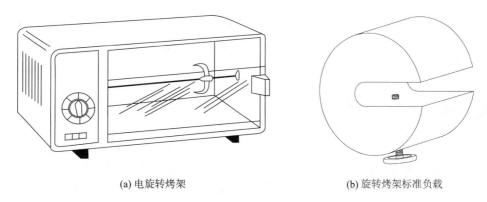

(a) 电旋转烤架　　　　　　　(b) 旋转烤架标准负载

图4-42　旋转烤架标准负载
（摘自 IEC 60335-2-9 图101 和图102，略有改动）

当然，实际中的标准负载并不一定总是特殊制品。如，电动搅拌机的标准负载是2份浸泡过的胡萝卜和3份的水混合而成，其中胡萝卜在水中要浸泡24h，并且切成尺寸不超过15mm的块状物。

标准负载也并不一定需要实物，特定的工作环境（如，特定空间大小、特定温度、特定湿度、特定风速、特定工作周期等）都可以认为是标准负载的一种。总之，标准负载的特点是能够模拟产品在工作状态下的负载特性，但没有统一的实现方法，不同产品的标准负载类型、实现方式都不同，一般在具体产品的安全标准中有明确规定，这里就不再深入讨论。

设定标准负载的工作中，另一项有趣的工作就是检测中工作周期的设定，这一点通常是针对那些间歇工作或周期性启动的产品，往往直接影响到这些产品的检测结果是否能够符合标准的要求。如，在一个工作周期中，如果产品的实际开机工作时间较短，停机间隔较长，产品有比较长的时间进行散热，温升测试的结果会比较低，容易符合标准的要求；相反，如果产品的实际开机工作时间较长，停机间隔短，产品进行散热的时间不长，温升测试的结果就会比较高，容易超出标准的限值。

实际中，工作周期的选择是与产品的具体情况密切相关的。如，对于手持式电动搅拌机，工作周期的设置为：控制装置设置在最高位置工作 1min，更换混合物的间歇时间为 1min，共工作 5 次；而对于其他搅拌机，工作时间为 3min，共工作 10 次。因此，正确选择产品的工作周期进行检测，直接关系到检测结果。在产品安全认证检测中，选择错误的工作周期进行检测，是检测认证机构最容易出现的疏忽，也是产品在设计时最容易犯的错误。

对于一些在标准中没有明确规定工作周期的，检测时主要按产品说明书规定的时间进行的，上述问题可能更为严重。如，曾经有一个早期出口认证的案例，根据标准 IEC 60335-2-14 检测的一款手动控制的食品加工机，企业为了通过认证，在提交给认证机构的产品使用书中规定工作时间为每次不超过 2s，间隔时间则高达数十秒，虽然按照企业的规定进行测试，产品符合标准的要求，但是企业的这种规定，在实际使用时是不具备可操作性的。因此，对于自行设定的工作周期，设定必须合情合理，符合实际使用的情况，而不是在产品使用说明书上玩弄文字游戏，自欺欺人。

4.8.11 异常状态检测

异常状态检测，主要是通过试验的方式，实际考察电气产品在出现异常情况时（包括产品内部故障和误操作等），可能发生的现象，以此作为评估产品异常状态安全防护有效性的依据。电气产各种常见的异常状态可以参考本书的相关章节。

在实际中，一般，每进行一项异常状态的模拟后，都会进行温升测试。在测试过程中，观察是否出现一些明显的危险现象（如，起火、变形、金属熔化等）；如果没有出现任何明显的危险现象，那么，在达到稳定状态后，或者因为保护元件动作等原因而切断电源后，进行电气强度检测，考察产品的防护系统是否仍然有效。

由于产品可能出现的异常状态的种类繁多，特别是对于结构复杂的电气产品，因此，在开始异常状态检测之前，先对各种可能的异常状态进行分析，找出其中最为严酷的几种异常状态。在遵循单个功能故障原则（single fault principle）的前提下，如果这些异常状态的严酷程度能够覆盖其他可能出现的异常状态，那么只要对这些异常状态进行检测就可以对产品的异常防护措施进行考核，这样，就可以大大降低检测的成本，提高了检测的效率。

4.8.12 系列检测与认证

许多时候为了满足市场的需要，往往会由同一个型号衍生出许多型号来。这些型号的产品由于结构非常类似，有的甚至基本相同，只是在一些非实质性的装饰上略有区别，在检测这些产品的时候，只需要挑选有代表性的型号，检测得到的结果就可以反映所有的型号，不需要逐个进行检测，这就是针对一个型号族所进行的系列检测。在对产品进行认证的时候，如果能够有计划地将类似的产品进行检测认证，可以大大节省检测费用和周期，从而降低认证成本。

在实际中，通常会出现的情况是，不同型号的产品虽然不是从同一个基础型号中衍生出来，但是由于彼此结构类似，挑选其中几个有代表性的产品进行检测，然后基于科学分析判断的结果，就可以对其他没有进行实际检测的型号做出结论，这也是系列检测的一种。

此外，系列检测并不是说所有挑选出来的型号都要进行完整的检测，一般，在完成最典型型号的检测后，对其他挑选出来的型号，只检测有实质性区别的项目，从而既减少了检测内容，又增加了可信程度。需要注意的是，对于其他没有挑选进行检测的型号，并不是没有对它们进行评估，在挑选典型型号的时候对所有型号进行仔细归类、判断，就是一种评估分析的过程。

如何将不同型号的产品归类为型号族进行系列检测，在实践中并没有统一的标准，通常，能够归类为型号族而进行系列检测的产品，都具有以下特点：

（1）结构类似，如，具有相同的电击防护类型，相同防护等级，相同的使用环境，相同的安装方式，相同的负载类型，相同的工作电压、频率，相同的核心部件等。

（2）具有相同的安全防护结构，包括相同的安全保护原理，相同的安全保护元件等。

（3）代表性的典型型号比其他型号具有最复杂的配置，最极端的工作条件（如，最大负载），最不利的设计组合等。

以下是灯具标准 GB 7000.1—2015 在附录 S 中给出的关于系列的定义，可以从中体会系列检测时如何进行归类。

> 附录 S 型式试验时识别灯具系列或族的要求
> S.1 总则
> 从具有类似结构的一个系列灯具中选择型式试验样品进行型式认可试验时，

> 应选择代表最不利部件和外壳的组合的灯具。
>
> S.2 灯具系列或族
>
> 考虑一个具有类似结构的系列或族灯具应是：
>
> a) 符合相同的 GB 7000 第 2 部分中的适用标准；
>
> b) 装有具有相同特性的光源，如：
>
>   1) 钨丝灯，包括卤钨灯；
>   2) 荧光灯；
>   3) 气体放电灯；
>   4) LED 灯和模块。
>
> c) 相同的防触电保护类别；
>
> d) 相同的 IP 等级。
>
> 应根据 S.2 来确定其符合性。
>
> 要对每个系列灯具进行逐个考虑。系列灯具应由同一制造商在相同的质量保证体系下制造。系列中型号的派生应重点鉴别所用的材料、部件和工艺。型式试验样品应由制造商和试验机构协商选择。

然而，在实际中，上述的规定仍然有许多灰色的地方。如，由于灯具的装饰作用越来越重要，许多时候，制造商为了满足不同采购商的要求，在同一个固定安装灯具基座的基础上，选配不同型号的灯座（如，E14、E27 等），甚至选用不同类型的光源（如，普通形状的白炽灯泡、卤钨灯、LED 灯等）；或者将相同设计的灯具底座进行修改，有的是墙上固定安装的（属于固定式灯具），有的是落地式灯或台灯（属于移动式灯具），如何合并这些产品的检测项目以降低检测成本，不同的认证、检测机构有不同的理解和规定。

正如前面所指出的，如何将不同型号的产品归类为型号族进行系列检测，在实践中并没有统一的标准，即使是在同一个认证、检测机构，不同的工程师往往会有不同的理解。这一点在型号数量特别多的时候尤为明显。这也是系列检测的 CB 报告在使用中经常出现的问题，接收 CB 报告的检测、认证机构往往以报告中检测的型号与其挑选的型号不一致为由，有条件接受 CB 报告，甚至直接拒绝接受 CB 报告。因此，如何进行附加检测、认证，应仔细咨询相关的认证、检测机构，由于涉及具体操作问题，这里就不再深入讨论了。

需要指出的是，如果对挑选出来进行检测的型号的代表性有怀疑，应当多挑选多几个型号进行比对，以增强可信程度。毕竟，相对产品定型、生产后期出现问题而采取的补救措施，冗余检测的成本相对要低得多。

4.8.13 标准与检测的缺陷

标准作为一种技术文件，必然受制于制定标准时的主客观条件，理论上任何标准都不可能覆盖现实中的所有状况，因此，一方面，必须承认标准是一种得到大多数认可的良好工程规范；另一方面，也应时刻警惕标准可能存在的缺陷，尤其是这些缺陷在标准的光环下更容易造成危害。

IEC 60335-1：2010+A1+A2 在前言明确指出：产品即便符合标准的所有条款，但是如果发现产品存在危及整体安全特性之处，同样不能认为产品是安全的[①]。

以下通过两个层面的案例进行说明。

第一个案例是欧盟对标准 EN 60335-2-9：2003/A13：2010 的决定。2017年7月发布的决议 EU2017/1357 中指出，2014 年德国与挪威共同指出该标准在第 11 章中有关温升限值的内容存在缺陷，其中的一些豁免条款容易被错误引用，导致产品的一些可触及部位的温度会超出安全限值而存在烫伤的危险，据此，认定标准存在缺陷，执行该标准的产品有可能存在安全隐患，因此，相关标准的条款必须修订，而此前按照该标准要求设计生产的产品应进行相应的整改。

第二个案例是电热毯的设计。为了适应多国市场的需要，制造商将电热毯的电源线组件（上面装有控制器）通过标准的器具耦合器（符合 IEC 60320）连接到电热毯主体，根据不同国家的插座类型，发货时选配不同插头的电源线组件。从表面上看，产品结构符合 IEC 60335-2-17：2002（以及与其对应的 IEC 60335-1）第 22、第 24、第 25 章等条款的要求，但是，由于采用的是标准的器具耦合器，因此，使用者可以很方便地用一条没有装配控制器的电源线来代替原来配套的特制电源线组件，由此带来安全隐患。

在应用标准时，另一点必须时刻牢记的是：检测只是一种补充验证的手段。因此，必须确认相关设计在结构上不存在缺陷后，检测结果才有意义。如，一台连接到电网的电源设备的输出电压经检测虽然只是 12V，但并不能据此就判定为安全特低电压 SELV，除非是通过安全隔离变压器输出。

忠于标准而不迷信标准，尊重检测结果而不拘泥于检测结果，是对产品安全工程师的基本要求。

4.8.14 结语

以上介绍了一些电气产品安全中常见的基本检测项目和原则，在实际大部分的电气产品在检测过程中，除了这些基本检测项目外，还会根据产品的具体结构和用途等，增加一些特殊的检测项目，这些特殊的检测项目在具体的产品安全标准中都有详细的要求。此外，即使是以上所介绍的这些基本检测项目，具体的检测方法，包括参数和判定标准，在不同的产品安全标准中都有可能存在一定的差异，在开始检测时，都必须详细了解标准中的具体要求。

---

① 原文：An appliance that complies with the text of this standard will not necessarily be considered to comply with the safety principles of the standard if, when examined and tested, it is found to have other features which impair the level of safety covered by these requirements。

随着电气产品安全检测设备的普及化，一些企业也在开始构建自己的检测实验室[①]，表4-9是目前产品安全认证检测行业对检测设备的精度要求，可以作为企业在选择检测设备时的一个参考标准。

表4-9 检测设备精度要求

（摘自CTL决议251E，格式略有改动）

检测参数		范围	仪器精度要求
电压：			
	1000V以下	1kHz以下	±1.5%
		1kHz~5kHz	±2%
		5kHz~20kHz	±3%
		20kHz以上	±5%
	1000V以上	20kHz以下	±3%
		20kHz以上	±5%
电流：			
	5A以下	60Hz以下	±1.5%
		60Hz~5kHz	±2.5%
		5kHz~20kHz	±3.5%
		20kHz以上	±5%
	5A以上	5kHz以下	±2.5%
		5kHz~20kHz	±3.5%
		20kHz以上	±5%
泄漏电流（接触电流）：			
		50Hz~60Hz	±3.5%
		60Hz~5kHz	±5%
		5kHz~100kHz	±10%
功率（50Hz/60Hz）		3kW以下	±3%
		3kW以上	±5%
功率因数		50/60 Hz	±0.05

---

① 相关认可要求可参见以下文献，也可以登录中国合格评定国家认可委员会官网 www.cnas.org.cn 以及类似的网站了解更多的信息：《ISO/IEC 17025：2017 General requirements for the competence of testing and calibration laboratories》或 CNAS-CL01：2018《检测和校准实验室能力认可准则》；CNAS-CL01-G001：2018《〈CNAS-CL01检测和校准实验室能力认可准则〉应用要求》；CNAS-CL01-A003：2018《检测和校准实验室能力认可准则在电气检测领域的应用说明》；CNAS-GL030：2018《企业内部检测实验室认可指南》。

续表

检测参数	范围	仪器精度要求
频率	10 kHz 以下	±0.2%
电阻	1mΩ ~ 100mΩ 1MΩ ~ 1TΩ 1TΩ 以上 其他范围	±5% ±10% ±3%
温度（不包括热电偶的精度）	−35℃ ~ 100℃ −35℃ ~ 100℃ 100℃ ~ 500℃	±3℃ ±2℃ ±3℃
时间	10ms ~ 200ms 200ms ~ 1 s 1s 以上	±5% ±10ms ±1%
长度	1mm 以下 1mm ~ 25mm 25mm 以上	±0.05 mm ±0.1mm ±0.5%
质量	10g ~ 100g 100g ~ 5kg 5kg 以上	±1% ±2% ±5%
力	全部范围	±6%
机械能量	全部范围	±10%
力矩	全部范围	±10%
角度	全部范围	±1°
相对湿度	30% ~ 95%	±6%
大气压	全部范围	±10kPa
气体和液体压力	静压	±5%

如果测试结果比较接近限值，应当同时计算测量结果的不确定度（uncertainty）[①]，从而能够对检测结果的可信程度有一个总的认识。

需要强调以下三点：

（1）产品安全相关的检测，所起的是验证的作用，其根本目的是为"产品安全"这个定性的概念提供一些量化指标，正如本书第一章所强调的，产品安全是绝对与相对的统一，安全与危险之间并没有一条绝对的分界线，因此，在检测过程

---

① 可参阅 CNAS – CL01 – G003：2018《测量不确定度的要求》和 CNAS – GL007：2018《电器领域不确定度的评估指南》作为入门。

中，应当牢牢把握这个思想，过分纠缠一些检测结果和限值之间的裕量是没有意义的，尤其是在设计、认证阶段。

（2）检测结果的准确性，不仅与设备的精度、设备的保养、设备的校准情况等因素密切相关，还与检测人员的操作水平、检测过程中各种影响因素的监控情况等密切相关，是多种因素综合的结果，因此，可以通过参加实验室间比对（即按照预先规定的条件，由两个或多个实验室对相同或类似的物品进行测量或检测）和能力验证（proficiency testing）（即利用实验室间比对，按照预先制定的准则评价参加者的能力）对特定项目的检测能力有一个综合评价。实验室比对、能力验证[1]、不确定度、量值溯源[2]、设备校准[3]等已经是超出本书范围，有兴趣的读者可以参阅相关的图书。

（3）在检测过程中，即使所有的检测项目都完全符合标准的要求，但是如果出现了标准没有列举的危险现象，同样不能认为产品可以验证通过。在这种情形下，必须首先针对出现的危险现象重新进行安全设计。

---

[1] 可登录 IFM Quality Services Pty Ltd 官网 www.ifmqs.com.au 了解更多详情。
[2] 可参阅 CNAS – CL01 – G002：2018《测量结果的溯源性要求》作为入门；或者登录国际计量局官网 www.bipm.org 了解更多信息。
[3] 可参阅 CNAS – TRL – 004：2017《测量设备校准周期的确定和调整方法指南》作为入门。

第 5 章

CHAPTER 5

常见安全相关认证元器件的应用

Application of Safety Components

5.1 概述

5.2 小型熔断器

5.3 热熔断体

5.4 温控器与过热保护器

5.5 器具开关

5.6 电磁继电器

5.7 器具耦合器

5.8 电气连接器件

5.9 安全隔离变压器

5.10 抑制电源电磁干扰用固定电容器

5.11 电线电缆

取得认证的元器件装配出来的产品，仍然可能存在安全风险；不满足标准要求的元器件装配出来的产品，几乎肯定存在安全隐患。

5.1 概述

5.1.1 元器件的选用

元器件的性能和可靠性关系到电气产品的性能和安全。因此，选用合适的元器件是产品安全设计中一项重要的任务。选择元器件的原则是：当产品在正常使用状态时，元器件应当在它们的标称范围内使用；当产品处于异常状态时，包括元器件在出现故障的时候，元器件不会产生危险。在考核元器件的安全特性时，元器件应当能够满足所使用的整机产品的安全要求，或者满足相关元器件标准的要求。然而，需要注意的是，虽然大部分整机产品安全标准和元器件安全标准在思想上是一致的，但是，即使元器件符合相关的标准，甚至取得了相应的认证，也不表示该元器件一定符合相关产品安全标准的要求。这是因为元器件的安全特性和元器件的具体使用密切相关，而元器件的具体使用情况千差万别，仅仅依靠标准是不现实的，必须具体问题具体分析。

一般而言，对于满足相关标准的元器件，并且在它们的标称范围内使用，那么，在使用时可以采用黑盒的方式处理，不用去考察元器件内部的结构，特别是一些在产品外部独立使用的独立元器件。对于内部使用的元器件，只要使用时它的参数是符合设计要求的，那么，在测量电气间隙、爬电距离的时候，只考察元器件外部的距离，并根据整机产品的具体要求进行评估，而不需要再根据整机产品的要求进行考核。

由于元器件的可靠性关系到产品的可靠性，因此，为了保证和提高元器件的可靠性，在设计和制造过程中，应当注意以下几个问题。

（1）选用合适的参数，保证元器件在工作时留有一定的裕度；为了提高元器件的可靠性，必要时可以减额使用，但是这样有可能增加产品的制造成本，加大产品的体积，因此，在设计时需要权衡。

（2）合理装配元器件，元器件所在位置的微环境应当能够符合元器件的使用要求。如，元器件周围的环境温度变化在工作中应当不会超过元器件允许的最大环境温度，也就是说，一个标有T85标志的开关，在使用中，其周围的环境温度不应超过T标志规定的85℃。

> 欧盟RAPEX公告A12/1606/15通报的一款电暖器存在的安全问题是开关外壳材料无法通过阻燃测试；公告A12/0229/15通报的一款食物处理机存在的安全问题是电机过热保护开关无法正确动作，从而导致电机过热。在通告中，这两款产品都不存在其他安全隐患，但是由于使用了不合格的元器件，导致产品都被认定为是存在火灾隐患的不合格产品。

(3) 改善产品的储存、装配环境。如，一些精密元器件（如，大规模集成电路）的装配应当在带静电防护的无尘车间进行。

此外，对于一些存在机械动作的元器件，为了满足整机产品的使用要求，还应当有一定的可靠动作寿命次数，这些次数能够在整机产品使用寿命（通常是按10年左右计算）满足使用要求。

通常，常见的功能性元器件的动作次数至少在1万次，如：

- 开关，至少1万次；在动作较为频繁的场合，如，电炉控制炉头的开关，电熨斗控制蒸汽或水喷射等，动作寿命次数要求至少5万次。
- 温控器，至少1万次。
- 能量调节器，至少1万次；在动作较为频繁的场合，如，电炉控制炉头温度的自动能量调节器，要求至少10万次。

对于一些使用中动作比较不频繁的元器件，动作寿命次数可以少于1万次，但至少在1000次以上，如：

- 定时器，至少3000次。
- 温度调节器，至少1000次。

至于安全保护元件，动作寿命次数一般要求在数次到数百次之间，如：

- 自复位过热保护器，至少300次。
- 非自复位过热保护器，至少30次。

元器件动作寿命次数的多少关系到元器件的成本，并不是越多越好，剩余寿命次数太多造成制造成本上升和浪费，因此，在产品安全设计中，应当根据整机产品的具体情况，选用合适的元器件，在满足产品安全要求的前提下，在元器件的可靠性和成本之间取得平衡。

5.1.2 元器件的认证

元器件是构成产品的基本要素，元器件的参数和特性直接决定了整机产品的安全特性。因此，尽管缺乏足够的法律文件支持，但是在产品安全认证的具体实践中，几乎所有的认证机构都要求安全相关元器件和其他某些特殊元器件取得某种认证（即所谓的认证元件），这最主要是基于以下几个现实因素的考虑：

- 降低整机的认证检测成本。元器件的检测考核，许多涉及专有设备，以及相当复杂的检测方法和相当长的检测时间。以热熔断体为例，其耐久性试验时间可以长达数月。如果在考察整机产品的同时，还需要考察相关元器件，无论是从时间还是成本的角度，都是不具备可操作性的。因此，采用取得认证的元器件，可以降低整机产品安全认证的成本，最大限度地提高元件检测认证结果的共享。
- 确保相关安全元器件的互换性，降低整机的制造成本，提高产品的生产效率：取得认证的元器件，只要其认证的参数相同，并且在整机中完全按照其设计规格使用，就可以认为它们在设计性能上是一致的，在生产中可以互相替换而不会影响产品的性能和安全。这样，制造商可以在生产的时候从多个合格的元器件型号和供应商中进行选择，既可以控制制造成本、提高生产效率，又能够保证整机产品的安全特性。

- 提高整机产品的安全可靠性：由于大部分元器件的生产制造过程和具体使用这些元器件的整机产品的生产制造过程是非常不同的，许多时候整机产品的制造商无法有效地从技术上对所使用元器件的质量进行监控，虽然这些元器件有对整机产品的安全特性具有决定性的作用。因此，使用取得认证的元器件，可以提高整机产品在安全方面的可靠性。

因此，基于以上因素，尽量选用取得认证的安全相关元器件，是制造商和认证机构基于现实状况考虑的结果。

目前，中国、欧盟和北美在电气产品安全认证中对认证元器件的要求如下①。

(1) 中国

中国 CCC 认证体系是目前对认证元器件的要求和应用最规范的认证体系。CCC 认证中就包括了许多安全相关元器件的认证（如，电线电缆、热熔断体等），并且在各种产品的认证实施规则中，还明确定义了安全相关元器件的种类及其执行标准。

此外，中国还采取类似 CCC 认证体系的方式推出了元器件的自愿性认证，主要由中国质量认证中心（CQC）开展，覆盖范围包括电子元器件、电器配件、电线电缆、低压电器部件等，并且推出了相应的 CQC 元件认证标志（图 5-1）②。

图 5-1　CQC 元器件认证标志

(2) 欧盟

根据欧盟的电气产品安全合格评定体系，理论上电气元件只需要采取适当的安全合格评定步骤进行考核，必要时标示 CE 标志就可以了。但是由于电气元件在执行低电压指令（LVD）进行 CE 标示的时候，无需经过第三方的检测认证，因此，为了满足市场的需求，许多认证机构相继推出了本机构的元件认证体系和标志。由于机构众多，各种标志令人眼花缭乱，同时出于打破个别认证机构的市场垄断、协调认证标准等原因，欧盟的一些认证机构和组织尝试在欧盟境内推广一个单一的元件认证标志（如，图 5-2（c）所示 ENEC 标志等），但是由于种种原因，这些标

---

① 术语元件、元器件或元部件在行业内对应的英文均为 component，因此，如无特别说明，本书并不严格区分。

② 具体认证范围可登录中国质量认证中心官网 www.cqc.com.cn 查询。

志并没有得到市场广泛的认可和接受。

在欧盟地区，尽管几乎所有的认证都宣称能够进行元件认证，但是事实上开展元件认证较早、种类较多的机构主要还是德国的 VDE ［图 5-2（a）］，此外，各个 TÜV 也开展了元件认证 ［图 5-2（b）］，这些机构都推出了各自的元件认证标志，所采用的标准基本上都是协调标准。比较特别的是电线电缆，主要的认证机构都加入了 HAR 体系，他们共同颁发 HAR 标志作为电线电缆的认证标志。

（a）VDE元件认证标志　　（b）TÜV Rheinland 元部件认证标志　　（c）ENEC标志

图 5-2　欧盟元部件认证标志

（3）北美

加拿大和美国采取联邦制，基本上没有一个像中国、欧盟那样的全国性的电气产品安全认证体系（除 NRTL 认证体系外），因此，对于电气元件的认证和接受，基本上都是各个机构自行其是。由于市场和历史原因，基本上只有北美两个最大的认证机构 UL 和 CSA 开展元件的认证（图 5-3），他们都各自有自己的认证标志。早期，这些机构都是采用自己的标准对元件进行测试和认证，近年来，UL 和 CSA 逐步参考或等同采用 IEC 标准来对元件进行测试和认证，除了电压范围有所不同外，其他测试指标和方法基本上和其他 IEC 体系的国家和地区趋于一致。

（a）UL元部件认证标志　　（b）CSA元部件认证标志

图 5-3　北美元部件认证标志

为了满足市场减少重复测试的要求，UL 和 CSA 在 1996 年和 2003 年签署了相互接受对方元件认可结果的备忘录，所覆盖的元件包括熔断器、开关、附件等数十种电气元件和附件。

值得一提的是，UL 由于长期致力于材料测试，因此，UL 有关材料测试（特别是塑料和印刷电路板）的证书得到了众多认证机构的接受。有关 UL 塑料测试认证的信息可以从 UL iQ 数据库获得。

除了以上介绍的国家和地区，其他国家和地区（如，日本、韩国、澳大利亚等）对元件都有一些特殊的要求，在具体实践时，应当和相关的认证机构进行具体沟通。

什么样的元件需要认证及可以认证，目前并没有一套成熟的、得到所有机构承认和接受的体系，唯一比较成文的要求是标准中的相关条款。以家电产品为例，在 IEC 60335-1 中，基本的原则是：只要是在元件合理应用的条件下，应符合相关的国家标准或 IEC 标准规定的安全要求①。但是在采用这个原则的时候，不同的认证机构存在一定的差异，这个问题在利用 CB 报告时尤为突出，出具 CB 报告的机构所罗列的元件清单和接受的认证证书，以及接受 CB 报告的机构的要求往往存在一定的差异，从而令 CB 报告的接受程度大打折扣。

通常，在具体实践中，往往根据以下几条原则来要求元件是否需要事先取得认证：

（1）元件和产品的安全特性密切相关；或者元件的检测时间较长、成本较高；或者元件的互换性和安全性比较密切。

（2）元件可以独立（或者相对独立）测试。

（3）元件有相应的标准。

根据以上原则，可以根据采取以下分类来判定哪些元件需要取得认证（注意，分类之间存在一定的交叉）：

- 安全保护元件：这一类元件是指那些在整机产品出现异常状态时，确保整机不会产生危险的元器件，例如热熔断体、过热保护器等；或者是确保整机产品不会出现异常现象而产生危险的元件，如，限温器、联锁开关、电源开关等。
- 安全隔离元件：安全隔离变压器、光电耦合器、SELV 开关电源等。
- 使用者可接触元件：电源开关、控制开关、选择开关、电源插头等。
- 电气连接元件：电源插头、电源线、电源插座、耦合器、接线端子等。
- 控制元件：从简单的温控器、定时器到复杂的自动控制元件等。
- 标准化元件：电源插头、电源插座、耦合器、灯座等。
- 检测成本较高的元件和材料：印刷电路板、防火材料等。

为了规范各个实验室、认证机构对元件的认证要求，由欧洲多家认证机构、实验室组成的 OSM 委员会曾经发布 OSM/HA230 决议（表 5-1，其中注释为本书作者所加），用于指导所属各个机构在认证家电产品时，如何接受和检测一些常见的安全相关元件，其他类别的电气产品也可以参考。

表中各个栏目的含义如下：

- 根据元件标准认证：指该元件可以根据其标准单独认证。
- 根据元件标准测试：指在整机在使用该元件时，如果该元件未取得认证，可以根据元件标准进行随机测试。
- 根据元件标准和整机标准附加要求测试：指元件配套在整机产品中使用时，整机产品对该元件还有附加的要求，即使该元件已经取得相关认证。
- 根据整机标准测试：指该元件如果未取得认证，可以直接包含在整机产品的检测中，无需另外单独进行测试。

---

① 原文：Components shall comply with the safety requirements specified in the relevant IEC standards as far as they reasonably apply.

对于元件的认证,需要注意以下两点:

(1) 使用认证元件并不表示产品就一定符合相关的安全要求,这一点在许多产品安全标准中都明确指出:元器件符合相关的元器件标准,未必保证就一定符合整机标准[①]。这是因为元件是否能够保证使用该元件的整机产品的安全特性,是和元件具体的使用环境和使用方法密切相关的。

(2) 在进行整机产品认证时,采用认证元件是一种节约认证成本、缩短认证周期的操作方式,但是对于是否认可和接受其他机构的元件认证结果,不同的认证机构有不同的政策;作为一种商业行为,任何认证机构都有权不接受其他认证机构对元部件的认证,因此,元部件制造商寻求认证时,应充分了解这种现状;同理,整机制造商在选用认证元件时,同样需要了解这种现状。

本书在下面的章节将介绍常见的认证元件的认证参数的含义以及使用注意事项,方便读者在产品设计时选用合适的认证元件。

表 5-1　OSM/HA230 决议[1)]

元件类型	元件标准	根据元件标准认证	根据元件标准测试	根据元件标准和整机标准附加要求测试	根据整机标准测试
电源插座	各国国家标准	√			
电源插头	CEE 7 / IEC 60884 或各国国家标准	√			
电源线	HD 21 / 22	√			
开关	EN 61058	√		√	
接触器	EN 60947	√	√		√
继电器	—				√
电机启动继电器	EN 60730-2-10	√	√		
耦合器插座	EN 60320	√	√		
耦合器插座	EN 60309	√	√		
器具耦合器	EN 60320	√	√		
连接器	EN 60320	√	√		
连接器(中间互联)	EN 60320		√		√
能量调节器	EN 60730	√	√	√	
温控器	EN 60730	√	√		
压力开关	EN 60730	√	√	√	
过热保护器	EN 60730	√	√	√	

---

① 原文:Compliance with the IEC standard for the relevant component does not necessary ensure compliance with the requirements of this standard。

续表

元件类型	元件标准	根据元件标准认证	根据元件标准测试	根据元件标准和整机标准附加要求测试	根据整机标准测试
限温器	EN 60730	√	√	√	
定时器	EN 60730	√	√	√	
电磁阀	EN60730＋50084	√			√
热熔断体	EN 60691	√	√		
安全特低电压（SELV）变压器	EN 61558/60742	√		√	
隔离变压器	EN 61558/60742	√		√	
其他变压器	EN 61558	√			√
电机电容	EN 60252	√	√	√	√
灯座（白炽灯）	EN 60238	√			
灯座（荧光灯）	EN 60400	√			
灯座（卤素灯）	EN 60838	√			
灯泡	—				√
指示灯	—				√
抑制电磁干扰电容	IEC 60384-14	√		√	
抑制电磁干扰滤波器	EN 60939：2005	√			√
扼流圈	EN 138100	√			√
镇流器（荧光灯）	EN 60920	√	√	√	
镇流器（放电灯）	EN 60922	√	√	√	
点火器	EN 60926	√		√	
启辉器	EN 60155	√	√		
启辉器座	EN 60400	√			
紫外线发生器	—				√
电机	—				√
压缩机	EN 60335-2-34	√		√	
风扇电机	—				√
加热元件	—				√
内部线	—				√
带T标志内部线	HD 21.7/22.7	√			√
电子元件	—				√
NTC 电阻	—				√

续表

元件类型	元件标准	根据元件标准认证	根据元件标准测试	根据元件标准和整机标准附加要求测试	根据整机标准测试
PTC 电阻	IEC 60738				√
压敏电阻	CECC 42200				√
浪涌电阻	—				√
放电电阻	CECC 40000				√
整流器	—				
熔断体座	EN 60127-6	√			√
熔断体	EN 60127-1	√	√		
其他类型熔断体	—				√
印刷电路板	—				√
磁控管					
高压变压器	—		√		√
高压电容	EN 61270-1	√	√		
螺纹形接线端子	EN 60998-1	√	√		√
无螺纹接线端子	EN 60998-2-2	√	√		√
剩余电流动作保护器	EN 61008/9	√			
断路器	EN 60898	√			
与产品连结的水龙头	EN 50084	√	√		
光电耦合器[2]	—				√
快插连接器	EN 61210	√			√

[1] 决议为 2009 年版。
[2] 一些认证机构根据 IEC 60747 提供认证,以证明其符合诸如开关电源等的绝缘要求。
[3] "√" 表示适用。

5.2 小型熔断器

5.2.1 概述

小型熔断器 (fuse) 是电子电气产品中常用的过电流保护装置。熔断器通常指构成整个保护装置的所有零件,包括熔断体(英文名称为 fuse-link,含熔断元件、熔断体接触件等，俗称保险丝）和熔断器座（英文名称为 fuse – holder，含熔断器底座及熔断器底座接触件、熔断器承载体及熔断器承载体接触件等）（图 5 – 4）。

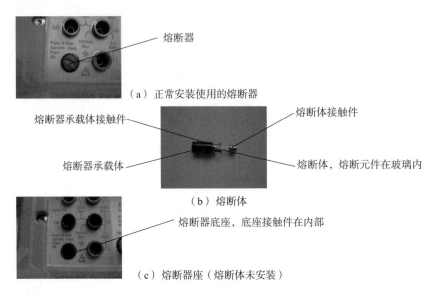

图 5 – 4　熔断器

目前，市场上常见的熔断器主要分为小型熔断器（一般执行 IEC 60127 系列标准）和低压熔断器（一般执行 IEC 60269 系列标准）。小型熔断器中熔断体的额定分断能力不超过 2000A，小型熔断体通常包括小型管状熔断体、超小型熔断体和通用模件熔断体等几种类型。低压熔断器装有额定分断能力不低于 6000A 的熔断体。低压熔断器用于额定电压不超过 1200V 的工频交流电路或额定电压不超过 1500V 的直流电路作为保护之用。目前市场上使用最广泛的是小型管状熔断体（英文名称为 miniature fuse – link），国内应用最广泛的小型管状熔断体的尺寸为 $\phi5mm \times 20mm$ 或 $\phi6.3mm \times 32mm$。

目前主要国家和地区所执行的小型熔断器的标准号如下：

中国：GB/T 9364；

欧盟：EN 60127；

北美：UL248 或 CSA – C22.2 No. 248。

需要注意的是，北美熔断体规格与 IEC 熔断体规格是有区别的，目前北美标准 UL248（或加拿大 CSA – C22.2 No. 248）与 IEC 体系的 IEC60127 标准并未完全协调。

5.2.2　基本原理

熔断器一般由三个部分组成：一是熔断元件部分，它是熔断体的核心部分，熔断元件一般由熔点较低的金属合金制成，熔断时起到切断电路的作用。二是熔断体接触件部分，分置于熔断体的两端，它是熔体与电路连接的重要部件，要求有良好的导电性，不产生明显的安装接触电阻。三是封闭壳体部分，其作用主要是将熔断元件密封、固定并使熔断体的三个部分成为刚性的整体便于安装、使用，避免熔断体动作时产生电弧、释放气体、喷发火焰或熔融金属颗粒造成有害外部影响。通常包括透明壳体如玻璃壳体及非透明壳体如陶瓷壳体。封闭壳体部分应有良好的机械强度、绝缘性、耐热性和阻燃特性，在使用中不应产生断裂、变形、燃烧及短路等现象。有的熔断体还带引线端子，带引线端子的小型熔断体，其引线端子应有足够的引线强度、良好的可焊性并能承受耐焊接热等试验。

小型管状熔断体的工作原理为：当电流流过熔断元件时，因熔断元件本身存在一定的电阻而导致发热。随着工作电流和工作时间的增加，其发热量也在增加。当电路工作在正常状态下时，熔断元件因为通过电流而产生的热量不足以导致熔断元件熔断，熔断元件保持在导通状态。当电路出现异常状态时，通过熔断元件的电流增大，熔断元件本身的发热量也增大，温度不断上升，经过一定的时间后，当温度升高到熔断元件的熔点以上时，熔断元件熔断，于是电路被切断。不同于热熔断体，热熔断体的熔断元件主要靠外部热量来熔断，而熔断体的熔断元件主要靠通过电流本身产生的热量来熔断。

有的熔断体（如，低压熔断器所使用的熔断体）除了上述三个部分外，还有灭弧装置。这类熔断体由于所在的被保护电路的工作电流较大，而且当熔断元件熔断时其两端的电压也较高，如果没有灭弧装置，往往会出现熔断元件已熔化甚至已汽化但电路并没有切断的现象，这是因为熔断体的两接触件之间发生拉弧现象。灭弧部分应有良好的绝缘性和导热性，石英砂是常用的一种灭弧材料。

熔断体在正常使用时，要求动作可靠和安全。在熔断体的参数范围内使用时，当电路出现过流异常状况时，熔断体应当能够可靠地断开，不应产生持续飞弧、外部飞弧或者危及周围环境的火焰。

5.2.3 主要参数

（1）额定电流 I_n

熔断体的标称额定电流，即熔断体维持导通状态下，电路中允许长期通过的最大电流值。需要注意的是熔断体的额定电流并非就是使熔断体熔断的电流，通常流过熔断体的电流为 $1.1I_n \sim 1.5I_n$ 时，熔断体也不应该发生熔断现象。

额定电流的标记应标在额定电压标记的前面并靠近额定电压标记，额定电流小于1A为毫安值额定电流，大于等于1A为安培值额定电流。

根据IEC60127-2：2003，标准规格单中的额定电流值包括：32mA、40mA、50mA、63mA、80mA、100mA、125mA、160mA、200mA、250mA、315mA、400mA、500mA、630mA、800mA、1A、1.25A、1.6A、2A、2.5A、3.15A、4A、

5A、6.3A、8A、10A 等，可具体查看标准规格单确定。当要求的额定电流值与规格中的额定电流值不同时，应选取临近的较高值。

（2）额定电压

额定电压为熔断体断开后能够承受的最大电压值。一般，熔断体的额定电压值应大于电路的工作电压。标准规格单中电压额定值通常为 60V、125V、150V、250V。

（3）分断能力

分断能力是熔断体的重要安全指标，在熔断体所在电路发生故障导致大电流或短路电流通过熔断体时，熔断体在额定电压下能够安全分断的最大电流值即为其分断能力。所谓安全分断是指熔断体分断电路时不会发生喷溅、燃烧、爆炸、持续飞弧等现象。

熔断体的分断能力取决于它的结构和材质，一般来说，大部分低分断能力的熔断体都采用玻璃壳体，高分断能力熔断体则为陶瓷壳体。熔断体的分断能力用以表 5-2 标示。

表 5-2 熔断体分断能力标示

分断能力符号	分断能力分类	额定分断能力电流值
H	高分断能力	1500A
E	增强分断能力	150A
L	低分断能力	35A 或 $10I_n$，取数值较大者

（4）时间-电流特性

时间-电流特性是熔断体最主要的电性能指标，它表明了熔断体在不同过载电流负载下熔断的时间范围。熔断体熔断时间包括预飞弧时间和飞弧时间，预飞弧时间是指从过载电流导致熔断元件熔断的起始时刻，到电弧开始形成的时刻所经历的时间。飞弧时间是指从出现电弧到最终电弧熄灭所经历的时间。对小型管状熔断体而言，飞弧时间可以忽略不计。

熔断体本身要求具有一定的抗过载能力。通常，熔断体的最大不熔断电流为 $1.5I_n$。另一方面，要求熔断体在通过的电流超过一定的限量时，能够及时熔断。一般，熔断体的最小熔断电流为 $1.8I_n$。

按标准要求，熔断体将分别在通过 $2.1I_n$、$2.75I_n$、$4I_n$、$10I_n$ 的电流的条件下测试其熔断时间。熔断体的时间-电流特性的说明符号应标在额定电流的前面并靠近额定电流。这些符号包括：

FF：表示非常快速动作；

F：表示快速动作；

M：表示适度延时动作；

T：表示延时动作；

TT：表示长延时动作。

除了以上四个参数外,在实际使用中,还应当注意以下参数。

(1) 电压降

熔断体的电压降是在直流额定电流条件下,熔断体达到热平衡后熔断体两端的电位差值。通常,熔断体的导通电阻非常小,电压降可以忽略不计。但对于小额定电流的熔断体,特别是小于 1A 的熔断体,其电压降有可能比较高。例如,对于 5mm×20mm、额定电流为 50mA 的快速动作高分断能力的熔断体,其电压降有可能高达 10V,最大持续功耗达到 1.6W;即使是额定电流为 1A 同样规格的熔断体,其电压降有可能高达 1V,最大持续功耗达到 2.5W。不同规格的熔断体的电压降和最大持续功耗是不同的,使用时应当参考熔断体的标准规格表。

应当注意,当熔断体,主要是低额定值的熔断体,用在电压明显低于其额定电压场合时会出现一些问题。由于在熔断体的熔断元件接近其熔点时电压降增加,因此,应注意确保要有足够的电路电压可以提供以便在出现电气故障时,能使熔断体分断电路。此外,相同类型和相同额定值的熔断体,由于设计上或熔断元件材料上的差异可以有不同的电压降,因而在实际应用中,当用在低电路电压的应用场合,尤其与低额定电流值的熔断体一起使用时,可能是不可互换的。

(2) 熔化热能值 I^2t

熔化热能值就是指熔化熔断元件所需要的能量,用 I^2t 表示,读作"安培平方秒"。

总量 I^2t (Operating I^2t,或清除 I^2t,Total clearing I^2t) = 预飞弧 I^2t (Pre‑arcing I^2t) + 飞弧 I^2t (Arcing I^2t)

总量 I^2t 是指熔断体彻底熔断所需的全部能量,预飞弧 I^2t 是指从熔断元件熔化到飞弧开始瞬间所需要的能量,飞弧 I^2t 则是飞弧开始瞬间到飞弧最终熄灭所需要的能量。

预飞弧熔化热能值 I^2t 是熔断体本身固有的一个参数,其值与熔断元件的材料和结构有关,但与电压和温度无关。一旦熔断元件确定下来,其预飞弧熔化热能值 I^2t 就是一个常数。飞弧 I^2t 不仅与熔断体本身有关,还与被保护电路的电气参数有关。

5.2.4 选用与注意事项

熔断器的选用可参照 IEC 60127 – 10《Miniature fuses – Part 10: User guide for miniature fuses》(小型熔断器用户指南)。

选用熔断体需要考虑的因素包括:额定电压或施加在熔断体上的电压;正常工作电流、要求熔断体断开的不正常电流、允许不正常电流存在的时间范围;熔断体的环境温度;启动电流和电路瞬变值、脉冲电流(冲击电流、浪涌电流)的波形、幅值与持续时间;认证标准(或认证标志);安装结构的尺寸限制;熔断体座的配合等①。

(1) 额定电流的选择

首先,熔断体额定电流的选择要保证被保护整机电路在正常工作状态下不应动作。

根据 IECEE CTL 决议,"如果熔断器、熔断电阻或热释放器在正常工作状态的试验过程中动作,则该设备不满足要求,而在故障条件下动作时必须安全分断"。也就是说,在进行正常工作条件下的发热试验时,要求"影响设备安全的保护装置试验期间不应动作"。

其次,熔断体额定电流的选择还要保证被保护整机电路在故障条件下动作时必须安全分断。通常,在实际应用中,可以考虑将被保护电路的最小故障电流除以 2.1 或 1.8 得到熔断体的最大允许额定电流,这是因为熔断体的最小熔断电流为 $1.8I_n$。

(2) 不同时间-电流特性熔断体的选用

延时动作熔断体也叫防浪涌型熔断体,它的延时特性表现在电路出现非故障瞬态脉冲电流时能保持完好,从而能对时间稍长的过载提供保护。有些电路在开关瞬间的电流大于几倍正常工作电流,尽管这种电流峰值很高,但是它出现的时间很短,我们称它为脉冲电流、冲击电流或浪涌电流。延时动作熔断体常用于电路状态变化时有较大浪涌电流的感性或容性电路中,它能承受开关机时浪涌脉冲的冲击,保证正常开机,而真正出现故障时仍能较快地切断电路。

快速动作熔断体通常用于阻性电路,用于保护一些对电流变动特别敏感的元器件或价值比较高的电路。

(3) I^2t 的考虑

被保护电路中有短时大电流脉冲通过时需要考虑预飞弧熔化热能 I^2t 值。

而被保护电路中有敏感器件如半导体器件时需考虑总量 I^2t 值。

熔断体选用时的考虑原则为:

a) 为了避免有害断路,熔断体预飞弧 I^2t 值必须大于电路承受的每一个脉冲的 I^2t 值。

b) 对于敏感器件如半导体器件,熔断体的总量 I^2t 值应小于这些被保护器件的 I^2t 值。

同一额定电流规格的熔断体,通常延时动作熔断体的 I^2t 值要大于快速动作熔断体的 I^2t 值,从这一角度也可以看出:以上考虑原则与在浪涌电流电路中采用延时动作熔断体,而在敏感器件电路中常采用快速动作熔断体的结论是一致的。

---

① 额定电流、额定电压、分断能力和时间-电流特性是小型熔断体最重要的四个参数,必须标示在熔断体上。如:F4H250V 表示该熔断体的额定电流是 4A,额定电压为 250V,属于高分断能力、快速动作型的熔断体。T315L250V,表示熔断体为延时动作(耐浪涌)低分断能力熔断体,其额定电流为 315mA,额定电压为 250V。以上这些参数是在认证证书中都必须反映的。

(4) 不同分断能力熔断体的选用

当介于常规不熔断电流与相关标准规定的额定分断能力电流之间的电流作用于熔断体时，熔断体应能满意地动作，而且不会危及周围环境。熔断体被安置的电路的预期故障电流必须小于标准规定的额定分断能力电流，否则，当故障发生熔断体熔断时会出现持续飞弧、引燃、熔断体烧毁、连同接触件一起熔融、熔断体标记无法辨认等现象。

当被保护系统直接连接到电源输入电路且熔断体置于电源输入部分（一次电路）时，通常要使用高分断能力的熔断体，除非具有适当的短路后备保护装置。而在大部分二次电路中，特别是电路电压低于电源电压时，可以选用低分断能力熔断体。

对永久性连接式设备或 B 型可插式设备，允许在建筑设施中提供短路后备保护装置。对于 A 型可插式设备，可认为建筑设施提供了短路后备保护。

(5) 环境温度的影响

熔断体的额定值及其时间 – 电流特性是在 23℃ 室温环境下制定的。环境温度对熔断体的动作有直接影响。环境温度越高，熔断体的工作温度就越高，其电流承载能力就越低，其熔断电流就相对变小。通常，要求熔断体在 70℃ 的环境下，1h 内不会使性能产生变化。

额定电流在不同温度下的修正系数可以参照图 5 – 5，其中，横轴为环境温度（℃）、纵轴为额定电流的修正系数，实线为延时动作（T）型熔断体的温度特性曲线，虚线为快速动作（F）型熔断体的温度特性曲线。假定快速动作（F）熔断体在 50℃ 下通过 1.5A 工作电流，根据 1.5A/0.95 = 1.58A，可选择额定电流为 1.6A 或 2A 的熔断体。

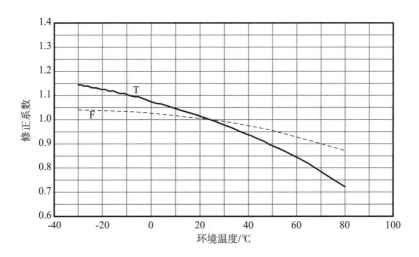

图 5 – 5　熔断体环境温度 – 额定电流修正系数

(6) 熔断器的数量和安装位置

为了对一次电路的过电流、短路和接地故障进行保护，熔断器作为保护装置应构成设备的一个不可分割的部分，或者构成建筑设施的一部分。为了确保熔断体分断后电路的安全，应当注意：
- 保护接地导体和保护连接导体中不应串接熔断器。
- 在三相四线制 TN 配电系统中，通常不能在中线上安装熔断器或开关。
- 熔断器通常安装在整机产品电源入口处，器具开关之前，串接在相线中。

使用时，熔断体的主要参数还应标在每一熔断体的邻近处，或者熔断器座的邻近处，或者标在熔断器座上，或标在一个能明确看出该标记对应的是哪一个熔断器的地方，从而方便更换熔断体时替换相同规格的熔断体。

对未安装在操作人员接触区的熔断器或安装在操作人员接触区的内部焊接的熔断器，允许在维修说明书中提供一个明确的、包括有关说明的相互对照表（如 F1、F2 等）。

在下列两种情况下，应在设备上设置适当的标记或在维修手册中提供声明以便提醒维修人员注意可能的危险：
- 在永久性连接的或配备不可换向的插头的单相设备的中线上使用熔断器；
- 在保护装置动作后，设备中仍然带电的零部件在维修时可能会引起危险。

可以采用类似的警告语句：注意：双极/中线熔断。

根据 IEC 60950-1，可以用图 5-6 所示符号警告。

图 5-6　警告符号

（7）熔断器座的选择

熔断器座常见的结构包括：熔断体夹、熔断器盒、面板安装熔断器座、通过引出端直接焊接在 PCB 上等形式（图 5-7）。

（a）熔断体夹

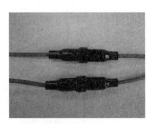
（b）熔断器盒

（c）面板安装熔断器座

图 5-7　常见熔断器座

选用熔断器座时，应当注意以下几个原则：

①设计成能使熔断体在同一电路中并联连接的熔断器座不得使用,以免造成危险。

②保护装置的外部电气间隙和爬电距离以及它们的连接点按其断开时跨接保护装置两端的电压,应符合对应的基本绝缘的要求。也就是说,熔断体分断电路后,能够达到基本绝缘的要求。

③如果在更换熔断装置或断路装置期间会使危险带电零部件变成可触及,则应不可能手动操作来触及这种装置。如,如果有可能从设备外面手动卸下熔断器承载体,则对螺口式或卡口式小型管状熔断体的熔断器座,其结构应使得在装入或取出熔断体过程中,或在熔断体取出之后,危险带电零部件不会变成可触及。或者设计成只有断开电源才可以更换熔断体。

④熔断体的最大持续功耗,与熔断器座的允许功耗应有良好匹配。

(8) 2.1 倍额定电流短路测试

如果电路中使用小型熔断器作为过流保护元件,一般都要求电路能够通过下列测试而不会出现任何危险:

短路该熔断体,并且调整整个工作电路,使得通过电路的电流为熔断体的额定电流的 2.1 倍,持续时间为 30min。

这个测试的目的是检验产品工作在熔断体无法立即断开的最不利的状态下,产品的安全特性。因为根据小型熔断器的时间 - 电流曲线,在通过 2.1 倍额定电流时,一些熔断体允许只要在 30min 内断开,都是符合标准要求的。

5.3 热熔断体

5.3.1 概述

热熔断体,俗称温度保险,英文名称为 thermal – link(北美称为 thermal cut – off),属于不可复位、一次性的过热安全保护器件。使用时,一般将热熔断体串接于器具线路中。当器具不正常工作或因为其他原因而导致过热时,热熔断体自动熔断,切断回路,防止产生安全事故。由于热熔断体体积小、技术成熟、动作可靠和价格便宜,因此,电子电气产品中广泛使用热熔断体作为过热保护元件。

目前,包括中国在内的大部分国家所执行的热熔断体标准,均采用以 IEC 60691 为基础附加少量国家偏差的方式作为本国标准。在北美,最新版的 UL 标准的要求基本上也等同 IEC 60691,因此,可以认为,目前全世界主要的国家和地区在技术上对热熔断体的要求是基本一致的。

主要国家和地区所执行的热熔断体标准是:

中国:GB/T 9816;欧盟:EN 60691;美国:UL 1020。在采购热熔断体时,应

当注意热熔断体是否已经根据最新的标准进行过认证。

5.3.2 基本原理

目前，市场最常见的热熔断体根据其动作原理和使用的温度敏感材料，可以分为熔丝型和药片型两种。一般，小电流的热熔断体多采用熔丝型结构，而大电流的则多采用药片型结构。

熔丝型热熔断体的结构见图5-8。其中上图是动作前导通状态下的结构图，下图是动作后分断状态下的结构图。一般，这种热熔断体由五部分组成。

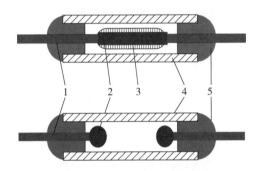

图5-8　熔丝型热熔断体结构

1—引脚；2—合金熔丝；3—助熔剂；4—外壳；5—封口胶

正常情况下，热熔断体的两个引脚通过合金熔丝接通，构成回路；当出现过热现象时，温度会通过引脚等传到合金熔丝，一旦到达合金熔丝的熔断温度，合金熔丝熔断后会在引脚处形成两个金属球，切断两个引脚之间的通路。

有机药片型热熔断体的结构见图5-9。其中上图是动作前导通状态下的结构图，下图是动作后分断状态下的结构图。一般，这种热熔断体由七个主要部分组成。

这种热熔断体的两个引脚分别和各自一边的触片导通。正常情况下，热熔断体由于药片顶着弹簧，从而将两个触片压在一起，此时热熔断体处于导通状态。

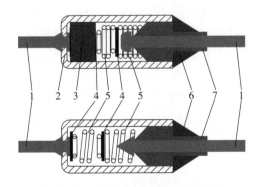

图5-9　有机药片型热熔断体结构

1—引脚；2—外壳；3—感温药片；4—触片；5—弹簧；6—磁珠；7—封口胶

当热熔断体感应到高温时，一旦温度达到药片的融化温度，药品会迅速融化，此时弹簧由于药片融化，压缩的外力消失，在弹力的作用下，将两个触片分离，从而切断回路。

可以看到，这两种结构的热熔断体都是通过熔化一次性的温度敏感物质来达到切断回路的效果。

5.3.3 主要参数

热熔断体有许多参数，一般在认证证书上会反映如下主要参数。

（1）动作温度 T_f

该参数是热熔断体最重要的参数，也是被误解最多的参数：通常认为，一旦温度达到动作温度，热熔断体就会立即动作，断开回路。这种理解是错误的：根据标准的定义，动作温度是指在标准定义的测试条件下（即以每分钟 0.5~1℃ 的速率平稳升温），热熔断体的动作温度，允许范围为负偏差 10℃。

可以看到，动作温度这个参数只是热熔断体的一个检测指标，实际使用中热熔断体动作时的温度，是和使用环境密切相关的，不一定就是动作温度。

（2）额定电流 I_n

根据标准定义，额定电流是指热熔断体在保持温度 T_c 下可以通过的最大电流，且热熔断体不会因此而动作。

在产品的设计开发阶段使用热熔断体时，可以粗略地认为额定电流是器具正常使用状态下，热熔断体允许通过的最大电流。

（3）分断电流 I_b

根据标准的定义，分断电流是指在额定电压和标准定义的测试条件下，热熔断体能够安全分断的最大电流。根据标准要求，该参数要求不小于 1.5 倍的额定电流，并且应当注明负载特性。目前，常见的热熔断体都选择分断电流为 1.5 倍的额定电流。

标准定义的分断电流的检测条件是：热熔断体加载 1.1 倍的额定电压以及分断电流，并且根据热熔断体所标称的负载类型调整测试回路的功率因数，然后以每分钟 2℃±1℃ 的速率均匀升温，考察热熔断体能否安全地分断。如果热熔断体标称的负载类型是阻性负载（如，发热丝等），则功率因数为 1；如果热熔断体标称的负载类型是感性负载（如，电机绕组等），功率因数则为 0.6。

可以看到，该参数和动作温度一样，本质上属于热熔断体的检测指标。但在实际应用时，可以粗略地认为分断电流是过热异常情况下最大允许的电流。也就是说，正常状况下，通过热熔断体的电流不应超过额定电流，而在过热异常状态下，需要靠热熔断体动作来保护器具时，通过热熔断体的电流不应超过分断电流。

（4）极限温度 T_m

根据标准定义，极限温度是指热熔断体在给定的时间内，导通状态不改变而可以承受的最大温度。标准考察的方法是将热熔断体放在极限温度下 10min，然后在热熔断体加载两倍的额定电压，要求在此后的 2min 内，热熔断体不应出现诸如重新导通等现象。

显然，极限温度考究的是热熔断体动作后，由于周围的热惯性，热熔断体能够维持断开状态，避免出现重新导通而产生危险。从标准的检测方法可以发现，极限温度这个参数也只是热熔断体的一个检测指标，因此，在实际应用时，不可以简单地将极限温度认为是热熔断体允许使用的最高环境温度。

（5）额定电压 U_r

标准对该参数的定义是"用于分断热熔断体的电压"。从定义看，该参数似乎实际意义不大。事实上，在检测热熔断体时，额定电压是一个重要的检测依据。根据标准要求，热熔断体在分断后，在一段时间内必须能够承受两倍的额定电压而不会出现重新导通的现象；在检测分断能力时，要求热熔断体在 1.1 倍额定电压的条件下能够安全地分断。

因此，在使用中，可以大致认为额定电压是热熔断体使用中允许的最大工作电压。目前，国内市场常见的取得认证的热熔断体的额定电压的标称值一般是 250V。

（6）额定工作频率

根据标准的说明，IEC 60691 并不适用于工作频率超出 45~62Hz 范围的交流电路中使用的热熔断体。

（7）保持温度 T_H

（在北美该参数符号为 T_H）：标准对该参数的定义是：在厂家声明的检测条件下，热熔断体可以在厂家声明的时间内不改变其导通状态的最高温度。通常，是指热熔断体在通过额定电流时，能保持厂家声明的时间而不会改变其导通状态的最高温度。根据标准，该参数一般在认证时是不检测的，除非厂家要求。

以上七个参数，是热熔断体最基本的参数。一般，热熔断体必须至少标示动作温度；如果空间允许，还应当标示额定电压和额定电流。

在大部分热熔断体认证证书上，一般至少会反映这七个参数，即额定电压和频率、额定电流、分断电流、动作温度、极限温度和保持温度。整机产品在检测报告上，在列管热熔断体时，一般会记录热熔断体的以下内容：

生产厂家、型号、额定电压、额定电流和动作温度（如，K1, 250V, 2A, 95℃）。

整机生产厂家根据以上列出的参数，在生产中可以迅速确定是否选用了正确的热熔断体型号；同时在产品后续研发过程中，可以用于筛选替换元件。

除了以上七个基本参数外，热熔断体生产厂家一般还需要提供热熔断体的最高焊接温度、焊接时间、允许的最短引脚尺寸、使用环境、安装方式等，这些参数虽然在认证证书上一般不会体现，但是对有效使用热熔断体有重要作用。特别是热熔断体的最高焊接温度和焊接时间这两个参数，直接影响到热熔断体在装配到整机时的安装工艺。

5.3.4 选用与注意事项

尽管热熔断体是非常常见和广泛应用的安全保护元件,但是如果不了解热熔断体的一些注意事项,有可能出现热熔断体无法按照设计要求动作的情况。本文根据实践中一些常见的问题总结如下。

(1) 不可恢复性

由于热熔断体属于不可修复的一次性保护元件,因此,一旦热熔断体动作后,除了可能用相同的型号替换外,不应当尝试去修复热熔断体。

此外,由于热熔断体的保护特性和它的安装使用方式密切相关,同时考虑到整机产品对普通使用者的电击防护要求,因此,一般情况下,不应当让普通使用者尝试去替换热熔断体,以免产生安全事故。

(2) 感温方式

和一般的理解不同,热熔断体的主要感温元件是金属引脚,而不仅仅是热熔断体壳体,因此,热熔断体应安装在容易均匀受热的位置上,同时引脚要留出足够的长度,以易于感受热量。

在生产中,特别要注意焊接热熔断体时的焊接温度和焊接时间的控制,尤其是注意在焊接剪短引脚后的热熔断体时,不要导致热熔断体因为焊接时受热而动作。

(3) 绝缘问题

热熔断体在实际应用中应特别注意热熔断体的绝缘问题。由于常见的小功率热熔断体并没有提供特定的安装配件,因此,一般热熔断体在使用时是通过固定壳体的方式来固定的。在实际应用中,都能够注意到热熔断体引脚的绝缘问题。然而,对于常见的药片型的热熔断体,其金属外壳本身就是电极的一部分。因此,在安装此类热熔断体时,除了从动作温度的角度考虑安装方式和位置外,还必须从电气绝缘的角度考虑:是否会导致爬电距离和电气间隙的减小,所使用的绝缘安装材料是否有足够的电气绝缘强度等。

(4) 工作电路

如果从标准的角度考核热熔断体的工作电路,认证热熔断体所考虑的工作电路是工频电路和直流电路。为了保证热熔断体的正常工作,在整机产品正常使用时,通过热熔断体的电流不应当超过热熔断体的额定电流;在整机产品出现异常过热现象时,要求通过热熔断体的电流不应当超过热熔断体的分断电流(通常是额定电流的 1.5 倍),并且热熔断体分断后,加载在热熔断体管脚两端的电压不应当超过额定电压。

一般在选用热熔断体时,应当先考察整机器具在发热异常情况下通过热熔断体的最大电流以及电路的功率因素,根据该电流来选择合适的分断电流,然后再考察正常工作状态下通过热熔断体的电流,根据该电流来选择合适的额定电流,同时要保证额定电流至少比分断电流小 1.5 倍。

特别需要注意的是热熔断体的电路的负载类型。在实践中，如果出现热熔断体炸裂的现象，很可能是由于负载类型不对产生的，如在感性电路使用阻性电路的热熔断体；或者在热熔断体动作时，通过热熔断体的电流超过分断电流。因此，在选用热熔断体时，除了要考察通过热熔断体的电流外，还需要考察热熔断体工作电路的功率因数。

（5）动作温度

热熔断体实际动作的温度，并不一定总是热熔断体标称的动作温度 T_f，而是和热熔断体的工作环境密切相关的，包括负载大小、感温位置和温度变化速率等。有兴趣的读者可以根据保持温度 T_c、动作温度 T_f、极限温度 T_m、额定电流 I_n 和分断电流 I_b 标示电流-温度坐标图，从中可以区分热熔断体的导通区、热熔断的分断区、热熔断体的不可靠工作区和热熔断体的失效区。

虽然热熔断体在认证时，要求在标准所定义的测试条件下，热熔断体的动作温度必须为 $T_f \sim T_f - 10℃$，但是由于实际使用环境千差万别，热熔断体的动作温度往往超出该范围。如，由于负载原因，热熔断体可能会在感温部位温度未达到动作温度时就分断；或者由于温度变化很快，热熔断体可能会在感温部位温度超过动作温度时才分断。因此，在实际使用中，特别要注意不要出现热熔断体长期工作在超过极限温度 T_m 的情况，以免出现热熔断体失效的事故。

虽然不同热熔断体供应商可以提供认证参数完全相同的热熔断体，但是目前并没有统一的热熔断体动作曲线标准。因此，在更换热熔断体供应商的时候，整机产品最好重新考察新替换的热熔断体的过热保护功能是否和原来的一样。

5.4 温控器与过热保护器

5.4.1 概述

温控器，是指器具在正常工作状态下，用于维持温度在设定范围的自动控制元件，英文名称为 thermostat；限温器，是指器具在正常工作状态下，用于维持温度不超过（或者低于）某个温度限值的控制元件，可以是自动复位，也可以是手动复位，英文名称为 temperature limiter；过热保护器，是指如果器具出现非正常工作状态时，用于确保温度不超过（或者低于）某个温度限值的控制元件，可以是手动复位，也可以是自动复位，甚至可以是不可复位的，英文名称为 thermal cut - out（注意和 thermal cut - off 的区别。Thermal cut - off 是另外一种不同的元件，中文名称为热熔断体，是一种一次性的过热安全保护元件）。虽然在实际使用中，温控器往往被用来泛指温控器、限温器和过热保护器等温度敏感控制元件，而且它们的结构基本相同，但是它们的使用目的是截然不同的：温控器和限温器属于功能性元件，是在器具正常状态下才动作的元件，是用于维持或限制正常状态下的温度的元件；而过热保护器属于安全保护元件，一般是在器具处于非正常状态下才动作的元件，是用于确保器具在非正常状态下温度不出现超出限值的元件。因此，温控器（如果没有特别说明，下文所指的温控器同时也包括限温器）和过热保护器属于两种不同使用性质的元件。

使用时，不管是温控器还是过热保护器，一般都串接于器具线路中，当感应到温度超过（或低于）设定值时，元件自动动作，切断回路，防止温度进一步升高（或降低）。由于温控器和过热保护器技术成熟、动作可靠和价格适宜，而且可以多次动作，因此，在电气产品中得到广泛的应用。

目前，包括中国、欧盟和北美在内的大部分国家和地区所执行的温控器和过热保护器标准，均采用以 IEC 60730-2-9 为基础附加少量国家偏差的方式作为本国标准。因此，可以认为，目前全世界主要的国家和地区在技术上对温控器和过热保护器等的要求是基本一致的。

5.4.2 基本原理

机械式温控器和过热保护器的动作原理基本上是相同的，结构上也基本上是相似的，都是温度敏感物质由于受热变形，从而带动联动装置来切断或接通回路。

目前，市场最常见的机械式温控器，其动作原理和使用的温度敏感材料，可以分为双金属片式、液胀压力式和感温磁性元件式等。

图 5-10 是快动式双金属片型温控器的结构示意图。通常，这种温控器由 10 个主要部分构成。

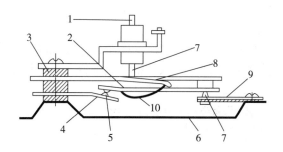

图 5-10 双金属片型
1—调节旋钮；2—动金属片；3—瓷环；4—静金属片；5—触头；6—金属支撑底板；
7—陶瓷支柱；8—浮动支撑金属片；9—双金属片；10—金属簧片

当温度变化时，双金属片会由于受热而产生变形弯曲。当温度上升时，双金属片会向上弯曲，不断向上顶起瓷柱，而瓷柱又向上推动金属片变形。当动金属片变形到一定程度时，会导致金属簧片迅速变形，将触头分开，从而切断回路。而当温度下降时，双金属片会逐渐向下舒展，瓷柱逐渐下降，慢慢将压迫动金属片的压力释放，动金属片不断下降；当动金属片下降到一定程度时，会推动金属簧片迅速变形，将触头闭合，从而接通回路。可以看到，此类温控器的关键就是利用双金属片受热变形而产生连动动作，从而切断（或者闭合）回路。

图 5-11 是压力式温控器的结构示意图。它利用感温包中的感温剂因为温度变化而产生的压力变化，通过机械传动机构（波纹管、杠杆等）来控制触头的通断。一般，这种温控器由 8 个主要部分构成。

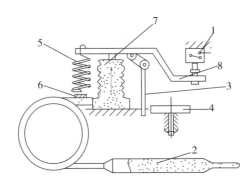

图 5-11　压力式

1—触头；2—感温包；3—曲杆；4—调节轮；5—弹簧；6—毛细管；7—波纹管；8—杠杆

5.4.3　主要参数

温控器和过热保护器有许多参数，一般经常使用的主要参数如下。

（1）额定动作温度 T_f（rated functioning temperature）

该参数是温控器和过热保护器最重要的参数之一，根据标准的定义，额定动作温度是指在厂商规定的条件下，导致元件改变导通特性的温度。实际上，在标准中定义的检测方式是元件在几乎空载的情况下，将温度调节到和标称的额定动作温度值差 10℃ 后，以每分钟不超过 0.5℃ 的速率逐渐升温（或降温）来逼近标称值，从而测出元件的额定动作温度。因此，从严格意义来说，不能简单地认为一旦温度达到额定动作温度，温控器或过热保护器就会立即动作。温控器或过热保护器动作时的温度，是和当时的使用环境密切相关的，和电路负载和温度变化速率相关的，不一定就是额定动作温度。可以看到，额定动作温度这个参数只是温控器和过热保护器的一个检测指标。

额定动作温度的允许偏差一般是由厂商规定的，当然也可以参考标准给出的推荐范围。

必须注意的是，由于金属疲劳等原因，在动作了一定次数后，即使环境所有因素相同，元件动作时的温度值和刚开始使用时的动作温度值比较还是会产生漂移。如果元件属于 2 型（下文会介绍）的，那么，标准对漂移值是有要求的，要求在厂商声称的范围内，或者是标准给出的范围内。但是，如果元件属于 1 型的，那么，标准对漂移值是没有要求的。由于过热保护器属于安全元件，动作温度漂移太大，会构成安全隐患。因此，过热保护器一般要求是 2 型的，即过热保护器即使动作了很多次之后，在设计寿命的后期，动作温度的漂移也必须不超出一定的范围。

（2）动作周期数

俗称温控器和过热保护器的动作次数，是指在额定电压、额定电流和指定负载类型等设计指标范围内，能够正常动作而不会出现影响安全性能的最多动作次数。在标准中，通过耐久实验的方式来考核动作次数。通常，常见的温控器和限温器的动作次数为 10 万次、3 万次、2 万次、1 万次等，而常见的过热保护器的动作次数为 1 万次、6000 次、3000 次和 1000 次等。动作次数一般要求在证书上标示出来。如果控制器分别存在手动控制部分和自动控制部分，两部分的动作次数应当分别标示。必须注意的是，实际应用中，控制器实际的动作次数是会受到动作频率等因素影响的。目前市场上大多数取得认证的温控器的动作周期数为 10000 次，而过热保护器的为 1000 次，基本上可以满足大多数场合的要求。但是对一些温控器动作频繁的产品，如电炉、电烤炉等，要求温控器自动动作周期必须高达 100000 次。

（3）额定电流

在使用中，可以大致认为是控制器在应用中允许通过和安全分断的最大电流。在使用时，应当注意证书上标示的负载类型。一般，如果控制器是按照阻性负载认证的，当应用在感性负载电路上时，必须核实参数是否合适。此外，根据标准的规定，用于交流电路的控制器，如果用于直流电路，原则上需要重新进行考核，除非用于直流电路时，电路电流小于 10% 额定电流且不超过 0.1A。执行 IEC 60730 标准（或其等效标准）的温控器和过热保护器的额定电流最大不超过 63A。

当温控器和过热保护器的额定电流阻性负载和电动机负载一起标示时，感性负载的额定电流标示在圆括号内。例如：16（3）A 250V ~，表示该温控器的额定电压为交流 250V，阻性负载额定电流为 16A，感性负载额定电流为 3A。

（4）额定电压

在使用中，可以大致认为额定电压是使用中允许的最大工作电压。目前，国内市场常见的取得认证的用于家电产品的控制器的额定电压的标称值一般是 250V。

（5）分断类型

通常是指控制器动作后，触头断开的类型。一般分为全断开（full - disconnection，用 A 型表示）、微断开（micro - disconnection，用 B 型表示）和微中断（micro - interruption，用 C 型表示）。全断开是指能够提供满足基本绝缘要求的断开，包括满足电气强度和触头距离要求；微断开则只能满足电气强度的要求；而微中断则仅仅能够达到断开电路的功能，无法满足全断开或微断开的要求。

（6）动作类型

控制器的基本动作类型可以划分为 1 型和 2 型两种。两者的区别在于：如果控制器属于 2 型的，那么，控制器的动作温度的偏差，以及控制器在经过额定的动作次数后，控制器的动作温度值是有规定的，或者在厂商声称的范围内，或者在标准给出的范围内，并且按照标准规定的方法进行考核。但是，如果元件属于 1 型的，那么，标准对漂移值是没有要求的。一般，出于市场的原因，许多温控器和限温器是按照1型认证的，而过热保护器则是按2型认证的。

动作类型和断开类型通常标示在一起，例如，动作类型1.A表示控制器是属于1型的、分断类型为全断开。

(7) 安装面最高允许温度

一般情况下，安装面的最高允许温度默认为触头最高允许温度加上20℃。如果控制器允许更高的安装面温度，证书上将额外标示。

以上七个参数，是温控器和过热保护器最基本的参数。一般，在这些控制器的铭牌上，至少必须标示动作温度、额定电压和额定电流；

在大部分温控器和过热保护器的认证证书上，一般至少会反映这几个参数，即额定电压和工作频率、额定电流、动作温度、动作次数、动作类型和分断类型，以及安装面最高允许温度。

除了以上参数外，在使用温控器和过热保护器时，还必须注意其他几个参数：

①IP防护等级：指温控器和过热保护器按照设计要求安装后的防护等级。

②电击防护类型：指温控器和过热保护器按照设计要求安装后的类型，通常是指温控器和过热保护器的手动操动部分。常见的是0类、Ⅰ类、Ⅱ类和Ⅲ类。对于内置式的，指的是配套使用的整机产品的保护类型。

③防污染等级。

为了更好地使用温控器和过热保护器，通常这些产品的说明书上还应当提供下列信息：安装方式和接线方式、推荐的使用场合、最高动作频率、反应时间、保持温度等。特别是温控器，一般生产商还应当提供恢复温度。

5.4.4 选用与注意事项

尽管温控器和过热保护器是非常常见和应用广泛的温度控制和保护元件，但是如果不了解它们使用中的一些注意事项，有可能出现元件无法按照设计要求动作的情况。本文根据实践中一些常见的问题总结如下。

(1) 安装问题

和热熔断体一样，温控器和过热保护器实际使用中的动作温度，与它的安装使用方式密切相关。因此，同时考虑到对整机产品普通使用者的电击防护要求，一般情况下，不应当让普通使用者尝试去替换或安装调整，以免产生安全事故。

(2) 绝缘问题

常见的温控器和过热保护器的感温部位和导电部件之间可以满足普通使用条件下的基本绝缘的要求，而且，许多时候证书上会标明。但是，必须注意的是，基本绝缘的要求实际上是和使用环境，包括污染等级、工作电压、材料类型等密切相关的。因此，使用时，即使证书上已经标明满足基本绝缘的要求，仍然需要考核使用环境是否能够真正满足整机产品标准的要求。

(3) 替换问题

实际使用中，应当注意不同的制造商生产的温控器和过热保护器虽然具有相同的认证参数，但是这些参数只是反映了元件最基本的性能参数，无法全面反映整个元件的特性。如，相同动作温度的温控器，其恢复温度有可能是不同的，如果替换时，整机产品没有进行相应的型式试验，则某些情况下可能出现一些不可预料的后果。

(4) 寿命问题

无论温控器的动作周期数是多少次，即使高达数万次，在实际应用中，始终应当意识到温控器有可能存在动作失效的潜在危险。通常，可以通过短路温控器的方式来考核产品在温控器失效的情形下的安全特性。

(5) 开关问题

对于可调式温控器，可以通过调节动作温度设定值来使得温控器开路。但是必须注意这种开路方式是不可以用于取代开关的作用的，因为这种断开方式有可能因为温控器微环境的温度变化而导致温控器自动复位的情形，从而有可能产生安全事故。因此，如果可调式温控器配置有断开的位置，温控器的设计上必须确保温控器处于该位置，不会因为环境温度的变化而出现接通的现象。

5.5 器具开关

5.5.1 概述

器具开关（图 5-12），英文名称为 appliance switch，简称 switch，是指直接用手、脚或其他人体动作驱动的、安装在电气产品中、用以开动或控制家用或类似用途电气器具及其他设备的开关。器具开关既可以是机械开关也可以是电子开关（包括带半导体开关器件，如可控硅和带机械开关装置的电子开关）。这类开关规定要由人通过操动件操作或者靠激发传感器操作，常见的器具开关类型包括跷板开关（rocker switch）、倒扳开关（lever switch）、旋转开关（rotary switch）、按钮开关（push-button switch）、推拉开关（push-pull switch）、拉线开关（cord-operated switch）等。

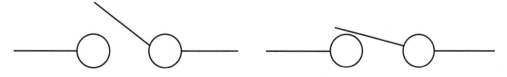

图 5-12 器具开关的基本符号（常开型与常闭型）

开关操动件（如按钮、手柄等）接受人的手或脚驱动，通过其传动机构（包括支架、杠杆、弹簧等零部件）实现触头操作，从而在正常电路条件下（包括规定的运行过载条件）接通、承载与分断电流；在规定的非正常电路条件下（如短路之类）在规定的时间内承载电流。

本文阐述的器具开关主要是指附装开关，即组装在设备内或固定于设备上的开关，其额定电压不超过440V，额定电流不超过63A。额定参数超出以上范围的，通常属于工业专用元件，执行低压电器开关控制产品标准（IEC 60947）。

除了上述的器具开关，常见的开关类产品，还包括：

（1）用于家用和类似用途固定式电气装置的手动操作的一般用途开关，这些开关通常是独立安装的开关，并固定安装在建筑物上。如，房间照明的墙壁控制开关。一般执行的标准是 IEC 60669 系列。

（2）电自动控制器开关，例如温度敏感控制器、定时器和定时开关等电自动控制开关，这些开关控制器不受人的有意识驱动，主要是响应或控制各种物理特性如温度、压力、时间、湿度、光、静电效应、流量、液位、电流、电压、加速度或它们的组合。一般执行的标准是 IEC 60730 系列。

截至 2006 年 7 月，主要国家和地区执行的器具开关标准为：欧盟—EN 61058 和中国—GB/T 15092。

5.5.2 主要参数

（1）最高额定电压

该参数可以认为是正常使用状态下，开关可以安全分断的最高设计电压。实际使用时，开关回路并不一定需要工作在最高额定电压下。

常见的最高额定电压标称值如下：50V，125V，230V，250V，400V，440V。

中国国标推荐的标称值为：

直流：24V、36V、110V、220V、400V；

交流：24V、42V、220V、380V。

（2）额定电流

该参数可以认为是开关在正常使用状态和指定负载的条件下，可以持续通过和安全分断的最大电流。实际使用时，开关回路并不一定需要工作在额定电流条件下。常见额定电流的标称值为：1A、2A、4A、6A、10A、16A、20A、25A、40A、63A。

（3）开关承载切换的电源种类

开关触头预期接通、承载、断开的电源为交流和/或直流。开关按切换的电源种类分为交流开关、直流开关、交直流两用开关。

交流开关由于承载切换的交流电源具有周期性的过零点，这对于开关断开动静触头较为有利，但由于对大部分负载而言，电压电流并不可能同时过零（存在相位差），因此，交流开关仍然可能在断开负载时出现电弧，特别是负载为感性负载时。直流开关切换的直流电源不同于交流电源具有周期性变化幅值和过零的特性，因而直流开关比交流开关更难使电弧熄灭。为此，直流开关应保证其动触头的分离速度足够快，并与按钮、手柄等操动件的驱动速度无关（由开关内部机构决定）。根据标准的要求：对直流开关而言，除额定电压不高于 28V 或额定电流不大于 0.1A 的外，其触头接通与分断速度应与开关操作的速度无关。

控制不同电源种类的开关应区别使用。特别是额定电压、额定电流（如，10A 250V a.c.）均相对较高的交流开关并不能想当然地认为就可以替换到额定电压、额定电流（如，5A 30V d.c.）相对较低的直流开关使用的场合中。

（4）开关所控制的电路负载类型

开关控制不同的负载电路时，所承受的电气参数不同，对其接通能力或断开能力的要求也不同，几种典型的开关控制电路负载类型包括：

①功率因数不低于 0.9 的基本电阻性负载电路：一种线性负载，通过该负载的电流与电压之间的关系基本符合欧姆定律，开关接通和断开电阻性负载电路时，不会产生过电压或过电流。如：电烙铁，电饭煲等电热器具可认为是基本电阻性负载电路。

②功率因数不低于 0.6 的电动机或与电阻性负载两者的组合负载电路：电动机负载的起动电流是稳态电流的 6 倍左右，且带有感性。因此，开关在接通此类负载的瞬间，触头通过的瞬态电流很大，开关触头不能因此发生动触头与静触头熔焊在一起的现象。而在开关断开此类负载时，由于由线圈与铁芯绕制而成的电动机负载带有感性，其存贮的电磁能量将以电弧的形式加以释放，且负载电压与电流不是同时过零（存在相位差）造成电弧不容易熄灭。如果电弧溅射到开关外面，可能对使用者造成电击或灼伤危险。因此，开关控制此类负载时对开关的接通能力和断开能力都是较严酷的考验。电动工具是典型的电动机负载。

③交流电阻性与电容性组合负载：开关接通瞬间，电容器两端相当于短路，使接通瞬间峰值电流（浪涌电流）比稳态电流大几倍甚至几十倍。容性负载的例子：电视机、显示器、投影机等采用开关电源的设备。

④钨丝灯泡负载：由于钨丝灯的冷阻值比热阻值小十几倍，因此开关的接通电流比分断电流大十多倍，开关控制此类负载时对开关的接通能力要求较严，而断开此类负载时，没有过电压或电流产生，与电阻性负载类似。

⑤功率因数不低于 0.6 的感性负载电路：开关接通或断开时，电感的反磁效应使开关两端产生极大的反向电压。开关控制此类负载时对开关的接通能力和断开能力都是较严酷的考验。感性负载如日光灯、电冰箱、冰柜、电风扇、变压器、空调器等器具或设备。

⑥其他负载，如，电流不超过 20mA 的负载电路等。

实际使用中，开关不可能对所有的负载类型都进行测试和认证，绝大多数的开关经认证的负载类型只是阻性负载。因此，即使电路的电流不超过开关的额定电流，但是由于负载特性不同，开关也有可能无法安全使用。因此，有必要关注不同负载条件的开关的适用性。

- 基本电阻性负载：功率因数不低于0.95的电路属于基本电阻性负载，电流不可以超过开关电阻性负载电流额定值。
- 电动机负载：功率因数不低于0.8，电动机负载电流不超过开关电阻性负载电流额定值的60%，而冲击电流不超过电阻性负载电流值；或者功率因数不低于0.6，电动机负载电流不超过开关电阻性负载电流额定值的16%。
- 钨丝灯泡负载：钨丝灯泡负载稳态电流不超过开关电阻性负载电流额定值的10%；或者钨丝灯泡负载稳态电流不超过电动机负载电流额定值的60%。
- 电阻性和电动机组合负载（例如用于控制由加热元件和电动机组成的热风机的开关）：电阻性电流和6倍电动机稳态电流的矢量和不超过开关电阻性负载电流额定值；或者电阻性电流和6倍电动机稳态电流的矢量和不超过6倍的开关电动机负载电流额定值。

开关额定电流用不同标示方式来指示不同的负载方式：

电阻性负载和电动机负载一起标示时，电动机负载的额定电流标示在圆括号内。如，16（3）A 250V～，表示该开关的额定电压为交流250V，电阻性负载额定电流为16A，电动机负载额定电流为3A。

电阻性负载和电容性负载峰值浪涌电流一起标示时，用斜杠分开。如，2/8A 250V～，表示该开关的额定电压为交流250V，电阻性负载额定电流为2A，额定峰值浪涌电流为8A。

电阻性负载和钨丝灯负载一起标示时，钨丝灯泡负载的额定电流放在方括号内。如，6［3］A 250V～表示该开关的电阻性负载的额定电流为6A，钨丝灯泡负载的额定电流为3A。

感性负载额定电流用双引号标示。如，"4" A 250V～表示该开关的额定电压为交流250V，感性负载的额定电流为4A。

（5）额定温度

开关额定环境温度是指开关可以正常可靠使用的周围空气温度范围。开关额定温度与开关使用的材料如塑料件、润滑油脂的环境温度适应性能有关，也与预期使用环境等因素有关。开关额定温度包括额定最高周围空气温度和额定最低周围空气温度。如，用于电热器具如电饭煲的开关额定最高周围空气温度可能高于55℃，而用于制冷设备中开关的最高周围空气温度可能低于0℃。

最高周围空气温度的常用标称值为：85℃、100℃、125℃和150℃。

最低周围空气温度的常用标称值为：-10℃、-25℃、-40℃

标称值通常为5℃的整数倍。

开关按其额定周围空气温度可以划分为：

①包括操动件在内，整体在最低为0℃，最高为55℃的周围空气温度中使用的开关；

②包括操动件在内，整体在高于55℃或低于0℃（或兼有这两种条件）的周围

空气温度中使用的开关;

③操动件和其他易触及部分在 0℃~55℃ 的周围空气温度中使用,而其余在高于 55℃ 的周围空气温度中使用的开关。

电子软线开关和电子独立安装开关以最高环境温度来分类:

①包括操动件在内,整体规定在 0~35℃ 的周围空气温度范围内使用的电子软线开关和电子独立安装开关;

②包括操动件在内,整体规定在高于 35℃ 或低于 0℃ 或兼有这两种条件的环境温度中使用的电子软线开关和电子独立安装开关:

——最高周围空气温度的常用标称值为:55℃、85℃、100℃ 和 125℃。

——最低周围空气温度的常用标称值为:-10℃、-25℃、-40℃

常用标称值通常为 5℃ 的整数倍。

开关如果没有标示环境温度,则该开关的额定环境温度为 0℃~55℃。

如果开关的额定环境温度不是 0℃~55℃,则采用 T 标志进行标示。如 20T85,表示该开关的额定环境温度为 -20℃~85℃。

如果开关的操作件和开关本体的额定环境温度不一样的(如用于高温环境的开关,其本体应当可以承受较高的温度,但是人手操动部分的温度没有必要和内部一样,从而节约成本),必须分开标示。例如,T85/55 表示该开关本体额定环境温度可以高达 85℃,但是开关操动件的额定环境温度为 55℃。

(6) 额定操作循环数

俗称动作次数、动作寿命,指开关操作相继从一个位置到另一个位置,再经过所有其他位置(如有),最后返回到初始位置的连续操作,称为操作循环。该参数表示开关能够承受正常使用时出现各种磨损而不影响其性能和安全的极限开关操作循环次数。标准推荐将操作循环数分为下列几个档次:100000 个操作循环;50000 个操作循环;25000 个操作循环;10000 个操作循环;6000 个操作循环;3000 个操作循环;1000 个操作循环;300 个操作循环。

从实际使用的情况考虑,包括产品实际使用寿命和成本,目前市场上大多数的开关所认证的额定操作循环数为 10000。开关的额定操作循环数通常用类似于科学计数法表示。如,10000 次表示为 1E4(注意和真正的科学计数法的差别)。

(7) 断开类型

开关断开类型包括微断开、完全断开、电子断开。

微断开,是指在长期限暂态过电压情况下,依靠触头开距来达到恰当功能特性的一种断开。微断开是一种功能断开,这种功能断开并不认为具有安全保证。通俗地说,微断开仅仅是断开回路而已。

完全断开,是指在长期限和短期限暂态过电压以及脉冲耐电压的情况下,依靠触头开距来达到恰当的功能特性的一种断开,与基本绝缘相当。

电子断开,是指在长期限暂态过电压情况下,依靠半导体开关器件来达到非周期性的、恰当的功能特性的一种断开。只提供电子断开而不带机械开关的电子开关,负载侧电路总是被认为是带电的。表 5-3 是标准中对三种断开类型的考核要求。

表 5-3 开端断开考核要求

试验项目	电子断开	微断开	完全断开	备注
绝缘电阻	无规定	无规定	≥2MΩ	
抗电强度	500V	500V	1500V	130V≤额定电压 U_N≤250V 时
电气间隙	无电气间隙规定	触头开距无电气间隙规定	应不小于标准对基本绝缘的规定值	见注
爬电距离	断开的爬电距离应不小于标准对工作绝缘的规定值			

注：对于微断开，触头开距无电气间隙规定；其他由于开关动作而分离的载流件之间的电气间隙应大于或等于相关触头开距的实际值，且对于额定脉冲耐电压不小于 1.5kV 的开关，电气间隙至少为 0.5mm。在安全设计中，通常预定与交流电网电源相连的设备的电气间隙应按 Ⅱ 类过电压对应的额定脉冲耐电压来考虑，当 150V < 电源电压 ≤ 300V，过电压类别为 Ⅱ 类时，额定脉冲耐电压为 2500V。由此可以确定，此时微断开电气间隙至少应为 0.5mm。

常用整机产品（如，家电产品）的安全标准通常要求电源开关的触头开距应当至少为 3mm，即要求采用的开关为完全断开开关，并且所有电极同时断开。开关上应标示开关的断开类型：完全断开不用标示、微断开用 μ 标示、电子断开用 ε 标示。

以上参数是开关最重要的性能参数，必须在开关上标示出来。除了上述参数外，在实际使用中，还必须注意开关的以下参数：

（8）IP 防护等级

指开关按照设计要求安装后的防护等级，通常是指开关的操动部分。

（9）开关的防触电保护类型

指开关按照设计要求安装后的类型，通常是指开关的操动部分。常见的是 0 类、Ⅰ 类、Ⅱ 类和 Ⅲ 类。Ⅱ 类开关可以替代其他类的开关，除此之外，其他类的开关只能在配套的场合应用。

（10）防污染等级

通常，适用于某一污染等级的开关可以用在比之条件良好的污染等级中使用。如果整机产品可以提供适当的附加防护，从而使得该开关的微环境的污染等级降低，那么，该开关可以应用在比其原来规定的等级为差的污染等级中使用。

（11）耐热与阻燃性的应用等级

开关按耐热与阻燃性的应用等级可以分为 1 级开关、2 级开关和 3 级开关。

5.5.3 选用与注意事项

（1）开关的标识

使用时，开关的"通"位和"断"位必须做出清楚的标志，避免设备或器具在非预期的状态下工作运行。

需要有手动机械开关的设备，其开关的"通"位在设备上应有指示。"通"位的指示可以采用标志、光、声音指示的形式或其他适当的方法。

如果采用标志、信号灯或类似方法会造成设备完全与电网电源断开的印象，应当在使用说明书中清楚地叙述设备正确状态的信息。如果使用符号，则它们的含意也应给予说明。

能从待机方式转入工作且需要有手动机械开关的设备应当具有能显示待机状态的某种指示。待机方式的指示可以采用标志、光、声音指示的形式或其他适当的方法。如果处在待机状态的设备的消耗电流不超过交流 0.7mA 峰值或直流 0.7mA，则不需要指示。

通常，在控制装置（如开关按键上）或其附近使用符号来指示通和断的状态时，应使用竖线"｜"表示通状态，使用圆圈"○"表示断状态。对推拉开关应使用符号"⌽"。对任何一次电源开关或二次电源开关，包括隔离开关，均可使用符号"○"和"｜"作为断和通的标记，待机状态应使用符号"⌽"表示。（符号"○"只能用于全极电源开关的"断"位标志。因此，在诸如笔记本、计算机等上面使用的轻按开关不可以使用这个符号。）

（2）电源开关的安装

由于电源开关起到切断电源的作为，因此，从安全的角度，在下列产品中应当安装开关：

①永久连接式设备应装有一个全极电源开关（全极电源开关是指能断开除保护接地导体以外的所有电网电源各极的手动机械开关），全极电源开关每个极的触点开距至少应有 3mm。如果永久连接式设备未提供全极电源开关，则说明书中应说明在建筑物的电气设施中应接入一个各极触点分开距离至少为 3mm 的全极电源开关。

②在正常工作条件下功率消耗超过 15W 和/或采用超过 4kV 的峰值电压的设备应装有一个手动机械开关。开关的连接方式应使得在正常工作条件和故障条件下，当开关处在"断"位时，正在保持通电的情况下保持的电路消耗功率不超过 15W 和/或峰值电压不超过 4kV。

对具有独立功能而且在正常工作条件下不采用超过 4kV（峰值）电压的设备或设备部件，如果属于下列情况，则不论其功率消耗如何，可以不需要开关：

——能自动接通或自动断开，或者接通断开均自动，而且在转换时无需人工干预，如，钟控收音机、录像机、由数据链控制的设备；或者

——预定要连续工作，例如天线放大器、射频转换器和调制器、直插式设备。

（3）软线开关

由于软线开关的通断状态被无意识改变的可能性高、IP 防护等级为 IPX0 的开关存在诸如被儿童塞入口中导致唾液引起的触电危险等，因此对软线开关的使用要特别慎重，大部分的电气产品都要求使用的开关不应安装在电源软电缆或软线上。

软线开关使用较多的是灯具产品。但是，灯具产品的标准也对此做出了严格的

规定：

除普通灯具以外，灯具上不应使用软缆或软线上的开关和开关式灯座中的开关，除非开关的防尘、防固体异物或防水与灯具的防护等级相同。

（4）电源电压转换选择器开关

电源电压转换选择器开关通常用于设备连接到不同电源电压，由用户根据实际情况进行选择设定。整机设备的结构应保证在采用选择器开关时不可能发生偶然地将开关从一个电压改变到另一个电压或从一种电源性质改变到另一种电源性质的情况。考虑到某些产品的特定使用对象，使用电压转换选择器开关可能存在潜在危险，因此，玩具用电源适配器就规定不能采用电源电压转换选择器开关。

（5）电子开关的应用

电子开关可与提供完全断开或微断开的机械开关组合在一起，如图 5 - 13 （b）、图 5 - 13 （c）和图 5 - 13 （d），但对图 5 - 13 （a）只提供电子断开而不带机械开关的电子开关，负载侧电路总是被认为是带电的。固体器件电子开关提供电子断开时，总是允许有小电流通过其所控制的电路。另外，固体器件电子开关对电磁干扰和温度变化更敏感。因此，电子开关还需要符合相应的电磁兼容要求，同时，电子开关通常还应当标示可以维持导通状态的最小电流。

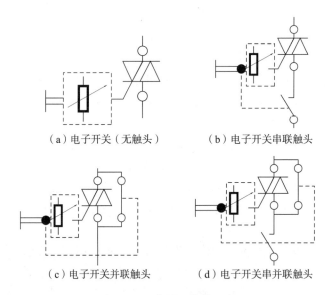

（a）电子开关（无触头）　（b）电子开关串联触头

（c）电子开关并联触头　（d）电子开关串并联触头

图 5 - 13　电子开关的组合

（摘自 IEC 61058 - 2：2016 表 103）

（6）开关的安装

产品上安装开关时，从安全的角度考虑，应当遵循下列的安装原则：

● 作为电网电源断接装置的电源开关的安装应使用户能便于操作，并尽可能地靠近电源入口处。

● 开关按规定方法安装后，应不能转动、松脱或发生其他方式的位移。

- 开关的安装固定应确保不用工具就不能从器具上拆下该开关。
- 开关中提供安全保护的盖、盖板、可取下的操动件及其他零件应装配得不使用工具就不可能将其移位或取下,盖或盖板的紧固件不应用来紧固除操动件外的任何其他零件,以避免影响其他零件的装配、相对位置等安全状态,带有指示器的盖板或操作钮等可取下的零件应不可能装配得与实际开关位置不相对应。
- 盖或盖板的紧固螺钉应是拴住不会脱落的,保证不会失落影响固定,也防止使用者使用更长的螺钉替换而带来触电危险。
- 通过开关接线端子连接的电源线或外接软线可根据设备或器具的绝缘要求加以选择,并可靠连接固定。

对于电源开关,还要求触点接通和断开的速度应与操作速度无关。如果设备或器具中装有控制电源输出插座的电源开关,应根据输出插座的总额定电流和峰值浪涌电流来选择和考核开关,其中峰值浪涌电流的大小按表 5-4 考虑。

表 5-4 峰值浪涌电流

控制输出插座的开关的总额定电流/A	峰值浪涌电流/A
≤0.5	20
>0.5 ~ ≤1.0	50
>1.0 ~ ≤2.5	100
>2.5	150

当开关作为在正常工作条件下的设备的部件进行随机试验时也应满足标准规定的要求。

5.6 电磁继电器

5.6.1 概述

继电器是指当输入量或激励量满足某些规定的条件时,能在一个或多个电气输出电路中产生预定跃变的一种机电元件。按输入量如电、光、温度等不同,可分为电气继电器、温度继电器、光电继电器等。电气继电器又包括:有或无继电器(all - or - nothing relay)、机电(式)继电器(electromechanical relay)、电磁继电器(electromagnetic relay)、舌簧继电器(reed relay)、真空继电器、极化继电器、固态继电器等。其中,电磁继电器又属于机电(式)继电器的一种,它利用机械触头来接通或者断开电路;固态继电器则不属于机电(式)继电器,它是利用半导体元件开控制电路的通断。继电器安装方式包括:插座安装、印制电路板安装、嵌入式安装、凸出式安装、导轨式安装等。继电器广泛应用于医疗、交通、机车、信息技术设备、家用和类似用途家用电器、工业设备、自动化设备等领域或产品中。

本文以应用最为广泛的电磁继电器为例，根据 IEC 61810 以其安全应用为重点进行介绍[①]。电磁继电器是 IEC 61810 – 1《Electromechanical elementary relays》中提及的机电（式）基础继电器中的一种（基础继电器是其动作和释放都无预定时间延迟的有或无继电器，与之对应，是时间继电器）。

5.6.2　基本原理

电磁继电器主要由电磁系统和接触系统两部分组成，电磁系统是由线圈和闭合磁路（包括铁芯、轭铁、衔铁及工作气隙）等构成的实现电磁能转换为机械能的组件。电磁系统将电信号输入激励量转换产生电磁吸力使衔铁运动，是继电器的感应机构，接触系统完成信号输出功能，实现对被控制电路的通断切换，接触系统是继电器的执行机构。

电磁继电器的工作原理是：当继电器线圈通电后，在轭铁、铁芯、衔铁及工作气隙所组成的磁路内就产生磁通，由此产生电磁吸力，吸引衔铁向铁芯的极靴面靠近。当线圈中的电流达到一定值（吸合值），吸力足以克服弹簧和接触簧片产生的反力时，衔铁被吸引到极靴面贴紧的位置，装在衔铁绝缘基座的动簧片上的动触点与静触点闭合，使被控电路接通。线圈断电后，电磁吸力消失，衔铁在弹簧作用下返回初始位置，触点也跟着恢复原来状态，完成一次继电器工作过程。

电磁继电器各部位名称见图 5 – 14（a），接触系统图解见图 5 – 14（b）。继电器完成一次工作过程经历的变化（时序）见图 5 – 15。

电磁继电器控制回路的输入量（线圈所加的电压或电流）与被控制回路输出量（触点切换的电压或电流）两部分之间是物理隔离的，输入电路不受负载电路的影响。在产品安全设计中，正是利用了继电器既与 SELV 电路连接同时又与非 SELV 电路连接的特性来实现对被控对非 SELV 电路的安全隔离控制。

在产品安全设计应用中需要关注的另一方面是继电器接触系统部分，继电器触点的电接触过程包括四个状态，即闭合状态、断开过程、断开状态和闭合过程。闭合状态下由于闭合触点间存在接触电阻，电流流过闭合触点时，将形成电压降，并消耗一部分电能转化为热能，使触点温升提高；断开状态时，触点间隙间可能因电路瞬时过电压而击穿，或因触点颤动而重新导通；在继电器由断开状态过渡到闭合状态的闭合过程中存在触点回跳现象（见图 5 – 20）而影响触点可靠闭合；在继电器由闭合状态过渡到断开状态的断开过程中可能产生电弧影响触点的可靠断开。

[①]　中国国家标准对应的是 GB/T 21711。

第 5 章 常见安全相关认证元器件的应用 | 311

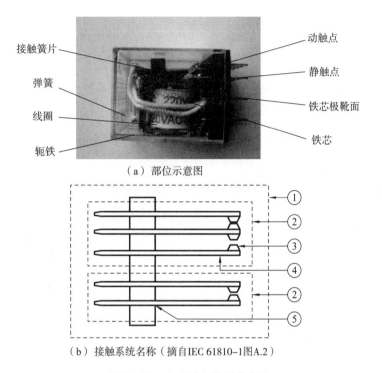

（a）部位示意图

（b）接触系统名称（摘自IEC 61810-1图A.2）

图 5-14 电磁继电器部位名称

1—接触组（contact set）；2—触点电路（contact）；3—触点（contact point）；
4—接触件（接触簧片，contact member）；5—簧片绝缘固定支架（fixing）

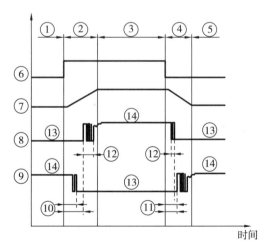

时间

图 5-15 电磁继电器时序图

（摘自 IEC 61810-1 图 A.1，略有改动）

1—释放状态（Release condition）；2—吸合过程（Operate）；3—吸合状态（Operate condition）；4—释放过程（Release）；5—释放状态（Release condition）；6—线圈电压-时间变化曲线（Coil voltage）；7—可动部分运动位置变化曲线（Change in position of movable parts）；8—动合触点的电压-时间变化曲线（Voltage at make contact）；9—动断触点的电压-时间变化曲线（Voltage at break contact）；10—吸合时间或动作时间（Operate time）；11—释放时间（Release time）；12—回跳时间（Bounce time）；13—断开（Open）；14—接通（Closed）

5.6.3 主要参数

电磁继电器的主要参数包括：与电磁系统有关的参数、与接触系统有关的参数、与继电器整体有关的参数。

5.6.3.1 与电磁系统有关的参数

（1）线圈电阻、线圈电感

线圈电阻，通常是指环境温度为（20±2）℃时的线圈直流电阻。由线圈电阻和额定线圈电压可以计算得到线圈额定消耗功率。继电器线圈绕制在铁芯骨架上，其电感量大小将关系到线圈断电后的反向电动势量值高低。

（2）额定线圈电压或额定线圈电压范围

①对交流电压，推荐有效值电压为：

6V；12V；24V；48V；100V；110V；115V；120V；127V；200V；230V；277V；400V；480V；500V。

②对直流电压，推荐电压为：

1.5V；3V；4.5V；5V；9V；12V；24V；28V；48V；60V；110V；125V；220V；250V；440V；500V。

③额定电压范围及对应频率由制造商规定，如：220V~240V，50Hz/60Hz。

（3）线圈电压动作范围

线圈电压动作范围是指继电器能执行其预定功能的线圈电压值范围。

推荐的线圈电压动作范围为额定线圈电压（或范围）的80%~110%（1级）或额定线圈电压（或范围）的85%~110%（2级）。对额定线圈电压范围，线圈电压动作范围为额定线圈电压范围低限的80%到额定线圈电压范围高限的110%。以上规定适用于制造厂声明的全环境温度范围。

（4）释放电压

释放电压是指使继电器触点释放的线圈电压。

①对直流继电器：

当线圈电压动作范围为额定线圈电压（或范围）的80%~110%（1级）时，继电器的释放电压应不低于额定线圈电压的5%（或额定线圈电压范围高限的5%）；

当额定线圈电压（或范围）的85%~110%（2级）时，继电器的释放电压应不低于额定线圈电压的10%；

②对交流继电器，对应上述直流继电器的情况，5%和10%统一替换为15%。以上规定适用于制造厂申明的全环境温度范围。

以上参数可参见图5-16，其中，图5-16（b）是线圈电压动作范围随环境温度变化的示意图。

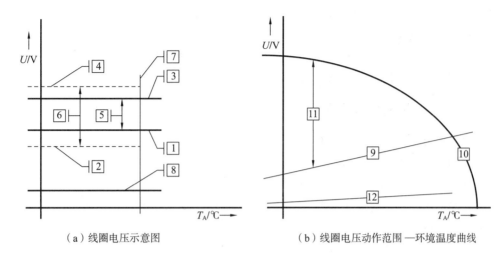

(a) 线圈电压示意图　　　　　　(b) 线圈电压动作范围—环境温度曲线

图 5-16　电磁继电器的电压参数

（摘自 IEC 61810-1 图 A.3）

U—线圈电压（V），T_A—环境温度（℃）；1—额定线圈电压或额定线圈电压范围的下限；2—线圈电压动作范围下限；3—额定线圈电压或额定线圈电压范围的上限；4—线圈电压动作范围上限；5—额定线圈电压范围；6—线圈电压动作范围；7—额定线圈电压或额定线圈电压范围的最大允许环境温度；8—释放电压；9—线圈电压动作范围的低限 U_1；10—线圈电压动作范围的高限 U_2；11—线圈电压动作范围；12—释放电压

5.6.3.2　与接触系统有关的参数

（1）触点容量参数

■ 切换电压（switching voltage）：接通之前或断开之后接触簧片之间的电压。

■ 触点电流（contact current）：断开之前或接通之后触点承载的电流。

■ 切换电流（switching current）：继电器触点接合和/或接的电流。

■ 极限连续电流（limiting continuous current）：在规定的条件下继电器预先闭合的触点电路能够连续承载的最大电流值。

■ 极限短时电流（limiting short-time current）：在规定的条件和规定的短时间内，继电器预先闭合的触点电路能够承载的最大电流值。

■ 极限接通容量（limiting making capacity）：在规定的条件（切换电压、接通触点组数、功率因数、时间常数等）下，继电器触点能够接通的最大电流值。

■ 极限断开容量（limiting breaking capacity）：在规定的条件（切换电压、接通触点组数、功率因数、时间常数等）下，继电器触点能够断开的最大电流值。

■ 极限循环容量（limiting cycling capacity）：在规定的条件（切换电压、接通触点组数、功率因数、时间常数等）下，继电器触点能够正常接通或断开的最大电流值。

（2）触点断开类型

■ 全断开（full-disconnection）：触点开距足以提供被断开零部件之间相当于基本绝缘的断开。全断开对触点间隙有电气强度要求和尺寸要求。

■ 微断开（micro-disconnection）：触点开距足以保证功能可靠。微断开对触点间隙有电气强度要求，但无尺寸要求。

■ 微切断（micro-interruption）触点开距提供的电路断开不保证全断开或微断开。微切断对触点间隙无电气强度要求或尺寸要求。

5.6.3.3 与继电器整体有关的参数

（1）环境温度

按制造厂声明方法安装后，继电器周围的空气温度。除非特别申明，继电器操作的环境温度范围是 -10℃ ~ +55℃。

其他上限推荐温度：+200℃，+175℃，+155℃，+125℃，+100℃，+85℃，+70℃，+40℃，+30℃。

其他下限推荐温度：-65℃，-55℃，-40℃，-25℃，-5℃，+5℃。

（2）环境防护类别

继电器环境防护类别用于描述继电器外壳或触点组的密封程度。分为：

■ RT 0 级：敞开式继电器（Unenclosed relay），无防护外壳（罩）。

■ RT Ⅰ 级：防尘继电器（Dust protected relay），具有防尘防护外壳。

■ RT Ⅱ 级：耐焊剂继电器（Flux proof relay），继电器可被自动焊接而不会有焊剂在指定区域的残留。

■ RT Ⅲ 级：耐冲洗继电器（wash tight relay），继电器可被自动焊接并在清除残留焊剂过程中可以保证焊剂和清洗剂不会进入继电器内部。

■ RT Ⅳ 级：封闭式继电器（Sealed Relay），防护外壳无开孔，其漏泄时间常数优于 IEC 60068-2-17 Basic environmental testing procedures—Part 2：Tests - Test Q：Sealing 规定的 2×10^4 s。

■ RT Ⅴ 级：密封继电器（Hermetically sealed relay），其漏泄时间常数优于 IEC 60068-2-17 规定的 2×10^6 s。

（3）电耐久性循环数

电耐久性循环数是指在规定的负载条件和其他工作条件下，继电器失效前的循环数。推荐的电耐久性工作循环数包括：

5 000；10 000；20 000；30 000；50 000；100 000；200 000；300 000；500 000 等。

（4）机械耐久性循环数

机械耐久性循环数是指在规定条件下触点为空载时的继电器循环数。

（5）工作频率（frequency of operation）

单位时间内继电器动作而后释放的循环数。推荐工作频率为：

■ 每小时循环次数：360/h；720/h；900/h 及其倍数。

■ 每秒循环次数：0.1Hz；0.2Hz；0.5Hz 及其倍数。

（6）负载比

推荐的负载比值包括：15%；25%；33%；40%；50%；60%。

5.6.4 选用与注意事项

(1) 线圈电压

最好按额定电压选择提供线圈电压，若不能，可参考温升曲线选择。使用任何小于额定工作电压的线圈电压将会影响继电器的工作。需要注意的是，线圈工作电压是指加到线圈引出端之间的电压，当采用放大电路（如开关三极管驱动电路）来激励线圈时，既要保证线圈两个引出端间的电压值，又要考虑到线圈电阻大小并保证激励电源的功率足够驱动继电器动作。反之超过最高额定工作电压时也会影响产品性能，过高的工作电压会使线圈温升过高，线圈电阻增大。温升过高会使绝缘材料性能受到损伤，影响产品的绝缘配合与安全。用固态器件来激励线圈时，其器件耐压至少在 80V 以上，且漏电流要足够小，以确保继电器的释放。当线圈受缓慢上升的电压驱动时，会造成触点回跳增大，加大触点间的燃弧。因此，线圈驱动电压的上升沿应足够陡。

(2) 瞬态抑制

继电器线圈在去激励瞬间，会产生很高的反向电动势，为保护激励电路及防止整机电路受到干扰，可以采用并联二极管等方法对线圈瞬态反向电动势进行抑制。

(3) 触点负载

继电器切换的负载应考虑触点的额定负载和类型。继电器切换的负载应在额定电压、电流范围内，在额定电压、电流下，继电器能达到规定的电寿命，而超过规定的电压、电流时，继电器电寿命会缩短。通常继电器给出的额定电流是负载为阻性时的最大电流，而在负载为感性负载、电容性负载、灯泡负载时，其承受电流可按额定电流 30%、20% 折算。有关负载类型的影响，可参见本书"器具开关"章节中的相关内容。

可以考虑增加中间继电器或交流接触器来提高继电器的触点容量。

(4) 多个继电器线圈的并联和串联供电

多个继电器线圈并联供电时，反向电动势高，即电感大的继电器会向反向电动势低的继电器放电激励，使其释放和动作不正常，如，释放时间会延长，因此最好每个继电器分别控制后再并联以消除相互影响。不同线圈电阻和功耗的继电器不要串联供电使用，否则串联回路中线圈电流大的继电器不能可靠工作。只有同规格型号的继电器可以串联供电，但总的反向电动势会提高，应予以抑制。

(5) 触点并联和串联

不能用并联触点来切换一个大于额定电流的负载，也不能用串联触点来切换一个大于额定电压的负载，因为两个触点组的动作或释放总是不同时的。继电器触点并联使用不能提高其负载电流，由于继电器多组触点动作的绝对不同时性，实际上仍然是一组触点在切换提高后的负载，很容易使触点损坏导致不能良好接触或熔焊在一起导致不能断开。

(6) 绝缘问题

电磁继电器最常用的场合是利用电磁继电器控制回路的输入量（线圈所加的电压或电流）与被控制回路输出量（触点切换的电压或电流）两部分之间是物理隔离的，输入电路不受负载电路的影响的特点，来实现小电流回路控制大电流回路、低电压回路控制高电压回路。如果控制回路属于安全特低电压（SELV）回路，必须注意控制回路与被控制回路之间是否满足加强绝缘或者双重绝缘的要求。目前，市场上销售的许多小型电磁继电器，特别是印刷电路板安装式的小型电磁继电器，通常控制回路和被控制回路之间只能够满足基本绝缘的要求。

5.7 器具耦合器

5.7.1 概述

器具耦合器（appliance coupler）是指可任意地使电线组件与器具或设备实现连接或断开的耦合器，可分为用于Ⅰ类器具或设备的器具耦合器和用于Ⅱ类器具或设备的器具耦合器。器具耦合器由两部分组成：连接器和器具输入插座。连接器与电源软线形成一体（可分为可拆线连接器，不可拆线连接器，以不可拆线连接器居多）。器具输入插座与器具或设备形成一体，或安装在器具或设备内，其中，与器具或设备形成一体的器具输入插座的外壳和底座是由器具或设备的外壳形成的；安装到器具或设备上的器具输入插座是嵌装在固定在器具或设备上的独立的器具输入插座。以安装到器具或设备上独立的器具输入插座居多。不可拆线连接器通常为电线组件的一部分。电线组件由配有不可拆线插头和不可拆线连接器的软线组成，用于将电器或设备连接到电源的组件（见图 5-17）。

(a) 电线组件　　　　　　　　　　(b) 器具耦合器

图 5-17　电线组件与器具耦合器

互连耦合器是指可以任意地将器具或设备连接到另一器具或设备的软缆或软线，或使这两者断开的耦合器。包括用于Ⅰ类器具或设备的互连耦合器和用于Ⅱ类器具或设备的互连耦合器。互连耦合器由两部分组成：插头连接器和器具插座。其中插头连接器是指与软缆或软线成一整体的或固定到软缆或软线的部分（分为可拆线插头连接器和不可拆线插头连接器，以不可拆线插头连接器居多）；器具插座是指与器具或设备成一整体的或装在器具或设备里的，或固定到器具设备的，使器具或设备获得电源的部分。与器具或设备成一整体的器具插座（护罩及底部）是由器具或设备的外壳组成的器具插座，装在器具或设备里的器具插座是一种器具或设备的、或固定到器具或设备的独立的器具插座。插头连接器构成互连电线组件的一部分。互连电线组件由配有不可拆线插头连接器和不可拆线连接器的软线组成，用于将电器或设备连接到电源的组件（见图 5-18）。

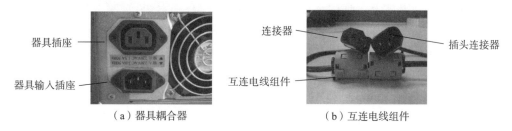

图 5-18 互连电线组件与器具耦合器

取得认证的耦合器通常具有以下特点：
- 器具耦合器的型式设计保证了不同额定电流耦合器之间的不可互换性：用于 Ⅱ 类器具或设备的连接器与其他器具或设备的器具输入插座不能结合；用于冷条件下的连接器与用于热条件下或酷热条件下的器具输入插座不能结合；用于热条件下的连接器与用于酷热条件下的器具输入插座不能结合；连接器与大于其额定电流的器具输入插座不能结合。
- 连接器与输入插座之间不可能出现单极连接的情形。
- 用于 Ⅰ 类设备的器具耦合器，在插入连接器时接地插销比载流插销先接通；在拔出连接器时，载流插销在接地插销断开之前先断开。
- 一方面，连接器容易插入输入插座和从输入插座中拔出，另一方面，在正常使用中又可以防止连接器从输入插座中脱出。

主要国家和地区所执行的标准：中国 GB/T 17465.1（家用器具耦合器）和 GB/T 11918（工业用器具耦合器），欧盟 EN 60320（家用器具耦合器）和 EN 60309（工业用器具耦合器）。

这些标准基本上都是分别等同采用 IEC 60320 和 IEC 60309。本书以 IEC 60320 为基础，介绍取得认证的器具耦合器的参数和使用注意事项。

5.7.2 主要参数

取得认证的器具耦合器的证书上通常会反映以下参数：
(1) 额定电压
制造商给器具耦合器规定的最大工作电压。根据标准 IEC 60320 认证的器具耦合器的额定电压通常为 250V。

（2）额定电流

制造商给器具耦合器规定的最大工作电流。根据标准 IEC 60320 认证的器具耦合器额定电流的标称值为：0.2A、2.5A、6A、10A 和 16A。

（3）器具输入插座的插销底座的最高插销温度

器具耦合器按相应的器具输入插座的插销底座的最高插销温度可划分为：

①用于冷条件下的器具耦合器（插销温度不超过 70℃）。

②用于热条件下的器具耦合器（插销温度不超过 120℃）。

③用于酷热条件下的器具耦合器（插销温度不超过 155℃）。

使用时，用于热条件下的器具耦合器可以在冷条件下使用；用于酷热条件下的器具耦合器可以在冷或热条件下使用。

（4）工作温度

根据 IEC 60320 认证的器具耦合器的工作温度通常不超过 25℃，偶尔达到 35℃；中国根据自己的实际环境特点，通常规定取得认证的器具耦合器的工作温度为不超过 35℃，偶尔达到 40℃。

（5）器具耦合器的类型

为了保证器具耦合器之间的互换性，器具耦合器的形状、尺寸和公差在标准中是有规定的。表 5-5 汇总了目前 IEC 60320 中所有的器具耦合器的类型。一般，取得认证的器具耦合器必须是标准中的其中一种。通常，根据器具耦合器的种类就可以决定器具耦合器的额定电流、被连接的设备种类（Ⅰ类或者Ⅱ类）和器具输入插座的插销底座的最高插销温度。如，器具耦合器的参数如果是用于Ⅰ类设备在冷条件下使用，额定电压为 250V，额定电流为 10A，那么，耦合器的输入插座的类型是 C10，而连接器的类型是 C9。

表 5-5　家用器具耦合器总图

器具耦合器的额定电流/A	设备的类别	器具耦合器的最高温度	器具耦合器 图的号码[4)] 器具输入插座	器具耦合器 图的号码[4)] 连接器	是否允许重接线的结构	软线 允许的最轻型	软线 最小横截面积/mm²
0.2	Ⅱ	70℃	图C2	图C1	否	227IEC41	—[1)]
2.5	Ⅰ	70℃	图C4	图C3	否	227IEC52	0.75

续表

器具耦合器的额定电流/A	设备的类别	器具耦合器的最高温度	器具耦合器 图的号码[4) 器具输入插座	器具耦合器 图的号码[4) 连接器	软线 是否允许重接线的结构	软线 允许的最轻型	软线 最小横截面积/mm²
2.5	Ⅱ	70℃	图C6	图C5	否	227IEC52	0.75[2)
6	Ⅱ	70℃	图C8	图C7	否	227IEC52	0.75
10	Ⅰ	70℃	图C10	图C9	是	227IEC53 或 245IEC53	0.75[3)
10	Ⅰ	120℃	图C12	图C11	是	245IEC53 或 245IEC51	0.75[3)
10	Ⅰ	155℃	图C12	图C11	是	245IEC53 或 245IEC51	0.75[3)
10	Ⅱ	70℃	图C14	图C13	否	227IEC53 或 245IEC53	0.75[3)
16	Ⅰ	70℃	图C16	图C15	是	227IEC53 或 245IEC53	1[3)

续表

器具耦合器的额定电流/A	设备的类别	器具耦合器的最高温度	器具耦合器 图的号码[4]		是否允许重接线的结构	软线 允许的最轻型	最小横截面积/mm²
			器具输入插座	连接器			
16	Ⅰ	155℃	图C18	图C17	是	245IEC53 或 245IEC51	1[3]
16	Ⅱ	70℃	图C20	图C19	否	227IEC53 或 245IEC53	1[3]

[1] 如果有关器具标准允许的话，仅适用于小的手持器具且软线长度不超过2m。

[2] 对于软线长度不超过2m的，允许截面积为 0.5mm²。

[3] 如果长度超过2m的，或是可伸缩卷盘型的，则截面积应为：1mm²，对于10A的连接器；1.5mm²，对于16A的连接器。

[4] 需要注意的是中国国家标准中连接器与器具输入输插座的图号与IEC标准有所不同。

5.7.3 选用与注意事项

（1）器具耦合器标志与型式识别

在连接器上会标出：额定电流A（0.2A连接器除外）；额定电压V；电源性质符号。额定电流和额定电压的标志，可以单独使用数字表示。这些数字可以排成一条直线，用斜线隔开，或将额定电流的数字放在额定电压的数字之上并用一条水平线隔开。电源性质的符号紧靠额定电流和额定电压的数字之后。例如：

10A 250V ~ 或 10/250 ~ 或 $\frac{10}{250}$ ~ 或 $\left(\frac{10}{250\ \sim}\right)$

（2）器具耦合器的应用场合

使用器具耦合器的首要原因是器具耦合器带来生产上和使用上的方便，这一点在IT产品上尤为突出。如，计算机显示器采用器具耦合器用于电源输入，这样，针对不同的国家采用不同的电源线组件就可以了，极大地方便使用者和制造商。

然而，并不是所有的设备都可以使用器具耦合器的。如，供儿童使用的玩具电源适配器，为了避免儿童在使用中出现电击的危险，不允许使用器具耦合器作为电源输入。

(3) 耦合器输入插座的安装

耦合器的输入插座在安装时，安装位置应当保证使连接器能够轻松无阻碍地插入；插入连接器后，在正常使用的任何状态下将设备放在平面上时，设备不会将依托支撑在该连接器上。

(4) 避免耦合器的误连接

根据 IEC 60320 认证的器具耦合器，只允许用于与电网电源连接的场合，或者用于向其他设备提供电网电源的场合，不允许使用在输入电压、输出电压为非标准电网电源电压的设备，特别是 SELV 电路或 TNV 电路，以免由于误插而导致危险。也就是说，SELV 电路或 TNV 电路的输出插座和连接器不应与表 5-5 中的那些插头、插座和器具耦合器相互兼容，以免出现电击的危险。

(5) 防水特性

表 5-5 中常见的器具耦合器不具有防水设计（IP 等级均为 IPX0）。使用中如果防水等级需要高于 IPX0 时，应选取具备防水设计的特殊耦合器类型，包括选择根据 IEC 60309 认证的工业用耦合器，而不是在这些器具耦合器的基础上进行防水改装，以免使用中由于插入没有进行改装的插头而出现危险。

5.8 电气连接器件

5.8.1 概述

连接器件（connecting device）是指用于导线连接的基本元部件，主要是在两根或多根导线之间提供可靠的电气连接。接线端子排（terminal block）就是最常见的一种连接器件。

作为独立元件，在以家用电器为主的低压电气产品中的连接器件（以下简称连接器件）应用所执行的标准，大多数国家都是以 IEC 60998 标准族为基础附加少量国家偏差的方式作为本国标准。此标准族覆盖的连接器件主要用于连接 0.5mm^2 ~ 35mm^2 的硬铜导线或软铜导线。目前主要国家及地区采用的连接器件的标准族为：中国 GB/T 13140 系列和欧盟 EN 60998 系列。

5.8.2 分类与结构

从结构上来讲，一个连接部件的最小组成部分是端子（图 5-19）。按照端子的形式，常见的连接器件可以分为以下几类（图 5-20）：带螺纹型端子的连接器件；带无螺纹型端子的连接器件；带刺穿绝缘型端子的连接器件；带扁平快速连接端子的连接器件；带扭接式端子的连接器件。

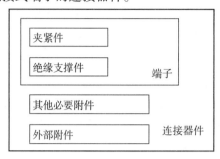

图 5-19 连接器件结构示意图

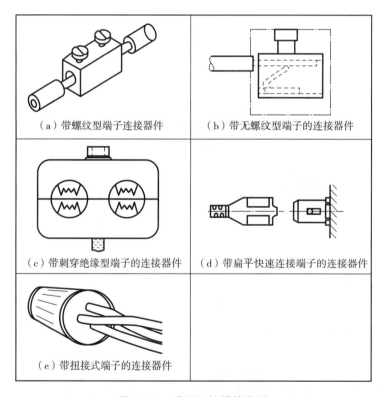

图 5-20 常见连接器件类型

图中，带螺纹型端子的连接器件是最常见的，也就是通常狭义所说的端子 (terminal)。

5.8.3 主要参数

连接器件有许多参数，一般在认证证书上会反映的主要参数如下：
(1) 额定环境温度（$T/℃$）
根据标准定义，环境温度是指连接器件正常使用时，其周围允许的空气温度。

如果没有特别标示，一般使用时允许的环境温度为 -5℃~40℃。如果连接器件允许使用的环境温度超出 -5℃~40℃的温度范围，应当在产品或外包装上加以标示，替换时，应当选择参数相同或匹配的。由于产品标准中对连接器件的评估许多时候是基于环境温度的，例如老化性能等。因此，设计工程师应当综合最终的应用环境以及承载电流，合理地选择连接器件的额定环境温度参数。连接器件的额定环境温度标示俗称 T 标志，一般以 5℃递进。以下是额定环境温度标示的范例及其解释：

T55　　　　　　　指 -5℃ ~ +55℃；
-25℃　　　　　　指 -25℃ ~ +40℃；
T55　-25℃　　　指 -25℃ ~ +55℃。

（2）额定电流（A）

根据标准定义，额定电流是指制造厂设计连接器件时允许通过的最大电流。当连接器件在额定环境温度下使用，连接着额定容量规定的导线，只有当导线通过的最大电流不超过额定电流时，连接器件的性能才能被认为是可靠的，不会对使用者及周围环境造成危险，如过热甚至起火等。

（3）额定绝缘电压（V）：根据标准定义，额定绝缘电压是参考电介质电压试验和爬电距离而定的元件、器件或设备部件的电压。也就是说，额定绝缘电压主要是与连接器件的防触电保护及绝缘性能相关的，因此这一参数不是必需的，其主要是针对带外部绝缘外壳的连接器件（见图 5-20）。在最终应用时，当需要连接器件提供一定的防触电保护及绝缘性能时，连接器件接入的电路的工作电压不能够超过额定绝缘电压，否则不一定能够实际使用环境的安全要求。当使用接线端子排时，不但要考虑导线和周围的绝缘要求（如导线和固定连接器件的接地金属板），还应当考虑端子排中不同端子之间的绝缘是否和这些端子之间的实际工作电压相适应。

（4）额定连接容量（标志为 mm^2）

根据标准定义，额定连接容量是指由制造厂规定的可连接的最大硬导线大截面积。根据连接器件中端子的不同形式，对于额定连接容量有不同的要求。对于带螺纹型端子的连接器件及带无螺纹型端子的连接器件，要求除了能够可靠地连接标准中为相关额定连接容量值而规定的截面积的导线外，还必须要能可靠连接两种相邻的更小横截面积的导线。如：

——额定连接容量为 $1mm^2$ 意味着可以连接 $0.5mm^2$、$0.75mm^2$ 或 $1mm^2$ 的软硬导线；

——额定连接容量为 $10mm^2$ 意味着可以连接 $4mm^2$、$6mm^2$ 或 $10mm^2$ 的硬导线，或 $4mm^2$、$6mm^2$ 的软导线。

5.8.4　选用与注意事项

通常情况下，按照 IEC 60998 认证及使用要求应用在整机中的连接部件，基本上都能够符合整机产品安全标准的要求。需要注意的事项主要有以下两点。

（1）在进行电击防护设计的时候，要注意使用接线端子连接未经处理的多股软线时，可能出现金属线脱出问题。由于多股软线由多根细金属线绞合而成，在使用过程中，可能会出现某根金属线未完全插入的情形。因此，在设计时，要求正确放置接受多股软线的端子，避免出现电击危险。也就是说，即使多股软线的其中一根金属线脱出，也不会接触其他会导致危险的部件。如，脱出的金属线如果是带危险电压的，不能接触人体易触及的金属部件；对于Ⅱ类保护器具，不能接触到仅用附加绝缘与人体易触及金属部件隔离的任何金属部件；而对于连接到接地端子的多股软线，脱出的金属线不能接触到带危险电压的部件。通常，考察接线端子连接未经处理的多股软线时，是否会出现电击危险，可以使用下列方法：将多股软线一端剥去8mm的绝缘，然后将整条电线完全插入端子中并固定好，将其中一根金属线从端子中脱出，要求这根脱出的金属线不会接触其他会导致危险的部件。如果接线端子的绝缘支撑件长度不够，那么，必须在端子的底部加垫面积足够大的绝缘片（图5-21）。

图5-21 接线端子排和绝缘垫片

（2）使用接线端子的时候，要注意连接的可靠性，确保用正确的方式传递接触压力以形成可靠的电气连接。使用适当的金属压片、垫圈作为夹紧件是一种有效的措施（图5-22）。

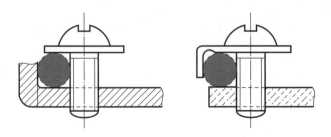

图5-22 接线端子排可靠连接示意图

图5-22中灰色部分是导线的截面图。

5.9 安全隔离变压器

5.9.1 概述

目前在市场上认证最多的变压器，是小功率电源变压器，而且通常都是安全隔离变压器。安全隔离变压器，英文名称为 safety isolation transformer，是指输入回路（初级）和输出回路（次级）之间通过双重绝缘，或者等效于双重绝缘（例如加强绝缘）的方式来隔离，并且输出安全低电压（SELV）的变压器。一般，安全隔离变压器都作为提供安全低电压（SELV）供Ⅲ类电气产品工作。

认证的变压器通常以两种形式存在，即以内置式电源变压器和电源适配器的方式存在。在实际应用中，为了满足提供直流电源的需要，次级还会有相应的一些整流电子元件。本文中如果没有特别指出，变压器泛指采用包括采用变压器为主要元件的电源适配器。常见的电源适配器通常都是Ⅱ类结构的。尽管开关电源的出现使得越来越多的场合转向使用开关电源，但是传统的电源变压器因为技术成熟、价格便宜，始终在市场上占据一席之地。

目前，包括中国在内的大部分国家所执行的是 IEC 标准体系，安全隔离变压器采用的是以 IEC61558（或其前列版本 IEC 60742）为基础。北美标准和 IEC 差异比较大，北美类似产品采用的标准是 UL 1310 和 UL 1585。本节以 IEC 61558 为基础介绍取得认证的安全隔离变压器，同时用对比的方式介绍根据 UL 1310 和 UL 1585 认证的安全隔离变压器的参数。

电源变压器的分类方法有很多种，通常可以按照以下原则进行划分：
- 根据变压器使用的方式，可以划分为内置式电源变压器和电源适配器。
- 根据变压器铁芯的类型，可以划分为 EI 型变压器、环形变压器、R 型变压器等。
- 根据变压器的移动特性，可以划分为固定式、移动式和手持式等。
- 根据变压器连接电源的方式，可以划分为直插式和导线式等。
- 根据变压器外壳的防水特性，可以划分为普通型、防溅型等。
- 根据变压器的使用时间，可以划分为长期使用型、短期使用型和间歇使用型等。
- 根据变压器的配套方式，可以划分为通用型和配套使用型等。
- 根据变压器的初次级隔离方式，可以划分为分离式、隔离式、安全隔离式、自耦式等。

但是在认证证书上，通常会反映的分类方式主要有以下几种：
- 根据变压器的电击防护类型，可以划分为Ⅰ类、Ⅱ类和Ⅲ类等。实际的使用中，绝大多数的电源适配器采用的是Ⅱ类结构。
- 根据变压器的短路保护方式，可以划分为：

- 非耐短路变压器（non – short – circuit proof transformer）；
- 固有耐短路变压器（inherently short – circuit proof transformer）；
- 非固有耐短路变压器（non – inherently short – circuit proof transformer）；
- 无危害型变压器（fail – safe transformer）。

5.9.2 基本原理

电源变压器的基本工作原理是利用电磁感应原理，将电能从初级传递到次级。因此，利用电磁感应的原理，可以实现将一种电压的交流电变换为另一种电压的交流电，变压器的名称就是由此而来。当变压器的一次侧绕组（初级）加载交流电时，一次侧绕组会通过电流，该电流会在铁芯中产生交变的磁通，而二次侧绕组（次级）会因此出现感应电势，这样就实现了电能的传递。由于变压器是通过电磁场来传递能量的，不用构成相连的回路，因此，变压器可以实现初级和次级之间在电气上相互隔离。

5.9.3 主要参数

电源变压器有许多参数，一般在认证证书上会反映的主要参数如下。

（1）额定输入电压

该参数是指制造商设计的变压器正常使用状态下加载在初级的电压。该电压值可以是一个固定的值（如，AC 230V），表示该变压器正常工作时输入电压只用于该标称值；可以是一个范围值（如，AC 220 – 240V），表示该变压器的正常输入电压可以是该范围内的任何电压值；也可以是特定的几个可以调节后使用的电压值（如，115V/230V），表示通过调整变压器后，可以工作在不同的电压下。注意，如果变压器可以通过调整来适应不同输入电压，那么这种调整必须只能通过工具来实现，防止用户在使用中由于无意间调整了变压器而导致安全事故。

（2）额定工作频率

目前市场上常见的小型安全隔离变压器通常是工频 50Hz 或者 60Hz。

（3）额定输出电压和额定输出电流

该参数是指制造商设计的变压器正常使用状态下，当加载的初级电压为额定输入电压时，次级为输出电压和输出电流。根据 UL1310，额定输出电流的实际值不低于标称值的

> Class Ⅱ 电源适配器和 Class 2 电源适配器是两个不同的概念。Class Ⅱ是IEC体系的一个概念，指的是电气产品的防电击方式，包括电源外壳的电击防护方式，以及初级和次级之间满足加强绝缘或者双重绝缘的隔离方式。Class 2是北美的一个概念，指的是电源的输出电压和最大输出功率是被限制在一个范围内的电源适配器。

90%。根据 IEC 61558，一般，额定输出电压的实际值和标称值偏差不应当超过 5%（固有式耐短路保护型变压器为 10%），直流输出电压的偏差限值允许再上浮 5%。

(4) 额定输出功率

指额定输出电压和额定输出电流的积，单位采用 VA 或者 kVA。一般，额定输出电流和额定输出功率在变压器铭牌上只标示其中的一个。

根据 IEC 61558 的规定，对于安全隔离变压器而言，单相变压器的额定输出功率不可以超过 10kVA。

而在北美，对于 Class 2 类电源而言：

■ 输出电压（无论是额定输出电压还是空载输出电压）一般不允许超过 42.2V 峰值（交流输出）或者 60V（直流输出）（见图 5 - 23）。

■ 任何负载状态下（包括短路），输出电流和输出功率都不可以超过表 5 - 6 的限值：

■ 额定输出功率不可以超过 100VA。

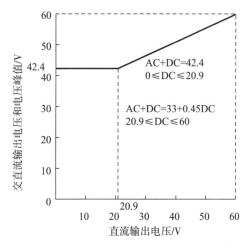

图 5 - 23 Class 2 电源输出电压限制

(摘自 UL1310 图 14.3)

表 5 - 6 Class 2 电源输出功率限制

输出电压 V_{max}	额定输出电流	固有限流型最大输出电流	非固有限流型	
			最大输出功率	最大输出电流
20V 以下	5A	8A	$1000/V_{max}$	250VA 或者 350VA，如果电压不超过 15V
20 ~ 30V	$100/V_{max}$	8A	$1000/V_{max}$	250VA
30 ~ 60V（仅限直流输出）	$100/V_{max}$	$150/V_{max}$	$1000/V_{max}$	250VA

(5) 额定环境温度 t_a

指变压器正常状态下可以连续工作的最高环境温度。如果该值没有标示,通常是25℃。通常,变压器应当允许在短时间内工作在不超过额定环境温度10℃正常使用。

(6) 电击防护类型

目前市场上常见的电源适配器基本上都是采用Ⅱ类结构。根据 UL 1310 认证的电源适配器尽管没有在铭牌上标示Ⅱ类结构的符号,但通常采用的都是Ⅱ类结构。

(7) 防护等级

如果不标示,表示变压器的防护等级为 IP00(内置式变压器)或者 IP20(电源适配器)。根据 UL 1310 认证的电源适配器尽管没有在铭牌上采用标示 IP 等级的方式,但是其要求是达到 IP20 的要求。

(8) 绝缘等级

指的是变压器线圈的绝缘漆、骨架等可以长期承受而不会导致绝缘性能下降甚至失效的温度范围。通常,根据 IEC 61558 认证的变压器常见的绝缘等级为 A、E、B、F、H 等,而根据 UL 1310 认证的变压器常见的绝缘等级为 105℃和130℃等。

(9) 变压器的类型

根据 IEC 61558 认证的变压器,可以按照异常防护方式分为以下几种:
- 非耐短路变压器(non-short-circuit proof transformer);
- 固有耐短路变压器(inherently short-circuit proof transformer);
- 非固有耐短路变压器(non-inherently short-circuit proof transformer);
- 无危害型变压器(fail-safe transformer)。

而根据 UL 1310 认证的电源适配器,铭牌上必须标示"Class 2 Power Unit"或类似字样。

(10) 电源适配器配套使用的产品

如果电源适配器是根据 IEC 60950 或者 UL 60950 认证的,通常在铭牌上还必须标示"仅用于 IT 产品"或者类似的警告语。这主要是因为用于资讯类和办公类电气产品的电源适配器的具体安全要求相对通用型的要宽松一些。

以上参数,是变压器最基本的参数。一般,作为基本元部件使用的变压器,铭牌上至少要标示额定输入电压、额定输出电压、额定输出电流或者额定输出功率,以及额定环境温度(如果不是25℃)。如果是电源适配器,除了绝缘等级参数外,其他所有的参数都必须标示。特别地,一些和安全使用相关的警告语,如"仅限于室内使用"等,必须以产品销售的所在地区的语言标示出来。

除了以上基本的参数外,变压器制造商还应当提供变压器的安装方式、使用环境要求、附加的异常保护措施(如短路保护)、是否可以长期使用等;如果是输出电压是直流的,还应当提供输出的极性。这些参数虽然在认证证书上一般不会体现,但是对有效使用变压器有重要作用。

特别地,从产品安全的角度,必须关注变压器的空载输出电压。一般,因为没有理想的电源，变压器同样存在内阻。因此，在空载的情况下，变压器的空载输出电压会比额定输出电压要高：必须注意在这种情况下，在实际应用中，变压器次级的输出不会造成电击事故，特别是在次级有多个输出的情况下，要保证它们串接的结果不会由于电压过高导致电击事故。

根据 IEC 61558 的规定，对于安全隔离变压器而言：
①空载输出电压不可以超过 AC 50V 或者 DC 120V；
②空载输出电压和额定输出电压之间的偏差不可以超过表 5-7 的限值。

表 5-7 空载输出电压允许偏差

保护类型	变压器类型	允许偏差
固有耐短路保护	63VA 以下	100%
	63VA~630VA	50%
	630VA 以上	20%
其他类型	10VA 以下	100%
	10VA~25VA	50%
	25VA~63VA	20%
	63VA~250VA	15%
	250VA~630VA	10%
	630VA 以上	5%

注：根据 UL 1310，变压器的空载输出电压不可以超过允许的最高输出电压。

5.9.4 选用与注意事项

尽管变压器是常见和应用广泛的基本元件，但是如果不了解变压器的一些注意事项，有可能出现无法工作的现象，甚至出现安全事故。本文根据实践中一些常见的问题总结如下。

（1）按照额定输入电压使用认证的变压器

由于实际的变压器本身存在铁损、铜损等原因，因此，理想的变压器是不存在的，变压器初次级之间的电压比例并不能被推广到其他工作电压。此外，变压器所有的安全指标都是按照额定输入电压设计和检测的。如果将变压器应用在额定输入电压范围以外的场合，变压器有可能会存在安全隐患。因此，在使用认证的变压器时，一定要按照认证的额定输入电压来使用。

（2）按照变压器认证的最大环境温度使用

为了保证变压器内部的绝缘系统在长期工作的情况下不失效，变压器在使用中应确保在大多数情形下，所使用的环境温度不会超过认证的最大环境温度。这一点对于内置式变压器尤其必须注意。由于种种原因，目前许多取得认证的内置式变压器的最大环境温度都是 25℃，有可能无法满足实际使用环境的要求。

(3) 了解变压器的认证范围的限制

变压器可以按照多种结构进行认证,即使不是安全隔离变压器或者没有任何异常保护的变压器都可以取得认证。因此,在使用时,应当注意所使用的变压器是否按照要求取得认证。如,如果该变压器取得的认证并不是按照安全隔离变压器的要求进行的,那么,即使该变压器取得认证,也不可以用于 SELV 电源。

(4) 小功率安全隔离变压器使用最多的场合是作为小功率电源适配器

为了使用方便,许多小功率电源适配器都采用直插式的结构,设计时必须注意直插式电源适配器的质量限制。根据 UL 1310,直插式电源适配器的质量不可以超过 794g(28 盎司)。IEC 61558 尽管没有对直插式电源适配器的质量做出规定,但是要求它对插座产生的附加力矩不能超过 0.25Nm。通常,对于欧盟的直插式电源适配器,如果质量小于 500g,则一般可以满足力矩的要求,如果质量超过 550g,则一般都会超出力矩允许的限值。

5.10 抑制电源电磁干扰用固定电容器

5.10.1 概述

顾名思义,抑制电源电磁干扰用固定电容器主要是用于电子设备,即用于抑制电源电磁干扰,以使产品符合电磁兼容的要求。另一方面,抑制电源电磁干扰用固定电容器在产品中又直接与产品的电气安全有关。因此,抑制电源电磁干扰用固定电容器既是产品安全的关键元件,又是产品电磁兼容特性的关键元件。目前,各个主要的国家和地区基本上都等同采用 IEC 60384-14 用于认证抑制电源电磁干扰用固定电容器;中国执行的标准是 GB/T 14472。

5.10.2 主要参数

(1) 标称电容量

指电容器设计所确定的和通常在电容器上所标出的电容量值。电容量数值通常有两种表示方式:直接标出电容量数值及其单位,如 $0.1\mu F$;或者采用三位数缩略表示,缺省单位为 pF,如 222 表示容量为 $22 \times 10^2 = 2200 pF$。此外,还使用字母表示标称电容量的最大允许偏差,J 表示 ±5%,K 表示 ±10%,M 表示 ±20%。

(2) 抑制电源电磁干扰用固定电容器分类

根据使用场合和耐压特性,抑制电源电磁干扰用固定电容器可以分为 X 类电容和 Y 类电容两种:

1) X 类电容器

X 类电容器是一种适用于在电容器失效时不会导致电击危险的场合的电容器。X 类电容器按迭加到电源电压上的峰值脉冲电压（在使用中可能承受的）大小分为三个小类（见表 5-8）。脉冲电压的来源可以是由于外部线路受到雷击而引起的，也可以是由于开关邻近设备电源而引起，也可以是由于开关使用该电容器的设备而引起。

表 5-8 X 类电容器分类

小类	使用时的峰值脉冲电压/kV	应用
X1	>2.5，≤4.0	高脉冲运用
X2	≤2.5	一般用途
X3	≤1.2	一般用途

2) Y 类电容器

Y 类电容器是一种适用于在电容器失效时会导致电击危险的场合的电容器。按照 Y 电容的额定电压范围和跨接的绝缘类型，Y 类电容器可分为 Y1，Y2，Y3，Y4 四个小类（见表 5-9）。

表 5-9 Y 类电容器分类

小类	额定电压/V	跨接的绝缘类型
Y1	≤500	双重绝缘或加强绝缘
Y2	≥150，≤300	基本绝缘或附加绝缘
Y3	≥150，≤250	基本绝缘或附加绝缘
Y4	<150	基本绝缘或附加绝缘

实际应用中，Y2 类电容器可以用来代替 X1 或 X2 类电容器；在应用场合电压 <150V 时，Y4 类电容器可以用来代替 X2 类电容器。因此，许多抑制电源电磁干扰用固定电容器往往同时标示为 X1/Y1 类电容器或 X1/Y2 类电容器。

（3）额定电压

额定电压是指在额定频率下的交流有效值，或直流工作电压。该电压可以在电容器处于所设计的气候环境下长期加载到电容器的两端。使用时，抑制电源电磁干扰用固定电容器的额定电压应当等于或大于所连接电源系统的标称电压，并且应考虑到系统电压有可能高出其标称电压的 10%。

根据 IEC 60384-14，额定电压标称值的优先值为 125V、250V、275V、400V、440V、500V 和 760V。考虑到适应世界各国电源系统的电压值，目前，抑制电源电磁干扰用固定电容器的额定电压大多为 250V～或 275V～。

（4）额定温度

额定温度指可以连续施加额定电压而不会出现器件失效的最高环境温度。

（5）气候类别

气候类别指电容器的类别温度范围和稳态湿热的持续时间。类别温度范围，是指电容器设计所确定的能连续工作的环境温度范围,以下限类别温度和上限类别温度给定。上限类别温度指电容器设计在连续工作时的最高表面温度,下限类别温度指电容器设计在连续工作时的最低表面温度。稳态湿热试验的持续时间通常为21d或56d(注意:稳态湿热试验的持续时间的天数只是一个测试指标,并不能简单地认为它就是电容的寿命)。

电容器上的气候类别通常标示为:下限类别温度数值/上限类别温度的数值/稳态湿热试验的持续时间数值。例如,某电容器的气候类别为40/85/21,表示其下限类别温度为 -40℃,上限温度类为85℃,稳态湿热试验的持续时间为21d。

(6) 阻燃性类别

阻燃性类别通常紧跟气候类别标记后以一个字母(A/B/C)表示阻燃类别,类别A最高,类别C最低。

通常,电容器会在其壳体标示以下主要参数:额定电压、电容器类别(X或Y)、标称电容量、标称电容量的允许偏差和气候类别等。

5.10.3 在整机中的应用与注意事项

(1) 区分X类电容器和Y类电容器的不同

实际应用中,X类电容器和Y类电容器的应用场合是非常不同的,表5-10列出了两者主要的不同之处。图5-24是X类电容器和Y类电容器的典型应用方式。电路图中是开关电源的前端电路,其中,X类电容器主要跨接在电源的相线和中线之间,因此,图中的C1和C2是X电容;Y类电容器主要电源的相线与地线之间、中线与地线之间,因此,图中的C3和C4是Y电容。

表5-10 X类电容器与Y类电容器比较

比较项目	类别	
	X类电容器	Y类电容器
外形尺寸	较大	较小
电容量	较大	较小
材料	有机薄膜介质(X_1可能采用陶瓷介质)	陶瓷介质
适用场合	适用于在电容器失效时不会导致电击危险的场合	适用于在电容器失效时会导致电击危险的场合
典型应用	一次电路相线和中线之间	一次电路和二次电路之间;相线与地线之间、中线与地线之间

(2) X类电容器的选用

X类电容器的选用可参照IEC 60065中第14.2.2条的规定。通常,连接在一次电路的两根相线之间的或一根相线与中线之间的电容器,应当是X1类或X2类电容器。

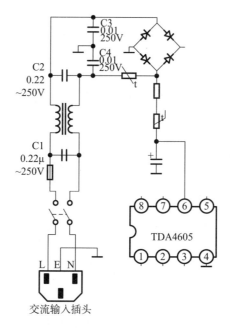

图 5-24 X 类电容器和 Y 类电容器的典型应用方式

X 类电容器的选用主要根据使用该电容器时承受的峰值脉冲电压（peak impulse voltage）而定，因此，弄清峰值脉冲电压相关问题很重要。脉冲电压可能是由于外部线路受到雷击而引起，可能是由于开关相邻设备而引起，也可能是由于开关使用该电容器的设备而引起。关于迭加到电源电压上的峰值脉冲电压，可以参照 IEC 60664-1 第 2.2.2.2 条"设备额定冲击电压的选定"。对于预定由交流电网电源供电的设备，其电源的瞬态电压值取决于过电压类别和交流电网电源电压的标称值。电网电源瞬态电压的适用值可对照表 5-11，按过电压类别和交流电网电源的标称电压值来确定。通常，预定与交流电网电源相连的设备的电气间隙应按Ⅱ类过电压的电源瞬态电压来设计，当电源电压≤300V，过电压为Ⅱ类时，电源瞬态电压为 2500V，结合表 5-11，此时应选择 X_2 类电容器。（注意：对于预定要与标称电压分别相对于地线或中线大于 150V 但小于或等于 250V 的电网电源永久连接的设备，则应采用 X1 类电容器或阻容单元。）

X2 或 X1 类电容器的电容量通常为 $0.01\mu F \sim 1\mu F$。

表 5-11 电源瞬态电压值

交流电网电源的标称电压相线-中线小于和等于/V（有效值）	电源瞬态电压/V（峰值）			
	过电压类别			
	Ⅰ	Ⅱ	Ⅲ	Ⅳ
50	330	500	800	1500
100	500	800	1500	2500
150[1]	800	1500	2500	4000

续表

交流电网电源的标称电压相线 – 中线小于和等于/V（有效值）	电源瞬态电压/V（峰值）			
	过电压类别			
	Ⅰ	Ⅱ	Ⅲ	Ⅳ
300[2)]	1500	2500	4000	6000
600[3)]	2500	4000	6000	8000

1) 包括 120V/208V 或 120V/240V
2) 包括 230V/400V 或 277V/480V
3) 包括 400V/690V

（3）Y 类电容器的选用

Y 类电容器的选用通常可参照 IEC 60065 第 14.2.1 条的要求：

1) 当 Y 类电容器用于连接在一次电路与保护地之间时，按照表 5-12 选用。

表 5-12　Y 类电容的选用

电源电压/V	Y_1 类	Y_2 类	Y_4 类
≥150，≤250	适用	适用	不适用
<150	适用	适用	适用

2) 当 Y 类电容器用于构成接双重绝缘或加强绝缘，按下列原则选用：

■ 单个 Y1 类电容器可以被认为满足加强绝缘的要求；

■ 两个串联的 Y2 类或 Y4 类的电容器可以被认为满足双重绝缘的要求。如果两个电容器串联使用，每个电容器的额定电压应为这两个电容器的总工作电压，而且两个电容应具有相同的标称电容量。

尽管单个 Y1 类电容器可以被认为满足加强绝缘的要求，但在实际应用中，还应结合具体的产品标准进行选用。如，根据 IEC 60335-1 的第 22.42 条要求，保护阻抗应至少由两个单独的元件构成，因此，即使使用 Y1 类电容器，同样需要使用串联的两个 Y1 类电器。

（4）避免电容放电产生电击危险

电容的一个特点就是储能作用。因此，当设备断开电源后，如果放电不及时，就有可能产生电击的危险。特别是 X 类电容器，通常连接在一次电路的两根相线之间的或一根相线与中线之间，为此，在设计时必须考虑使用 X 类电容器可能带来的电击危险。当 X 类电容的电容量较大时，会同时在旁边并联放电电阻，以构成放电回路泄放电容器的贮存电荷。考虑到产品节能要求，放电电阻阻值的选取还需考虑到产品的待机功耗和电源转换效率等节能要求。通常，电源插头两极之间的总电容量超过 $0.1\mu F$ 时，需要考虑电容放电可能产生的电击危险。

(5) Y 类电容量与接触电流的关系

在选用 Y 类电容器电容量大小时，除了考虑整机产品电磁兼容的要求之外，同时整机产品的接触电流（touch current，某些场合也称 leakage current，即泄漏电流）应符合安全要求。以下的经验值可以供实际设计时参考。

如，某产品的接触电流允许的限值为 0.7mA（峰值），假定设备供电电源为 220V，50Hz，以电源电压容差上限为 +10% 计，则可以计算出跨接电容的不可以超过 6300pF，考虑到设备产品本身存在分布电容以及电容器本身电容量存在偏差等因素，通常选用电容器的最大容量为 4700pF。而当最大允许接触电流为 0.25mA 时，选用电容器的最大容量通常为 2200pF，一般不超过 3300pF。

5.11 电线电缆

5.11.1 概述

电线（英文名称为 cable、cord）是最基本的电气部件。电线通常由导体（可以是实心导体或者多股导体，通常是退火铜线）、紧紧包裹导体的绝缘和最外面的护套（如果有的话）组成。由于电线应用的广泛性，电线所执行的标准是世界上最规范的电气产品标准。除了北美地区，其他各国和地区的电线标准在技术要求上几乎一致，而且基本上都属于强制认证或者市场强烈要求认证的产品。目前，世界各国和地区常用电线的标准基本上都等同采用 IEC 60227（聚氯乙烯绝缘电缆）和 IEC 60245（橡皮绝缘电缆），中国国标对应的是 GB/T 5013（等同 IEC 60245）和 GB/T 5023（等同 IEC 60227），欧盟对应的是 HD21（等同 IEC 60227）和 HD22（等同 IEC 60245）。北美由于执行的是不同的标准，因此，本书分开介绍 IEC 体系和北美体系的电线认证。

5.11.2 IEC 体系

(1) 电线型号

与其他电气部件不同，电线的型号一旦确定下来，电线的主要参数除了线径，基本上都确定下来了：额定电压、使用时允许的最高温度、绝缘及护套厚度，甚至电线的芯数等。表 5-13 是常见的橡皮绝缘电缆型号，表 5-14 是常见的聚氯乙烯绝缘电缆型号。

表 5-13　常见的橡皮绝缘电缆型号

序号	导线类型	新国标型号	旧国标型号	HAR 对应型号	额定电压和使用时导体允许最高温度
1	导体最高温度 180℃耐热硅橡胶绝缘电缆	245IEC03	YG	H05 SJ-K H05 SJ-U H05 S-U H05 S-K	300V/500V, 180℃
2	导体最高温度 110℃/750V 硬导体耐热乙烯-乙酸乙烯酯橡皮绝缘单芯无护套电缆	245IEC04	YYY	H07 G-U H07 G-R H07 G-K	450V/750V, 110℃
3	导体最高温度 110℃/750V 软导体耐热乙烯-乙酸乙烯酯橡皮绝缘单芯无护套电缆	245IEC05	YRYY	H07 G-U H07 G-R H07 G-K	450V/750V, 110℃
4	导体最高温度 110℃/500V 硬导体耐热乙烯-乙酸乙烯酯橡皮或其他相当的合成弹性体绝缘单芯无护套电缆	245IEC06	YYY	H05 G-U H05 G-K	300V/500V, 110℃
5	导体最高温度 110℃/500V 软导体耐热乙烯-乙酸乙烯酯橡皮或其他相当的合成弹性体绝缘单芯无护套电缆	245IEC07	YRYY	H05 G-U H05 G-K	300V/500V, 110℃
6	编织软线	245IEC51	RX	H03 RT-H	300V/300V, 60℃
7	普通强度橡套软线	245IEC53	YZ	H05 RR-F	300V/500V, 60℃
8	普通氯丁或其他相当的合成弹性体橡套软线	245IEC57	YZW	H05 RN-F	300V/500V, 60℃
9	装饰回路用氯丁或其他相当的合成弹性体橡套圆电缆	245IEC58	YSF	H05 RN-F H05 RNH2-F	300V/500V, 60℃
10	装饰回路用氯丁或其他相当的合成弹性体橡套扁电缆	245IEC58f	YSFB	H05 RN-F H05 RNH2-F	300V/500V, 60℃
11	重型氯丁或其他相当的合成弹性体橡套软线	245IEC66	YCW	H07 RN-F	450V/750V, 60℃

表 5-14 常见的聚氯乙烯绝缘电缆型号

序号	导线类型	新国标型号	旧国标型号	HAR 对应型号	额定电压和使用时导体允许最高温度
1	一般用途单芯硬导体无护套电缆	227IEC01	BV	H07 V-U H07 V-R H07 V-K	450V/750V,70℃
2	一般用途单芯软导体无护套电缆	227IEC02	RV	H07 V-U H07 V-R H07 V-K	450V/750V,70℃
3	内部布线用导体温度为70℃的单芯实心导体无护套电缆	227IEC05	BV	H05 V-U H05 V-K	300V/500V,70℃
4	内部布线用导体温度为70℃的单芯软导体无护套电缆	227IEC06	RV	H05 V-U H05 V-K	300V/500V,70℃
5	内部布线用导体温度为90℃的单芯实心的导体无护套电缆	227IEC07	BV-90	H05 V2-U H05 V2-K H05 V2-R	300V/500V,90℃
6	内部布线用导体温度为90℃的单芯软导体无护套电缆	227IEC08	RV-90	H05 V2-U H05 V2-K H05 V2-R	300V/500V,90℃
7	轻型聚氯乙烯护套电缆	227IEC10	BVV	H05 VVH8-F H05 VVH2H8-F	300V/500V,70℃
8	扁形铜皮软线	227IEC41	RTPVR	H03 VH-Y	300V/300V,70℃
9	扁形无护套软线	227IEC42	RVB	—	300V/300V,70℃
10	户内装饰照明回路用软线	227IEC43	SVR	H03 VH7-H	300V/300V,70℃
11	轻型聚氯乙烯护套软线	227IEC52	RVV	H03 VV-F H03 VVH2-F	300V/300V,70℃
12	普通聚氯乙烯护套软线	227IEC53	RVV	H05 VV-F H05 VVH2-F	300V/500V,70℃
13	扁形聚氯乙烯护套电梯电缆和挠性连接用电缆	227IEC71f	TVVB	H07 VVH6-F H07 VVD3H6-F	450V/750V,70℃
14	耐油聚氯乙烯护套屏蔽软电缆	227IEC74	RVVYP	H05 VVC4V5-K	300V/500V,70℃（护套不超过60℃）

续表

序号	导线类型	新国标型号	旧国标型号	HAR 对应型号	额定电压和使用时导体允许最高温度
15	普通聚氯乙烯护套非屏蔽软电缆	227IEC75	RVVY	H05 VV5-F	300V/500V, 70℃（护套不超过60℃）

注：1. 中国电线的型号以往采用字母来表示，从 1997 版开始后，统一采用新的型号编号方式，新旧型号在表格中分别在"新国标型号"和"旧国标型号"栏目中列出来，同时，还将欧盟 HAR 认证对应的电线型号一起列出来。

2. HAR 是欧盟内部的电线电缆认证互认协议，共有 18 个欧盟国家（包括土耳其）的 18 家认证机构签署该协议。该协议的其中一个目的是基于欧盟的协调标准，所有成员无条件接受其他成员的认证结果，并且颁发一个共同的标志——HAR 标志给所有取得认证的电线电缆。

3. 几种常见的绝缘材料缩写和中文名称对应如下：

PCP：氯丁胶混合物；

EVA：乙烯 - 乙酸乙烯酯橡皮混合物；

PVC：聚氯乙烯混合物。

（2）额定电压

电线的额定电压用 U_0/U 表示，单位为 V。U_0 为任一绝缘导体和"地"（电缆的金属护层或周围介质）之间的电压有效值。U 为多芯电缆或单芯电缆系统任何两相导体之间的电压有效值。当用于交流系统时，电缆的额定电压至少应等于使用电缆系统的标称电压；当用于直流系统时，该系统的标称电压应不大于电缆额定电压的 1.5 倍。

因此，300V/500V 表示使用时，任一导体和外部允许的最大电压不得超过 300V，而电线的任意两芯之间允许的最大电压不得超过 500V。

（3）芯数和线径

不同型号的电线，对应的芯数和标称线径是不同的。表 5 - 15 是常见电线类型的芯数和标称线径。同一根电线不同的芯之间通常用不同的颜色来区分。两芯电缆通常是用浅蓝色和棕色；三芯电缆通常是用黄 - 绿色、浅蓝色、棕色组合或者黑色、浅蓝色、棕色组合，采用黄 - 绿色主要用于接地。

表 5 - 15　常见电线类型的芯数和标称线径

电线类型	新国标型号	旧国标型号	HAR 对应型号	芯数和标称截面积/mm²
内部布线用单芯实心导体无护套电缆	227IEC01 227IEC05	BV	H05 V-U H05 V-K	1×0.5, 1×0.75, 1×1
内部布线用单芯软导体无护套电缆	227IEC02 227IEC06	RV	H05 V-U H05 V-K H07 V-U H07 V-R H07 V-K	1×0.5, 1×0.75, 1×1

续表

电线类型	新国标型号	旧国标型号	HAR 对应型号	芯数和标称截面积/mm²
轻型聚氯乙烯护套软线	227IEC52	RVV	H03VV-F H03VVH2-F	2×0.5，2×0.75 3×0.5，3×0.75
普通聚氯乙烯护套软线	227IEC53	RVV	H05VV-F H05VVH2-F	2×0.75 2×1，2×1.5，2×2.5，3×0.75，3×1，3×1.5，3×2.5
普通氯丁或其他相当的合成弹性体橡套软线	245IEC57	YZW	H05 RN-F H05 RNH2-F	2×0.75 2×1，2×1.5，2×2.5，3×0.75，3×1，3×1.5，3×2.54×0.75 4×1，4×1.5，4×2.5，4×0.75，4×1，4×1.5，4×2.5
重型氯丁或其他相当的合成弹性体橡套软线	245IEC66	YCW	H07 RN-F	1×1.5，1×2.5，1×4，1×6，110，1×16，1×25，1×35，1×50，1×70，1×95，1×120，1×150，1×185，1×240，1×300，1×400 2×1，2×1.5，2×2.5，2×4，2×6，2×10，2×16，2×25，3×1，3×1.5，3×2.5，3×4，3×6，3×10，3×16，3×25，3×235，3×50，3×70，3×95，4×1，4×1.5，4×2.5，4×4，4×6，4×10，4×16，4×25，4×35，4×50，4×70，4×95，4×120，4×150，5×1，5×1.5，5×2.5，5×4，5×6，5×10，5×16，5×25

电线的最大载流是由电线的线径和使用场合决定的，通常：

- 截面积为 0.75mm² 的电线允许的最大载流为 6A。
- 截面积为 1mm² 的电线允许的最大载流为 10A。
- 截面积为 1.5mm² 的电线允许的最大载流为 16A。

必须注意的是，同一线径的电线在不同使用场合允许的最大载流有可能是不一样的，通常相关的标准会有详细的规定。

（4）电线的标示

在实际中，电线应当标示其型号、芯数和线径。如，H03VV-F 2×0.75mm² 表示该电线是根据欧盟相关标准认证的电线，属于轻型聚氯乙烯护套软线，线芯数为 2 根，截面积为 0.75mm²。

（5）使用注意事项

电线作为最基本的电气部件，在所有的产品标准中都有明确的选用要求，实际

使用时根据标准选用正确型号和线径的电线,一般就能够符合产品的安全要求。以下是一些选用电线的经验:

- 电源线和外部线必须选用有护套的型号,没有护套的电线通常只能用于内部接线。
- 聚氯乙烯绝缘电线通常只限于室内使用,室外应用时通常要求使用橡皮绝缘的电线。
- 根据产品质量需用不同类型的电线,对于质量轻的产品可以选用轻型电线,但是对于质量较重的产品,必须选用普通型甚至重型的电线。

HAR认证体系

HAR认证体系是欧洲一些认证机构共同组成的一个互认体系,1974年开始运作,主要是针对标准HD 21、HD 22、EN 50525、EN 50143、EN 50214、EN 60702和EN 61138所覆盖的电线电缆。所有取得认证的电线电缆使用统一的HAR认证标志,并且用不同的色标来区分认证机构;认证机构相互之间无条件认可对方的认证。

目前加入HAR认证体系的认证机构主要是加入CENELEC的18个成员国的认证机构,包括德国VDE、奥地利OVE、西班牙AENOR、英国BASEC、希腊MIRTEC、法国LCIE等18个国家的18个认证机构。HAR标志在这些国家是受到法律保护的注册标志。

HAR的秘书处为位于比利时布鲁塞尔的ETICS,官网为www.etics.org。

5.11.3 北美体系

5.11.3.1 分类

北美体系(美国和加拿大)电线的规格和IEC体系是不一样的。北美的电线按用途可以分为电源线和设备线两大类。

(1) 电源线

电源箱通常用于设备外部,用于连接到供电电网,在CEC和NEC的相关标准中有列名[①]。常见的电源线按使用环境分为以下几种:

- 干燥环境使用的电源线:如,室内圣诞灯电线PXT。
- 潮湿环境使用的电源线:如,通用供电电线SPT-1、SPT-2等;加热器用电线HPN;吸尘器用电线SV、SVO、SVT等。
- 户外环境使用的电源线:例如户外圣诞灯电线CXWT、PXWT等;通用供电

---

① CEC是加拿大Canadian Electrical Code的缩写;NEC是美国National Electrical Code的缩写。

电线 SJOW、STOW、SOW 等。

电源线的型号中的字母各自都代表不同的意思，表 5-16 是北美常见电线型号的字母含义。因此，SPT 表示该电线是热塑性塑料绝缘材料的电源线，SVO 表示该电线是用于吸尘器的耐油电源线。

表 5-16 北美常见电线型号的字母含义

字母	代表意义
S	供电的（service）
P	平行的（parallel）
T	热塑性塑料（thermoplastic）
W	可用于潮湿环境（wet）
O	防油（oil-resistant）
J	小型的（junior）
H	防热（heat-resistant）
V	吸尘器用（vacuum cleaner）
SUN RES	户外使用

（2）设备线

设备线通常是指使用于设备内部接线。常见的类型有以下几种：

- SEW，即 Silicone（Thermoset）Equipment Wire：硅胶（热固性）设备。
- SEWF，即 Silicone Equipment Wire Flexible：硅胶设备线。
- TEW，即 Thermoplastic Equipment Wire：热塑性塑料设备线。
- AWM，即 Appliance Wiring Material：设备连接线。

AWM 类电线包含的电线种类比较多，可以进一步细分。通常，可以按以下方式进行细分：

- 按使用场合：Class I——内部使用；Class II——外部使用。
- 按机械磨损：Group A——不承受机械磨损；Group B——承受机械磨损。
- 按使用环境：W——潮态环境使用；O——耐油；F——耐燃料油。
- 按阻燃等级：FT1——通过垂直燃烧测试；FT2——通过水平燃烧测试；FT4——通过垂直燃烧测试（电线在线槽中）；FT6——通过水平燃烧和烟熏测试。

如，标示"AWM I A 90 C 300 V FT1"的电线表示该电线属于 AWM 类型，内部使用，不承受机械损坏，耐温 90℃，额定电压 300 V，燃烧等级为 FT-1。在美国，AWM 类型的电线主要靠四位或五位数的类别号来区别，类别号是按照 AWM 线的不同结构来划分和分配的，表 5-17 是 AWM 线的类别号区间表：

表 5-17 AWM 线类别号区间表

类别号	区间	电线类型
1000~1999, 10000~	1	单线,热塑材料绝缘皮
2000~2999, 20000~	2	多线,热塑材料绝缘皮和绝缘护套
3000~3999	3	单线,热固材料绝缘皮
4000~4999	4	多线,热固材料绝缘皮和绝缘护套
5000~5999	5	特殊的单线和多线

5.11.3.2 主要参数

（1）线径及允许最大载流

北美电线的线径表示方法和 IEC 体系的不一样，它是以"AWG"为单位。AWG（American Wire Gauge）是美制电线标准的简称，AWG 值是导线厚度（以 in 计，1in = 25.4mm）的函数。表 5-18 是 AWG 与国际标准制的对照表。

表 5-18 AWG 与国际标准制对照表

AWG	截面积/mm²	AWG	截面积/mm²	AWG	截面积/mm²	AWG	截面积/mm²
0000	107.22	10	5.26	23	0.2588	36	0.0127
000	85.01	11	4.17	24	0.2047	37	0.0098
00	67.43	12	3.332	25	0.1624	38	0.0081
0	53.49	13	2.627	26	0.1281	39	0.0062
1	42.41	14	2.075	27	0.1021	40	0.0049
2	33.62	15	1.646	28	0.0804	41	0.0040
3	26.67	16	1.318	29	0.0647	42	0.0032
4	21.15	17	1.026	30	0.0507	43	0.0025
5	16.77	18	0.8107	31	0.0401	44	0.0020
6	13.30	19	0.5667	32	0.0316	45	0.0016
7	10.55	20	0.5189	33	0.0255	46	0.0013
8	8.37	21	0.4116	34	0.0201		
9	6.63	22	0.3247	35	0.0169		

电线的最大载流决定于其 AWG 值，但是 AWG 值相同的不同类型的电线的最大载流值是不一样的，如，同样是 16AWG，CXWT 型最大载流值是 7A，而两芯的 SPT-1 型是 13A，三芯的 SPT-1 型是 10A。

（2）阻燃等级

通常电线上面会出现表示阻燃等级的符号，使用中应当根据产品标准的要求选用合适阻燃等级的电线。表 5-19 是各个阻燃等级的一览表。

表 5-19 电线阻燃等级表

阻燃等级	测试内容	要求
FT1	垂直燃烧	60s 后燃烧熄灭，指示纸燃烧和烧焦部分不能超过 25%
FT2	水平燃烧	测试样品烧焦部分不能超过 100mm。不能有燃烧跌落物
FT4	电缆槽内垂直燃烧	测试样品烧焦部分不能超过 1.5m．
FT5	地下使用电缆燃烧测试	测试样品燃烧部分不能超过 150mm，测试火焰离开后不能继续燃烧超过 4m
FT6	NFPA 262 或 ULC S102.4 标准的水平燃烧和烟气测试	火焰蔓延不能超过 1.5m．烟雾密度峰值不能超过 0.5 光密度，平均值不能超过 0.15 光密度
VW-1	垂直火焰燃烧	每次火焰后，样品燃烧在 60s 内熄灭，指示纸燃烧和烧焦部分不能超过 25%．不能有燃烧跌落物

（3）其他参数

北美认证的电线通常还标示其最高使用温度和额定电压。最高使用温度的标称值通常为 60℃、90℃ 和 105℃。常见的电线类型可能的最高使用温度和额定电压见表 5-20。

表 5-20 常见北美电线类型的温度标称值和额定电压

型号	温度标称值/℃	额定电压/V
SPT-1，SPT-2，SPT-3	60，105	300
SV	60	300
SVT	60，105	300
SVO	60，90	300
HPN	90，105	300
SJ	60	300
SJT	60，105	300
SJO	60，90，105	300
SJOW	60，90，105	300
S	60	600
SO	60，90，105	600
SOW	60，90，105	600

此外，在温度的前面还可标示一些字母表示特殊的用途，如：O60℃ 表示耐油，可以使用在 60℃ 油的环境中；W90℃ 表示防水，可以浸泡在 90℃ 水的环境中。

插头插座量规

由于存在公差，插头插座类产品的互换特性不能简单地依赖各个部位的分别测量，这一点在来料检验时尤其需要注意。以欧洲常见的250V/2.5A单相两极插头为例（执行标准EN 50075），标准中共有4种量规：

■ 标准量规：类似于一个标准的插座，要求插头可以轻松地插到底，以检验插头尺寸的兼容性。

■ 通规（go gauge）：要求插销可以轻松地穿过该量规的开孔。

■ 止规（Not-go gauge）：要求插销不可以轻松地穿过该量规的缺口。

■ 单极插入不可能规：用于检验插头是否有可能存在只有一个插销插入插座的危险。

止规

第 6 章

CHAPTER 6

电气产品安全保障体系构建

Assurance of Conformity

6.1 电气产品安全管理概述
6.2 电气产品安全技术档案
6.3 产品安全与一致性生产保障体系
6.4 电气产品成品常规安全检验
6.5 工厂审查
6.6 验货
6.7 电气产品安全标准使用与阅读

产品安全是设计出来的,不是检测出来的。

6.1 电气产品安全管理概述

生产性能满足市场需求、安全符合技术法规要求的电气产品,是企业的目的和责任。但是,绝对的安全是不存在的,而且由于电气产品安全涉及的不仅仅是技术的问题,因此,企业必须充分考虑电气产品安全带来的管理问题。产品安全的管理,是指围绕产品安全这个目标,在确保产品性能满足市场需求、符合相关技术法规、可以达到企业盈利目的的前提下,采取的一系列在技术上可以实现、成本上可以控制以及风险可以承受的管理措施。

根据产品安全的管理重点的不同,可以将产品安全的管理分为出厂前和出厂后两个阶段。在产品出厂前,产品安全的管理重点主要是保障产品的安全特性;在产品出厂后,产品的安全特性才真正体现出来,这个阶段产品安全的管理重点是产品安全导致的风险的控制和管理。在产品出厂前的阶段,又可以将产品安全的管理分为产品设计阶段的管理和产品生产阶段的管理。在产品的设计阶段,产品安全的管理主要有以下内容:

- 根据产品安全的相关原理,设计性能满足市场要求、并且综合了相关安全保护措施的产品雏形。
- 了解产品销售地区的相关技术法规和标准的要求,对产品的雏形进行修改,逐项满足相关的要求。
- 对基本定型的产品根据相关的技术法规和标准进行型式检测,发现其中的不足并不断进行改进,最终将产品设计定型。
- 办理相关的法律手续,包括申请生产许可证、进行认证等。
- 为最终定型的产品制造工程样品,建立产品安全技术档案。

首先就是在产品设计时,全面地、系统地考虑产品安全的问题,将一些安全防护措施有效地综合起来。许多企业常常在设计中只关注产品的性能而忽略产品的安全防护,直到认证时才考虑相关的安全防护问题,片面割裂安全与性能的关系,往往是"头痛医头,脚痛医脚",导致附加的安全防护措施就像衣服上的补丁,既破坏了产品的整体性能,又增加了产品的设计制造成本。事实上,虽然目前各国的技术法规和各种产品的具体安全要求相差较大,但是基本的安全原理并没有本质上的差别,因此,只要在设计时有意识地、全面系统地将本书所介绍的产品安全原理综合到设计中,就不至于出现上述的打补丁现象。

在完成产品雏形后,应当具体了解目标市场的技术法规要求,并参照相应的技术标准,修正产品结构上的重大偏差,自行或委托专业的检测机构对产品进行型式测试,对产品的安全特性和安全防护的有效性进行验证,对出现的问题不断进行改进,并根据产品的市场定位对产品的性能和参数的裕量进行调整。(各国的技术法规和标准通常可以和当地的质量技术监督局联系获取)

在修正所有的问题后,产品可以最终定型,此时应当完成产品的安全技术档案，作为将来生产中重要的技术资料和进行风险防范的重要依据。如何建立产品的安全技术档案可参考本书的 6.2 节。

在产品的生产阶段，产品安全管理主要有以下内容：

- 建立质量保障体系，确保实际生产的产品和设计在结构上和工艺上一致。
- 控制涉及产品安全的关键元件和材料，避免使用不合格的元件或材料导致产品出现安全问题。
- 在产品生产流程中建立适当的质量控制点，及时发现可能存在的问题，并对成品进行 100% 的安全常规检验，对于有问题的产品及时进行修理，确保没有存在安全隐患的产品外流。
- 采取有效的包装和储存措施，确保产品在储存和运输过程中不会破坏产品的安全性能。
- 应对相关机构到工厂现场进行的工厂审查和验货等。

产品在出厂前，所有的技术措施和管理措施都是为了保障产品的安全性，任何缺陷都是企业可以控制的。但是产品在出厂后，一旦进入销售和使用阶段，产品的安全缺陷就不在企业的控制范围了，产品的安全防护的有效性才真正体现出来，因此，产品安全管理的内容主要是：

- 采取风险防范措施，降低产品可能出现的安全问题对企业的伤害。
- 积极应对出现的产品安全问题，包括应对实际出现的安全事故，应对相关市场抽检的结果等。

在产品出厂后，产品安全的管理措施则主要体现为企业具体的风险管理措施，即如何降低由于产品本身的残余危险、元件意外失效、生产装配过程中人为疏忽造成的个别样品的质量问题等带来的产品安全事故对企业的伤害，同时采取有效措施避免这些潜在危险再次伤害其他的使用者。企业针对产品安全采取的风险管理措施的时机并不存在一个明显的先后次序，它贯穿在企业的整个生产管理体系中。目前针对产品的安全问题，常见的风险管理措施主要有以下几种，企业可以根据产品的特性、企业的经济实力等采取有机的组合来降低由于产品安全而带来的风险：

（1）建立完善的产品安全技术档案，寻求相关认证机构的认证或检测来分担技术风险。建立完善的产品安全技术档案，可以作为有效的证据来证明企业已经在技术上尽可能采取有效措施来防止产品出现安全事故。而寻求有资质的认证机构的认证，可以在一定程度上降低产品的技术风险。如，在欧盟的不少指令中，明确规定欧盟认可的公告机构（notified body）出具的报告可以作为产品符合相关技术法规的证据。因此，寻求某种形式的产品安全认证可以在一定程度上降低企业的风险，这种措施通常在产品的设计阶段就应当开始着手进行。

（2）针对产品可能存在的安全隐患指明适用的法律法规，从而在出现安全事故时可以在一定程度上降低企业的风险。由于世界各国对产品安全责任的认定和判决都是根据本国的法律法规，各国的法律法规各不相同，一旦出现安全事故，认定标准和赔偿标准都各不相同，而产品的实际使用者（end user）和使用场合、地区等都是企业无法控制的，因此，一些负责产品责任的律师很早就提出了指明产品出现安全事故时适用的法律法规，可以让企业将风险控制在一定程度上。指明适用的法律法规最常见的方式就是在产品说明书（可以认为是企业对使用者的承诺书，以及企业与使用者之间某种程度上的契约）中指明适用的法律法规。图6-1是联想集团某型号的ThinkPad笔记本的说明书的一部分，其中的一些条款很有参考意义。

（3）针对产品的危险程度，购买适当的产品责任险。所谓产品责任保险，是指保险公司承保产品的制造商或销售商等因其生产或销售的产品在使用中发生事故致他人人身伤害或财产损失而依法应由其承担的经济赔偿责任的责任保险。即使产品的销售不是使用制造商的商标（如，在出口贸易中，许多企业都是以OEM的形式生产产品的），但是制造商自己购买产品责任保险，优点还是非常明显的：首先，是可以控制保险费用，因为如果是销售商或进口商购买，往往会在贸易价格中扣除一定比例的费用作为保险费的支出；其次，制造商可以在购买保险时最大限度地保障自己的权益，期望销售商或进口商在购买保险的时候同时将制造商的权益纳入保险范围很多时候是不现实的。

需要注意的是，产品责任保险是以产品责任相关法律为基础，与承保的产品的残余危险、销售区域、使用状况等有着密切的联系，而且由于产品连续不断地生产和销售，企业购买产品责任保险时要注意保险有效性、连续性和长期性。产品责任险通常都有一定的责任免除范围，如，典型的免责范围就是规定产品责任事故必须发生在制造、销售场所范围之外的地点。此外，有的产品责任险不包括被保险产品本身的损失、产品退换回收的损失；有的不包括根据雇佣关系应由被保险人对雇员所承担的责任等；有的不包括被保险产品造成的大气、土地及水污染及其他各种污染所引起的责任。特别的，被保险人故意违法生产、出售的产品所造成任何人的人身伤害、疾病、死亡或财产损失，以及罚款、罚金、惩罚性赔款通常都不在保险范围内。因此，企业在购买产品责任险时应注意其中的免责条款。

（4）对于已经出现的安全问题，应当积极应对，本着为企业的长远利益着想和对使用者负责的态度，一方面根据"大事化小，小事化了"的原则，采取适当的赔偿、更换产品等措施将风险消除在萌芽状态；另一方面，针对出现的安全问题进行技术分析，判定问题的性质是单个产品的个别质量问题，还是产品自身的设计问题；了解使用者是否存在违规操作、私自改造或维修等情形；调查出现问题的产品是否属于二手产品等。通过对所出现问题的技术分析，对于库存产品及时采取有效的改进措施，防止同样的安全问题再次发生；对于已经销售的产品，积极联系相应的销售商和媒体，采取免费维修、更换甚至召回等措施，避免风险的扩大化。

需要引起企业特别注意的是，随着经济全球化，贸易保护主义的抬头会带来风险。由于中国制造的产品越来越多地进入世界市场，一些国家出于种种原因，有意无意间加大了对中国制造的产品的抽检力度，并且采取了较为苛刻的技术要求，往往以存在安全隐患为理由要求召回相关的产品，给企业造成了重大的损失。对于这种情形，企业同样应当采取积极应对的有效措施来保护自己的权益。通常，企业可以

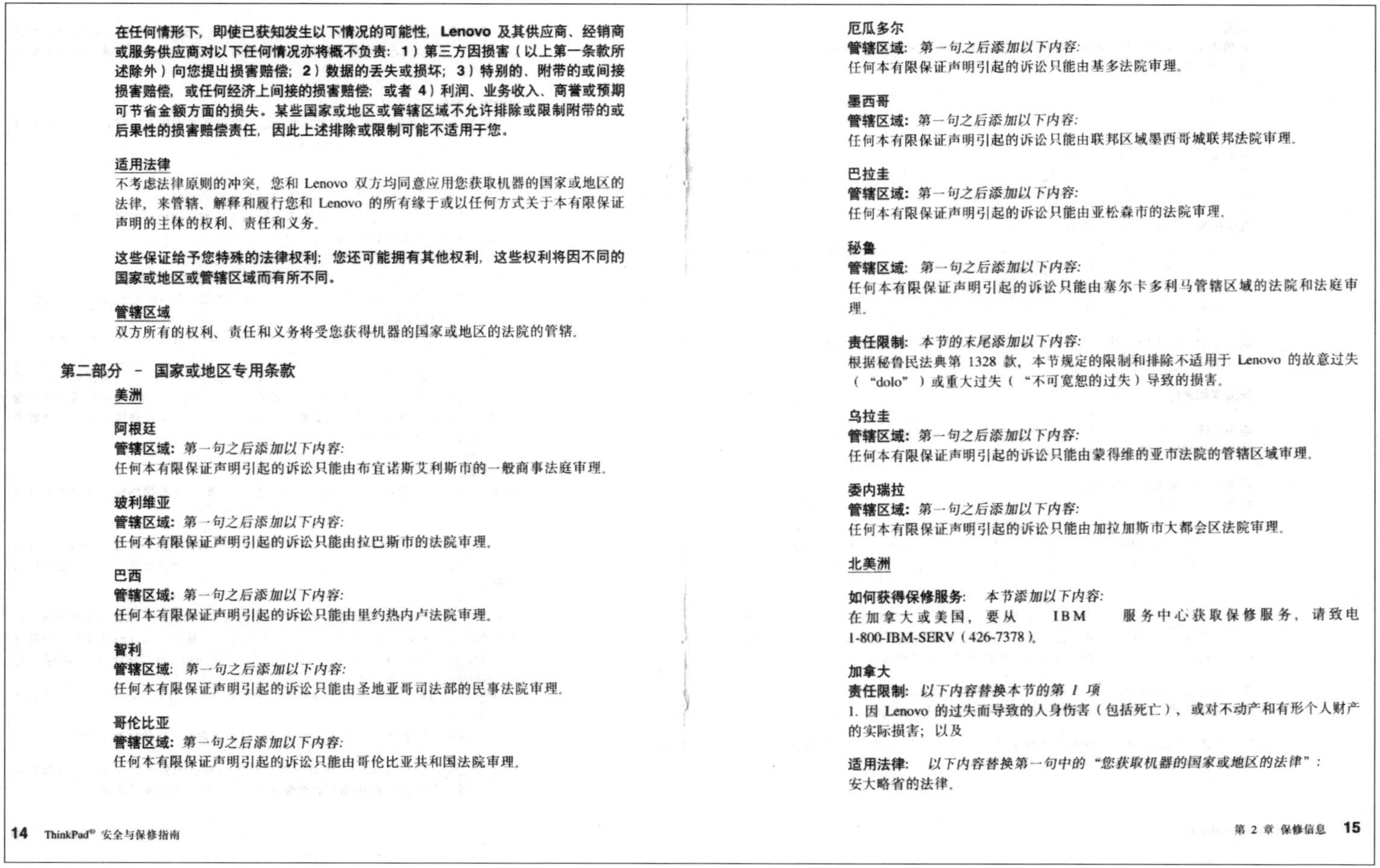

在任何情形下，即使已获知发生以下情况的可能性，Lenovo 及其供应商、经销商或服务供应商对以下任何情况亦将概不负责：1）第三方因损害（以上第一条款所述除外）向您提出损害赔偿；2）数据的丢失或损坏；3）特别的、附带的或间接损害赔偿，或任何经济上间接的损害赔偿；或者 4）利润、业务收入、商誉或预期可节省金额方面的损失。某些国家或地区或管辖区域不允许排除或限制附带的或后果性的损害赔偿责任，因此上述排除或限制可能不适用于您。

适用法律

不考虑法律原则的冲突，您和 Lenovo 双方均同意应用您获取机器的国家或地区的法律，来管辖、解释和履行您和 Lenovo 的所有缘于或以任何方式关于本有限保证声明的主体的权利、责任和义务。

这些保证给予您特殊的法律权利；您还可能拥有其他权利，这些权利将因不同的国家或地区或管辖区域而有所不同。

管辖区域

双方所有的权利、责任和义务将受您获得机器的国家或地区的法院的管辖。

第二部分 － 国家或地区专用条款

美洲

阿根廷
管辖区域： *第一句之后添加以下内容：*
任何本有限保证声明引起的诉讼只能由布宜诺斯艾利斯市的一般商事法庭审理。

玻利维亚
管辖区域： *第一句之后添加以下内容：*
任何本有限保证声明引起的诉讼只能由拉巴斯市的法院审理。

巴西
管辖区域： *第一句之后添加以下内容：*
任何本有限保证声明引起的诉讼只能由里约热内卢法院审理。

智利
管辖区域： *第一句之后添加以下内容：*
任何本有限保证声明引起的诉讼只能由圣地亚哥司法部的民事法院审理。

哥伦比亚
管辖区域： *第一句之后添加以下内容：*
任何本有限保证声明引起的诉讼只能由哥伦比亚共和国法院审理。

14 ThinkPad® 安全与保修指南

厄瓜多尔
管辖区域： *第一句之后添加以下内容：*
任何本有限保证声明引起的诉讼只能由基多法院审理。

墨西哥
管辖区域： *第一句之后添加以下内容：*
任何本有限保证声明引起的诉讼只能由联邦区域墨西哥城联邦法院审理。

巴拉圭
管辖区域： *第一句之后添加以下内容：*
任何本有限保证声明引起的诉讼只能由亚松森市的法院审理。

秘鲁
管辖区域： *第一句之后添加以下内容：*
任何本有限保证声明引起的诉讼只能由塞尔卡多利马管辖区域的法院和法庭审理。

责任限制： *本节的末尾添加以下内容：*
根据秘鲁民法典第 1328 款，本节规定的限制和排除不适用于 Lenovo 的故意过失（“dolo”）或重大过失（“不可宽恕的过失）导致的损害。

乌拉圭
管辖区域： *第一句之后添加以下内容：*
任何本有限保证声明引起的诉讼只能由蒙得维的亚市法院的管辖区域审理。

委内瑞拉
管辖区域： *第一句之后添加以下内容：*
任何本有限保证声明引起的诉讼只能由加拉加斯市大都会区法院审理。

北美洲

如何获得保修服务： *本节添加以下内容：*
在加拿大或美国，要从 IBM 服务中心获取保修服务，请致电 1-800-IBM-SERV（426-7378）。

加拿大
责任限制： *以下内容替换本节的第 1 项*
1. 因 Lenovo 的过失而导致的人身伤害（包括死亡），或对不动产和有形个人财产的实际损害；以及

适用法律： *以下内容替换第一句中的“您获取机器的国家或地区的法律”：*
安大略省的法律。

第 2 章 保修信息 **15**

图6-1 ThinkPad说明书内容摘录

通过以下几个方面来进行应对：
- 了解所涉及的安全问题是否根据合适的技术法规或标准进行判定的。以往就曾经出现过国外相关的检测机构误用婴儿的安全标准来判定工具的安全特性的案例，虽然只是个别的现象，但是企业不应盲目迷信国外机构的技术实力，而应本着实事求是的态度来分析问题。
- 判定所出现的问题是属于单个样品的个别问题还是产品的设计缺陷。由于市场抽检的结果只能根据产品整个批次中的某几个样品，而任何样品都有可能存在个别的质量问题，因此，分清单个样品的个别问题还是产品的设计缺陷，是关系到整个事件的定性的。
- 了解抽检的程序、检测流程和检测机构等是否符合相关的规定。通常，市场巡查机构只是负责在市场抽取样品，然后委托一些有资质的检测机构进行检测，而许多检测机构本身就是按照商业模式运作的，因此，在这整个抽检流程中，有可能因为质量管理和其他商业原因而做出不合理的判定结果。
- 所出现的问题是否可以通过适当的附加标示、说明、提供备件、替换等方式进行补救，从而避免召回产品造成更大的损失。
- 如果产品已经取得认证，应当要求相关的认证机构积极介入，协助企业进行应对。

总之，企业应当积极地看待可能出现的安全问题，并采取有效的风险管理措施。有关风险管理的内容可以参考相关资料，本书不再赘述。本书将在下面的章节中介绍如何建立产品的安全技术档案，如何建立产品的安全保障体系，对常见的电气产品如何进行常规安全检验，以及如何应对认证机构的工厂审查、验货等。

6.2 电气产品安全技术档案

6.2.1 概述

对于企业而言，建立产品的技术档案（technical file, technical documentation 等）是关系产品质量和成本的重要技术支撑。对此，不同的企业和不同的产品有不同的要求。通常，完整的产品的技术档案包括了产品设计、加工、制造、采购、质量控制、改良等各方面的资料，是企业的技术结晶，是企业持续发展的重要基础，产品技术档案的建立和管理关系到企业产品质量的稳定性和成本控制的有效性，最终体现在企业的综合竞争力。有关建立和管理产品技术档案可参阅其他有关书籍，本书主要介绍如何针对电气产品安全认证建立和准备产品的安全技术档案，也可以作为其他产品认证所准备的技术档案的参考。

产品安全技术档案的目的是作为产品符合相关的安全要求的技术档案。通常，产品在认证结束后，对于认证机构而言，保管产品的样品是不现实的，认证机构长时间保存的只是产品的安全技术档案，因此，技术档案是企业和认证机构之间有关产品信息的书面资料，关系到认证实施阶段的效率，以及认证结束后维持认证结果的有效性。

技术档案相当多的资料来源于企业。通常，产品相关的图纸和资料用于确定所认证的产品。一旦出现问题时，企业和认证机构可以通过对照技术档案和产品实物，来确定有问题的产品是否属于所认证的产品，从而可以确定责任。因此，无论是对企业还是对认证机构而言，建立和保存技术档案都是认证中一个重要的工作环节。本节从企业的角度介绍如何建立电气产品的安全技术档案。

广义上的产品安全技术档案包括：

1）产品的基本描述，包括产品的铭牌和警告标记，使用说明书和维修手册等；

2）产品的设计原理和制造原理：相关图纸（如，电气原理图、系统框图等），以及图纸的相关说明；关键元器件和主要原材料清单，以及相关参数等；

3）产品所执行的产品安全标准，以及采用的相关安全保护措施；

4）作为同一认证申请时的系列产品中各个型号产品之间的差异说明；

5）产品在设计定型时的相关计算和测试结果等；

6）制造过程中的相关质量控制手段和配套文件等；

7）企业所做的产品符合性声明（Declaration of Conformity，DoC）；

8）认证机构提供的认证证书和报告等。

如果可能，企业通常还应当保留用于认证时的样品的同一批次样品，这也是广义上的产品安全技术档案的一部分。

狭义上的产品安全技术档案是产品取得认证后，企业与认证机构分别保留、内容相同的文件的集合，基本上就是上述八类经双方最终确认后的文件，其中除了最后一项由认证机构提供的文件外，其他的资料实际上是由企业提供的资料。由于商业保密等原因，企业不可能也没有必要向认证机构提供所有的技术文件，因此，通常也把广义上的产品安全技术档案称为企业内部产品安全技术档案（简称内部档案），而把狭义上的产品安全技术档案称为产品安全技术公开档案（简称公开档案），内部档案是公开档案的子集。如果没有特别说明，本节中所指的产品技术档案一般是指狭义上的产品安全技术档案，即公开档案。

企业提供技术档案的原则是：提供足够的信息同时又不至于泄露自身的机密。提供足够的信息，是为了更好地配合认证机构的工作，方便认证机构更快地了解产品，提高认证的效率；同时，相关的信息能够作为今后对照和确认实际生产产品的依据，确保认证的有效性。同时，考虑到企业自身的利益和现实中保密可能存在的问题，即使认证机构作了保密承诺，依然有可能存在个别员工的泄密行为，因此，一些和认证无关的信息（如，产品的商业信息，具体制造工艺等）是没有必要提供给认证机构的。表6-1给出了通常需要和不需要提供给认证机构的资料清单，以方便读者参考。

表 6-1　电气产品安全技术档案内容参考

内容	需要提供	不需要提供
产品基本描述	■ 使用说明书和其他技术档案资料 ■ 所执行的技术法规和标准	■ 产品开发设计目的、目标市场、成本核算等商业信息
设计制造原理	■ 标注相关安全保护元件的电气原理图，或系统框图	■ 详细的电路原理图
结构图	■ 反映安全相关的元件位置、距离的产品结构图	■ 详细的机械加工图、模具尺寸等
软件	■ 流程图和基本设计思想介绍	■ 详细的软件设计思想 ■ 源程序
印刷电路板	■ 一次电路和二次电路之间的距离、开槽、挡板等 ■ 保护元件的位置和与周围元件等的距离等 ■ 保护接地的特殊处理等 ■ 涂层的处理（包括涂层厚度等）	印刷电路板的详细布线图（包括丝网、孔化尺寸等）
关键元器件或主要原材料清单	■ 元件或材料的主要技术参数和认证信息，以及认证证书持有者名称（如果有认证） ■ 复杂元件（如，安全隔离变压器）更多的相关信息	■ 供货商的具体联系信息 ■ 元件的价格、供货期等商业信息 ■ 与产品安全完全无关的其他元件的参数
使用说明	■ 铭牌和警告标记 ■ 使用说明书 ■ 供使用者参考的维修保养手册	■ 内部维修手册
各个型号产品之间的差异说明	■ 不同型号在外观、主要参数上的区别 ■ 不同型号在安全防护方面的异同	■ 具体工艺差别 ■ 市场定位、成本变化等商业信息
产品在设计定型时的相关计算和检测结果	■ 安全相关的检测结果，可以报告的形式提供	■ 带有企业技术秘密的具体设计思想、计算方法等 ■ 和安全无关的其他性能检测报告
制造过程中的相关质量控制手段和配套文件等	■ 成品的安全检测手段 ■ 安全相关配件的质量控制手段	■ 具体制造工艺
符合性声明	■ 使用相应的官方语言（对于小语种，也可以使用英文）声明产品所符合的技术法规、标准等，并由相关负责人签署	—

6.2.2 具体要求

6.2.2.1 设计档案

技术档案中相当多的资料是以图纸的方式提供的，这些图纸的提供是为了方便地确认和了解产品的结构和基本原理。在电气产品的安全认证中，关注的重点是标注相关安全保护元件的电气原理图或系统框图，以及产品的结构图。企业在提供电气原理图时，没有必要提供完整的电路图，某些与安全无关的部位（如，工作在安全低电压电路中的 LED 数码显示电路）甚至可以用直接用框图的形式来表示。通常，图纸中应当反映以下内容：

- 所有安全相关元件的位置、安装方式等，与安全密切相关的尺寸、距离等个别数据应当标示出来，同时，这些元件在关键元件和材料清单中应反映出来。
- 特殊的安全相关结构，包括出于产品安全原因的开槽、挡板、接地、固定等结构和装置，以及各种绝缘的结构和方式等。
- 外壳的开孔尺寸、厚度、形状等。

需要注意的，产品的软件源程序、印刷电路板的布线和模具的图纸一般是不用提供给认证机构的，而这些资料也是其他机构和企业在仿制和破解产品的技术秘密时的关键。

制造过程中的相关质量控制手段和配套文件等主要是指关键元件和材料的质量控制手段，以及产品整机的常规安全检验手段等，这些文件通常以作业指导书（working instruction）的形式提供给相关岗位的人员，至于涉及工艺秘密的文件不需要提供给无关人员，一般也不用提供给认证机构。

6.2.2.2 关键元部件清单

关键元部件清单主要提供那些与产品安全相关的元件和材料的信息，包括编号、名称、型号、制造商、主要参数、所取得的认证等（有关常见关键元件的概述和主要参数可参考本书的相关章节），元件和材料的编号应当与图纸中的一致。一些比较复杂的元件（如，安全隔离变压器）可能还需要提供更多的信息，如，结构图等。

这些元件和材料的清单经认证机构筛选和确认后，通常会在产品的报告或其他技术档案的文件中反映出来[1]，作为产品的关键元件（表 6-2 是国外某认证机构在相关报告和认证证书附件 CDF 中反映的关键元件清单），企业在制造中只能用同样规格和参数的元件和材料进行替换，同时必须取得认证机构的书面确认。

从技术的角度，如果元部件是在其认证参数范围内使用，并且整机产品的相关

---

[1] 以德国各个 TÜV 认证机构为例，这些关键元件的信息会记录在一份称为 CDF（Constructional Data Form）的认证证书附件中。

安全标准并没有提出额外的要求（如，一般的器具开关、外部电源线等），通常认为可以使用参数相同的同类部件进行替换而不会对整机产品的安全特性产生影响；但是，如果元部件的实际应用状况明显受到整机设计的影响（如，产品内部变压器在整机内的安装位置会明显影响到其正常工作时的温度），则更换此类元部件会涉及额外的检测认证工作。可见，关键元部件的更换问题需要具体问题具体分析，并不能一概而论[①]。

有关这些关键元件的替换问题，一直是许多企业与认证机构存在争议的地方。显然，从企业的角度而言，只要参数相同或者更优，企业完全有权根据生产、采购或库存等实际情况更换元部件的供应商或型号，限定认证产品所使用的元部件型号和供应商，不过是认证机构收费的借口而已[②]。

对于认证机构而言，更换关键元部件在某种程度上可以认为是更改了产品设计，认证机构需要一种有效的流程来进行跟踪，因此，即便这种更换在设计上不会对产品的安全特性有任何影响，仍然需要得到认证机构的书面认可。另一方面，更换某些关键元部件的型号或供应商时（如，电源插头、电源线等），认证机构往往只是出具相关的书面认可文件，属于常规的文书工作，并没有额外的技术工作，因此，为了减轻双方的工作量，对于此类关键元部件，一些认证机构在罗列关键元部件的文件（如 CDF）中，或者只注明元部件的关键参数，并不限定其型号或供应商，或者注明允许采用相同参数的同类元部件（包括类似含义的措辞）。然而，这种处理方式在认证行业内是存在争议的[③]。

因此，企业需要注意到不同的认证体系、不同的认证机构对于关键元件和材料的定义与替换规定是有出入的，具体要求应当在认证时与相关的认证机构进行确认。中国 3C 认证的实施规则中列出了 3C 认证的产品的关键元件和材料清单，企业在申请外国认证时，可以参考这些实施规则进行准备。

表 6-2　国外某认证机构要求的关键元件清单

Component	Manufacturer	Information about type, parameters	Approval
F1, Thermal-link	Joint Force	M30, Tf125, AC 250V, 1A	VDE

6.2.2.3　产品说明

产品的使用说明包括了铭牌和警告标记、产品使用说明书，以及供使用者参考的产品维修保养手册等。产品的使用说明是企业对产品的重要描述，包括了产品的

---

① 有兴趣的读者可以参阅《IECEE OD-G-2060 Guidelines on Component Interchangeability》（当前版本为 2017 年 1.1 版）与《IECEE OD-2039 Acceptance of components within the IECEE CB Scheme and component acceptance matrix》（当前版本为 2017 年 2.1 版）。

② 根据相关的认证协议，不少认证机构要求企业更换关键元部件的型号或供应商时，必须得到认证机构的书面认可，并且根据工作量需要收取一定的费用（包括额外的检测认证费用等）。企业所抱怨的，不仅是费用问题，而且还有额外带来的工作量和排产压力。

③ 参见 EK1 决议 581-14。

设计功能和参数、使用方法、安全警告、注意事项等产品信息，也是企业对产品的承诺。产品的使用说明中最重要的部分是产品的安全警告和安全注意事项，这些内容可以作为产品的残余危险的有效防范措施，确保使用者在正常使用产品时能够根据产品的设计思想安全地使用产品，因此，产品的使用说明是产品的安全技术档案的重要组成部分，这一点经常被国内的企业所疏忽。国外就曾经出现过针对产品使用说明书中的问题向企业索赔的案例，而中国电气产品出口时遭遇的技术壁垒，相当多的是由于产品铭牌不符合相关的技术法规造成的。因此，企业应当重视产品使用说明的内容和形式（有关产品铭牌和使用说明书的内容可参阅本书的相关章节）。

6.2.2.4 检测报告

产品在设计定型时的相关计算和检测结果是产品在设计时一些技术措施定量考核的结果，是企业采取有效措施满足相关的技术法规要求的重要支持文件，特别是在进行第一方认证的情形下。根据产品认证内容的不同，相关计算和检测内容也不同。通常，对于电气产品的安全保护措施，根据相关电气产品安全标准出具的检测的报告就是产品最好的支持文件。企业提供的检测报告并没有要求采用固定的格式，但是，如果条件许可，可以采用目前各个认证机构通用的 TRF 格式的检测报告（表 6-3），而认证机构提供给企业的报告则通常都是 TRF 格式的报告。在 CB 体系中，为了方便在不同机构之间的调阅和审核，CB 报告要求使用统一的 TRF 格式。在实际中，企业即使不是申请 CB 报告，为了未来的使用方便（例如向其他认证机构申请不同的认证），应当向认证机构要求提供 TRF 格式的报告。TRF 格式报告的电子模版是需要向 IECEE（国际电工委员会电气产品合格评定委员会）购买的，企业也可以通过认证机构购买。

表 6-3 TRF 格式的报告正文（部分）

Clause	Requirement	Remark	Verdict
4.5（3）	Marking		
4.5（3.2）	Mandatory markings		

TRF 格式的报告一般分为四个栏目，分别是标准的条款、标准的要求、注释和判定结果。标准的条款和要求分别来源于具体的标准，而注释则是填写有关产品对应于该条款的一些信息，包括相关的参数、结构、如何满足标准要求等信息。在判定结果栏目，通常用字母"P"（英文 passed 的缩写）表示符合相关条款要求，用"N"（英文 not applicable 的缩写）表示该条款的要求对于本产品而言不适用，而用"F"（英文 failed 的缩写）表示产品无法满足该条款的要求，产品出现不符合项，需要进行整改。

当然，作为企业内部使用的报告，不一定非用正式的 TRF 报告格式不可，企业也可以根据需要模拟 TRF 报告格式起草内部报告。IECEE 在其官方网站提供了如何准备 TRF 报告的指导说明以及 TRF 报告的模板①，有兴趣的读者可以自行下载研究。

6.2.2.5 符合性声明

产品的符合性声明是企业对其产品所做的关于符合相关技术法规要求的声明，表明企业了解相关技术法规的要求，并对自己的产品承担相应的责任。在不同的认证体系中，对符合性声明的要求和内容都略有不同，具体应当参照该国和地区的相关法律法规。基本上，符合性声明必须使用产品所销售的国家和地区的官方语言，在某些情况下允许使用英文。符合性声明至少需要包括以下内容：

- 企业的相关信息，至少有企业的全称（要求和企业注册的名称一致）和地址；如果产品是国际贸易中通过所销售的国家和地区总代理销售的，还必须有总代理的相关信息。
- 产品的名称和型号。
- 所符合的技术法规，以及所引用的技术标准。
- 签署该声明的负责人名称、职务以及签署日期。

6.2.2.6 图片资料

随着数码技术的发展，数码照片的拍摄也越来越方便，对于提供给认证机构的一些产品结构图，完全可以采用数码照片的方式，同时加以适当的注解。事实上，在认证机构提供的报告中，就包括了相当多的产品照片组成的图片资料（photo document），这些图片资料是报告的重要组成部分。对于产品的确认，无论是认证机构还是相关的执法机构，很大程度上都是通过图片资料进行的。现实中，当产品完成认证后需要翻阅图片资料时，通常都是在相关产品的安全性被质疑的情形。在这种情形下，图片资料是区分责任的重要依据：

（1）被质疑的产品是否就是所认证的产品；

（2）存在安全隐患的部位和结构是企业生产一致性存在问题还是认证机构在认证时存在疏忽或过失。

对于如何准备报告中的图片资料，不同的认证机构并没有统一的具体要求，但通常都要求能够清晰地反映产品的结构和安全特性；《IECEE OD – 2020 TRF – Development, maintenance and use②》附录 C 有相关的指引可供参考。

以下经验可供企业和认证机构在准备图片资料时参考③：

1）拍摄的场所应当具有良好的照明条件，确保拍摄时不需要使用闪光灯进行补光，能够最大程度减少阴影。

2）拍摄背景尽可能简单，无关物品不要出现；考虑到图片资料的复印仍然是以黑白复印为主，因此，可以考虑根据产品色系选择不同的浅色的纯色背景墙。

---

① 参见 IECEE OD – 2020 系列文件。
② 当前版本为 2018 年 3.3 版。
③ 有兴趣的读者还可参阅：罗顿编著. 司法数码摄影技术教程 [M]. 广东世界图书出版公司. 2003.

3) 图片资料以清晰为首要，应避免使用大光圈进行拍照，注意防止跑焦、脱焦，必要时使用三脚架固定相机①。

4) 图片资料可以使用尺子作为参照物②，尺子应当标注刻度单位；应当避免使用硬币、纸币、电池等其他物品作为参照物。

5) 图片资料应当有简要的说明和标注，语言通常以英文为佳（除非另有规定），以方便不同国家的认证机构和市场监督管理机构使用；说明和标注所使用的术语尽可能是通用的术语。

6) 必要时可以对相片进行裁剪、调节亮度或对比度等简单处理，但应避免对相片采用抠图、合成等美化处理③。

7) 图片大小应当合适；通常，在一张 A4 或类似大小的页面上放置两张宽度与打印宽度相当的彩色数码照片；照片通常是 4∶3 比例（分辨率不低于 800×600 dpi）。

8) 图片的排列顺序通常是按照由外至里、由大到小（细节）的顺序排列；不同相片的拍摄部位最好有一定的重叠，以方便他人重构产品的形状和结构。

9) 通常产品外观和内部结构至少各有 4 张不同角度拍摄的相片④；其中至少有两张是从产品正面的侧上方不同角度拍摄的。

10) 需要反映的产品细节通常包括：铭牌、警告标签、指示标志、外壳电源线进入部位（包括保护衬套）、安全保护接地、关键元部件、PCB 正反面等，以及爬电距离和电气间隙比较接近临界值的部位。同一张相片可以包括多个细节，要求能够反映出这些细节所在部位，以方便他人重构产品的内部结构；必要时还可以同时拍摄使用测试指、测试销等进行检测的情形作为参照。

11) 如果图片资料包括多个型号的产品，还应当拍摄衍生型号与基础型号之间的主要差异并予以标注和说明。

在实践中，并没有指明报告中的图片资料是由企业还是认证机构负责提供；一些比较熟悉认证流程的企业通常都会提供图片资料供认证机构整理和确认，以提高认证效率。另一方面，企业一定比认证机构更熟悉自己的产品，在图片资料中保留一些容易被忽视的产品细节，无疑是一种很好的自我保护方式⑤。

6.2.2.7 文件管理

通常，技术档案应当以书面的方式保存。但是随着技术的发展和现实中方便调

---

① 应当牢记用于图片资料的相片与用于广告宣传的相片之间的差别；图片资料中的相片应当清晰地包括尽可能多的细节。
② 考虑到拍摄后的产品存在一定的变形，应当提示尺子只用于参照而不按比例。
③ 当产品的安全特性存在争议时，认证机构提供的图片资料如果经过抠图、合成等美化处理，那么，认证机构的专业性、中立性很容易受到质疑。
④ 《IECEE OD – 2020 TRF – Development, maintenance and use》推荐至少各两张。
⑤ 在国外（包括欧洲等国家和地区），同样存在仿冒其他企业的产品、冒用其他企业的认证证书的现象；作者在以往的从业经历中，也数次遇到个别欧洲经销商利用仿冒的产品（即所谓的"山寨版"）冒用中国企业的产品认证证书，在出现质量事故后企图藉此将责任推卸给中国企业的情形；而正是利用图片资料上的这些细节轻松地帮助所在的认证机构和客户撇清干系。

阅的要求（特别是国际贸易中的调阅），越来越多的认证机构和相关配套的法律、法规都允许采用电子文件的形式来保存技术档案。但无论如何，企业应当至少保存一套书面的技术档案①。技术档案的保存都有一定的期限和地点要求。通常，在产品所销售的国家和地区的境内必须至少保存一份用当地官方语言制作的技术档案，保存的人可以是企业、企业的代表处或总代理商等，以便在相关执法机构需要的时候（如，在出现危险事故的时候），可以在规定的最短时间内提供②。技术档案保存的期限长短不一，以欧盟为例，根据低电压指令，技术档案要求在该型号产品停产后至少保存10年。

  电气产品的安全技术档案除了认证证书、报告和其他相关文件由认证机构提供外，所有的技术资料都是由企业向认证机构提供的。因此，为了确保企业保存的技术档案和认证机构保存的技术档案的一致性③，特别是在产品出现整改时，企业可以要求认证机构对技术档案采取一定方式（如，盖章确认等）进行确认，避免在出现问题时由于双方保存的技术档案不一致而导致产品的认证有效性出现争议。

  总之，提供给认证机构的公开档案中的图纸和资料，既能够方便地用于确认产品，又不会泄露企业的技术秘密。此外，由于公开档案的内容主要来源于企业内部档案，为了保持两者的一致性，企业应当制定相应的档案管理制度来同步和更新企业内部档案和公开档案的内容。

6.3 产品安全与一致性生产保障体系

6.3.1 生产保障体系

6.3.1.1 概述

  产品的生产阶段是将产品从图纸、原材料转化为真正的产品的阶段，是真正实施产品安全的阶段。在产品的生产阶段建立产品安全与一致性保障体系，是产品安全管理的核心阶段。产品的安全与一致性保障体系，包括了两重目的：首先，是保

---

① 电气产品的安全技术档案的管理应遵循受控文件的管理要求。
② 对于中国企业而言，当产品在欧盟、北美等国家和地区遭遇调查时，应当积极配合、督促相关认证机构在华分支机构的工作，充分利用时差在规定期限前提交文件。
③ 在实践中，由于专业和业务等原因，电气产品的安全检测认证与电磁兼容（EMC）检测认证通常是分开进行的；即便是同一检测认证机构中，也是由不同的部门负责的，因此，当产品出现不符合项整改后，不时会出现两个部门所留存的技术档案以及样品不一致的情形。这种不一致许多时候会导致其中一个部门在不知情的情况下对另一个部门已经确认存在不符合项的产品开展检测认证。对此，无论是企业还是认证检测机构都应当要时刻警惕。

证实际批量生产的产品与设计一致,这不但包括产品性能设计(即通常理解的产品质量)的一致,也包括实际安全防护措施与设计的一致;其次,是保证实际选用的材料、元部件等是符合设计要求的,并且装配后得到的整机产品可以通过一些技术手段,验证批量生产的产品的安全防护程度达到了设计要求。在本节中,将所有与产品安全、质量与一致性保障有关的活动简称为质量保证。

《CNCA-00C-005 强制性产品认证实施规则 工厂质量保证能力要求》[1] 从要素的角度,罗列了电气产品制造工厂建立质量保证体系的一些基本要求,该文件实际是从 ISO 9000 标准的要求衍生而来的,试图以文件和记录为基础,建立起一套可以进行溯源的质量保证体系;在文件化要求方面甚至超过了欧洲检测检查认证联盟 ETICS 的指导文件 CIG 021 等的要求[2]。姑且不论其是否适合中国当前大部分中小制造企业的实际状况,但是如果从系统性地阐述相关要求的角度而言,无疑是一份很好的学习材料。

工厂按照该要求建立的产品质量保证体系,一般都能够满足产品质量保证的要求,能够符合认证对工厂质量保证能力要求。

本书主要是从流程的角度,来介绍如何建立质量保证体系,读者可以结合两者的角度,来构造一套切实符合工厂实际状况的质量保证体系。需要指出的是,世界上并没有一套通用的质量保证体系,并且恰恰相反,几乎所有成功的质量保证体系都非常独特且最大限度地考虑了工厂自身的具体情况,从而能够用最低的质量管理成本来确保质量保证体系的运作,达到工厂的质量目标,真正做到质量管理出效益。

图 6-2 是根据目前大多数电气产品生产工厂的情况总结出来的生产制造和质量控制流程图。广义上的产品生产过程,是指从原材料采购、经过组装成为整机产品,到最后出货的整个过程。以往,整个过程基本上都是在同一个工厂中完成,但是,出于某些商业上的原因(如,避税、代加工等原因),伴随着现代物流技术和能力的发展,现在许多电气产品的生产过程,不再局限于一个工厂,整个过程有可能是在多个工厂完成的。

成品组装是整个生产过程的核心。成品组装的过程与具体产品密切相关,这里不可能进行具体描述。在电气产品的装配过程中,需要注意装配环境(温度、湿度、清洁度等)、静电、焊接工艺、机械扭力等对产品质量的影响,许多时候往往一些轻微的工艺改善就可以提高产品的质量。这里以某个家电制造厂为例:该厂产品的塑料外壳在安装中总是出现质量问题,为此,该厂稍微调整了气动螺丝刀扭力力矩的大小,重新规定上外壳螺丝钉的次序,在没有对产品设计进行任何修改的情况下,就解决了以往外壳松紧不一、出现破裂等质量问题。

---

[1] 当前版本为 2014 年版;本书摘录部分与本节内容比较密切的条款作为附录以方便读者。
[2] 《CIG 021 Factory Inspection Procedures Harmonised Requirements》(2014 版)条款 2.6:"Procedures can be documented or not. When a procedure is documented, the term 'documented procedure' is frequently used"。

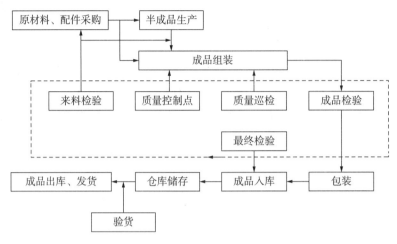

图 6-2 生产制造和质量控制流程图

需要注意的是，生产线工艺的改进是提高产品质量的根本，质量控制的作用是避免不合格品出厂，两者之间的主次一定要区分。

产品生产过程的质量控制是产品质量保证的核心，它可以分为内部质量控制（图 6-2 中虚线框中的部分）和外部质量控制两类。外部质量控制，是指由工厂外部实施的质量控制，包括工厂审查、验货等。有关工厂审查、验货的介绍，请参考本书的相关章节，本节只介绍工厂的内部质量控制。

按照产品的生产过程，工厂的内部质量控制可以分为来料检验、过程检验和最终检验。

6.3.1.2 来料检验

来料检验（也称为进料检验，俗称 IQC），是指对采购的原材料、配件以及半成品（以下统称为物料）所进行的质量控制，确保没有任何存在质量问题的原材料、配件或半成品进入成品组装生产线，从而提高产品的合格率，降低生产损耗。具体地说，来料检验的工作内容，除了进行接收数量的清点外，最重要的是通过一系列的检验手段，来确保所采购回来的物料始终符合规定的质量要求。由于半成品的概念是相对而言的，对于前期工序而言，半成品也可以认为是阶段性的成品，因此，无论是对成品还是半成品的生产，都必须进行来料检验。来料检验的过程通常可以分为分类标识、检查检测、

欧盟RAPEX公告A12/1783/14通报了三款抽油烟机，问题都是固定电机的安装螺钉刺破风扇电线而导致产品存在电击危险，已经发生两起事故。德国EK1决议278-05针对灯串使用热缩套管用于灯泡固定兼绝缘防护的结构，指出此类结构存在安全隐患的原因，不在于使用了热缩套管，而是因为此类结构的灯串在生产中往往依赖工人手工装配，难以保证一致性。

合格确认和批准放行四个步骤。

分类标识，是指对于所有采购回来的原材料、配件按照一定的规定进行分类，然后进行标识，以便于管理和检验分工。电气产品生产制造工厂的原材料，通常可以分为贵重电子元件、普通电子元件、电工配件、五金制品、塑料制品、包装材料等几大类。来料检验的标识工作，不仅仅是给物料贴上标签进行识别，更重要的是把检验合格、检验不合格和尚未检验的物料区分开，防止未经检验以及检验不合格的物料流入下一步的工序。标识的方法很多，常见的有以下几种方式：

- 区域法：即未检验的物料放置在待检区（或卸货区），检验不合格的物料放置在退货区，而检验合格的物料则进入仓库。
- 标签法：即在检验合格的物料外箱上加盖合格印章，或粘贴绿色的合格标签；在检验不合格的物料外箱上则盖拒收印章，或粘贴红色的不合格标签；尚未检验的则挂上待检标签；等等。

来料检验对于物料的检查检测，通常采取抽检的方式，但是在个别情形下（如，对于特别昂贵的元部件，对于极其关键的核心部件等），也可以采取全检的方式。检查检测需要配备适当的工作场地、检测仪器和指导文件。来料检验指导文件是用于指导检查检测过程的技术文件，内容包括检测项目、检测方法和标准、抽样水平、缺陷的分类标准和相应的 AQL 值（有关 AQL 值的说明参见本书的相关章节）等。

合格确认，是指由工厂指定的专业人员根据检查检测所得到的结果，对照指导文件中的相关标准进行比较和判定，形成报告的过程。批准放行，则是指工厂相关的质量负责人根据检验报告中的结果和本厂的质量标准，对检验后的物料做出拒收、接受或有条件接受的决定的过程。

经过来料检验后接受的物料，或者进入仓库以便将来使用，或者直接进入生产工序。

6.3.1.3 过程检验

过程检验是指成品组装过程中的质量控制，通常包括巡回检验和例行检验两部分。例行检验又可以分为生产线质量控制点检验和 100% 成品检验两类，它们是产品质量控制最重要的工作内容。

巡回检验（简称巡检，俗称 IPQC、PQC），是指相关质量人员对生产线上的设备状况（尤其是主要的生产设备和检测设备）、产品的生产状况和人员的工作状况进行巡回检查的过程，属于针对系统的质量控制过程。通过巡检，及时发现生产线中存在的普遍问题，及时采取相应的改进措施，避免生产出大量有质量问题的产品。

通常，在电气产品制造工厂中，巡检的内容主要有以下几个方面：

- 仪器设备：主要检查仪器设备的状态是否正常、参数设置是否正确；检查相关检测工位的操作人员是否定时检查检测仪器的可靠性等。

■ 产品：对照技术资料和实际产品，检查产品的一致性；检查产品的组装工艺；检查不合格品的处理；检查使用的零部件的型号是否符合工艺要求；抽取样品交由相关技术部门做进一步的检查等。

■ 人员：检查质量控制工位的工人是否具备上岗资格；各个工位的工人（尤其是检测设备的操作人员）是否严格按照作业指导书的要求工作等。

巡检的频率、内容应根据工厂的实际情况进行安排，但巡检的间隔时间不宜过长。通常，大部分的电气产品生产制造工厂的巡检至少每隔 2h 完成一次全范围的巡检工作。为了能够跟踪生产质量的变化，巡检应当形成一定的记录。

例行检验是指生产线上的检测工位对全部半成品和成品进行检验的过程，属于针对具体产品的质量控制过程。例行检验由生产线质量控制点检验和 100% 成品检验组成。质量控制点是在生产线上设置的阶段性的检测点，防止将有问题的半成品流入下个工序，从而提高了成品的合格率。质量控制点的设置位置和检测内容与具体产品密切相关，通常检测的部位是产品中相对独立或组装完备的某一个部分，或者会被后续组装部件覆盖而不便于再进行检测的部位。100% 成品检验，则是对已经组装完成的成品在下线前进行的检测，特别是指产品安全相关的检测。100% 成品安全检测是某些国家和地区的技术法规的要求，也是产品安全认证机构的要求。对于电气产品而言，100% 成品安全检测的项目和内容可以参见本书的相关章节，通常，这些项目包括了电气强度测试和接地电阻测试。除了产品安全相关的检测内容外，工厂还可以根据产品的特性以及以往的经验，增加一些检测内容，例如，功能检查、输入功率测量等。

在过程检验中，所有发现的不合品，都必须进行适当的标识和隔离，并且只有在返工、返修合格后，才允许流入下一个工序；对于无法返工或维修的，应当予以报废。不合格品的标识不一定需要使用标签，一些工厂为了节约，采用红色的中转箱来放置待返工的不合格品，只要不会混淆，这些方法都是可行的，工厂可以在实践中摸索符合自身情况的方式。

（配图：游雅晴）

6.3.1.4 最终检验

最终检验（简称终检，俗称 OQC、FQC 或 QA），是指由独立的品质保证部门对从生产线下线的整批产品进行的检验，所针对的是整批产品。终检通常采用的是抽检的方式。终检同样需要配备适当的工作场地、检测仪器和指导文件，尤其是检测仪器设备，应当独立于生产线所使用的仪器设备。终检指导文件的内容同样包括检测项目、检测方法和标准、抽样水平、缺陷的分类标准和相应的 AQL 值（有关 AQL 值的说明参见本书的相关章节）等。

从本质上来讲，终检不但是对 100% 成品检验结果的考察验证，而且还包括了许多 100% 成品检验没有包括的检验项目。这是因为受到工厂的人力、物力的约束，尤其是迫于产能的时间压力，不可能在 100% 成品检验中安排过于详细、具体的测试内容，相对而言，终检的时间压力相对较轻，而且由于采用抽检方式，检测样品的数量较少，因此，可以进行比较全面的检测。此外，部分检测项目属于破坏性检测项目，不可能在所有成品上进行（一个经典的例子就是火柴的可燃性检测），只能通过抽检的方式来进行。因此，终检能够进行比 100% 成品检验更加全面的检测，能够对整个批次的成品做出比较全面客观的质量评估。表 6-4 是家电产品常见的 100% 成品检验项目和终检项目的比较，从中可以体会到 100% 成品检验项目和终检项目的不同之处。

表 6-4　家电产品常见 100% 成品检验项目和终检项目比较

	100% 成品检验	最终检验
电气强度测试	快速检测，时间通常是 1~2s	按照型式检测的要求进行，时间通常是 1min
接地电阻测试	快速检测	按照型式检测的要求进行
功率测试	一般空载检测	多种工况下进行检测
结构检查	简单外观检查	详细的内部结构检查
功能检查	简单开关功能检查	多种工况检查
泄漏电流	不进行	按照型式检测的要求进行
耐久试验	不进行	按照型式检测的要求进行
机械强度	一般不进行	按照型式检测的要求进行

终检的报告不但是对该批次成品的评估结果，还可以作为工厂质量波动监测的重要数据来源。与过程检验不同的是，如果终检中发现有不合格品，不合格品的数量超过了 AQL 值中的标准，那么，不但发现的不合格品需要返工，而且整个批次的成品都必须返工寻找不合格的根源，在消除质量缺陷后，重新进行终检，直到所有的检验项目合格，才允许出货或者进入成品仓库。原则上，重新进行的终检应当将所有的检验项目都重新进行一次。

终检阶段，同样需要采取适当的措施来标识未检成品、合格成品以及不合格成品。

需要注意的是，对于终检中抽取的样品，如果在检验后放回，应当注意终检过程不会对产品的质量造成影响。最经常出现的问题是，所抽取样品的拆卸和重新装配过程都是手工操作，一旦出现操作不当或者疏忽，就会给放回的样品的质量造成影响。

6.3.1.5　配套措施

除了生产线的生产工艺以及内部质量控制外，工厂其他配套措施同样对产品的质量有影响。这些配套措施包括仓库管理、仪器设备管理和员工培训。

(1) 仓库管理

工厂的仓库，可以分为物料仓库和成品仓库两种。物料仓库，主要是为经来料检验合格的物料提供适宜的储存空间，在生产需要时把正确的物料发送到生产线；成品仓库的作用是接收经最终检验合格的成品，在发货前提供适宜的中转储存空间。仓库的管理除了要满足工厂财务管理、消防管理等的有关规定外，还需要采取有效措施，确保检验合格的物料和成品在储存期间不会发生严重的质量退化，这就需要结合所储存物品的特性和仓库的环境来采取相应的措施。如，在南方地区，应当充分考虑到梅雨季节的潮湿环境对物品的影响，对堆放在地面的物品采取适当的垫高措施；对于精密电子元件和集成电路，要采取适当的防静电措施等。

(2) 仪器设备管理

与质量控制相关的仪器设备管理，主要是指与质量控制相关的检测仪器的计量和检查工作。对于与质量控制有关的检测仪器，除了按照法定要求进行计量检定外，还应当根据检测仪器的实际使用状况，在两次计量检定或校准期间定期进行检查，确保这些检测仪器处于良好状态。检测仪器内部检查的方法很多，可以使用仪器比对、检测样品（check sample）、内部校准等方式。为了便于管理，可以根据仪器的机身号码制作台账，记录计量和内部检查的时间和结果，方便对检测仪器的状态进行跟踪管理。

(3) 员工培训

员工的培训是工厂人力资源管理的组成部分，一般由相关行政部门做统筹安排。但是对于从事质量控制的员工，应当在经过适当培训并且通过考核后，才允许上岗，因为质量控制绝对不是走过场的工位，是需要一定的知识进行判定的。

随着质量意识的提高，许多工厂从事检测工位的工人的待遇都比普通工人高，工厂希望通过这些措施，来挽留这些技术工人，降低培训费用，提高产品质量。

6.3.2 经验汇总

随着 ISO 9000 质量管理体系标准的推广，逐渐形成了一套以文件和记录为核心的质量保证理论，许多工厂都在引入 ISO 9000 标准体系以提高产品质量。然而，一些没有引入 ISO 9000 体系的工厂，同样在产品质量方面有着良好的口碑。这些工厂的成功经验，有力地验证了"管理无定式"这个观点。因此，本节所介绍的方法和经验，只能作为工厂在建立质量保障体系时的参考，关键点仍然在于结合实际生产状况，找出又快又省的质量控制方法和技巧，从而既降低了质量控制的成本，又保证了产品的质量。

6.3.2.1 质量记录的处理

质量记录（以下简称记录）是工厂在生产过程中，对相关质量控制的结果进行记录而形成的书面文件。由于 ISO 9000 质量保证体系中对记录的重视，许多工厂审查人员认为只有记录才能反映工厂的质量活动,有的甚至还要求记录的格式完美。因此,为了应付工厂审查等的需要,许多工厂只好在生产中制造许多无用的记录,用于应对检查,甚至出现了在审查前进行大量记录造假的行为。这些无谓的记录,不仅对提高质量没有任何帮助,反而给工厂造成了大量的人力、物力浪费,甚至引起工厂相关人员的抵触。

实际中,考虑到工厂的人力和现实中工人的素质,记录的格式应当越简单越好,记录的数量应当适度。为了减少记录的数量,以便于记录的存放和检索,可以根据实际情况,采取"记录意外"的方式,只对出现的异常状况进行记录。

随着计算机的普及,一些记录的方式也在向无纸化方向发展,这是值得鼓励的。随着电子记录的普及,检索和存放的效率都比以往纸张记录效率高,但带来的新问题是记录的可信和可靠问题,这是在使用电子记录时需要注意的问题。

如何记录以及记录什么,应当根据工厂的实际来确定,只要工厂的体系能够保证产品质量,即使只有终检报告,也是可以。记录是质量活动的有力证据,但是质量活动的证据不一定就是记录,这一点是需要在实践中把握,并且不断探索。

6.3.2.2 作业指导书(working instruction)

作业指导书是指导生产线上相关工位的工人完成某项工作的文件,是工厂工艺文件的重要文件之一。作业指导书应当由相应的技术部门起草,并且在实践中根据工艺改进不断进行修改。作业指导书的内容必须正确,参数必须准确,工人必须严格按照作业指导书的要求进行操作;如果某些步骤不符合实际情况,应当及时与相关的技术部门沟通解决,不允许工人随意更改作业指导书的要求。

作业指导书的使用对象是相关的工人,因此,作业指导书的内容应当简明扼要,最好是有每一步的操作指南,不需要相关的工人进行总结或计算。如,曾经有工厂在作业指导书上写着"功率应当在(1500±10%)W 的范围内",显然,这在生产中,还需要相关的工人再次进行计算,不但出现错误的概率增加,而且也降低了产能,实际上,完全可以改写成"功率应当为 1350W ~ 1650W"。此外,需要明确作业指导书的作用不是应对检查,一些企业为了应付国外认证机构的审查,甚至制作英文的作业指导书,这是毫无意义的。

随着数码相机的普及,一些工厂采用数码照片来作为作业指导书的主要内容,拍摄各个工序的作业步骤和本工序完成品的照片,方便工人进行对照,从而提高工作效率,减少装配错误,这是一种值得推荐的方法。

并不要求生产线上的所有工位都有作业指导书,对于一些作业内容类似的工位,可以使用通用的作业指导书。但是,对于质量控制点和 100% 成品检验工位,应当有相应具体的作业指导书,指出相应的检测方法、检测部位、检测参数和判定标准等。

6.3.2.3 自制夹具与可靠性

在一些工厂,为了提高产能,降低 100% 成品检测工位的工作强度,提高该工位的工作效率，自制了一些夹具（kit），用于减少调整检测探头的时间。例如，在一些家电产品的生产工厂，为了提高电气强度检测工位的工作效率，将测试仪的其中一个探头连接到一个通用插座的零/相端（插座内部零相端已短接），将测试仪的另一个探头接到通用插座的接地端。在实际操作时，只要将Ⅰ类产品的电源插头插入该插座，就可以完成电气强度测试，非常方便。但是，在使用中，应当注意这些夹具失效带来的问题。在上述的案例中，曾经出现过通用插座内部接线断开的情形，而在检查电气强度测试仪可靠性的时候，相关人员并没有带着夹具一起检查，导致出现严重的质量事故。因此，在自制夹具的时候，应当注意夹具的可靠性。

此外，使用自制夹具时，还需要考虑夹具与所检测产品配套而产生的有效性问题，这是因为生产线所生产的产品类型不断变化，如果使用的夹具与所检测产品无法配套，不仅起不到提高效率的作用，而且还会造成质量事故。如，上述案例中的夹具，显然对于Ⅱ类产品而言是不配套的。

在许多工厂，许多夹具往往是相关工位的操作工发明改造的。对于他们这种参与精神，是应当鼓励的，但是，对于夹具的投入使用，必须经过相关技术部门的工程师进行可靠性和有效性确认后，才能够投入使用，并且在相应的作业指导书中进行调整。

6.3.2.4 来料检验的方式

来料检验是工厂质量保证体系的一个重要环节，但是在实际中，由于一些电气零部件的检测需要特殊的仪器（如，电流熔断器、热熔断体等），一般的工厂没有相应的检测设备和检测手段，无法进行相应的检测，然而，为了满足某些认证机构工厂审查员的要求，只好进行一些莫名其妙的检测（如，用打火机烧热熔断体引脚、游标卡尺测量电源线铜丝线径等），实际上根本起不到来料检验的作用。

事实上，来料检验并不一定要求由工厂来进行。除了自行检验外，工厂还可以通过委托外部实验室、依靠合格供应商进行检测的方法来进行来料检验。委托外部实验室，也就是说，将抽样样品送到工厂外部的有能力的实验室进行检测，根据实验室的报告对物料做出接受与否的判定。依靠合格供应商进行检测，也就是说，利用合格供应商的设备进行检测，特别是随着检测的向前延伸，一些工厂甚至将质量控制点设在关键供应商的工厂，将工厂的来料检验和供应商的最终检

> 据《南方都市报》2007年8月13日报道，2007年8月佛山市某玩具有限公司因玩具油漆中的铅含量超标，需要召回96.7万件出口美国的玩具产品，并被处以暂停出口的处分，损失惨重。初步分析事件起因是长期合作的油漆供应商所提供的油漆不合格。基于长期合作的信任，该玩具厂在生产中没有对油漆进行必要的来料检验就使用，最终导致悲剧的发生。

验结合在一起，依靠供应商提供的检测报告作为物料接受与否的判定依据，这种趋势正在不断扩大。随着对合格供应商质量信任程度的增加，来料检验的抽查数量可以适当减少，以提高效率，减低损耗，但是无论如何，都必须采取一定的措施对供应商提供的物料进行质量控制，这一点是有血的教训的。

需要注意的是，供应商提供的产品认证证书、型式检测报告是不可以作为来料检验的依据的，这些文件只能作为工厂进行供应商评估时的依据。

6.3.2.5 特殊样品的使用

在实践中，有两种特殊样品可以用于提高质量控制的工作效率。

第一种是检查样品（check sample），也称为标准样品、金样（gold sample）等，这种样品主要是供检测仪器的操作人员用于快速检查仪器的状态。作为检查样品的特点是特性稳定和参数典型。使用时，操作人员定期用仪器来检测该样品，并且与以往参数比较，一旦发现所检测的参数出现严重漂移，就可以怀疑检测仪器的状态不正常，需要相关技术人员对仪器和样品进行检查，以便最终确定检测仪器是否正常。使用检查样品，即使操作工也可以对仪器的状态进行检查，大大降低了一线质量管理人员的工作强度，也提高了质量保证的能力。

检查样品可以是合格样品，也可以是不合格样品，只要特性稳定和参数典型就可以，实际中根据具体情况来选用。如，用于检查电气强度测试仪器状态的检查样品，就应当选用一个不合格的样品。检查样品应当妥善保存，并不断监视其特性变化，一旦出现严重的参数漂移，就应当启用新的检查样品。

另一种特殊样品就是首样了。首样，是指生产线在转产前开始小批量生产的样品。首样的确认，是一个重要的质量控制环节。只有在相关技术部门对首样进行检测合格后，才能进行正式的批量生产。在完成确认后，剩余的首样应当保留在生产线上的每个关键工位上，方便工人作合格样板参照使用。有的工厂在确认后，就把首样丢在一边，这是很可惜的。需要注意的是，首样和检查样品不同。一旦该型号产品的本次生产任务完成，首样就应当从生产线取下。这是因为即使是相同型号的产品，在不同批次的生产中，都有可能发生某种轻微的变化，应当使用与本次生产任务相同的首样作为参考样板。

6.3.2.6 抽样检验与缺陷分类

抽样检验（简称抽检），是指按照规定的抽样标准，随机地从一批或一个过程中抽取少量样品进行检验，根据这些样品检验的结果，对整批或整个过程的产品做出是否符合预期要求的评估结论。通过科学的抽样方法，可以有效地在检测成本和风险之间取得平衡。常用的抽样标准有中国的 GB/T 2828、美国军用标准 MIL-STD-1916、美国国家标准 ANSI/ASQC Z1.4 等。

使用抽检方法，成功的关键在于如何合理地进行缺陷分类以及选择适当的 AQL 质量指标。

在电气产品安全领域，导致产品不合格的缺陷一般可以分为三类：致命缺陷（critical）、严重缺陷（major）和轻微缺陷（minor）。缺陷的定义并不是唯一的，在分类时始终要结合具体产品的特性，以及使用者的期望和需求，但是直接关系到产品安全的缺陷，一定归类为致命缺陷。表 6-5 是电气产品安全领域常见的缺陷分类方式。

表 6-5 缺陷分类表

缺陷级别	严重性	产品安全性	产品功能性	产品可靠性	外观	包装
A	致命缺陷	导致安全事故发生	主要功能丧失，导致使用者申诉或索赔	明显影响使用寿命	缺陷明显且严重，使用者会拒收或索赔	错、漏装零配件及在贮藏运输中导致产品损坏，使用者拒收或投诉
B	严重缺陷（主要缺陷）	可能导致安全事故发生	影响一般功能，引起使用者不满意或投诉	会影响寿命，造成功能障碍	缺陷明显，一定会引起使用者不满意，可能投诉	会导致产品损坏锈蚀等，会引起使用者不满，可能投诉
C	轻微缺陷（次要缺陷）	对安全有影响，但不会导致安全事故发生	影响很微弱，使用者不会明显表示	可能会影响寿命但很轻微，使用者不会直接发现	缺陷可能被使用者发现，但不会引起投诉	可能影响应有功能体现，但使用者不会投诉

AQL 质量指标是英文"Acceptable Quality Level"的缩写，即可接受质量水平（标准术语"接受质量限"），一般可以认为是抽检过程中允许出现的不合格品的数量上限值。实际中，AQL 值应根据所抽检样品的特性、价值、返工成本、使用者的要求等因素，针对产生不合格的缺陷种类，分别选取不同的 AQL 值，在工厂、使用者和供应商之间找到平衡。重要的是，直接涉及产品安全的缺陷，AQL 值始终要趋于零，这也是与许多国家和地区法律法规的要求相一致的。至于严重缺陷和轻微缺陷，AQL 值通常选取为 1.0~2.5 以及 2.5~4.0，并没有一个严格的规定。

6.3.2.7 检测仪器的功能检验

通常，用于生产线上的检测仪器必须定期检验其是否功能正常（俗称"点检"），以确保检测结果的可靠①。这既是日常生产中质量保证的重要一环，也是工

---

① 实践中，并不要求所有的检测仪器都必须采用定期检验的手段来验证其功能是否正常，尤其是那些使用时可以直观判定其是否失效的仪器（如，电线电缆行业使用的火花试验机等）（详见《CIG 024 Factory Inspection Procedures Guidance to Certification Bodies, Inspectors, Manufacturers and License Holders》）。

厂检查中的检查项目。检验的方法包括：

（1）模拟故障法（simulated failure），即通过检测一个存在特定故障的产品或模拟产品来检验仪器功能是否正常。

（2）根据仪器手册指定的方法进行检验。

（3）设备自检。

（4）其他被证明有效的方法。

考虑到检测仪器的采购成本（带有自检功能的仪器设备采购成本通常远高于普通不带自检功能的仪器）、检验效率等因素，模拟故障法成为最常用的方法。以往，不少企业采取采用直接短路的方式来模拟故障，即在仪器工作状态下将其输出探头短接，根据仪器是否报警来判定仪器功能是否正常。显然，这种方法存在相当的检测盲区，并且对设备使用寿命有不良影响，因此，文件 CIG 024 已经明确指明不接受这种检验方式[1]。例如，用于电气强度测试的高压测试仪输出探头直接短接时，短路电流非常大，远远超过用于判定击穿的动作电流限值（通常是 5mA 数量级），无法作为判定在动作电流限值范围内功能正常的依据。

用于模拟故障法的检测样品既可以是一个存在特定故障的实际产品，也可以是一个特制的模拟故障装置（也称"点检器"，英文为 dummy）。为了避免使用模拟故障装置额外带来的误判，利用其检验设备的功能是否正常时，要求既能够提供模拟不合格产品引发报警的工作模式，也能够模拟合格产品显示合格状态的工作模式。

工厂可以自行制作这种模拟故障装置，也可外购符合上述要求的装置。但无论是哪种方式，在使用前和使用中，都必须有可靠的方式来检验其有效性。工厂应当探索如何利用模拟故障装置和多台检测仪器来检验彼此是否功能正常。

6.3.2.8　检测仪器的校准与检定

中外认证检测机构（包括工厂审查机构）在检测仪器的校准要求、术语等方面存在一定的差异。

参照 ISO/IEC 17025 与 CIG 021 的定义，检测仪器的校准（calibration）是指在规定条件下，建立测量仪器的示值与参照设备的示值之间关系的操作[2]，其中参照设备的示值要求能够溯源国家基准或国际基准，并且有相应的校准证书作为证明；通常校准是由校准实验室来实施的。

企业为了满足生产的需要，还可以在部分满足规定条件下，建立测量仪器的示值与参照设备的示值之间关系的一组操作，其中参照设备的示值同样要求能够溯源

---

[1] 详见 2014 版《CIG 024 Factory Inspection Procedures Guidance to Certification Bodies, Inspectors, Manufacturers and License Holders》第 4.5 条："Directly short cut of the test pins is not acceptable"。

[2] 根据中国国家计量技术规范 JJF 1001《通用计量术语与定义》，校准是指"在规定条件下，为确定测量仪器或测量系统所指示的量值，或实物量具或参考物质所代表的量值，与对应的由标准所复现的量值之间关系的一组操作。"

国家基准或国际基准,并且有相应的校准证书作为证明,这一过程称为检测仪器的核查(verification),通常都是由企业内部机构实施。

检定是一个比较具有中国特色的概念①,根据中国国家计量技术规范 JJF 1001《通用计量术语与定义》,检定是指"查明和确认计量器具是否符合法定要求的程序,它包括检查、加标记和(或)出具 检定证书";根据《中华人民共和国计量法实施细则》(2018 年修正版)第五十六条的定义,计量检定"是指为评定计量器具的计量性能,确定其是否合格所进行的全部工作"。

根据《中华人民共和国计量法》②(2017 年修正版)第八条的规定:"企业、事业单位根据需要,可以建立本单位使用的计量标准器具";第九条规定:"社会公用计量标准器具,部门和企业、事业单位使用的最高计量标准器具,以及用于贸易结算、安全防护、医疗卫生、环境监测方面的列入强制检定目录的工作计量器具,实行强制检定。未按照规定申请检定或者检定不合格的,不得使用"。

因此,尽管两者具有相似的技术活动,但是两者的性质是不同的:

■ 检定是强制性,必须由计量部门或法定授权的单位按照相关检定规程的规定进行;检定除了评定检测仪器的示值误差,还必须依据检定规程规定的量值误差范围对检测仪器做出合格或不合格的结论。

■ 校准属于组织自愿的溯源行为,目的是评定检测仪器的示值误差,以确保测量结果准确;校准可以采用组织自校、外校、自校加外校相结合的方式进行。

从管理与成本的角度,工厂比较关心的问题集中在检测仪器的校准与检定周期,以及校准与检定机构的选择问题。

对于列入法定计量检定范畴的检测仪器,检定周期是固定的,必须严格按照检定规程的规定执行;《中华人民共和国计量法》(2017 年修正版)第十一条规定"计量检定工作应当按照经济合理的原则,就地就近进行",只要所选择的是具有相应资质的计量检定机构即可。另一方面,《中华人民共和国计量法》(2017 年修正版)第八条的规定,"企业、事业单位根据需要,可以建立本单位使用的计量标准器具",工厂可以据此来减轻计量检定的经济压力。

至于工厂内部使用的检测仪器的校准与核查周期,则应当根据仪器的特性和使用情况来决定③,尽管大部分的工厂审查员都会要求校准周期是一年。事实上,对于一些使用频率较高的检测仪器,校准与核查周期都应当适度缩短,以确保检测结

---

① 根据 JJF 1001《通用计量术语与定义》,"检定"对应的英文术语是 verification,这个术语非常容易与目前绝大部分国外标准中 verification(核查)的含义混淆,两者的含义其实截然不同甚至可以说是对立的;根据该技术规范,与 verification 相近的术语是"检查(examination)"(即为确定计量器具是否符合该器具有关法定要求所进行的操作)与"检验(inspection)"(即为查明计量器具的检定标记或检定证书是否有效、保护标记是否损坏、检定后计量器具是否遭到明显改动,以及其误差是否超过使用中最大允许误差所进行的一种检查)。

② 2018 年 7 月司法部就《中华人民共和国计量法(送审稿修订稿)》公开征求意见,内容有较大的变动。

③ 有兴趣的读者可参阅 CNAS - TRL - 004:2017《测量设备校准周期的确定和调整方法指南》。

果的准确；而对于一些使用频率较低的检测仪器，只要有足够的统计数据支持，允许适度延长其校准与核查周期；对于一些偶尔使用的检测仪器，甚至允许在使用前进行校准或核查即可；而对于使用过程中出现过异常状况的（如，跌落碰撞，或者超量程使用），原则上应当重新校准后再投入使用。

概括而言，除了列入法定计量检定范畴的检测仪器的检测周期，以及本单位使用的计量标准器具的检定工作没有太多的选择余地以外，工厂完全可以通过建立本单位使用的计量标准来，制定符合本厂实际的检定与校准方案，降低检定与校准检测仪器的成本，提高工作效率[①]。

检定与校准后的仪器设备都应当清晰地标识在机身上，这些标识至少应当包括校准与检定状态、固定资产标签、准用/停用标签等；标签上的信息应与相关的设备清单信息一一对应。

无论是检定证书还是校准证书，都会在证书上反映仪器指示值与标准值之间的绝对误差以及不确定度，工厂可以根据实际需要决定是否据此修正（calibrate）仪器的指示值；对于检测结果比较接近临界值的，还应考虑不确定度[②]。

6.4　电气产品成品常规安全检验

电气产品的常规检验（routine test），是指电气产品制造商对其生产制造的每个产品进行的检验。这种检验通常是在已经完成组装的成品上进行的，因此，俗称成品100%检验。但是实际上，只要随后的生产过程不会影响到产品某些项目的检验结果，或者产品在完成装配后无法进行某些项目的检验，那么，制造商可以在生产过程中的适当的阶段进行这些项目的检验。

电气产品的常规检验通常可以分为三种类型：结构检查、功能检验和安全检验。

（1）结构检查：在装配过程中，主要检查元件型号是否正确、元件是否正确装配（包括极性、方向等）和牢靠固定、关键元件（包括内部电线）之间的距离是否满足要求等；对于装配已经完成的成品，结构检查的项目主要是检查产品的外观是否完好、标识是否完整和正确等。为了方便相关检验员的工作，制造商可以将成品照片供相关工人在检验中进行对照。

（2）功能检验：一般是在成品上进行检验，主要是检验产品的基本功能是否正常，特别当产品某些错误安装（如，电机的旋转方向；电源开关的操作；安全连锁

---

① 由于校准活动存在较大的弹性且由于校准业务市场竞争较为激烈，个别不良校准机构采取内外勾结的方式，诱使工厂委托没有必要的校准业务，校准结果则马虎了事，以此从中牟利，工厂管理层对此应当有足够的警惕。

② 具体可参阅中国国家计量技术规范 JJF 1059 系列文件。

开关无法动作，或误动作等）有可能导致产品存在安全隐患的时候，通过适当的功能检验是发现这些安全隐患最简单有效的方法。在功能检验过程中，通常不会进行那些会导致相关的安全保护装置（如，过热保护器等）动作的检验项目。许多工厂现场检验经验表明，检验电气产品在某些工作条件下（通常是空载条件下，也有的使用某种固定的负载）的输入功率偏差，是在不影响产能的条件下发现产品问题最简单有效的方法之一。

（3）安全检验，一般是在已经完成组装的成品上进行，主要是检验产品的安全特性，同时检验的统计结果可以供制造商用于分析造成影响产品安全特性的生产波动的原因。如果随后的生产过程不会影响到产品安全检验结果，或者产品在完成装配后无法进行某些安全项目的检验（如，内部金属部件的接地连续性），那么，可以在生产过程中的适当的阶段先进行这些项目的检验。

电气产品安全检验最主要和常见的项目就是产品的电气强度检验[1]，而对于Ⅰ类产品而言，通常还应当进行接地电阻的检验[2]。常见电气产品的安全常规检验部位和参数可参见表6-6、表6-7[3]。需要指出的是，表中的检验方法并不是唯一的，如果其他检验方法得到的结果等同于表中所规定的检验项目得到的结果，那么其他检验方法也是可以采用的，如，对于某些电气产品，可以用检验绝缘电阻来替代电气强度检验。在检验中，如果产品出现失败项目，该产品必须返修后重新进行检验，只有在检验合格后才可以进入下一个工序，同时，应当统计产品出现检验失败的位置、频率、数量等，作为及时分析产品安全特性波动的重要依据。

表6-6 电气产品成品常规电气强度检测参数表

产品类型	Ⅰ类、Ⅱ类产品		Ⅲ类产品
	额定电压 <150V	额定电压 150~300V	
家电产品（根据 IEC 60335-1 附录 A 及 EN 50106）			
危险带电件（电源插头相零线）和可触及接地金属部件之间的基本绝缘	AC 800V 或 DC 1200V	AC 1000V 或 DC 1500V	AC 400V 或 DC 600V

---

[1] 不少工厂和认证检测机构的技术人员对电气强度检验中是否击穿的判定方式都存在误解，因而导致一些以讹传讹的"经验"：例如，南方地区梅雨季节湿度较大，往往会导致电气强度检测时的泄漏电流超过5mA而引起报警，因此，一些工厂和"专家"总结的"经验"是不要在该季节生产或出货，以免验货时出现大批量的不合格品。殊不知这是不了解电气强度测试的误解。绝缘被击穿的现象是绝缘呈现导体特性，宛如导线，阻值极小，因而绝缘击穿后电流极大；如果只是泄漏电流稍微超出动作电流限值，并不能简单地判定为存在绝缘击穿。详细解释可阅本书第四章相关章节或文献：陈凌峰. 电气强度试验结果辨析 [J]. 安全与电磁兼容，2007（03）：13-15.

[2] 对于Ⅱ类结构的Ⅰ类电气产品，产品组装完成后再进行接地电阻检验有可能是不现实的，因此，允许在装配过程中的适当阶段进行检测，只要能够保证此后的装配工序不会影响接地连续性即可。

[3] 表格中相关参数仅供参考，具体以相关标准最新版中的要求以及认证机构的要求为准。

续表

产品类型	Ⅰ类、Ⅱ类产品		Ⅲ类产品
	额定电压 <150V	额定电压 150~300V	
家电产品（根据 IEC 60335-1 附录 A 及 EN 50106）			
危险带电件（电源插头相零线）和可触及金属部件之间的双重绝缘或加强绝缘	AC 2000V 或 DC 3000V	AC 2500V 或 DC 3750V	—
判定标准	泄漏电流超过 5mA（对于产品本身存在较大泄漏电流的，限值可以是 30mA 或更高）		
照明灯具（根据 IEC 60598-1 附录 Q）			
相零线与接地导体之间的绝缘；导体与金属外壳之间的绝缘	AC 1500V 或 或 DC 2121V（或采用测试绝缘电阻测试作为替代手段，测试电压为 DC 500V，不得低于 2 MΩ）		AC 400V 或 DC 566V（或采用测试绝缘电阻测试作为替代手段，测试电压为 DC 100V，不得低于 2 MΩ）
判定标准	泄漏电流超过 5mA		
IT 产品（根据 IEC 60950-1、EN 50514、EN 62911 和相关认证机构检验规范）			
连接至保护接地的可触及导体	AC 800V	AC 1500V	—
未连接至保护接地的可触及导体	AC 1500	AC 2500V	—
判定标准	绝缘被击穿		
隔离变压器（根据 IEC 61558-1 附录 L）			
初级与次级之间（双重绝缘或加强绝缘）；初级与外部可接触金属导体	AC 2100V	AC 4200V	AC 500V
判定标准	绝缘被击穿		

注：为了适应越来越多 IT 产品使用直流供电（例如太阳能发电），EN 62911 还给出了使用不同直流供电时对应的直流测试电压，具体参见 EN 62911 表 3。

为了保证常规检验不会对工厂的产能造成影响，一般每个检验项目都应当在数秒内完成，并且能够立即知道检验的结果是否合格，以便操作人员能够立即采取相应的措施：产品是继续往下一个工序走，还是放在一边等待返修。

常规电气强度检验的时间通常为 1~2s，但需要注意的是，在检验时应当确保电气强度检验设备的输出电压已经达到规定的电压值①,因此,在具体实践中,通常都一直保持电气强度检验设备的高压输出,这就要求工厂应当采取有效措施保证相关操作人员的安全。

接地电阻检验的时间通常也是 1~4s,但是在检验中不应出现连接中断或电流明显不断减小的现象。需要注意的是,接地电阻检验是不可以用万用表检测回路通断的方式来代替的,这是因为接地回路不但要求实现电气连接,而且要求能够在出现绝缘失效时能够通过故障电流,所以,接地回路都要求有一定的载流能力,而普通万用表的输出电流一般都很小(一般是毫安级),无法检验接地回路的载流能力,因此,一定不能使用万用表来替代专用的接地电阻检验设备。

接地电阻检验需要注意的另一个问题是接触电阻的问题。为了提高检验的效率,许多工厂都自制了一些探头或插件,必须保证检测设备的探头能够和产品的接地端子可靠连接,不会产生额外的接触电阻影响检验结果。

常规检验中的检验参数和判定标准与型式试验中的存在一些不一致的地方,这并不是矛盾的,而是具体的检验目的不同。型式试验的目的是全面考察产品的设计,因此,检测条件相对比较严格和苛刻;而对于常规检验,是在产品的设计已经得到确认的情形下,用一种快速的方法对产品进行检验,迅速了解产品大致的质量,同时检验又不能对产品未来的使用造成任何影响,所以,常规检验的条件相对比较宽松。因此,为了弥补常规检验中可能存在的遗漏,应当对常规检验中出现的问题(特别是安全检验中出现的问题)进行统计,作为产品在生产过程中质量波动的指标,一旦超过一定的范围,应当对整个生产过程进行检查分析,同时加强常规检验的要求,并对成品抽样进行型式试验,以便找出原因,将安全隐患消除在产品生产线上②。

表 6-8 是欧洲检测检查认证联盟在工厂审查中对产品常规检验的要求③,工厂可以根据这些所罗列的标准和认证机构的要求来准备相关的常规检验项目。

---

① 由于电气强度检测属于一种加速测试,理论上对产品具有一定的破坏性,因此,在实际中不宜轻易提高检测电压。对比过去十多年来相关产品安全标准中电气强度测试检测电压值,呈现出轻微降低的趋势,以及根据使用中实际工作电压进行调整的趋势。这些调整无疑使得工厂检验过程趋向复杂,对工厂检查员和工厂质量管理人员的素质提出了更高的要求。

② 产品在生产线上装配完成后下线前,必须 100% 经过检验以确保没有存在安全隐患或质量问题,无疑是一个很好的质量管理理念,也已经得到了工厂和认证机构的普遍认可。但是,需要经过哪些检验项目则存在一定误区;如,对于一些全塑料外壳无任何外露金属导体的 II 类产品而言如何实施电气强度检测的问题;一些工厂和认证机构为了实现 100% 检测的目标,在电源插头的插销与塑料外壳的某一点之间按照加强绝缘的要求施加测试电压(在整个塑料外壳上包裹金属箔再施加测试电压的方式并不具有可操作性,因为操作时间较长无法满足产能要求);然而,以灯具产品为例,根据 IEC 60598-1 附录 Q 的指引,对于全绝缘包裹的 II 类或 III 灯具产品,100% 检测项目中并没有相应的电气强度测试要求;为了检验绝缘外壳的可靠性,可以通过抽检的方式,按照型式试验中的要求进行检测。因此,工厂应根据产品的实际制定有效、高效、有意义的 100% 检测项目,并与认证机构进行确认。

③ 根据决议 OSM/FIP 13-05 整理;但是在实践中,认证机构之间的具体实践存在相当的差异,该决议的内容只能作为参考。

表6-7 电气产品成品常规接地电阻检测参数表

产品类型	IT 产品 （根据 IEC 60950）	家电产品 （根据 IEC 60335）	照明灯具 （根据 IEC 60598）
测试电流	10～25A	最小 10A	最小 10A
判定标准	0.1 Ω	0.1 Ω；如果有导线，为 0.2 Ω 或 0.1Ω 加上导线电阻	0.5 Ω
备注	根据部分认证机构检验规范整理	根据 IEC 60335 附录 A 整理。对于电热产品，部分认证机构要求测试电流为 25A	根据 IEC 60598 附录 Q 整理

注：本表只适用于检测保护接地回路的接地电阻，并不适用于功能性接地回路；为了操作安全，通常要求输出电压不超过 12V。

表6-8 CIG 工厂审查中常规检验要求

产品类型	产品类别	执行标准
元部件	控制部件（EN 60730）	EN 50344—1
	开关	EN 61058 附录 R
	低压电器（EN 60947）	EN 60947 第 8 章
	低压开关控制设备（EN 60439）	EN 60439 第 8 章
	插头插座	EN 60439—1 附录 A1
	其他元部件	认证机构要求
家电产品	全部	EN 50106
手持式电动工具	手持式	EN 60144—1 附录 E
	可移动式	EN 60745 附录 N
	充电电池式	EN 61029—1 附录 ZA EN 50260 附录 E
变压器	全部	EN 61558—1 附录 L
照明灯具	全部	EN 60598—1 附录 Q
电子设备	视听设备	EN 60065 附录 N
	实验室设备	EN 61010—1 附录 F
	其他	认证机构要求
IT 设备 （包括办公设备）	全部	EN 50116EN 62911
医疗设备	全部	EN 60601
ENEC 标志认证	全部	ENEC 303 文件

6.5 工厂审查

6.5.1 工厂审查简介

产品安全认证中的工厂审查（factory inspection），是指认证机构的审核员实地考察产品的生产制造过程，评估工厂的质量保证系统是否能够确保批量生产的产品与认证的产品结构、性能一致，是否能够确保批量生产的产品的安全特性与认证的结果一致。如果评估的结果是满意的，那么，认证机构就会向产品颁发认证证书，允许产品使用认证标志。

如果工厂审查的评估结果是不满意的，那么，对于还没有取得认证证书的产品，认证机构不会向产品颁发认证证书，也不允许产品使用认证标志，工厂只有在对所存在的问题进行整改并取得认证机构的认可后，认证机构才会向产品颁发认证证书，允许产品使用认证标志；对于已经取得认证证书的产品，认证机构通常会暂停证书的有效性，同时要求工厂暂停在产品上使用认证标志，直到工厂对所出现的问题进行整改并取得认证机构的认可后，认证机构才会恢复认证证书的有效性，允许工厂继续在产品上使用认证标志。此外，对于已经取得认证证书并使用认证标志的产品，如果在工厂审查中发现生产过程中有可能存在导致产品出现严重的安全缺陷的问题，工厂还需要对已经出厂的产品进行跟踪，确保产品不存在安全隐患，否则，应当采取进一步的措施（包括维修、替换或召回等措施），避免存在安全隐患的产品对社会造成真正的危害。

工厂检查和 ISO 9000 质量体系审核的过程和内容具有很多的相似之处，但是它们的侧重点是不同。工厂审查关注的对象，是产品及其质量保证手段的具体实施；而 ISO 9000 质量体系关注的对象，是工厂的管理体系。因此，两者是不可以互相替代的，对于进行工厂审查的工厂，并不要求一定需要取得 ISO 9000 质量体系证书，尽管工厂取得 ISO 9000 质量体系证书可能对提高产品一致性带来一定的帮助。表 6-9 是两者的比较。

表 6-9 工厂审查与质量体系审核比较

	工厂审查	质量体系审核
执行机构	第三方认证机构或检查机构	第三方认证机构和内部质量体系审查组
必要性	取得产品认证证书的必须过程	企业自愿申请
执行标准	以产品标准和相关技术法规为主	ISO 9000 标准族①
考察对象	产品安全	管理体系

① ISO 13485 是基于 ISO 9001 的独立标准，适用于生产制造医疗器械的工厂；ISO/TS 16949 是汽车行业实施 ISO 9001 的特殊要求；本书以 ISO 9000 标准族泛指所有这些标准。

续表

	工厂审查	质量体系审核
考察结果	产品认证证书和产品认证标志	体系认证证书
监督间隔	每年至少一次（可以多次）	每次不超过一年
审核人员资格[①]	认证机构委任的专业技术人员	注册审核员

按照进度安排的不同，工厂审查可以分为初次工厂审查、常规工厂审查和特别工厂审查三种。

（1）初次工厂审查，是指认证机构在对产品颁发认证证书之前所做的工厂审查，主要是了解一旦开始生产所认证的产品后，工厂现有的质量保证体系是否能够保证批量生产和认证的产品在产品结构、性能上一致。初次工厂审查时，工厂通常还没有开始批量生产所认证的产品，或者只有少量的试产和类似产品的生产，因此，初次工厂审查主要是对工厂质量保证管理能力的考察。

（2）常规工厂审查，是指认证机构在对产品颁发认证证书后对工厂进行的跟踪审查，主要是了解产品在开始进行批量生产后，工厂的质量保证体系是否能够继续保证批量生产和认证的产品在产品结构、性能上一致。常规工厂审查时，工厂已经进行所认证产品的批量生产，积累了相当的经验，因此，常规工厂审查主要是对工厂实际质量保证状况进行考察。常规工厂审查的间隔应当适当，既能够让认证机构及时了解工厂的实际生产状况，及时发现可能存在的问题，又不至于过于频繁而影响工厂的正常生产，增加工厂的成本开支。常规工厂审查的次数通常为每年1~4次。

（3）特殊工厂审查，是指认证机构在常规工厂审查以外临时安排进行的工厂审查。进行特殊工厂审查，很多时候是因为出现产品质量安全事故、市场抽查中发现实际批量生产的产品与所认证的产品出现不一致的现象、发现滥用认证标志等问题。特殊工厂审查往往不会事先通知工厂，而是采取突然检查的方式，同时重点检查库存的产品。

按照审查重点的不同，工厂审查可以分为以成品现场检查为主和以生产过程检查为主两种。

（1）以成品现场检查为主的工厂审查，审查的重点是现场抽查成品进行检验，以及监督工厂质量管理人员对成品的检验过程。这种审查方式所体现的思想是，工厂生产过程中所存在的问题，都可以在成品的缺陷反映出来。这种审查方式的优点是直接针对具体的产品进行检验，检验的内容非常具体、明确，对审查员的综合要求相对不高，因此，相对而言，这种工厂审查的效率比较高，甚至半天时间就可以完成一次工厂审查。但是，由于这种工厂审查方式没有对影响产品质量保障的其他因素进行审查，而工厂生产过程中所存在的问题，并不一定马上会导致成品出现缺陷，因此，往往有可能会忽略了一些生产过程中存在的问题。

---

① 中国要求两者都必须在CCAA注册才能开展相关的审查工作。

（2）以生产过程检查为主的工厂审查，审查员除了现场抽查成品进行检验，监督工厂质量管理人员对成品的检验过程，还对有可能影响产品质量的其他环节（如，仓储环境、配件等）进行考察。这种审查方式所体现的思想是，生产过程中的潜在问题，不一定会马上在成品中体现出来，审查过程中成品检验没有发现缺陷，不代表以后不会出现，除非所有相关环节都有适当的保障手段。这种审查方式的优点是比较全面，能够及时发现生产中潜在的问题，对审查员的综合要求较高。相对而言，这种工厂审查持续的时间较长，对工厂正常生产略有影响。

此外，对于少数安全特性要求较高的产品，工厂审查中甚至还会按照 ISO 9000 或相关衍生的标准对工厂的质量保证体系进行审核。

从工厂审查的结果来看，工厂审查的目的是为了保证认证的有效性，是为认证机构服务的一种手段。然而，随着社会的发展，工厂审查的性质出现了一些微妙的变化。以往，工厂审查的着重点是在挖掘工厂的不足，特别是一些工厂审查人员在这种思路的指导下，把工厂审查过程变成认证机构和工厂双方上演"猫捉老鼠"的过程，审查过程中双方的对抗性很强，双方都无法在工厂审查过程中掌握真实全面的状况，了解对方的意图。随着认证思想的发展和认证格局的变化，认证逐渐在向社会专业服务的方向演变，工厂审查的思路也在产生一些微妙的变化，一些认证机构甚至将工厂审查改称为跟进服务（follow – up service），而其中最重要的变化，是认证机构和工厂都认识到工厂审查是双方增进互信、真正落实技术要求的一个过程，工厂审查越来越多地在工厂能够体现其最佳质量保证能力的情形下进行，工厂审查不再将发掘工厂的缺陷作为首要目的，而是双方通过坦诚的沟通，把工厂审查过程中发现的问题作为双方共同提高产品安全特性的契机。这种发展趋势是积极的，因为只有依靠工厂，产品的质量才有可能真正得到保障和提高。无论如何，工厂审查都是认证机构和工厂之间的一种重要的正式沟通手段，是增进认证机构和工厂之间互相了解、互相信任的一个重要过程，无论是认证机构还是工厂，都应当调整思路，重视工厂审查的过程和结果，把工厂审查作为一个不断提高产品安全特性的手段。

6.5.2　工厂审查的流程

CNCA – 00C – 006《强制性产品认证实施规则工厂检查通用要求》按照要素的方式详细介绍了相关的要求和检查内容[①]，考虑到直观性，本书根据工厂审查的流程进行介绍，方便读者在实际中掌握工厂审查的要点。目前，大部分认证机构采取的工厂审查方式都是采取以生产过程检查为主的方式。这种工厂审查主要包括产品生产过程中的质量管理；批量生产产品与认证产品的一致性；成品的检验。

由于工厂审查的着重点是产品，因此，初次工厂审查最好在工厂有类似产品生

---

① 现行版本为 2014 年版。

产时安排进行，常规工厂审查最好在认证产品生产时进行，这样才能最有效地达到工厂审查的目的。一般，认证机构和工厂应当提前一段时间商定工厂审查的日期，以便工厂安排相关的生产任务和接待人员。

工厂审查的整个过程通常可以分为开始会议、现场审查、结束会议和后续跟踪四个阶段。

（1）开始会议阶段

开始会议，是在开始现场审查前，审查员和工厂相关人员举行的一个短暂会议，主要是审查员向工厂介绍本次工厂审查内容、安排以及希望工厂配合的事项等，同时，收集一些工厂的基本信息，如，工厂名称、联系方式、相关人员的变化情况；工厂的组织架构变化；工厂取得的管理体系认证情况；工厂生产状况和质量管理状况，特别是与认证产品相关的状况；产品遭遇投诉、退货的状况等。这些信息可以让审查员对本次工厂审查的背景有所了解，并相应调整工厂审查的内容。工厂的陪同人员也可以利用这个机会向审查员介绍工厂的一些情况，协助审查员安排审查的次序，以提高工厂审查的工作效率。开始会议的时间不用很长，在开始会议结束后，就可以开始现场审查了。

（2）现场审查阶段

现场审查，主要审查的区域包括生产车间、元件和半成品仓库、成品仓库以及品质保证部门（或类似的部门），对相关的质量管理人员、主要生产设备和设施以及检测设备仪器的状况进行考察，同时对成品进行抽查检验。

①生产车间的审查，主要是通过对各个生产岗位的现场考察，审查员可以具体地了解工厂的生产和质量管理状况。生产车间的审查中，尤其要注意跟成品安全检测相关的重要岗位，通常要求这些岗位必须根据产品相关标准的要求，对产品的安全特性进行100%全检（具体检验的内容、参数可以参考本书的相关章节）。通常，对于这些岗位，主要考察以下内容：

- 相关的作业指导书的内容、作业文件中的检测参数、要求是否正确完备。
- 相关人员的操作是否正确，是否符合作业指导书的要求。
- 检测设备的状况，以及操作人员对检测仪器的熟悉程度，包括参数调整、检测结果判读、检测设备状态检查等方面。
- 不合格品的标示、记录、堆放、处理方式等。

在生产车间的审查过程中，审查可以直接从生产线上抽取样品，用于判定产品的一致性。生产车间的审查，可以按照产品生产流程或其他适当的方式进行。

②元件和半成品仓库的审查，主要是考察仓库是否能够向生产车间提供合格的配件，考察的内容主要有以下几点：

- 仓库的环境；仓库的囤积、摆放是否清楚、合理，包括是否有清晰的卸料、待检、不合格品等的标识或区域划分。
- 仓库来料检验的情况，包括采用的检验方式（如，工厂自行抽检，委托专业实验室检验，检验供货方报告等）。

■ 仓库发料的管理等。

③成品仓库的审查，主要是考察仓库是否能够保证成品有一个良好的存放环境，考察的内容主要有以下几点：

■ 仓库的环境。
■ 成品入库的质量管理状况。
■ 成品出库的管理状况等。

通常，可以在成品仓库抽取一些样品用于产品一致性检查。产品一致性检查的目的是确认实际生产的产品与认证时的设计一致，没有未经认证机构确认的修改。一致性检查的项目包括：

■ 产品的铭牌。
■ 产品外观与规定的标识。
■ 产品的结构和关键元部件，通常是根据检测报告、图纸、图片资料、关键元部件清单、技术档案等进行核查。

通常，工厂审查员还会随机检查仓库中是否存在未经认证的产品擅自使用本机构认证标志的情形。

④品质保证部门（或类似名称）的审查，主要通过他们对全厂的质量管理情况有一个全面的了解，考察的主要内容有以下几点：

■ 工厂的质量管理状况，包括政策、人员配置、统计数据等。
■ 成品质量保证的管理和技术细节。
■ 相关人员的知识和能力；配套检测设备的状态。
■ 是否有足够的授权来影响产品质量等。

⑤在工厂审查过程中，还应当考察主要的生产设备、设施是否处于良好的状态及满足生产的需要；对于与产品质量、安全相关的检测设备和仪器，校准、检查的周期是否适当，相关的操作人员是否具备基本的检查、使用、判定常识等。

在现场审查过程中，审查员应客观地记录所发现的问题；对于有疑问的，可以向陪同人员咨询；而工厂的陪同人员应协助审查员了解情况，如实回答审查员的询问，并且在审查过程中，提醒审查员注意安全。

（3）结束会议阶段

结束会议主要总结在现场审查中发现的问题，指出这些问题对产品的安全特性和一致性可能造成的影响，同时听取工厂相关人员的解释以及改进计划。最后，将会议的结果形成书面报告，由双方签字确认，工厂应当要求一份复印件留底。至此，工厂审查的现场考察告一段落。

（4）后续跟踪阶段

在后续跟踪阶段，主要是继续处理现场考察阶段遗留的问题。一方面，主要是对在工厂审查中发现的问题进行整改，并通过文件、照片、再次现场考察等方式，最终取得认证机构的认可；另一方面，认证机构可以对现场考察阶段抽取的样品做进一步的安全特性、一致性检验。

6.5.3 经验总结与注意事项

在工厂审查的过程中，无论是工厂相关人员还是工厂审查员，都需要注意以下几点，从而确保审查能够顺利实施。

(1) 信息的公开与保密

由于工厂审查的过程，是认证机构充分考察工厂的实际生产状况、评估工厂的质量保证能力的过程，因此，工厂审查员会深入工厂的各个相关部门和区域进行了解、考察，必要时还会收集相关文件作为报告的审查依据。这样，必然会接触到工厂很多的文件资料和具体的操作流程等信息。工厂在接受审查期间，应当积极配合审查员的工作，对查看到的相关信息给予进行充分的公开，以确保工厂审查顺利完成。但是，在公开信息的同时，工厂也应当有适当的自我保护，对产品核心技术、特殊的生产工艺、商业往来秘密等有限度地提供或展示，做好保密工作。通常，工厂审查过程中，不应当涉及下列的信息：

- 与财务相关的信息，包括元器件的采购价格、成品的出厂价格、生产成本核算、员工薪酬待遇等（工厂审查中有可能问及企业员工的数量、年营业额规模、认证产品的生产数量等企业基本信息，这些通常并不认为属于需要保密的财务信息）。
- 供应商、客户的信息，包括具体联系人、联系方式等（在产品一致性检查环节会检查关键元部件的供应商名称及采购记录，但通常仅此而已）。
- 全套的技术文件和图纸，尤其是带有技术机密、关键的工艺参数的文件。

如果审查员需要拍照取证，那么，拍照的内容应当只涉及该认证机构所认证产品；不相关的文件、产品（特别是开发中的产品、非该机构认证的产品），工厂有权拒绝审查员拍照；为避免不必要的争议，拍照工作最好由工厂的陪同人员来完成，经复查没有问题后再提供给工厂审查员使用。

一般来说，工厂审查所需要了解的认证相关信息在工厂内部通常都是公开使用的；工厂如果以商业机密为由要求避开检查，必须能够提供充分的解释以及替代的检查方案，否则只会妨碍审查的顺利实施，导致审核结论趋于负面[1]。

而工厂审查员在审查过程中，无论如何都不应谈论审查过的其他工厂的情况，避免泄露其他工厂的商业秘密。

(2) 工厂的配合

工厂审查过程中，工厂最好的配合方式就是指派一名经验丰富、熟悉产品和生产、在工厂内部具有一定地位或职务的资深工程师、技术主管或品质经理作为陪同人员[2]，全程陪同工厂检查员。这样的陪同人员一方面熟悉各个生产环节，能够清

---

[1] 个别工厂在审查中以保密为由采取了一些诸如不允许审查员复印取证、禁止审查员携带手机进入车间、不允许靠近或目击某些工序等措施，这些措施除了引起审查员的反感，并没有什么实质的意义。

[2] 个别工厂担心工厂检查过程中会出现无法应付的情形，临时聘用外部技术人员、顾问或咨询人员陪同工厂审查员；然而，这些临时聘用的人员往往不熟悉工厂具体的人事关系，在需要时往往无法调配相关的人力资源，反而影响了工厂审查的顺利进行，甚至给工厂审查员造成弄虚作假的不良印象。

晰详细地解说要点，提供工厂审查员需要了解的信息或需要查看的文件与纪录，记录问题要点，最大限度降低工厂检查对正常生产的冲击；另一方面当遇到异常或突发情况时，可以调动资源迅速解决问题，确保工厂检查的顺利进行。特别地，对于一些没有形成书面文件的操作程序，陪同人员的口头陈述与解释就显得尤其重要了。

在工厂检查期间，关键的装配工位或产品安全测试工位往往是检查员重点检查的对象；这些岗位的员工在工厂审查员提问或现场检查时，个别会因为过度紧张而出错；当出现这种情形时，陪同人员可以协助这些员工尽快消除紧张，重新回答审查员的问题，或者重新示范审查员要求检查的操作；必要时，陪同人员还可以在没有越俎代庖的前提下，补充、解释这些员工的回答和操作。

（3）不符合项的确认与讨论

在工厂审查中，无论是认证机构的审查员，还是工厂的相关人员，都应当从善意的角度来发现生产中存在的问题。当发现不符合项时，如果双方的认识存在差距，可以先将问题记录下来，然后继续下一步的工作，双方不要争执不休而影响工厂审查工作的有序进行。

在工厂审查过程中，发现问题是很正常的情形。但是一些工厂的陪同人员认为出现问题会影响认证的结果，因此采取"寸土必争"的策略，对任何问题都进行反驳，甚至矢口否认、暗中造假，这些都非常令人反感，不利于工厂审查的正常进行。

对于工厂审查员，尤其需要注意工作方式，理解工厂相关人员可能存在的紧张、戒备心理，不要盛气凌人，不要只是关注于工厂的不足，对于一些工厂的长处，同样应当及时指出，双方都应当把工厂审查看作一项促进产品质量提高的建设性工作。对于发现的问题，工厂审查员也应当以开放的心态虚心听取工厂的解释，因为每个工厂都有具体情况，只要满足产品安全特性和一致性的要求，即使和大部分工厂的做法不同，都是允许的，千万不要在心中形成一种定势而干扰工厂的正常生产。事实上，虚心学习的审查员往往能够从工厂的解释中学习到新的知识，对提高自身的业务水平大有帮助。

总之，在工厂审查过程中，双方应当本着实事求是的原则，以客观事实为依据，记录所发现的问题。需要注意的是，在工厂审查过程中，双方可以探讨问题背后的根源，但是，工厂审查员是没有义务（原则上也不应当）协助或指导工厂分析原因和寻找改进方法的[①]。

（4）防止腐败行为

绝大部分工厂审查员都是恪守职业道德的，但是，由于种种原因，极少数工厂

---

① 作为工厂审查员，指导工厂整改或提供咨询，无论是否收取报酬，均与公正性、中立性存在冲突，是不明智的行为。根据国际检查机构联盟（IFIA，International Federation of Inspection Agencies）正式发布的指引文件《Product Certification – The nature of the service provided by IFIA member companies》中指出：产品认证机构不应也不允许参与到他们所评估的产品的设计、生产、安装、分销或维护工作中（原文：Product certification bodies, including IFIA Members, are not involved in, nor are they permitted to be involved in, the design, manufacture, installation, distribution or maintenance of the products that they assess）。

审查员会利用机会索取个人利益。对此，工厂应当坚决拒绝，并要求更换工厂审查员，认证机构都会满足工厂的要求，并对相关人员进行纪律处分。

在工厂审查的过程中，工厂普遍都会热情招待工厂审查员，但是一些工厂担心审查工作中会发现问题，往往主动向工厂审查员提供"红包"等好处，这对于每一个热爱本职工作、恪守职业道德的工厂审查员，不止是一种侮辱，同时也难免怀疑工厂可能存在不可告人的问题。对于工厂审查员而言，当遭遇此类事件时，应该坚决拒绝并如实向所在机构的相关部门汇报。

另外，也存在个别所谓的顾问或咨询师，利用工厂与工厂审查员双方信息的不对称，以需要向工厂审查员提供好处为由，向工厂索取利益，实际上却是落入个人口袋，既败坏了认证机构的名声，又给工厂造成损失。

当然，一些认证机构也应当采取积极措施，来防止腐败行为的出现。如，一些认证机构要求工厂当场报销审查员的费用，这无形中给工厂造成误解，也为少数害群之马提供了便利。总之，在工厂审查过程中，无论是认证机构还是工厂，都应当对腐败行为进行斗争[①]。

（5）样品检查与生产安排

工厂审查的一个重要项目就是现场检查所生产的认证产品的一致性，所检查的样品通常有三种来源：生产线上正在生产的产品，库存成品，以及留样。

显然，第一种来源的检查样品是工厂审查时最希望看到的，不但可以现场直接进行一致性核查，而且还可以审查生产过程中的每一道关键工序。然而在实践中，工厂的生产安排受到许多因素的制约，尤其是不少工厂属于 OEM 和 ODM 工厂，工厂审查当天正在生产认证产品的机会并不多，因此，为了降低工厂审查对正常生产的影响，许多时候工厂审查要求企业正在生产的产品与认证产品属于同一产品类别即可。

不同的认证机构对于产品类别的分类略有区别，欧洲认证机构联盟之一的 OSM-FIP 在 IECEE 的 23 种电气产品测试类别的基础上，将电气产品工厂检查的产品类别（product category）分为 21 个类别，并用相应的代码表示[②]：BATT（电池）、CABL（电线电缆）、CAP（电容）、CONT（开关及控制装置）、HOUS（家电产品）、INST（连接装置）、LITE（灯具）、LASER（激光）、MEAS（量具）、MED（医疗设备）、OFF（IT 及办公设备）、POW（高低压开关）、PROT（电路保护装置）、SAFE（安全隔离变压器）、TOOL（电动工具）、TRON（电子及娱乐设备）、IND（工业及商业机器设备）、PV（光伏产品）、EMC（电磁兼容）及其他杂类 MISC。这样，即使工厂所取得的认证产品型号再多，工厂审查时只按产品类别进行

---

① 《中华人民共和国刑法》第 163 条和第 164 条规定了非国家工作人员受贿罪（立案追诉标准：五千元以上）和对非国家工作人员行贿罪（立案追诉标准：个人一万元以上，单位二十万元以上）。为了配合各国反腐败贿赂的法律法规，一些国际知名的检测认证机构相继建立了合规管理体系（Compliance Management System，简称 CMS），成立合规部门以加强内部监督，防止腐败行为的发生。

② 当前决议版本为 2014 年版。

检查，不用对每一个型号的产品都进行检查，并且通常每天审查的产品类别不超过三种，在审查的数量与质量之间取得了较好的平衡，大大地降低了工厂审查员和工厂的负担，而对于没有被检查到的类别或产品，可以在下一次的工厂审查进行检查。

欧洲认证机构通用工厂检查报告CIG体系

CIG 是欧洲电气产品认证联盟 EEPCA（European Electrical Products Certification Association）内的认证机构工厂审查联盟，目的是相互承认彼此的工厂审查结果，以减轻工厂和认证机构的工作负担；EEPCA 改组为欧洲检测检查认证联盟 ETICS（European Testing Inspection Certification System）后，相关业务由 OSM-FIP 工作组承担，但是仍然沿用了 CIG 的文件体系。更多信息可访问网站 www.etics.org。

早期欧洲各个认证机构都有自己的工厂审查报告格式，尽管报告内容大同小异；随着认证行业的发展，一些认证机构开始选用欧洲电气产品认证联盟下属 CCA 发布的 MC-7 工厂审查报告格式；随后，CIG 在 2000 年发布的 CIG 023 工厂审查报告模板得到了更多的欧洲认证机构的认同，认为其更能够体现工厂审查的要素，于是逐步成了欧洲认证机构的通用工厂审查报告模板；CIG 023 的版本也经历了 2000 版、2004 版、2009 版和目前最新的 2014 版。

CIG 文件体系由4份基础文件和相关决议组成，可以从 ETICS 官网下载：
- CIG 021：Factory Inspection Procedures – Harmonized Requirements；
- CIG 022：Pre-Licence Factory Inspection Questionnaires；
- CIG 023：Factory Inspection Report；
- CIG 024：The Conduct of Factory Inspections。

其中 CIG 021 是工厂审查的协调要求，明确工厂审查的内容和要求；CIG 022 是工厂调查问卷，用于收集工厂审查必需的背景信息；CIG 023 是工厂审查报告模板，供工厂审查员填写。CIG 024 是指引文件，相当于 CIG 023 报告的填写指南。

本书只介绍 CIG 023 报告中技术性比较强的部分内容，其余部分在 CIG 024 中有详细的介绍，不再赘述。

CIG 023 报告的 3.6 条和 3.7 条要求记录产品的常规检测项目并按产品类别填写到相应的表格中。CIG 024 用一个审查微波炉工厂的例子来说明填写的要求（图6-3），从中可以发现，产品属于家电产品类别，Ⅰ类产品，执行的常规检验标准为 EN 60335、EN50106 和认证机构的特殊要求 VDE-PM 332；检测内容包括接地电阻、绝缘电阻、泄漏电流、电气强度、功率偏差、性能和微波泄漏检测等项目；其中除了泄漏电流测试属于抽检以外，其余的都是 100% 全检；工厂审查员现场目击了除泄漏电流测试和功率测试以外的其他检测项目。

该表（见图6-3）总结了工厂生产中的常规检测项目的概况，认证机构或其他相关的技术人员对于工厂的常规保障手段可以一目了然；当然，专业的工厂审查员通常还会以补充说明、图纸或相片等形式注明测试的部位，以方便其他工程技术人员进一步评估工厂的质量保障体系。

TEST DATA SHEET-Routine Tests

☐ No production							
☒ Production seen			Certification mark（s）:VDE				
Category:HOUS			Product:Microwave oven				
Type（model）:M36			Electrical Insulation Class:1				
Rated voltage:230 V			CB routine test requirements:EN 60335/EN 50106/VDE-PM 332				
TESTS	% check	Test value applied	Time	Factory limits applied:	Failure indicated by	Remarks	W R
a Earth continuity	100%	12Vd.c. 10A	2s	0,2Ohm Ohm（max.）	Instrument Lamp	Including resistance of the supply cord & plug	W
b Insulation resistance	100%	500Vd.c.	4s	2MOhm（min.）	Instrument		W
c Leakage current	5%	230Va.c.		5mA（max.）	Instrument		R
Dielectric strength — Basic insulation	100%	1 000Va.c.	2s	30mA（max.）	Instrument, Lamp Buzzer	Manual reset needed	W
Dielectric strength — Supplementary insulation	n/a	V	s	mA（max.）			
Dielectric strength — Reinforced insulation	n/a	V	s	mA（max.）			
e Load deviation	100%	230Va.c.	5s	+5%~10%	Instrument	(e) cold	R
f Functional test	100%	230Va.c.			No Function	(f) yes	W
Microwave leakage	100%	230Va.c.		50W/m²			W

e Indicate method used（hot/cold,at mains voltage,low voltage resistance check,etc.）.
f Are all controls and components checked during the test?
W=Test witnessed by the Inspector;R=according to records

图6-3 GIG体系常规检测项目

CIG 023报告的8.1条~8.7条要求记录产品的验证检测项目（PVT）并按产品类别填写到相应的表格（见图6-4）中。CIG 024用一个电吹风的例子来说明填写的要求，从中可以看到，该产品的认证机构为LCIE；尽管认证机构没有要求，但是工厂每年都会从生产线上每种型号抽取一个样品进行验证检测，以确认产品与认证要求是否一致；验证检测的标准是EN 60335-1，检测项目包括铭牌、电击防护、机械强度、爬电距离以及电气间隙等测试，核对关键元部件，实施60s的电气强度测试，出风口堵塞异常测试（检查温控器）等；所有的测试均在工厂进行，工厂审查员尽管没有目击相关的检测，但是从测试纪录来看，检测结果是满意的。

当然，专业的工厂审查员通常还会以补充说明，或收集工厂的检测文件、检测报告或相片等形式进一步向其他工程技术人员汇报工厂质量保障体系的技术状况。

CIG 023报告的16.1条和16.2条要求登记产品一致性检查结果，图6-5是一家德国认证机构的工厂审查报告摘录，从图中可以看到，现场核对产品是热熔断体，工厂审查员还拍摄了产品的相片作为补充。

TEST DATA SHEET – Product Verification Tests/Periodic Tests（PVT）

CB	Product，Sampling rate，Standard's clause or Test – parameters，Results
LCIE	PVT not required but performed by the manufacturer.
	Hair dryer，type ER4，one unit per type per year from running production
	Tests acc. to EN 60335 – 1：Marking，protection against electric shock，mechanical strength，creepage distances，clearances.
	Verification of components with originally approved versions
	Dielectric strength test for class II – accessible metal parts against live parts 2 500 Va. c. 60s
	Abnormal operation：blocking air outlet – functioning of thermostat
	Tests performed in Manufacturer's own laboratory
	No ongoing testing during visit，however records show that tests were satisfactory.

图 6-4　CIG 体系要求记录的检验检测项目

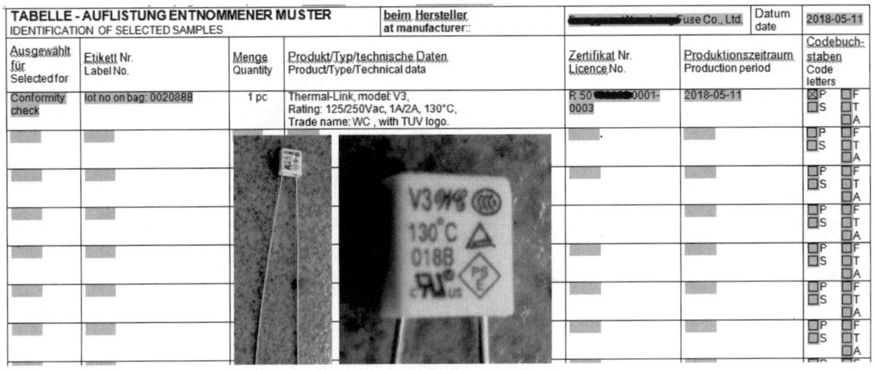

图 6-5　工厂审查报告摘录

6.6　验货

电气产品出厂前的验货，按性质可以分为两种，一种是装运前检验，这是应某些国家政府委托，对其进口的货物在出口国进行装船前检验、价格评估及税则归类评定等，出具检验及价格评估证书，作为货物在进口国通关、结汇、纳税的依据。另一种是采购商出于保护自身利益，自行或者委托第三方进行检验，主要是检验产品的质量是否达到合同的要求。对于企业而言，两者的具体操作过程都是相似的。

对于电气产品而言，无论是哪种性质的验货，基本上都采用现场抽样检验的方式[1]。在开始进行抽样之前，为了节约时间，允许部分成品还在生产中，但是通常

---

[1] 验货过程中抽检到的样品往往会经历拆卸后重装或破坏性试验，因此，务必重新检验后才能放回，检验标准不应低于从生产线装配完成后下线的检验标准，以免存在质量问题或安全隐患的产品流向市场。

都要求已经完成至少 80% 的数量。抽样基本上都是采用类似于美军 MIL - STD - 105E 标准的抽样表（表 6-10、表 6-11）[①]，并将检验中出现的问题根据其性质分为轻微缺陷、严重缺陷和致命缺陷三种，分别对应不同的 AQL 值（简单地说，就是抽样样品允许出现问题的样品的数量）。对于电气产品而言，产品安全关系到使用者的人身安全，因此，在验货中，一般都将电气安全问题归类到致命缺陷，所有抽检的样品在进行安全检测时都不允许出现问题，否则整个批次的产品会被判定为不合格。至于严重缺陷和轻微缺陷，AQL 值通常分别选取为 2.5 和 4.0，当然也可以根据产品的实际情况和双方的约定选取其他 AQL 值。

表 6-10 单批次常规检验抽样总表

样本量字码	样本量	接收质量限（AQL）																								
		0.010	0.015	0.025	0.040	0.065	0.10	0.15	0.25	0.40	0.65	1.0	1.5	2.5	4.0	6.5	10	15	25	40	65	100	150	250	400	650	1000
A	2	↓	↓	↓	↓	↓	↓	↓	↓	↓	↓	↓	↓	↓	↓	0 1	↓	1 2	2 3	3 4	5 6	7 8	10 11	14 15	21 22	30 31	↑
B	3	↓	↓	↓	↓	↓	↓	↓	↓	↓	↓	↓	↓	↓	0 1	↑	1 2	2 3	3 4	5 6	7 8	10 11	14 15	21 22	30 31	44 45	↑
C	5	↓	↓	↓	↓	↓	↓	↓	↓	↓	↓	↓	↓	0 1	↑	↓	1 2	2 3	3 4	5 6	7 8	10 11	14 15	21 22	30 31	44 45	↑
D	8	↓	↓	↓	↓	↓	↓	↓	↓	↓	↓	↓	0 1	↑	↓	1 2	2 3	3 4	5 6	7 8	10 11	14 15	21 22	30 31	44 45	↑	
E	13	↓	↓	↓	↓	↓	↓	↓	↓	↓	↓	0 1	↑	↓	1 2	2 3	3 4	5 6	7 8	10 11	14 15	21 22	30 31	44 45	↑		
F	20	↓	↓	↓	↓	↓	↓	↓	↓	↓	0 1	↑	↓	1 2	2 3	3 4	5 6	7 8	10 11	14 15	21 22	↑	↑				
G	32	↓	↓	↓	↓	↓	↓	↓	↓	0 1	↑	↓	1 2	2 3	3 4	5 6	7 8	10 11	14 15	21 22	↑						
H	50	↓	↓	↓	↓	↓	↓	↓	0 1	↑	↓	1 2	2 3	3 4	5 6	7 8	10 11	14 15	21 22	↑							
J	80	↓	↓	↓	↓	↓	↓	0 1	↑	↓	1 2	2 3	3 4	5 6	7 8	10 11	14 15	21 22	↑								
K	125	↓	↓	↓	↓	↓	0 1	↑	↓	1 2	2 3	3 4	5 6	7 8	10 11	14 15	21 22	↑									
L	200	↓	↓	↓	↓	0 1	↑	↓	1 2	2 3	3 4	5 6	7 8	10 11	14 15	21 22	↑										
M	315	↓	↓	↓	0 1	↑	↓	1 2	2 3	3 4	5 6	7 8	10 11	14 15	21 22	↑											
N	500	↓	↓	0 1	↑	↓	1 2	2 3	3 4	5 6	7 8	10 11	14 15	21 22	↑												
P	800	↓	0 1	↑	↓	1 2	2 3	3 4	5 6	7 8	10 11	14 15	21 22	↑													
Q	1250	0 1	↑	↓	1 2	2 3	3 4	5 6	7 8	10 11	14 15	21 22	↑														
R	2000	↑	↓	1 2	2 3	3 4	5 6	7 8	10 11	14 15	21 22	↑															

↓——使用箭头下面的第一个抽样方案。如果样本量等于或超过批量，则执行100%检验。
↑——使用箭头上面的第一个抽样方案。
Ac——接收数。
Re——拒收数。

表 6-11 MIL-STD-105E 抽样方案代码

批量范围	特殊检验水平				一般检验水平		
	S-1	S-2	S-3	S-4	I	II	III
2~8	A	A	A	A	A	A	B
9~15	A	A	A	A	A	B	C
16~25	A	A	B	B	B	C	D
26~50	A	B	B	C	C	D	E
51~90	B	B	C	C	C	E	F
91~150	B	B	C	D	D	F	G

[①] MIL-STD-105E 标准实际上已经作废，并被 MIL-STD-1916 替代；国标 GB/T 2828 除了个别条款外，内容与 MIL-STD-105E 没有实质的不同。

续表

批量范围	特殊检验水平				一般检验水平		
	S-1	S-2	S-3	S-4	I	II	III
151~280	B	C	D	E	E	G	H
281~500	B	C	D	E	F	H	J
501~1 200	C	C	E	F	G	J	K
1 201~3 200	C	D	E	G	H	K	L
3 201~10 000	C	D	F	G	J	L	M
10 001~35 000	C	D	F	H	K	M	N
35 001~150 000	D	E	G	J	L	N	P
150 001~500 000	D	E	G	J	M	P	Q
500 001 起	D	E	H	K	N	Q	R

通常，在验货时，电气产品的安全检验项目主要有以下几项目：核对产品的铭牌；电气强度测试（或绝缘电阻测试）和接地电阻（I类电气产品）测试[①]；外壳机械强度测试[②]；简单的功能检查，包括额定输入功率的测量等；测量一些关键部件的间距或厚度；核对安全相关元件的型号、参数和供货商等。

在验货时，除了产品本身的质量问题外，影响电气产品安全验货结果的主要因素有以下几点：

■ 现场检验手段：由于验货时的安全检测一般都是在现场进行，通常都是使用制造商的检测设备，因此，验货员对检测设备性能的了解程度会影响检验结果的可靠性；如，在进行电气强度测试的时候，经常出现由于不了解绝缘击穿的正确判定方法而将产品误判为电气强度测试不合格。当出现这种情况的时候，制造商应当积极协助验货员掌握检测设备的正确使用方式。

■ 对产品的了解程度：在进行电气产品的安全检验过程中，验货员对所检验的产品，由于时间的关系，往往无法很具体地了解产品的结构，在检验时有可能出现检验部位错误的情形。当出现这种情形时，制造商应当积极协助验货员了解产品的结构，告知验货员工厂在进行产品安全例行检验时的部位。

■ 执行标准：对于电气产品安全而言，不同产品的标准、不同国家和地区的标准之间都是有差异的，产品安全是相对的。因此，在验货开始前，制造商和验货员应当先了解产品所执行的标准和检验的标准是否一致。由于种种原因，许多中国企业在签订合同的时候，往往没有具体指明双方执行的标准，最多是笼统地说产品必

---

① 验货时电气强度测试的测试电压与绝缘击穿判定方式是经常出现误解的地方，有关解释请参看本书的相关注释。
② 个别验货员会采用跌落甚至扔摔等手段来检验产品的机械强度，并以用户使用时可能存在此类极端情形作为借口。这种测试手段是不规范的，属于野蛮测试。企业遇到此类情形，应当坚持按照标准或者合同的规定进行。

须取得某种认证，这种模糊的条款就有可能导致验货时对产品的安全特性出现争议。因此，在合同中明确规定验货所执行的产品安全标准是非常重要的。需要注意的是，采购商可以根据自身的质量标准，对产品提出比标准更高的要求，包括对电气产品安全特性的要求，只要双方事先达成一致即可。

- 验货员自身的素质：由于种种原因，验货员通常都不是电气产品安全方面的专家[1]，这一点是可以理解的，因此，制造商应当在验货开始前坦诚、耐心地向验货员介绍产品的结构、生产状况、检测设备的使用，并且配置相关的工作人员协助验货员开展工作。对于极少数验货员利用验货的机会来谋取个人不当利益的，制造商应当坚决要求更换验货员，并记录在案，以便将来出现纠纷时能够作为佐证。

- 如果在验货中出现产品安全问题，制造商应当积极与验货员沟通，了解检验过程中是否存在值得商榷的地方，同时积极对出现的问题进行整改，争取当场解决。如果对验货的结果存在争议并且无法当场解决，制造商可以要求就出现的问题和争议双方相关人员签署一份备忘录，甚至可以将出现争议的样品或产品进行封样，留待进一步沟通解决，尽量不要在报告上匆忙签字。而对于已经取得相关安全认证的产品，如果对于验货的结果存在争议，必要时可以要求认证机构协助解决。对于企业而言，一定要认识到如果产品存在质量问题（尤其是存在安全隐患），在出货前整改的成本远远低于到岸后的整改成本；企图用一些不正当手段影响验货结果，最终一定是搬起石头砸自己的脚。

6.7 电气产品安全标准使用与阅读

电气产品安全标准按照内容可以分为基础性标准、测试标准和产品标准三种。基础性标准是指那些总结产品安全的通用要求的标准，如，IEC 60664。虽然具体的产品标准都会引用这些标准，但是由于这些标准理论性较强，在实践中可操作性不强，一般在产品的安全设计中使用不多。

测试标准主要是规范某种具体测试的测试条件、过程和判定的标准，例如 IEC 60695。一般，如果具体的产品标准中采用这种测试手段，都有具体的测试条件和测试参数。由于这些测试手段都比较专业，很多需要特殊的测试，因此，对于产品设计工程师而言，并没有必要深究这类标准的内容。

对于产品设计工程师而言，主要参考使用的是具体的产品安全标准，这些标准

---

[1] 由于验货市场竞争激烈、验货员流动性较高等原因，不少验货员存在学历较低、专业能力较差、培训不足等问题，不时导致一些产品因为验货员不熟悉具体产品标准、不了解检测结果的正确判定方式而被误判为存在安全隐患。这一情况在工厂审查员中同样存在，然而，工厂检查通常不会立即对具体产品做出判定；当企业对工厂审查员的结论存在争议时，通常有较多的时间与认证机构进行交流；并且工厂审查员岗位稳定性和培训方面相对较佳，因而工厂审查员的素质问题相对而言较轻。

针对具体产品的特点，提出了具体的要求和防护原则，可以认为是当时对产品安全所做的总结和技术沉淀；学习这些标准，可以掌握一些最新的产品安全理论，了解其中的发展趋势，把握当前国际上和国内对产品安全的要求程度，用最经济的手段来满足社会对产品安全的要求。

然而，由于种种原因，目前中国高校并没有相关的专业开展这方面的工作。为了方便读者在实际中结合标准来进行产品的安全设计，本书以 GB 4706.1《家用和类似用途电器的安全　第1部分：通用要求》（等同采用 IEC 60335-1）为例介绍产品安全标准的阅读方法，供读者参考。

GB 4706.1 是家用电器产品以及部分类似的轻工业、商业使用的电器产品的安全标准，也是最常用的电气产品安全标准之一。

GB 4706.1 目录

前言
IEC 前言
引言
1 范围
2 规范性引用文件
3 定义
4 一般要求
5 试验的一般条件
6 分类
7 标志和说明
8 对触及带电部件的防护
9 电动器具的启动
10 输入功率和电流
11 发热
12 空章
13 工作温度下的泄漏电流和电气强度
14 瞬态过电压
15 耐潮湿
16 泄漏电流和电气强度
17 变压器和相关电路的过载保护
18 耐久性
19 非正常工作
20 稳定性和机械危险
21 机械强度
22 结构

23 内部布线

24 元件

25 电源连接和外部软线

26 外部导线用接线端子

27 接地措施

28 螺钉和连接

29 电气间隙、爬电距离和固体绝缘

30 耐热和耐燃

31 防锈

32 辐射、毒性和类似危险

附录 A（资料性附录）例行试验

附录 B（规范性附录）由充电电池供电的器具

附录 C（规范性附录）在电动机上进行的老化试验

附录 D（规范性附录）电动机热保护器

附录 E（规范性附录）针焰试验

附录 F（规范性附录）电容器

附录 G（规范性附录）安全隔离变压器

附录 H（规范性附录）开关

附录 I（规范性附录）不适于器具额定电压的仅具有基本绝缘的电动机

附录 J（规范性附录）涂覆印刷电路板

附录 K（规范性附录）过电压类别

附录 U（资料性附录）电气间隙和爬电距离的测量指南

附录 M（规范性附录）污染等级

附录 N（规范性附录）耐漏电起痕试验

附录 O（资料性附录）第30章试验的选择和程序

附录 P（资料性附录）对于湿热气候中所用器具的标准应用导则

附录 Q（资料性附录）电子电路评估试验程序

附录 R（规范性附录）软件评估

在使用标准之前，首先应当了解标准的状态和地位、标准的适用范围以及标准的结构，从而判断设计的产品是否在标准的覆盖范围内，判断执行标准是否能够满足产品在性能、安全等方面的设计要求等。这些信息可以从标准的"前言""引言""范围"和"一般要求"等部分获得。

从 GB 4706.1 的前言部分可以了解到，"本部分的全部技术内容为强制性"，也就是说，落在 GB 4706.1 覆盖范围内的产品，如果要在中国国内销售，产品必须执行该标准的相关要求。

从 GB 4706.1 的范围部分可以了解到该标准的覆盖范围如下：

本部分涉及单相器具额定电压不超过250V，其他器具额定电压不超过480 V的家用和类似用途电器的安全。不作为一般家用，但对公众仍可能引起危险的器具，例如打算在商店、轻工业和农场中由非专业的人员使用的器具也属于本部分的范围。

注1：这种器具的示例为：工业和商业用炊事设备、清洁器具以及在理发店使用的器具。

就实际情况而言，本部分所涉及的各种器具存在的普通危险，是在住宅和住宅周围环境中所有的人可能会遇到的。然而，一般说来本部分并未涉及：
——无人照看的幼儿和残疾人使用器具时的危险；
——幼儿玩耍器具的情况。'

注2：注意下述情况：
——对于打算用在车辆、船舶或航空器上的器具，可能需要附加要求。
——在许多国家中，全国性的卫生保健部门、全国性劳动保护部门、全国性供水管理部门以及类似的部门都对器具规定了附加要求。

注3：本部分不适用于：
——专为工业用途而设计的器具
——打算使用在经常产生腐蚀性或爆炸性气体（如，灰尘、蒸气或瓦斯气体）特殊环境场所的器具
——音频、视频和类似电子设备（GB 8898）
——医用电气设备（GB 9706.1）
——手持式电动工具（GB 3883.1）
——信息技术设备（GB 4943）
——可移动式电动工具（GB 13960）

可以看到，对于大部分的家用电器，甚至对于一些商业场合使用的产品（例如电理发器），该标准都是适用的。另一方面，必须注意标准中罗列出的不适用产品，例如，电视机虽然也被认为属于家用电器的一种，但是它并不在该标准的覆盖范围内，而是执行另外的标准。

在确定标准的适用性后，可以进一步了解标准所实现的目的，这一点可以从标准的多个部分了解到。在"引言"部分：

本部分所认可的是家用和类似用途电器在注意到制造商使用说明的条件下按正常使用时，对器具的电气、机械、热、火灾以及辐射等危险防护的一个国际可接受水平，它也包括了使用中预计可能出现的非正常情况，并且考虑电磁干扰对于器具的安全运行的影响方式。

在"范围"部分：

就实际情况而言，本部分所涉及的各种器具存在的普通危险，是在住宅和住宅周围环境中所有的人可能会遇到的。

在"一般要求"部分：

各种器具的结构应使其在正常使用中能安全地工作，即使在正常使用中出现可能的疏忽时，也不会引起对人员和周围的环境的危险。一般来说，通过满足本部分中规定的各项相关要求来实现上述准则，并且通过进行所有的相关试验来确定其是否合格。

从以上内容可以知道，该标准的目的是确保产品使用中的安全，产品在设计时执行该标准，可以认为对产品潜在危险的防护程度达到了一个国际上可以接受的水平，至于产品的性能并不是该标准首要考虑的因素。

此外，从标准的这些前序的内容中，还可以了解标准的其他相关信息。如，从标准的前言部分还可以知道，该标准是由全国家用电器标准化技术委员会归口和解释，因此，对该标准的任何异议、质询，都可以联系该技术委员会；从标准的引言部分可以知道，该标准的结构分为第 1 部分"通用要求"和第 2 部分"特殊要求"两大部分，对于具体的产品（如，电冰箱、微波炉等），还必须查询是否存在第 2 部分的特殊要求。

在确认产品与标准匹配之后，就可以开始采用和执行标准了。在开始执行标准之前，必须对标准中所使用的概念有一个清晰的了解。这一点可以通过阅读标准中的"定义"部分来实现。字面相同的概念，在不同标准之间，以及在标准和日常用语之间，都是有可能存在一定差异的。如，对于日常生活中常见的硬币，一般没有人会将它们看作是工具，但是在一些标准的定义中，硬币被认为是工具的一种。因此，在执行标准时，必须对其所有的定义都要仔细了解，不可以望文生义，以免在执行中造成偏差。

在准确了解标准中所使用概念的定义后，可以根据产品安全防护的要求，逐条对照标准中的相关章节的具体条款，如果适用，也就是说，标准该条款的对象是和所设计的产品一致的，那么，该条款必须得到执行。

标准的要求按照应用的场合的不同，可以分为型式设计要求和常规检验要求。型式设计要求是产品在设计定型阶段必须执行的要求，常规检验要求是产品在生产过程中对产品的安全、性能等质量指标进行考核的要求。产品的型式设计要求又可以分为结构要求和测试要求两类，结构要求是产品在设计时结构上必须满足的要求，测试要求是产品的工程样品在根据标准规定的测试手段进行测试时，必须达到的要求。

需要牢记的是，产品的安全是依靠产品的设计来实现的，也就是说，是依靠产品的结构来实现的，测试只是一种验证手段，并且测试的结果都带有一定的偶然因素。在执行标准的时候，着重点是标准中具体的结构要求，而相关的测试只是验证产品满足这些要求的一种手段。事实上，在产品安全领域，对于一些测试成本非常高昂，或者实际中进行测试时在技术上存在相当困难的考察评估内容，往往更侧重于科学推导和理论计算。因此，在执行产品安全标准时，千万不要本末倒置，将标准变成一份单纯的测试文件。

令人遗憾的是，许多源于 IEC 的产品安全标准往往都将结构要求和测试要求混在一起，特别是一些历史比较悠久的标准，结构都比较混乱，往往都带有早期不规范的痕迹，许多条款给人的感觉是在"打补丁"，造成阅读和使用上的困难。相对而言，一些新起草的 IEC 标准和 UL 标准，在结构上都比较清晰，阅读和使用都比较方便。

需要注意的是，本书的阅读指南只是方便读者在执行标准时，能够提高阅读和使用的效率。作为产品设计工程师，并没有必要像认证工程师、检测工程师那样对标准进行全面、细致地阅读，没有必要过分深究标准中的具体测试要求，但是在执行具体条款的要求时，必须结合上下文仔细阅读，以免断章取义，造成混乱。GB 4706.1 中安全要求与校准条款对照见表 6-12。

表 6-12　GB 4706.1 中安全要素与标准条款对照

安全要素与技术要求	章节条款
1. 电击防护	8，13，14，15，16，22，27，29
2. 能量防护	8，22
3. 过热防护	11，17，30
4. 火灾防护	11，17，30
5. 机械伤害防护	20，21，22
6. 有害化学物质防护	22，32
7. 辐射防护	22，32
8. 功能性危险防护	9，22
9. 异常状况的防护	19，22，附录 Q，附录 R
10. 其他防护	31
11. 标示与说明书要求	6，7
12. 元器件要求	17，22，24，25，26，28，附录 C，附录 D，附录 F，附录 G，附录 H，附录 I，附录 J
13. 性能要求	10，22
14. 生产中的例行检验	附录 A

第 7 章

CHAPTER 7

电气产品安全合格评定

Conformity Assessment

7.1 产品认证概述
7.2 中国电气产品安全合格评定体系
7.3 欧盟电气产品安全合格评定体系
7.4 美国和加拿大电气产品安全合格评定
7.5 CB体系和CB-FCS体系

认证的本质是一种担保。

7.1　产品认证概述

7.1.1　认证的历史与模式

认证（certification），广义上的含义是指由权威机构根据当事人提供的资料和其他信息，对某一事物、行为或活动的本质或特征，经确认属实后给予的证明。因此，公证机关出具公证书、学校签发毕业证书等，都可以认为是认证的一种。而根据《中华人民共和国认证认可条例》，认证是指由认证机构证明产品、服务、管理体系符合相关技术规范、相关技术规范的强制性要求或者标准的合格评定活动。通常，根据具体认证对象的性质，把针对产品等的认证活动称为产品认证，把针对管理体系等的认证称为体系认证。在电气产品安全合格评定领域，认证的含义主要是指用认证证书或认证标志证明某产品或某项服务符合特定技术或技术规范的行为，特别是以产品安全标准或产品标准中有关安全项目作为认证依据。在许多国家和地区，产品的安全认证通常都实行强制性认证制度。如果没有特别指出，本书所指的认证主要是指产品安全认证[①]。

认证制度是指为实施认证活动而建立的一套规则、程序和管理制度。任何一种认证制度在建立的时候都应当力求能够公正、有效地开展认证工作。但是无论多么完善的认证制度，都存在技术和经济上的限制，不可能对全部产品的所有方面进行检验。在现实中，认证制度要受到许多客观因素的制约，具体认证结果的可靠性取决于认证活动中涉及的各个环节，再完善的认证制度所提供的可靠程度都是相对的。认证背后所体现的经济原则，是社会用可以承受的成本，保证产品在最佳状态下生产出来，使得出现和使用不合格品的风险降到最低。具体实施哪种认证制度与每个国家的政治制度和经济水平密切相关，因此，片面比较各个国家之间的认证制度的优劣是没有意义的。

认证制度是伴随商品的交换和流通而产生的。这是因为在商品生产和交换的过程中，卖方为了达到推销其产品的目的，极力宣传其产品质量之高，以获得买方的信任，而买方对卖方的宣传往往持怀疑态度，因此，双方都渴望有一个第三方作为公正方来证明商品的质量，也就是第三方认证。早期的第三方通常是由政府来充当。根据《周礼·地官司徒》中记载："司市掌市之治教政刑，量度禁令……以量度成贾而征價，以质剂结信而止讼……"，虽然《周礼》的成书时间被认为是在汉朝而不是在周代，但这也说明，中国在不晚于汉朝的时候就设立专职人员（称为

[①] 需要注意的是，检测是指将产品根据技术标准的要求进行测试，获取相关数据和结果的过程，检测的结果通常以报告的形式表现。检测工作是认证中最重要的一项工作，检测报告是认证最重要的信息来源。但是，认证绝对不仅仅是检测，认证的信息来源除了检测报告，还有当事人提供的资料等，而认证过程除了检测工作外，还有相关信息的控制和确认的工作，因此，不可以将认证等同为检测。

"司市") 负责管理市场,职责包括对货物的质量和价值进行评定。

现代的产品认证制度起源于工业革命后期。19 世纪中叶以来,随着工业革命的不断深入,科学技术的进步推动了工业生产规模的发展,产品种类和产量不断增加。随着社会经济的发展,工业产品的大量应用,不可避免地带来了大量的安全事故,如,锅炉爆炸、电器起火、触电死亡等。这些事故不断重复发生,使民众意识到产品供应方出于追求利润最大化,他们的自我声明往往存在不足,而大多数民众又不具备相关的专业知识和手段对产品进行评估,社会迫切需求独立的第三方用公正、科学的方法对产品进行评定,特别是在产品的安全特性方面,以保证公众的基本利益。在许多工业化国家相继出现了由专业人士组建的第三方认证机构,如,德国的 DÜV,美国的 UL 等机构,对相关产品进行安全认证。此后,各国政府对于这种认证活动立法进行规范,开创了现代认证制度。美国是实行产品认证最早的国家,而英国的 BSI[①]认证标志(俗称风筝标志,图 7 - 1)则被认为是世界上最早的认证标志。随后,西方各个工业发达国家都相继建立了自己的认证体制,制定了自己的认证标志。这些认证体制相当多都是政府主导的强制性认证,而电气产品是最早开展安全认证、使用安全认证标志的产品。

图 7 - 1　英国 BSI 认证标志

认证制度的建立和实施,取得了显著的社会效益和经济效益。为了巩固既得利益,这些国家又把产品认证制度用于国际贸易中,要求进口产品必须按它们的标准进行认证,甚至对一些进口产品提出了比国内认证更为苛刻的要求,把认证变成了一种控制产品进口的手段,使得产品认证制度逐渐演变成了国际贸易中的技术壁垒。

进入 20 世纪 60 年代,已经建立和实施了认证制度的国家在越来越多的国际交往中,认识到现行的认证制度不利于发展国际贸易和技术交流,因此,逐渐出现了国家之间的双边或多边互认制度,互相承认对方的认证结果。但是各国认证制度多种多样,即使采用的标准和方法相同,由于实际认证制度的差异,仍然不能完全消除由此带来的贸易壁垒。

为了使产品认证真正体现出它的进步意义,尽量消除它带来的负面效果,使认证成为促进国际贸易发展的手段,国际标准化组织 ISO 于 1970 年成立了国际标准化组织认证委员会,1985 年改名为国际标准化组织合格评定委员会。该委员会是一个包括合格认证、实验室认可和质量体系评定三位一体的国际组织,成立至今颁发了一系列关于认证制度和认证准则的指导性文件,作为各国建立和修改自身认证制度的重要依据。而 1985 年成立的国际电工委员会电工产品安全认证组织 IECEE,

---

[①]　全称 British Standards Institution,即英国标准协会。

则着重完善和推行国际电工产品安全认证制度，它所推行的 CB 体系是目前最重要的电气产品安全认证互认体系（有关 CB 体系的介绍可参阅本书的有关章节）。

产品的认证方式按照实施的主体可以分为三种：

第一种，企业自我认证（第一方认证）：这种认证方式是企业对自己的产品进行确认，保证产品符合相关技术标准。由于这种认证方式属于企业的自我声明，不属于常规意义上的认证。

第二种，用户方认证（第二方认证）：这种认证方式是指由用户或采购商对产品进行认证。这种认证往往趋于过分苛刻，并不利于社会经济的发展。

第三种，是第三方认证：这种认证方式是指由独立于上述两者，具备公正性、科学性、权威性的第三方对产品进行认证。理论上，第三方由于与上述两者在行政上和经济上没有任何直接关系[①]，因而认证的结果可以做到不偏不倚而被购销双方所接受。这种认证方式是目前各国主要开展的认证方式，通常所说的认证指的就是这种第三方认证。

从产品安全认证的实践效果来看，第三方认证的本质是利用利害关系各方对其公正性与专业性的信任，为其所认证的产品提供担保，并利用其专业性平衡各方力量：

■ 对于普通消费者而言，缺乏足够的专业能力去评估每一家企业的每一类产品的安全特性，因此，认证机构扮演了担保的角色，使得普通消费者能够通过对认证机构的信赖而认可企业产品的安全性。

■ 对于政府的市场监督而言，认证机构同样扮演了一定的担保角色；认证机构在保证其认证有效的同时，实质上也起到了对企业的监督作用。

■ 对于普通中小企业而言，面对政府市场监督部门的质疑，认证机构的担保无疑是一种有效的证明，认证机构的介入也有助于双方在技术问题上平等对话。

可见，产品安全认证的有效与可靠，很大程度来源于认证机构的担保作用与连带责任；不承担连带责任或基本不承担连带责任的认证机构，很难令人相信其担保的有效性，其认证的可信程度自然也就不高。不少发展中国家推行的认证制度并不能取得类似于西方发达国家那样的效果，很大程度上就在于这一点差异。

目前，世界上第三方认证主要有以下八种模式：

第 1 种：型式试验模式（type test），即按规定的试验方法对产品的样品进行试验，以证明其产品符合标准或技术规范的要求。这是最简单的认证形式，它只对所检测样品的检测结果和所出具的报告的正确性负责，不能说明以后生产的产品是否也符合标准或技术规范。

第 2 种：型式试验 + 认证监督（市场抽样检验）。这是一种带有监督措施的型式试验模式。监督的办法是从市场（包括批发商、零售商的仓库）随机抽样来获取样品进行检验，以证明认证产品的质量持续符合标准或技术规范的要求。

---

① 收取认证费用并不认为是一种经济上的直接关系。

第 3 种：型式试验 + 认证后监督（供方抽样检验）。这种认证模式和第 2 种模式类似，只是监督的方式有所不同，它不是从市场上抽样，而是从供方发货前的产品中随机抽样进行检验。这种模式有可能因为工厂对抽取不合格品采取防御措施，因而没有第 2 种模式更加能够反映产品质量的真实性。

第 4 种：型式试验 + 认证后监督（在市场和供方抽样检验）。这种认证模式是上述第 2 种认证模式和第 3 种认证模式的综合，监督检验的样品既从市场上随机抽取，又从供方产品中随机抽取。

第 5 种：型式试验 + 供方质量体系评定 + 认证后监督（质量体系检查 + 供方和市场抽样检验）。这种认证模式的显著特点是，在批准认证的资格条件中增加了对产品供方质量体系的评定，在批准认证后的监督措施中也增加了对供方质量体系的复查。

第 6 种：供方质量体系评定。这种认证模式是对供方按所要求的标准生产产品的质量保证能力进行检查和评定，实质是对工厂按照要求的技术条件生产产品的质量保证能力进行评定和认可，因而称为质量保证能力认证，这种模式并不对产品进行认证。

第 7 种：批量抽检：根据规定的抽样方案，对一批产品进行抽样检验，并据此对该批产品是否符合要求进行判断。

第 8 种：百分之百检验。产品在出厂前都要依据标准经认可的独立检验机构进行检验，认证方对每一件被认证的产品负责。

这几种模式都有各自的特点和优点，但具体做法相差很远，这对国际间相互承认或者建立以国际标准为依据的国际认证制度带来了不便。同时，各国的实践证明第 5 种认证模式用于连续批量生产的产品时，是一种成本低、效率高的方法。为此，在 20 世纪 80 年代初，国际标准化组织 ISO 和国际电工委员会 IEC 向各国正式提出建议，以第 5 种认证模式为基础建立各国的国家认证模式。此后，第 5 种认证模式得到了各国的广泛采用，中国国家 3C 强制性认证就是采用第 5 种认证模式。

7.1.2 认证体系

一个国家的认证体系，是在国家相关法律、法规、政策等的框架下，由认证管理部门、认证机构、标准机构、检查机构、检测机构和计量机构等在各自的领域展开相关的工作。

开展认证的基础是国家相关的法律、法规和有关政策。以中国强制性产品认证制度为例，它是以《中华人民共和国产品质量法》《中华人民共和国进出口商品检验法》《中华人民共和国标准化法》《中华人民共和国计量法》和《中华人民共和国认证认可条例》等为基础建立的，并通过《强制性产品认证管理规定》具体实施，中国国家认证认可监督管理委员会（简称"认监委"）是主管行政部门。

可见，认证是和一个国家的政治制度和经济水平密切相关的，是一项在国家法律、法规指引下政策性非常强的社会活动，因此，就目前人类社会的发展而言，并不存在一种全世界通行的认证①。因此，企业在申请相关认证的时候，必须密切关注和把握国家的相关政策，包括出口目的地国家和地区的相关政策，不宜盲目进行各类认证。

认证管理部门包括国家相关管理部门、认可机构和市场检查机构等②，这些部门和机构主要负责规范认证行为，对相关的机构进行授权、认可和监管。目前，中国的认证管理部门主要是"中国国家认证认可监督管理委员会"。

■ 标准机构：标准机构的主要职责是按照授权，制定、发布、修订和撤销相关的技术标准。中国的标准机构是"中国国家标准化管理委员会"及其下属单位。

■ 检测机构：检测机构的主要职责是按照认证的规定，根据相关的技术标准和技术规范对申请认证的产品进行检测，考察产品是否符合相关标准和技术规范的要求，并向认证机构提交报告，作为认证的重要依据。一般，检测机构都必须根据 ISO/IEC 17025 导则取得实验室认可。

■ 检查机构：检查机构的主要职责是根据授权或委托，派出经过注册或认定的检查人员，按照认证的规定，对申请产品认证的企业的质量保证体系进行现场考察，做出是否满足认证要求的评定，并向认证机构提交报告，作为认证的重要依据。

■ 计量机构：计量机构主要的职责是确保检测所使用的仪器设备的准确性和溯源性，确保检测结果可信。

■ 认证机构：认证机构的主要职责是按照认证的有关规则开展认证，是认证的实施主体，在认证体系中扮演最重要的角色。认证机构在开展相关认证时，必须取得相应的认可资格，也就是俗称的具有认证的资质。所谓认可，根据《中华人民共和国认证认可条例》的定义，是指"由认可机构对认证机构、检查机构、实验室以及从事评审、审核等认证活动人员的能力和执业资格，予以承认的合格评定活动"。中国的认可机构是"中国合格评定国家认可委员会"（英文缩写为 CNAS）。

认证的依据是技术法规和标准。根据世贸有关文件的定义，技术法规是指强制执行的规定产品特性或与其有关的加工和生产方法、包括适用的管理规定在内的技术文件；WTO 各成员国的技术法规都是由政府部门或委托的专设机构制定的，它的颁布要经过特定的法定程序，并有其严格的使用范围和强制执行的法律属性。而标准是指由公认的机构核准（认证或认可），供共同和反复使用的执行文件，它为产品或有关的加工和生产方法提供准则、指南或特性。通常，标准的概念比较广

---

① 其中的原因大致有以下 3 种：
    (a) 认证的标准得不到认同：以所谓的 SA8000 企业社会责任认证为例，2004 年认监委以新闻稿的方式解读企业社会责任认证，认为企业社会责任不等于 SA8000 标准，目前在中国不宜推行 SA8000 认证。
    (b) 认证机构得不到认可：各个国家和地区对认证机构的资质都是有要求和规定的。
    (c) 认证结果得不到认同：认证作为一种商业行为，采购方在一定程度上是可以不承认供应商所得的认证的。

② 在产品认证领域，认可（accreditation）是一个专用术语，指从事认证、检测和检验等活动的评定机构经认可机构评审合格，具备从事认证、检测或检验等活动的技术能力和管理能力。认可机构通常必须获得相关政府部门或政府间合作组织的授权。

泛，而技术法规一般表现为相关国家的强制性技术要求总则①，可以理解为特别层次的标准。标准的出现，为社会大生产中各方提供了共同遵守和共同承认的依据，大大提高了社会大生产的效率。产品认证的标准一般采用认证机构认可范围内的标准，通常是认可机构所在国的国家标准。当没有相关的国家标准时，通常采用标准的次序依次为区域标准、国际标准、行业标准等②。

标准化与认证机构

中国国家认证认可监督管理委员会（中华人民共和国国家认证认可监督管理局）（英文缩写：CNCA）是国务院决定组建并授权，履行行政管理职能，统一管理、监督和综合协调全国认证认可工作的主管机构。官网：www. cnca. gov. cn。

中国国家标准化管理委员会（中华人民共和国国家标准化管理局）（英文缩写：SAC）是国务院授权的履行行政管理职能，统一管理全国标准化工作的主管机构。官网：www. sac. gov. cn。

原国家质量监督检验检疫总局计量司主要职能是统一管理国家计量工作，推行法定计量单位和国家计量制度；管理国家计量基准、标准和标准物质；组织制定国家计量检定系统表、检定规程和技术规范；管理计量器具，组织量值传递和比对工作等。

根据2018年国务院机构调整方案，将原国家质量监督检验检疫总局的职责、原国家工商行政管理总局的职责、原国家食品药品监督管理总局的职责、原国家发展和改革委员会的价格监督检查与反垄断执法职责、商务部的经营者集中反垄断执法以及国务院反垄断委员会办公室等职责整合组建国家市场监督管理总局；将原国家质量监督检验检疫总局的出入境检验检疫管理职责和队伍划入海关总署；国家认证认可监督管理委员会、国家标准化管理委员会职责划入国家市场监督管理总局；不再保留国家质量监督检验检疫总局。国家市场监督管理总局官网：www. saic. gov. cn。

中国合格评定国家认可委员会（英文缩写为：CNAS）是由国家认证认可监督管理委员会批准成立并确定的认可机构，统一实施对认证机构、实验室和检验机构等相关机构的认可工作。官网：www. cnas. org。

中国认证认可协会（简称CCAA）是由认证认可行业的认可机构、认证机构、认证培训机构、认证咨询机构、实验室、检测机构和部分获得认证的组织等单位会员和个人会员组成的非营利性、全国性的行业组织，主要承担认证人员的注册与培训。官网：www. ccaa. org. cn。

---

① 有兴趣的读者可参阅"CENELEC Guide 3 Interrelation between regulations and standards"。
② 近年来，中国越来越多的电气产品安全标准直接采用IEC标准，或者等同采用IEC标准外加中国国家偏差。

目前世界上主要的国际性标准化专门机构是成立于1947年的国际标准化组织 ISO（International Organization for Standardization）和成立于1906年的国际电工委员会 IEC（International Electrotechnical Commission）。两者的总部都设在瑞士的日内瓦，中国是 ISO 的创始国，中国在1957年加入 IEC。根据双方的协议，有关电气工程和电子工程领域的国际标准化范畴由 IEC 负责，除此之外的其他领域由 ISO 负责。

ISO 官网：www.iso.org

IEC 官网：www.iec.ch

7.1.3 认证结论

当认证的产品或服务经过规定的程序，证实其符合认证的要求时，则由认证机构颁发认证证书和认证标志，允许获得认证的认证产品使用认证标志，证明其取得了认证资格。根据不同产品类型、服务项目和认证类型，有时只有认证证书，有时只使用认证标志，有时两者同时使用。

认证证书，就是由认证机构颁发给企业，证明产品符合认证标准或技术规范，并且许可产品使用认证标志的书面证明文件。通常，产品认证证书应当至少包括以下内容：

（1）证书编号。

（2）证书持有人信息，包括产品的生产者、生产或者加工厂（场）所，以及地址等基本信息。

（3）产品名称和型号，或者名称和系列型号。

（4）产品主要参数，通常包含产品铭牌上需要标示的大部分基本参数，如，额定电压、额定频率、额定电流或额定功率等基本参数。

（5）产品认证模式，可以使用文字说明的形式，也可以采用标示认证标志的形式。

（6）产品认证依据的标准和技术规则。

（7）证书颁证日期和证书有效期。

（8）认证机构名称及其简要信息，包括取得的认可范围和认可证书编号等，以及认证机构的签章或负责人的签字等。

(9) 认证证书的使用范围和使用说明等。

(10) 认证证书的附件,作为证书的有效补充。一些限于空间无法在证书上标示的内容,都可以在附件中反映。

认证标志是指企业的产品通过认证后,用于标示在产品上,证明产品符合认证要求的一种专用标志。认证标志的作用主要有两个:

- 表明产品经过第三方证明,符合认证规定的技术标准。
- 表明产品取得认证的种类,以及对此认证承担责任的认证机构。

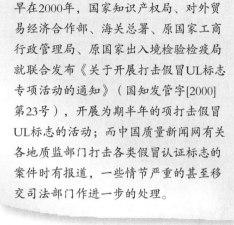

早在2000年,国家知识产权局、对外贸易经济合作部、海关总署、原国家工商行政管理局、原国家出入境检验检疫局就联合发布《关于开展打击假冒UL标志专项活动的通知》(国知发管字[2000]第23号),开展为期半年的项打击假冒UL标志的活动;而中国质量新闻网有关各地质监部门打击各类假冒认证标志的案件时有报道,一些情节严重的甚至移交司法部门作进一步的处理。

认证标志在中国并不陌生,原国家质量监督检验检疫总局颁发的国家免检产品标志和中国名牌产品标志(图7-2)就可以认为是广义上的认证标志。

一旦产品被发现存在不符合认证要求,消费者或者市场管理机关可以通过认证标志追溯认证机构,认证机构必须按照一定的程序回复相关的质询,并采取必要的措施确保认证的有效性。

(a) 国家免检产品标志

(b) 中国名牌产品标志

图 7-2　原国家质量监督检验检疫总局颁发的标志

认证标志本质上是一种证明商标,并且通常在认证机构所在国家进行了注册。此外,许多认证标志还根据《马德里协定》(国际商标注册的重要国际协定)进行了国际注册。因此认证标志是受到许多国家的法律保护的,滥用认证标志不仅违反和认证机构之间的认证合约,甚至有可能违反相关的商标法。

认证标志有的属于国家所有(通常国家强制认证中的认证标志都是属于国家所有,例如中国的 CCC 标志),有的属于某个组织(如,美国的 UL 标志),有的是两者的某种有机组合(如,德国的 GS 标志,要求同时标示认证机构的标志,而 GS 标志本身属于德国政府所有)。

标准的相关法律及出版者

根据2018年1月1日起施行的最新修正版《中华人民共和国标准化法》的解释，标准"是指农业、工业、服务业以及社会事业等领域需要统一的技术要求"（第二条）；"对保障人身健康和生命财产安全、国家安全、生态环境安全以及满足经济社会管理基本需要的技术要求，应当制定强制性国家标准"（第十条），"强制性标准必须执行"（第二条），"强制性国家标准由国务院批准发布或者授权批准发布"（第十条）；同时，明确指出，"禁止利用标准实施妨碍商品、服务自由流通等排除、限制市场竞争的行为"（第二十二条），"强制性标准文本应当免费向社会公开。国家推动免费向社会公开推荐性标准文本"（第十七条）。考虑强制性国家标准在国民经济中的重要作用，《关于加强强制性标准管理的若干规定》（国标委计划〔2002〕15号）进一步将强制性标准限制在安全、健康、卫生、环保等八个较为具体的范围内。按照《标准出版管理办法》（技监局政发〔1997〕118号），"国家标准由中国标准出版社出版"（第三条），而所谓的标准出版指的是"标准出版物（包括纸质文本、电子文本）的出版、印制（印刷或复制）、发行"（第二条）。作为原国家质检总局直属的中央一级专业出版社，中国标准出版社（成立于1963年10月）与原中国计量出版社（成立于1979年7月）于2009年10月合并组建中国质检出版社，同时保留中国标准出版社名称以满足发行标准等的需要。

7.1.4 认证流程

从企业的角度，产品认证的过程大致可以分为以下几个阶段：认证准备阶段；认证申请阶段；认证实施阶段；认证完成阶段；认证后续跟踪阶段。

由于认证的产品、认证的模式的不同，不同认证机构、不同产品的认证流程并不一样。本书所总结的只是大部分产品认证的一个基本流程，具体的实施应当和相关的认证机构具体沟通。认证每个阶段的介绍如下。

7.1.4.1 认证准备阶段

对于企业而言，认证准备阶段主要的任务是明确自身产品认证的目的和需求，寻找合适的认证机构，然而，在现实中，这一点往往被大多数的企业所忽略。由于种种原因，许多中国企业在开展产品认证的时候，往往盲目从众，导致认证并没有给企业带来应有的经济效益和社会效益。

通常，中国企业开展产品安全认证的目的主要有以下几种：

■ 产品销售市场的法律要求：如果产品销售市场（如，中国、日本等）的法律要求产品必须取得某种形式的认证来证明产品符合相关的法律法规，那么，企业在认证准备阶段的主要工作就是确认自身的产品是否在强制认证的范围内，以及哪些认证机构有资格开展相关的强制性认证业务。只要产品属于强制认证范围内的产品，企业必须无条件为这些产品申请认证。在这种情形下，企业的选择余地是不多的，企业能够选择的通常只是认证机构而已。

- **商业广告的目的，提高企业形象**：中国许多电气产品制造企业在申请国外产品认证的时候（如，德国的 GS 标志、美国 UL 公司的列名标志等），许多时候并没有直接的出口业务，他们申请认证的目的往往只是为了能够在相关产品或产品目录中使用该认证标志，提高企业的形象和消费者的信心，并为将来可能的出口业务做好准备。在这种情况下，企业具体需要认证的产品型号其实是不确定的，因此，企业应当挑选自己比较有把握的产品用于认证，重点注意所选择的认证机构的声誉以及自身的经济条件，因为使用相关的认证标志是存在后续费用的；同时，企业还应当仔细了解相关认证标志的使用限制，避免在使用认证标志时出现不必要的麻烦。

- **短期需求，或者批量少的出口需要**：这种情况是目前中国中小企业在申请认证时最普遍的情形。由于大多数中小企业无法完全把握市场，为了适应市场快速变化的需求，往往在产品已经取得订单并开始生产后，才匆忙申请认证。由于大多数产品认证周期都比较长，根据产品的复杂程度，通常都在一个月以上，企业往往很被动。对于这种少量甚至单个批次的产品认证，企业可以尝试通过在已有认证产品的基础上进行附加认证来缩短认证周期，降低认证成本；也可以尝试联合其他取得认证的企业，通过申请附加生产场所的方式来缩短认证周期，降低认证成本。

- **企业的长期发展战略**：采取这种方式的企业应当在准备阶段充分调研，了解目的市场的合格评定法律要求和认证体系，选择合适的认证机构和符合本身特点的认证模式，在时间上和成本上仔细筹划；在成本允许的前提下，把认证机构作为企业的特殊供应商对待，选择两三家同一类的认证机构，以满足自身不同的认证需求。

企业开展产品认证，最终的目的都是为产品走向市场拿到通行证或者敲门砖，让产品认证成为推动企业发展的助动力。因此，企业在认证准备阶段应当充分了解自身认证的目的，结合自身的发展战略，精心策划，避免开展无谓的认证活动而劳民伤财。

特别需要注意的是，出口产品的时候，特别是出口到欧盟和北美等发达国家，申请产品认证、取得认证标志和认证证书并不是产品通过安全合格评定的唯一途径，企业应当向当地的采购商或分销商仔细了解当地的法律法规，具体产品具体分析，从而找到一条成本低、成效高的合格评定路径。

7.1.4.2　认证申请阶段

在企业决定开展产品认证，并在人力和物质上做好准备后，就进入认证申请阶段了。在认证申请阶段，企业工作的重点是确认认证机构的资格和认可范围，完成相关的认证申请手续等。

在正式开展产品认证之前，企业首先要了解准备开展认证的认证机构的资格，特别是通过认证咨询机构开展认证的情形，确认企业待认证的产品是在该认证机构所取得的认可范围内的，以免得到的是无效或虚假的认证证书，给企业造成不必要的经济损失。通常，可以通过以下几个途径来了解认证机构的资格和认可范围：

- 索取认证机构的营业执照和认可证书的副本：根据我国的相关规定，所有开展认证业务的机构，无论是外资还是内资机构，只要在中国设立分支机构，都必须在中国认证认可监督管理委员会备案，营业执照上的营业范围必须包括认证业务。营业执照上的营业范围包括了认证，只是说明该机构可以从事一定的认证业务，具体可以开展的认证范围还必须通过核查认证机构所取得的认可证书上的认可范围来确定。注意，认证机构的认可证书是由相关国家的认可机构颁发的，认证机构本身是没有资格颁发认可证书的。

- 获取认证机构的认可证书编号，向有关部门查询：如果由于种种原因无法获得该认证机构的营业执照或认可证书复印件，可以通过查验其颁发的认证证书来了解其认可资格。通常，认证机构应当在其颁发的认证证书上标示其取得认可的认可证书编号，以及认可机构的名称，企业可以通过电话、传真、电子邮件等方式向认监委查询该机构认可证书的有效性，包括认可范围、认可证书的有效期限等。如果所谓的认证证书上没有相应的认可信息，企业应当提高警惕，避免得到的所谓的认证证书是得不到认可的无效证书或虚假证书。

- 登录相关认可机构的网站查询：由于国外认证机构数量众多，特别是国外许多中小型产品认证机构，真正在中国设立分支机构并在认监委备案的并不多，因此，如果企业计划通过这些认证机构开展认证，可以登录这些认证机构所在国家的认证管理机构或认可机构（可参见本书附录Ⅱ），了解他们的相关认可信息，必要时也可以通过商务部和中国驻当地的使领馆进一步了解。本书附录汇总了一些政府官方网站供读者查询有关认证机构的信息。

当企业确定认证机构后，就可以开始正式的认证申请过程了。企业一般通过书面的方式向认证机构提出认证申请，并提交产品的基本技术档案（有关产品技术档案的准备可参阅本书的其他章节），以便认证机构估算认证周期和认证费用等。

通常，认证机构都有相关的认证申请表格供企业填写，内容包括：

- 认证申请人的详细信息，包括认证中企业联系人信息等。
- 证书持有人的详细信息，包括工厂的信息等。
- 认证的种类。
- 认证费用的支付方式。
- 认证产品的基本信息，如，名称、种类等。

而认证机构要求企业提供的产品基本技术档案一般包括：

- 产品的名称、型号、额定电压等参数。
- 产品预定的用途描述，包括产品的使用使用说明、安装说明和维护说明等。
- 产品的原理图、结构图图纸。

- 关键元件清单，以及其他认证机构要求的文件。

如果可能，在某些条件下提供一台工程样品可以提高双方的沟通效率。如果产品申请的是国外认证，所有的产品资料一般应以英文提供，而使用说明书则必须使用相关国家的官方语言。国外各个认证机构具体要求的资料内容和语言都不尽相同，企业应对此给予尽可能多的配合。

认证机构在收到企业的书面申请和产品的基本资料后，一般都能够在几个工作日内给出认证费用估算。企业在收到报价后，还应当仔细了解认证费用的组成、是否存在后续费用，以及这些后续费用的金额等，如果是认证系列产品，还应当仔细了解认证机构对产品系列的定义，特别是在通过代理机构申请认证的情形下，避免在认证开始和完成后出现纠纷。通常，产品认证的后续费用包括证书年金、认证标志使用费、认证标签费用、认证过程中因为产品缺陷而产生的附加认证费用，以及可能产生的差旅费、邮递费等杂费，企业在认证申请阶段应当仔细了解各种可能的后续费用和附加费用，并用书面的方式确定下来。

在认证申请阶段，企业还应当了解认证的流程、认证依据的技术规则和标准。特别是认证所依据的技术规则和标准，最好双方用书面形式确定下来，这样，一方面企业可以实际了解自身的产品是否确实可以符合相关的技术规则和标准，另一方面，避免在认证过程中双方对采用的技术规则和标准产生争议。

企业在确认认证机构的资质、接受认证周期和认证费用后，双方就可以签署认证合同了。由于种种原因，目前的认证合同基本上都是认证机构起草的格式合同，许多条款可能对企业未必公平，但无论如何，这是双方在认证过程中必须完成的法律程序。双方签署认证合同后，通常认证机构会提供一个编号作为双方往来文件、样品等的项目编号，并通知企业支付认证费用、提交认证样品等。一旦企业支付认证费用，提交认证样品和补充资料后，就进入认证实施阶段了。

7.1.4.3 认证实施阶段

在认证实施阶段，企业的任务是配合认证机构的工作，利用自身对产品的熟悉，最大限度地提供技术支持，提供认证机构所需的样品和资料，以便能够在双方约定的期限前顺利完成认证；另一方面，企业还应采用项目管理的方式，积极控制项目的进度，对认证机构提出的问题积极反应，一旦出现问题主动进行整改，采取有效措施确保认证的进度，以免出现拖延而给企业造成损失。

在认证实施阶段，随着认证的进行，认证机构有可能要求企业提供进一步的技术资料，只要要求的资料不涉及企业的商业机密，都应当积极配合。如果企业认为相关的资料有可能泄漏企业的商业机密，企业应主动与认证机构探讨如何通过其他资料来满足要求。在认证实施阶段最常见的问题是产品认证失败、无法取得认证。一旦认证机构判定产品的资料、结构或性能中存在无法满足技术规则或标准的要求的项目，就可以判定产品认证失败。产品出现认证失败的情形，通常可以分为以下几种情况：

- **产品的技术档案资料不齐全或有错误**：产品认证中许多产品信息是来源于产品的技术档案，产品的技术档案是产品认证的评估报告中的重要文件，然而中国许多企业往往不重视产品的技术档案的整理和归档，出现图纸、元件清单等资料和实际样品不一致，或者资料错误等情形。特别是产品的使用说明书，它是企业对使用者关于产品使用的承诺，指引使用者如何正确使用产品，并对可能出现的安全问题进行警示和防范，而一旦使用说明书中的说明和产品的实际不一致时，或者说明书中的安全警示不足以覆盖产品的所有可能的安全隐患时，就有可能出现产品被判定为无法通过认证。企业避免和解决这种问题的关键在于认真准备相关资料，仔细核对其中的数据和编号等。

- **产品申请认证的技术指标偏高**：这种问题最常出现的情形是企业在申请产品系列认证的时候。企业为了在系列产品认证的时候尽可能多地包括更多的型号，或者出于某种宣传目的，过高估计了自身的技术实力和产品特性，片面提高产品的技术指标，导致产品在认证过程中出现失败。这种失败的解决方法比较简单，通常只要调整产品的技术指标再重新开始认证就可以了，有些情况下甚至只需简单地更改相应的产品技术档案就可以通过认证了。需要注意的是，企业在修改产品技术指标的时候，应当切实把握产品本身的特性，产品技术指标能够满足实际使用的需要，不要采取投机取巧的方法来通过认证，以免在实际生产或使用中由于产品技术指标偏低而无法满足市场的需求，所取得的认证变成废纸一张，企业白白蒙受损失。

- **产品在设计上存在轻微的缺陷**：这种问题是产品认证中出现最多的情形。当产品确实在设计上存在缺陷时，企业应当积极面对出现的问题，要求认证机构提供书面的产品认证失败报告，报告中应当反映产品出现认证失败的现象，以及判定失败的依据（技术规则或者标准）。在可能的情况下，企业应当和认证机构的相关工程师密切沟通，仔细了解失败现象产生的过程、背景等信息。根据第三方认证体系的有关规定，认证机构是不能够为企业提供相关的咨询或整改意见的，也没有义务为企业分析产品失败的原因，但是，企业可以要求认证机构就认证中出现的问题进行详细的描述。企业取得相关的信息后，应积极结合认证所依据的技术规则和标准，分析产品缺陷产生的原因，有的放矢地对产品进行整改，并且举一反三，对可能存在的其他问题也进行相应的改改，尽早拿出工程样品重新开始认证。

- **产品在设计上存在严重的缺陷**：这种问题出现的机会并不是很多，除非企业在认证的准备阶段没有进行任何必要的产品自我评估。通常出现这种问题的原因在于产品的某项特性和目标市场认证所依据的技术规则与标准存在较大的差异，而一旦根据相应的技术规则和标准对产品进行整改，产品的特点也就不复存在，对企业而言，整改后所取得的产品认证结果也就没有什么意义。典型的例子是所谓的万能电源移动式插板，这种移动式电源插板上的插座不是采用国家标准的，而是一种能够插入多种形状插头的非标准型插座，从使用方便性而言，确实能够满足某些情况下的需求，但是由于这种非标准插座存在明显的安全隐患，产品是无法取得相关的安全认证的，除非采用符合国家标准的插座，而这也就失去了产品的特色，取得的认证没有任何意义。因此，当产品在设计上存在严重的缺陷时，企业应当仔细考量是否采取整改措施后继续认证，否则应当立即停止认证进程，避免支付无谓的认证费用。

如何解决好认证中出现的问题，关系到企业整个认证项目的成功与否。企业在产品认证出现问题时如何更好地解决问题，以下有几点原则可以供企业参考：

- 整改时不要"头痛医头，脚痛医脚"，往往整改了一个问题，新的问题又出现了，这种现象在产品同时进行安全认证和电磁兼容认证时最为突出。企业在整改时，应当仔细分析所做的整改是否会衍生新的问题，在再次提交认证前把可能出现的问题解决好。

- 不要为追求项目进度而片面采取整改。企业对产品的设计采取的整改工作是一个系统工程，关系到产品的制造成本和市场销路。如果片面为了追赶进度，只以完成认证为目的，最终整改的结果极有可能不是自己所期望的产品，得到的认证结果也就不是自己期望的结果了。

- 在整改时，要分析产品认证失败现象是属于产品设计问题，还是样品的个别现象。企业应当利用对自己产品的了解，充分分析认证失败的原因，避免仅仅由于制作工程样品中出现的某些样品偏差而对产品的设计大动干戈。特别是对于认证中的检测失败现象，许多时候往往带有一定的偶然性，是由于元部件个别样品的缺陷造成的，并不是产品设计上存在问题，也不是所用元部件总体上存在缺陷。因此，如果检测失败现象在其他样品上没有出现，那么极有可能是认证样品的个别现象而不是产品的设计问题。

- 敢于质疑认证机构的结论。虽然认证机构本身有一定的内部程序来保证认证的质量，但是现实中认证机构对某一问题出现失误的可能性还是存在的，虽然这种可能性非常低。随着中国企业对认证和标准的了解和掌握，企业如果对自己产品的设计有充分的把握，应当敢于质疑认证机构的结论，并通过认证机构自身的申诉渠道进行申诉。如果无法通过认证机构自身的申诉渠道得到满意的答复，可以要求认证机构或自行向有关技术委员会提交申诉，要求就有关问题给出决议。

产品认证是一种典型的项目形式。至于在认证过程中的项目管理的技巧，读者可以参阅其他相关的书籍，本书不再深入进行讨论。

此外，根据产品认证模式的不同，在认证过程中有可能涉及认证机构（或检查机构）对企业的生产工厂进行首次工厂审查，以确保企业有足够的质量保证能力来保证批量生产的产品与认证的产品是一致的（有关工厂审查的内容，读者可以参阅本书的相关章节）。

7.1.4.4 认证完成阶段

中国许多企业往往认为只要认证机构向企业颁发认证证书，或者授权企业使用认证标志，认证过程就结束了。实际上，对于企业而言，认证完成不仅仅只是拿到一纸认证证书而已。

通常在认证完成后，认证机构会向企业颁发认证证书，并授权企业按照一定的原则使用认证标志。企业应当向认证机构索取产品的认证评估报告，这是因为认证证书仅仅提供了通过相关认证的结论而已，许多具体的信息是包含在报告中的，而且根据认证模式的不同，证书和报告的作用也是不同的：如果产品认证属于强制性认证，许多场合下认证证书就可以满足大部分的需求（如，中国的 CCC 认证），报告更多时候只是用于提供补充信息。如果产品认证属于自愿性认证，报告的作用往往比证书更加有效，这种情况下证书仅仅起到报告的摘要的作用而已，而相应的符合性证书（即所谓的 CE 证书）是没有任何法律效力的。因此，在认证完成后，企业应当尽可能向认证机构索取产品的认证评估报告。此外，报告最好是电子版本的，相关的图片最好是彩色的，这样可以大大方便在使用中查阅和检索报告。

企业除了向认证机构索取报告外，还应当要求认证机构对企业提供的产品技术档案进行确认，特别是在认证过程中出现需要提供补充资料，或者出现整改现象的时候，确保认证机构和企业的产品技术档案是一致的，一旦产品遭受质疑，不会出现两者由于档案不一致而产生纠纷。确认的方式可以多种多样，例如要求认证机构复制其存档的产品技术档案，或者要求认证机构对企业的产品技术档案盖章确认等。

企业在收到认证机构提供的相关文件（证书、报告等）的时候，还应当仔细核对企业名称、地址、产品名称和型号等是否拼写正确，特别是在申请国外认证的时候，避免在使用认证证书和报告的时候才发现问题，造成不必要的麻烦。

企业在认证完成后最好向认证机构索回认证样品，特别是产品包含有企业的商业秘密的时候，因为许多时候产品认证往往是在为产品投向市场做准备，企业在向市场推出产品之前，应尽可能采取必要的措施来保护自己的商业秘密。

7.1.4.5　认证后续跟踪阶段

当企业从认证机构获得认证证书、报告等文件后，认证机构的工作即告一段落，而对于企业而言，则进入了认证后续跟踪阶段。在这个阶段，企业需要跟进的工作主要有以下几项：认证资料的归档；认证标志的使用；应对针对产品的投诉等；应对认证机构或检查机构的工厂审查；产品设计、制造工艺更改的确认。

认证资料的归档工作往往被许多中国企业所忽视，特别是中小企业。事实上，认证资料的归档工作并不只是将认证证书保管好而已，而是要将产品认证中的信息有效传达到相关的部门和个人，如：

■ 业务部门应当了解所获得的认证的类型、有效性，在出现认证与市场要求出现差异时能够及时采取措施。

■ 生产部门应当准确掌握认证产品的结构、材料、工艺等信息，确保实际批量生产的产品与认证的产品在设计上一致，避免造成认证的失效；同时采取有效措施，确保认证标志的正确使用。

■ 售后服务部门应当了解认证的具体内容，一旦出现针对产品的投诉时，特别是出现产品安全事故时，能够及时与认证机构沟通，寻求认证机构协助解决问题，并要求认证机构承担相应的责任。

认证标志的使用是认证后续跟踪阶段的一项重要工作。认证标志的使用，有的是通过授权合约的方式，有的是通过购买特制标签的方式，企业在取得认证后，应当了解认证标志的使用方式和使用限制，避免出现误用认证标志导致产品遭受质疑甚至退货。

对于企业而言，认证后续跟踪阶段的另一项重要工作就是取得对认证的产品的设计修改的确认。在实际生产和销售中，企业会不断对旧型号进行改进，从而不断提高产品的质量和性能，降低产品的制造成本，从而增强产品的竞争能力。但是，任何对产品的改进都意味着产品的结构和认证时的产品是不一致的，无论是从简单的更换电源线供应商，还是到修改产品的外观结构。因此，原则上，任何对认证产品的改动，都应当及时和认证机构沟通，并得到认证机构的确认，从而确保认证的有效性，一旦出现任何对产品的投诉，都可以要求认证机构协助并承当相应的责任。在实际中，为了减少这种确认带来的工作量增加和成本上升，企业可以在产品认证准备阶段就对可能出现的一些产品修改进行预测，包括供应商的更换、产品结构可能的变化，通过产品系列认证的方式，来降低认证的费用，缩短认证周期。

根据认证的模式的不同，企业在认证后续跟踪阶段可能还需要应对认证机构或检查机构对企业生产制造工厂的现场检查，检查的内容有可能是工厂生产质量保证体系的审查，也有可能是成品的现场抽查；检查的方式有可能是预先通知，预约检查日期，也有可能是突击检查或随机检查；检查的频率可能是每年一次、两次或四次等，通常不超过每年四次，除非有特殊原因；检查的性质有可能是常规检查，也有可能是出现问题的特别检查等（有关工厂审查的内容可参阅本书的相关章节）。

7.1.5　认证中的组织关系

企业在认证过程中，首先需要注意的是正确处理企业与认证机构（包括认证机构指定的检测结构）的关系，应当做到不卑不亢。在今天，认证本质上也是一种商业行为，许多认证机构本身也采取商业运作的方式，因此，企业可以在一定程度上根据商业社会的经济活动规则，挑选一家在各方面满足自身需求的认证机构，甚至可以在人力、资金允许的前提下，选择同类型的两三家认证机构作为企业自身一种特殊的服务供应商[①]；另一方面，企业应当认识到认证的特殊性，它不是普通的商品产销活动，认识到长期合作与稳定合作的重要性，认识到互信在其中的重要作用。因此，在处理企业与认证机构的关系上，又有一定的特殊性。无论如何，企业应当采取平等的方式来处理与认证机构的关系，分清各自在认证活动中应当承担的责任和义务，定期对认证机构和认证的必要性进行评估，从而使得认证符合企业的战略发展。

---

① 由于种种原因，不少中国企业仍然未能改变对认证的误解，总是将认证简单地视为一种生产许可证或销售许可证，以为认证的目的就是取得产品进入市场的"入场券"而已，并没有理解到对于企业而言，认证同时还是一种担保服务，是产品遭遇质疑或发生安全责任事故时的"护身符"。

在处理企业与认证机构的关系时，特别需要注意的是防止腐败的发生。

一方面，企业不应采取任何不正当的手段来取得认证，特别是在产品出现认证失败、需要整改的时候，这是因为产品认证只是整个产品安全合格评定体系中的一环，认证机构只是该体系中的一员而已，市场检查、商品检验等都是独立于认证机构控制的其他环节，产品认证只是认证机构提供的判定结果而已，企业始终必须为自己的产品负责。企业即使通过不正当途径取得认证，所取得的认证对于企业的产品也是无效的，起不到认证所应有的效用[1]。

另一方面，企业不应支持少数从业人员的腐败行为[2]。一旦认证机构中的少数人员利用认证的特殊性谋求不正当的个人利益时，企业应当坚决要求认证机构更换相关的人员，必要时通过认证机构的投诉程序进行处理；如果认证机构的处理结果无法满足企业的要求，企业可以向认证机构的认可组织或中国国家认证认可监督管理委员会投诉，必要时更换认证机构。因为认证结果对企业而言，真正有意义的时候，是企业的产品遭到质疑或出现问题的时候，用于帮助企业避免或减轻损失，无法想象一家在认证阶段就存在问题的认证机构，可以在企业需要的时候能够提供帮助。

企业在处理与认证机构的关系时，还有一个需要注意的就是技术保密问题。尽管认证机构都有一定的保密管理程序，但是在认证的过程中，为了让认证机构能够有足够的信息对产品开展认证，企业必须向认证机构提供产品的安全技术档案，其中就包含一定的产品设计资料。如何确保既提供足够的信息给供认证机构参考，又不会泄露企业内部机密资料，对企业而言是一项很细致的工作。除了可以要求认证机构签署保密协议外，企业本身也应当采取必要的措施，控制信息的发布内容和过程。有关产品安全技术档案的准备可以参考本书的相关章节。

企业认证中需要注意的另外一个问题是企业和认证代理机构的关系问题，以及对认证代理机构的管理问题[3]。由于认证过程总体上都比较繁琐，涉及的问题往往不仅仅是纯粹的技术问题，因此，许多中小型企业都希望通过认证代理机构来取得认证，从而提高工作效率，降低用于认证的成本。这些认证代理机构中既有专业的

---

[1] 理论上而言，获得认证的产品如果被发现存在安全隐患，并且核查结果表明产品的结构与认证时一致，那么认证机构是需要承担相应的赔偿责任的；但是，如果产品的结构与认证时不一致，同时认证机构已经履行了必要的事后监督，则企业需要承担主要的责任。这一点是认证业务与检测业务最明显的不同之处，检测报告往往注明"只对来样负责"（或类似）作为免责声明，这也是当前不少化学检测、性能检测等检测业务中猫腻所在。

[2] 由于认证机构实际上承担了部分政府部门的市场监管职能，这种权力在个别场合会诱发从业人员的腐败行为，如，篡改认证检测结果的方式谋取非法利益；要求申请认证的企业通过与其有利益关联的代理机构或咨询机构申请认证；通过有利益关联的企业向申请认证的企业推销产品和服务等。这些行为均与认证的公正性存在冲突，企业不应支持或纵容这些腐败行为。

[3] 有关技术保密、防止腐败、杜绝不正当手段取得认证等注意事项同样适用于处理与认证代理机构的关系。

检测实验室与咨询机构①，也有利用企业不熟悉认证体系而浑水摸鱼的不良之徒，整个行业处于鱼龙混杂的状态②。但是，认证代理是一种纯粹的商业活动，其目的性和功利性都非常明显，只要为企业完成相应的认证工作就算完成任务，至于认证结果对企业是否真正有效③，则是另外的问题。这种现象不仅出现在中国，在国外同样存在。因此，企业在通过认证代理机构申请认证时，要善于管理认证代理机构，特别是在产品出现需要整改的情况时，企业一定要确认产品的整改结果是自己可以接受的结果，所获得的认证机构是符合自身市场战略要求的，否则，取得认证的产品和企业准备推向市场的产品不是同一产品，所取得的认证对于企业而言也就毫无意义。

总之，产品认证过程不仅仅是一项纯粹的技术活动，因此，企业应当在认证的准备、实施和后续等阶段认真对待，在技术上、人力上和经费上给予足够的重视，真正让产品认证为企业的发展助力。

7.1.6 局限性与发展趋势

根据世贸有关文件的定义，合格评定是指满足相关技术法规要求的活动及其过程；合格评定程序是指用于直接或间接确定满足技术法规或标准有关要求的任何程序，合格评定程序包括抽样、测试和检验程序评估、验证和合格保证程序、注册、认可和核准以及它们的组合的程序。由此可见，认证只是合格评定的一种手段。在许多工业发达国家，除了认证之外，往往还可以采用其他方式来通过合格评定。

产品认证发展到现在，已经在全世界形成了一套比较成熟的理论和体系，而多年的实践也证明了产品认证对提高产品质量，加强产品质量与安全的监管，保证消费者的健康安全起到了重要的作用，尤其是对于那些工业化大批量生产出来的民用产品，作用尤其明显。然而，产品认证也存在着明显的局限性。

首先，随着社会分工越来越明细，越来越多的认证机构中从事产品认证的技术人员缺乏相应的工业技术背景，无法深入产品的技术细节，产品认证过程变成一种照搬标准、技术法规条款的机械重复过程，尤其是在认证成为一种商业活动的形势下。国外就曾经有漫画对认证的这种发展趋势进行了讽刺和批评。

---

① 由于体制等原因，大量民办产品检测机构（尤其是在珠三角地区）的主要业务只能扎堆出口欧美的产品；如何改革现有体系，让这些机构能够服务国内市场，弥补市场监督的不足、提高内销产品质量，亟待相关管理部门的政策引导。

② 由于检测认证业务属于一种消耗性的服务，因此，个别认证代理机构利用这一特点扮演了洗钱的角色，严重败坏了整个行业的风气；也有个别的认证代理机构利用地方政府部门近年来大力补贴质量检测机构的政策，依靠业务量争取补贴而不顾质量，导致"劣币驱逐良币"，拉低了整个行业的质量水准。企业在选择认证代理机构时，应当注意到这些现状。

③ 不少认证代理机构提供设计整改服务，以保证产品顺利通过认证，但是企业应确保这种整改在成本上是可以接受的，在批量生产时是可行的，以免出现认证时的设计与实际生产时的设计不一致。

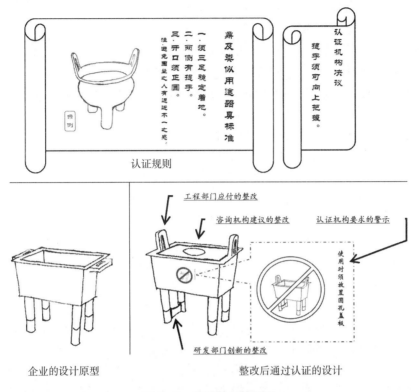

图 7-3 关于认证的漫画

其次,许多认证机构出于商业利益和过度的自我保护,当然也有不少是因为技术实力欠缺的原因,只是在一些安全技术非常成熟的产品上开展认证工作(图7-3),对一些常见的真正需要产品认证来提高产品安全程度的,则是采取回避的态度。如,转换插,是许多国际旅游人士的必备产品,但是由于许多安全问题有待解决,绝大部分认证机构对这类产品采取的是彻底否定的态度,或者是视而不见,而不是开展深入细致的研究指引企业生产安全的转换插,完全忽视此类产品背后的市场需求。一些认证机构从业人员自嘲"只认证安全的产品",这种双关语在表面上,是表达了认证的产品符合当时的安全要求,而在深层次上,则表达了这些机构只是在一些没有明显安全问题的产品上做一些锦上添花的事情。显然,这些认证机构的做法无疑是与产品认证的初衷背道而驰的,产品认证的社会效益根本无法体现。一些企业甚至因此提出了废除产品认证的言论,当然这种言论是过激和片面的,因为一些产品维持在较高的安全水平,本身就证明了产品认证所存在的价值。

可见,从整个社会的角度,产品认证有它积极的方面,又有它消极的方面,不能简单地一概而言,那些鼓吹产品认证万能的言论和那些极力贬低产品认证的言论都不符合产品认证的实际情况,在现阶段,尤其是在中国,产品认证的发展基本上是符合中国目前的社会和经济状况的,对现阶段中国的发展有着相当积极意义,中国产品认证发展的关键在于如何进一步面向市场，真正体现为消费者提供安全保障、为企业提供技术支持，而不是演变成为某些利益集团的牟利工具。

此外，在许多西方国家，随着认证机构的非国有化，认证机构逐渐成为类似于律师事务所、会计师事务所的专业社会服务机构，这一点与目前国内认证机构的情形略有不同；而产品认证在一定程度上的实质就是权威认证机构为企业产品所提供的担保，这一点对于中小企业而言尤其明显。然而，随着企业技术水平以及产品知名度的提高，这种担保所起的作用必定越来越小。过分依赖产品认证，不但不会对企业带来积极影响，甚至会对企业的发展造成不利影响。以产品出口认证为例，在中国改革开放的初期，产品出口认证确实为国外认识和接受中国制造的产品起到了积极的作用，但是随着中国改革开放的深入，中国企业出口的不断扩大，产品出口认证变成了某种发展障碍，因为认证不断提高企业的成本（时间上和经济上），毕竟，产品认证涉及认证机构的商誉，在认证成为一种商业活动后，认证机构以此谋取更高利益也是一种正常的商业行为，但这种认证活动无疑增加了企业的成本，企业肯定是通过产品将成本转嫁给使用者，最终提高了整个社会的成本。因此，逐渐淡化产品认证的作用，是企业和社会发展的必然趋势。

在欧盟，普通的低压电气产品的合格评定是无需第三方认证的；而在美国，越来越多的企业要求美国的 NRTL 体系至少允许 IT 类产品采用类似于欧盟的合格评定方式，即采用制造商自我声明的方式（第一方认证），以适应 IT 产品的产品寿命周期短、成本压力大的发展特点。事实上，许多国外知名企业本身参与相关标准的制定，其技术和商誉都远远在认证机构之上。在我国，随着国家战略向加强自主品牌建设方向发展，企业通过自身品牌而不是产品认证来赢得市场，才是符合长远发展的利益，过分强调和宣传产品认证的效用，是与国家的发展战略背道而驰的。在现阶段，中国企业应当将产品认证从介绍信、护身符变成敲门砖和垫脚石。

产品认证的另一个发展趋势是出现越来越多的自愿性产品认证。一方面，虽然许多发达国家的日常电气产品已经不属于强制认证的范围，但是，社会对产品安全认证依然有强烈的需求。德国电子电气工程师协会（VDE）在其报告《VDE 2002 Safety Mark Survey》中指出，约有 2/3 的德国人认为在决定购买电气产品的时候安全认证标志起到"很重要"或"重要"的作用，相信作为自愿性的产品安全认证将仍然在社会中发挥作用；另一方面，随着生活素质的提高，越来越多的使用者对产品安全特性以外的其他性能（如，环保、节能等）提出了更多的要求，对于这些性能所进行的各种自愿性认证，正在成为一种发展趋势。

总之，企业应当正确认识产品认证的本质，正确看待产品认证的积极作用和消极作用，尤其是在应对技术贸易壁垒的时候，应当踏着社会和技术进步的步伐，不紧不慢，既利用产品认证来突破技术贸易壁垒，又没有必要利用产品认证为技术贸易壁垒"添砖加瓦",从而使得产品认证成为企业的发展助动力①。

7.2 中国电气产品安全合格评定体系

7.2.1 背景

中国自1978年恢复国际标准化组织成员国地位以来,按照国际规范逐步建立了中国产品认证制度,相继开展了强制性产品认证、自愿性产品认证、节能认证、环境标志认证等工作。

(a)长城认证标志　　　(b)CCIB认证标志　　　(c)CCC认证标志基本图案

图7-4　中国电气产品安全认证标志

在强制性产品认证方面,原国家质量技术监督局负责对104种国内产品实施产品安全认证,发放CCEE长城认证标志(图7-4(a));原国家出入境检验检疫局负责对107种进口商品实施进口安全质量许可制度认证,发放CCIB认证标志(图7-4(b));同时对76种出口产品实施出口质量许可制度认证。这些认证制度的实施,对提高中国产品质量总体水平和在国际市场上的竞争力,维护国家经济利益、经济安全,保护人民身体健康和动植物健康安全,保护环境等起到了积极的作用。但当时的认证认可制度的建立和实施是在中国由计划经济逐步转向社会主义市场经济的过渡阶段,缺乏统一管理,有政出多门、各自为政、重复认证、重复收费等弊端,具体表现在:

(1)对产品的强制性认证存在内、外两套制度,这两套制度所涵盖的产品大部分交叉但又不完全一致,评价依据的标准和技术规则也不完全一致。

---

① 由于各个国家和地区的政治体制不同,各个认证机构和认证管理机构的地位、权利、认证范围并不相同,各种认证之间的法律地位并不相同。本书附录Ⅱ收录了部分国家和地区电气产品安全认证管理机构的信息与网站,建议企业在开展认证之前登录相关政府网站,了解认证的义务、责任与权利。由于在不少国家和地区认证在某种程度属于商业行为,因此,认证机构并没有义务向企业完整介绍认证体系(尤其是其他认证机构的信息)。建议企业在开展相关认证之前,登录相关政府网站以便有一个比较全面的认识。

（2）收费结构和标准存在差异，两个标志分别独立存在，存在重复认证、重复收费现象，中外企业对此反应强烈。

这些问题成为中国入世谈判中屡屡被质疑的问题。在中国加入世界贸易组织第15次多边谈判中，有关方面的谈判代表强烈要求中国将内、外两套强制性产品认证进行整合，建立符合世界贸易组织规则要求的新的认证制度。为了推进中国加入世贸组织的进程，中国政府郑重承诺：按照世贸国民待遇原则，通过"四个统一"来解决对国内产品和进口产品认证不一致的问题，即对强制性产品实现统一目录，统一标准、技术法规和合格评定程序，统一标志，统一收费标准。国家为此成立了强制性产品认证实施"四个统一"工作领导小组。为了从管理体制上保证"四个统一"的全面落实，2001年国务院在决定将原国家质量技术监督局和原国家出入境检验检疫局合并组建国家质量监督检验检疫总局①（简称"国家质检总局"）的同时，成立了国家认证认可监督管理委员会（简称"认监委"），国务院授权认监委统一管理、监督和综合协调全国认证认可工作。

原国家质检总局和认监委根据《中华人民共和国产品质量法》《中华人民共和国进出口商品检验法》《中华人民共和国产品认证管理条例》以及《中华人民共和国进出口商品检验法实施条例》有关条款的规定，按照国务院的要求，经过与有关部委充分协商，于2001年底对外发布了强制性产品认证"四个统一"的规范性文件。这些文件的发布和实施，标志着中国国家产品认证制度发展到了一个新阶段——国家统一的产品认证制度建立和发展阶段，也标志着中国入世承诺的兑现。

根据中国入世承诺和体现国民待遇的原则，国家对强制性产品认证使用统一的标志。新的国家强制性认证标志名称为"中国强制认证"，英文名称为"China Compulsory Certification"，英文缩写为"CCC"，简称3C标志，逐步取代原来实行的长城标志和CCIB标志。CCC强制性产品认证制度的建立和实施形成了一套分工明确的认证体系，即：

■ 国家认证认可监督管理委员会负责建立、实施和监督。

■ 指定的认证机构及为其服务的检测、检查机构和人员负责认证的受理、检测、检查和证书的颁发以及获证产品的监督。

■ 地方质检机构负责对列入目录内的产品及生产者、进口商和销售商等进行市场监督检查。

必须看到，没有一种制度可以一劳永逸地解决所有问题，任何制度都需要与时俱进。在过去十多年中，中国的CCC认证体系在总体框架不变的前提下，根据形势变更了不少规则，相信今后中国的CCC认证制度仍然将继续根据形势的发展而演变；有关中国强制性产品认证的信息可以访问中国国家认证认可监督管理委员会网站（www.cnca.gov.cn）的"强制性产品认证专栏"，本书仅从方便读者快速了解的角度对其进行概述，具体信息以官网发布为准。

---

① 根据2018年国务院机构改革方案，质检总局的职责分别并入新成立的国家市场监督管理总局和海关总署，不再保留质检总局。

7.2.2 中国 CCC 认证产品范围

中国国家认证认可监督管理委员会统一负责国家强制性产品认证制度的管理和组织实施工作。对于国家实行强制认证的产品，由国家公布统一的目录，确定统一适用的国家标准、技术规则和实施程序，制定统一的标志，规定统一的收费标准。凡列入强制性产品认证目录内的产品，必须经国家指定的认证机构认证合格，取得相关证书并加施认证标志后，方能出厂销售、进口和在经营性活动中使用。CCC 强制性产品认证制度于 2002 年 5 月 1 日起实施。列入第一批实施 3C 认证目录内的产品共 19 类 132 种产品，时至 2018 年，列入 CCC 强制认证的产品类别包括电气产品已经超过 40 类。为了规范产品名称，中国国家认证认可监督管理委员会还专门发布了产品对应的 HS 编码目录[①]，避免在 CCC 认证执行中因为产品名称的不一致而出现混乱，这是中国 CCC 认证最有特色之处。采用产品目录的方式来界定认证范围，优点是简洁明了，减少了争议；不足之处则是无法及时覆盖功能创新、样式创新的新型产品。

针对生产、进口和经营性活动中可能出现的特殊情况，中国国家认证认可监督管理委员会早在 2002 年就发布了第 8 号公告[②]，规定为科研、测试需要进口和生产的产品、以整机全数出口为目的而用进料或来料加工方式进口的零部件、根据外贸合同专供出口的产品（不包括该产品有部分返销国内或内销的）、为考核技术引进生产线需要进口的零部件、直接为最终用户维修目的而进口和生产的产品、为已停止生产的产品提供的维修零部件等可申请免办 3C 认证，具体流程可参考认监委网站"强制性产品认证专栏"的指引。

7.2.3 合格评定依据

中国的 CCC 强制性产品认证制度是以《中华人民共和国产品质量法》《中华人民共和国进出口商品检验法》《中华人民共和国标准化法》为基础建立的。《强制性产品认证管理规定》是实施强制性产品认证制度的基础文件，对应目录中每类产品发布的《强制性认证实施规则》则是认证机构实施认证、制造商申请认证和地方执法机构对特定产品进行监督检查等的基本依据文件，这些实施规则的编制参照 ISO/IEC 指南 28 的要求，包括了以下内容：

1）规则覆盖的产品范围。
2）规则覆盖产品认证依据的国家标准和技术规则。
3）认证模式以及对应的产品范围和标准。

[①] 即海关编码，一种供各国海关及进出口管理部门使用的商品分类编码体系；具体参见认监委网站"强制性产品认证专栏"的"目录描述与界定"栏目。

[②] 此后还发布了 2005 年第 3 号公告以及最新施行的 2008 年第 38 号公告。

4) 认证申请单元划分规则或规定。
5) 产品抽样和送样要求。
6) 关键部件的确认要求（需要时）。
7) 检测标准和检测规则等相关要求。
8) 工厂审查的特定要求（需要时）。
9) 跟踪检查的特定要求。
10) 认证标志及使用的具体要求。
11) 其他规定。

认证实施规则中所列标准，采用的是最新有效的国家标准、行业标准和相关规范。标准更新时，认证实施规则中所列标准自动更新。有关强制性认证所采用的标准可以从中国标准化委员会的网站查阅。

7.2.4 中国 CCC 认证流程

中国 CCC 认证采取第五种认证模式，即产品型式认可 + 工厂审查 + 监督复查的模式，由以下多种模式组合而成：

1) 设计鉴定。
2) 型式试验[①]。
3) 制造现场抽取样品检测或者检查。
4) 市场抽样检测或者检查。
5) 企业质量保证体系审核。
6) 获得认证后的监督检查。

在认证的申请初期，制造商除了需要向认证机构和检测实验室提供产品技术文件外，还需要提供工厂情况调查表、一致性声明、工厂营业执照复印件、商标注册证明等其他行政性文件。

需要注意的是，申请人获得认证证书后，每年都要接年度监督审查工作，如果不接受，CCC 证书会被撤销。

7.2.5 使用 CCC 标志

CCC 标志的使用必须遵守《强制性产品认证标志管理办法》。该颁发明确规定：强制性产品认证标志为政府拥有的，与认证机构颁发的认证证书一起作为列入目录内产品进入流通和使用领域的标识。伪造、变造、盗用、冒用、买卖和转让认证标志以及其他违反认证标志管理规定的，按照国家有关法律法规的规定，予以行

---

① 中国 CCC 认证允许在满足一定条件的企业实验室现场开展检测，具体参见《CNCA-00C-004 生产企业检测资源及其他认证结果的利用》（2013 版）。2018 年起开始试点部分产品增加自我声明评价方式（详见认监委 2018 年第 11 号公告）。

政处罚；触犯刑律的，依法追究其刑事责任。

认证标志的图案由 CCC 基本图案和认证种类标注组成。在认证标志基本图案的右部印制认证种类标注，证明产品所获得的认证种类。认证种类标注由代表认证种类的英文单词的缩写字母组成，例如"S"代表安全认证（Safety），"E"代表电磁兼容认证（EMC）。

根据中国国家认证认可监督管理委员会 2018 年第 10 号公告《国家认监委关于强制性产品认证标志改革事项的公告》，获证企业可以自行印刷、模压 CCC 标志，认监委不再指定机构进行统一发放。

为了配合 CCC 认证中对元部件的要求，一些机构推出了针对元部件的自愿性认证标志，但是这些认证标志并不属于 CCC 标志。

7.2.6　制造商责任

《强制性产品认证管理规定》明确规定了制造商在强制性产品认证制度实施过程中的义务：

1）自觉提出认证申请。
2）保证获得认证的产品始终符合认证实施规则的要求。
3）保证销售、进口和使用的产品为获得认证的产品。
4）按规定加施认证标志。
5）不得转让、买卖认证证书和认证标志或者部分出示、部分复印认证证书。
6）对取得认证的产品承担安全质量责任，不得因产品获得认证而转移相应责任。

7.2.7　认证机构与检测机构

凡是属于中国 CCC 认证范围内的产品，必须由中国国家认证认可监督管理委员会指定的认证机构进行认证，认证机构负责向获证产品及相关企业颁发强制性产品认证证书；根据相关规定暂停、注销和撤销认证证书；对获证产品及相关生产厂进行跟踪检查。认证机构对强制性产品认证证书负责。

中国 CCC 认证体系采取的是认证机构与检测机构分离的管理模式[①]，检测工作必须由这些认证机构的签约实验室来完成，所有的签约实验室必须是取得中国国家认证认可监督管理委员会认定的实验室。检测机构负责为认证机构提供认证产品的检测

---

① 中国 CCC 认证在实施的初期，指定中国质量认证中心（CQC）和中国电磁兼容认证中心（CEMC）两家认证机构承担电气产品安全认证，采取指定认证机构对应指定检测机构、指定检测机构对应指定区域之企业的运作模式。这种模式虽然有助于认证体系的建立与启动，但同时也带来了效率与腐败的问题；随着 2008 年 CEMC 并入 CQC，甚至出现了只有 CQC 一家认证机构承担电气产品安全认证的情形。2012 年起开始陆续增加了承担强制性产品认证相关任务的认证机构和检测机构；现有 25 家指定认证机构中，包括 CQC 在内超过 10 家认证机构可以开展电气产品安全认证，制造商可以根据产品类别选择其中一家对其产品进行认证。

报告，检查机构接受认证机构的委托为其提供认证产品制造商的工厂审查报告。

值得注意的是，根据规定，指定认证机构、检测机构、检查机构在强制性产品认证工作中未经许可不得向其他机构转让认证受理、认证决定、检测和检查权力，不得擅自与其他机构签署关于认证结果、检测结果、检查结果的相互承认协议，特别不得从事与本机构业务相关的咨询服务。在 CCC 强制性产品认证中，认证机构接受中国所加入的 CB 产品范围内的有效 CB 报告，可以在 CB 报告的基础上增加中国的国家偏差测试。

7.3 欧盟电气产品安全合格评定体系

7.3.1 背景

1991 年通过的马斯特里赫条约宣告"欧洲政治和经济货币联盟"（简称欧盟）的诞生，明确规定欧盟是建立在欧洲共同体（European Communities，简称欧共体）、共同外交与安全政策，以及内政与司法基础上。其中欧共体一个重要的目标就是实现内部统一大市场，实现货物、人口、服务和资本的内部自由流通，也包括统一的合格评定程序和标准。截至 2018 年 6 月，欧盟（European Union，简写为 EU）包括奥地利、比利时、保加利亚、

图 7-5 CE 标志

克罗地亚、塞浦路斯、捷克、丹麦、爱沙尼亚、芬兰、法国、德国、希腊、匈牙利、爱尔兰、意大利、拉脱维亚、立陶宛、卢森堡、马耳他、荷兰、波兰、葡萄牙、罗马尼亚、斯洛伐克、斯洛文尼亚、西班牙、瑞典和英国等 28 个国家，英国虽然已经在 2016 年公投决定脱离欧盟，但目前仍然是欧盟的成员国。此外，阿尔巴尼亚、黑山、塞尔维亚、马其顿（即将更名为北马其顿）和土耳其是加入欧盟的正式候选国家，潜在的还包括波黑以及科索沃。挪威、冰岛、列支敦士登虽然不是欧盟成员，但是它们作为欧洲自由贸易区 EFTA 的成员参与欧共体的内部统一大市场，形成了欧洲经济区（European Economic Area，EEA）。瑞士虽然最后拒绝成为 EEA 成员，但是瑞士和欧盟通过达成双边协议的方式来实现自由流通，包括合格评定的相互承认。

欧盟为了达到产品的内部自由流通的目的，电气产品的合格评定程序几乎是现有合格评定体系中最简便的。在欧盟，大多数电气产品的合格评定主要通过低电压指令（Low Voltage Directive，缩写为 LVD）和通用产品安全指令 2001/95/EC（General Product Safety Directive，缩写为 GPSD）来实现。与电气产品合格评定相关

的指令还包括：电磁兼容指令 2014/30/EU（Electromagnetic Compatibility Directive，缩写为 EMCD）；带有无线电发射装置的还需要包括无线电设备指令 2014/53/EU（Radio Equipment Directive，缩写为 RED）；与环保相关的报废电气和电子产品指令 WEEE、电气和电子产品中限用部分有害物质指令 RoHS 等；特定产品的能效指令等。

本书只以 LVD 为基础介绍欧盟的电气产品安全合格评定体系，有兴趣的读者可以通过欧盟的官网了解其他指令的要求。

1973 年的低电压指令 73/23/EEC 是欧共体最早出台的技术法规之一，它主要规范了对电气产品安全特性的要求。此后，根据 93/68/EEC 指令，又添加了产品标示 CE 标志的要求；此后新版的低电压指令 2006/95/EC、2014/35/EU 基本的内容并没有实质的变化。可以预计，在未来相当长的时间内，欧盟的电气产品安全合格评定是不会有太大的变化的。本书从以下几个方面来介绍 LVD 指令，方便中国制造商了解欧盟的电气产品安全合格评定体系：指令的适用范围；合格评定的依据；合格评定流程；标示 CE 标志；经营者的责任①；公告机构的作用。

7.3.2 指令适用产品

在引用欧盟指令之前，应当清楚了解产品是否属于指令规范的范围内。在指令的第一章，规定了 LVD 规范的是使用电压为交流 50~1000V 或者直流 75~1500V，并且不在附录 Ⅱ 所罗列的例外清单内的电气产品。这些例外的电气产品包括：产品虽然也需要标示 CE 标志，但属于其他指令规范的范围，包括防爆电气产品、医疗和放射类电气产品、电梯及其配件；家用插头和插座；电栅栏、电表；专门用于轮船、飞机或铁路系统的电气产品。

电动玩具也不在 LVD 范围内，而是属于玩具指令规范的范围。通常，电动玩具的工作电压都远远低于交流 50V 或直流 75V。

LVD 指令所规范的，是电气产品的安全特性，确保使用该产品不会给人、畜和环境造成危害。因此，指令所关心的，不仅仅是产品的电气安全，同时还关心产品的机械安全、化学安全以及其他所有的安全因素，包括功能性安全。LVD 并不覆盖产品的电磁兼容特性，电磁兼容由 EMC 指令覆盖。但是，电磁辐射（EMF）的安全问题则在 LVD 覆盖范围内。

由于 LVD 指令不覆盖交流 50V 或直流 75V 以下工作电压的产品，因此，该范围的产品由通用产品安全指令 GPSD 覆盖。除了是否需要标示 CE 标志，两者的合格评定流程在具体实践中并没有本质的区别。

尽管以上定义似乎非常清晰，但是在实际中，还是会出现许多模糊不清的灰色地带。因此，欧盟又相继出台了不少文件对 LVD 的适用范围进行阐述和澄清：

首先，必须清楚 LVD 所指的电压范围是指产品的输入电压或者输出电压，至

---

① 最新版的 LVD 指令 2014/35/EU 改用经营者（economic operator）来泛指产品的制造商、制造商在欧盟的授权代表、进口商、分销商等。为方便叙述，本书等同采用"经营者"与"制造商"。

于产品内部产生的电压,则允许超出指令所规定的范围,如,许多霓虹灯产品,其内部工作电压超过了交流 1000V,但是由于其供电电压都是 230V,因此,霓虹灯产品还是在 LVD 范围内的产品。

而仅仅使用电池作为电源的产品一般都不在 LVD 范围内,因为通常此类电气产品的电源电压不会超过 DC 75V。但是,此类产品如果使用充电器,这该产品还是属于 LVD 规范的(如,笔记本计算机)。而一些可以带电操作用的工具,例如电工使用的螺丝刀,虽然工作电压可能在 LVD 规定的电压范围内,并且会由于操作的原因导致部分带电,但是此类产品并不属于电气产品,因此不在 LVD 范围内。

其次,部分电气产品由于其本身还具有电气以外的特性,因此,有可能完全或者部分不在 LVD 的范围内。手持式和可移动式电动工具经过欧盟相关机构的讨论,认为应当归在机器指令(MSD)的范围内,因此电动工具不属于 LVD。尽管这些电动产品属于机器指令的范围,但是它们执行的 C 类标准本身就已经涵盖了 LVD 的要求。此外,并不是所有带电动的产品都不属于 LVD,如,家用的搅拌机、切片机等仍然属于 LVD。

燃气产品(如,智能强排式燃气热水器)虽然主要由燃气指令规范,但是其中的电气部分仍然属于 LVD 规范的范围。

至于电气元件是否属于 LVD 规范的范围,定义比较模糊。一般,如果此类元件的安全特性很大程度上取决于如何使用这些元件,那么,这些元件就不属于 LVD 规范的范围,也不应当带有 CE 标志。这些元件通常是一些最基本的电子元件和电工元件,如,常见的有源电子元件:集成电路,晶体管,二极管,桥堆,可控硅,GTO,IGTB,光电耦合器等;常见的无源电子元件:电容,电感,电阻,滤波器等;常见的电工元件:连接器,微动开关,用于焊接在 PCB 上的继电器等。

而如果元件能够独立作为一个单元来考核安全,则属于 LVD 规范的范围,必须标示 CE 标志,例如灯泡、起辉器、保险丝、器具开关、变压器等。

欧盟在 2006 年、2016 年伴随新版 LVD 发表了一张低电压指令包含和不包含的产品实例列表,用于方便相关机构和制造商执行 LVD 时作为参考,表 7-1 是整理的结果。从表中可以看出,除了新增一些实例外,2016 版最主要的变动是重新界定了旅行转换插的适用范围,复杂结构的旅行转换插头原则上是在 LVD 覆盖范围内的。

表 7-1 低电压指令覆盖范围示例

序号	产品	是否在 LVD 范围	备注
1	230V 家用插头	否	参见注释
2	230V 家用插座	否	参见注释
3	家用灯具插头和插座	否	
4	器具耦合器,插头和插座	是	
5	工业用器具耦合器	是	
6	器具耦合器如汽车加热器,即按照制造商标准生产的	是	

续表

序号	产品	是否在 LVD 范围	备注
7	电缆	是	
8	元件	—	需要具体问题具体分析，有的在，有的不在
9	电线延伸组件插头+电缆+插座，带或者不带无源元件如压敏电阻	是	
10	电线组件和连接组件：插头+电缆+电线组件	是	
11	设备外壳和管道	是	
12	绝缘胶带	否	
13	带多个扩展插座的插头	否	
14	多路旅行转换插头，带或者不带开关	是	2016 版修改
15	带电源适配器的旅行转换插头（如，带 USB 输出接口，用于手机等电子设备充电）	是	2016 版修改
16	简单的旅行转换插头	否	
17	带一路或多路插座并内置电子调光器或夜光调节器的插头	是	
18	230V 家用直插式或带插座的产品（如，手机充电器、夜灯）	是	
19	用于家电和类似固定电气安装的开关	是	
20	用于带电作业的工具	否	
21	电压探测器（试电笔）	是	
22	电缆线槽	是	2016 版新增
23	装饰用的线槽盖板	否	2016 版新增
24	内置辅助调整电机的休闲椅与床	否	2016 版新增
25	塑料垫圈	否	2016 版新增

注：大多数欧洲国家都根据他们自己的国家法规对家用的插头和插座有特殊的要求。

7.3.3 合格评定依据

产品符合 LVD 要求的途径有两个。第一个是采用和执行相关的技术标准，采标的顺序如下：

■ 协调的欧洲标准（即通常所说的 EN 标准，例如 EN 60335 家用电器产品安全标准，或者 HD 文件，如，HD 21 PVC 电线协调文件），通常由欧洲电工委员会

CENELEC 制定；
- 如果相关的欧洲标准不存在，可以采用 IEC 制定的标准；
- 如果相关的 IEC 标准也不存在，那么可以采用所在成员国的国家标准。

通常，采用协调的欧洲标准设计生产的产品可以认为已经符合 LVD 的要求。但是，必须注意，情况并不总是这样，欧盟相关机构曾经就灯具标准、家用多士炉标准等存在的缺陷发表公告，指出符合该标准并不能认为就符合 LVD。

产品符合 LVD 要求的第二个途径是当没有适用的标准时，制造商根据指令所包含的安全思想设计生产产品；在这种情形下，必须提供相关的技术文件（technical file）来证明产品符合 LVD。对于一些新产品，由于正式的标准总是滞后于产品的出现，因此，在没有适合的标准来采用的情形下，制造商可以通过这个途径来完成合格评定。

欧盟的协调标准通常会发表在欧盟的正式公告（Official Journal，简称 OJ）。相关标准的版本和有效性可以在欧洲电工委员会网站查询。根据 LVD 的规定，相关的欧洲协调标准只要在相关国家公布，采标即可以认为是符合 LVD。

7.3.4 合格评定流程

LVD 采取的合格评定程序是最简单的模式 A：
（1）确定适用的指令与标准。
（2）评估产品是否符合标准要求，必要时寻求专业机构的协助。
（3）如果出现不符合项，则进行必要的整改，直到符合为止。
（4）保留相关的检测报告并准备技术文件，进行产品的符合性申明。
（5）为产品标示 CE 标志。

按照指令的规定，所有的技术文件必须采用欧盟国家的语言，通常，采用英语即可以满足要求。如何建立产品的技术文件可以参考本书的相关章节。相关的技术档案必须在该产品停产后保存至少 10 年。技术档案可以采用电子文档的格式，但是必须至少有一个拷贝在欧盟境内，方便市场监管部门在需要的时候调阅。相关的技术档案必须在该产品停产后保存至少 10 年。

7.3.5 标示 CE 标志

产品在进入欧盟市场之前，经营者必须为其生产销售的电气产品标示 CE 标志[①]。CE 标志是一个产品符合性标志，标示 CE 标志的电气产品表示按照 LVD 的程

---

① 相应的，如果产品对应的指令不要求标示 CE 标志，理论上是不可以标示 CE 标志的；然而，不少中国外贸企业无论是否适用，均在其产品上标示 CE 标志，令人啼笑皆非，以至于在行业内 CE 标志被调侃为 "China Export marking"（"中国出口标志"）；这种胡乱标示 CE 标志的做法，对于专业采购商而言，其实与不合格品标识无异，中国企业不可不慎。

序进行了合格评定，并且认为该产品已经符合 LVD 和其他所有适用指令的要求。因此，任何和 CE 标志混淆而误导他人的图案、文字都禁止使用①。

CE 标志必须标示在产品显著的地方，要求清晰和持久。只要尺寸允许，CE 标志应当直接标示在产品上，通常是和产品的铭牌标示在一起。如果产品的空间无法标示 CE 标志，那么，CE 标志必须标示在产品的包装上，产品说明书或者产品的保修卡等上面，作为产品的符合性标示。CE 标志允许按比例放大或者缩小，但不允许有任何变形。根据指令要求，CE 标志的高度不可以小于 5mm。

必须注意的是，CE 标志只是一个符合性标志，它代表产品符合欧盟最基本的技术要求，因此，标志本身并不能认为是一个质量标志。此外，CE 标志并不属于任何机构（包括公告机构），使用 CE 标志并不需要任何人授权，前提是符合欧盟关于 CE 标志的使用规定（参考指令 93/68/EEC）。产品如果不是以欧盟作为目标市场，而是通过欧盟转口到其他国家的，根据 LVD 第 12 章，产品不在 LVD 适用范围内，也无需标示 CE 标志。

7.3.6 经营者责任

经营者负责对其产品进行合格评定，并承担相应的责任，即：建立产品的技术档案。进行产品的符合性声明。为产品标示 CE 标志。

同时，制造商必须保证实际生产的产品和技术档案中的产品是一致的。

7.3.7 公告机构作用

公告机构（notified body）在 LVD 最初是指欧盟各个成员国内部指定的专家和团体，他们能够起草和协调相关的欧洲标准作为符合合格评定的技术标准。此外，公告机构能够根据指令第 8 章的规定出具产品的检测报告，作为产品符合指令要求的证明；或者根据指令第 9 章的规定，当产品出现不符合指令的情形时，无论是产品本身设计上的问题，还是采用标准本身的隐含缺陷，都能够提供专业的意见和建议供相关部门参考。

尽管 LVD 的合格评定不需要公告机构的介入，但是在早期版本的 LVD 中，明确指出公告机构出具的报告可以作为产品力图符合相关安全要求的有力证据，因此，对于高危险的产品或者新产品，制造商可以要求寻求公告机构的帮助，以降低自身的风险。但是在最新版的 2014/35/EU 低电压指令中，已经删去公告机构相关的内容②，也就是说，根据 LVD 进行的合格评定，责任完全由经营者承担。

---

① CE 标志是有规定的样式的，企业不可擅自改变。
② 其他不少指令仍然保留公告机构的职能。

7.3.8 其他

欧盟为了实现内部的高度统一和自由流通的目的，其信息公开程度是非常高的。目前，有关电气产品合格评定和 LVD 指令的发展动态可以通过欧盟官网（ec.europa.eu）的"Electrical and Electronic Engineering Industries"专栏访问，或者访问其一体化进程官网：www.newapproach.org。

欧洲电工技术标准化委员会

欧盟的电气产品安全标准主要由欧洲电工技术标准化委员会（CENELEC）起草制定。成立于1973年的欧洲电工技术委员会CENELEC是一个非营利性的技术机构，负责起草和协调自愿性的电工标准，帮助发展内部统一大市场和欧洲自由贸易区电气产品和服务的自由流通。由于欧盟国家在IEC中占多数，许多IEC标准和欧洲标准基本上是一致的，因此，IEC和CENELEC根据法兰克福协议（Frankfurt Agreement）联合制定和发布标准。此外，主要负责起草电气产品标准的欧洲电工技术委员会CENELEC和主要起草其他产品标准的欧洲标准化委员会CEN也已经联合成立相关工作组，在起草标准的时候，同时考虑和协调对方的要求。

官网：www.cenelec.eu。

GS认证标志

在欧盟协调内部统一市场之前，欧盟的许多国家都有自己的电气产品合格评定程序，并且颁布自己的电气产品合格标志。随着欧盟内部统一市场的形成，各国的电气产品合格评定程序逐渐统一，并且统一采用CE标志作为产品合格评定的标志，而原来这些国家的合格标志成了自愿性的标志。由于历史原因，相对于欧洲其他逐渐消亡的安全认证标志，GS标志是欧洲最著名的认证标志之一，也是最早被中国制造商熟悉和青睐的自愿性认证标志之一，许多中国电气制造商通过申请GS标志（俗称"GS认证"）为自己的产品提供一个第三方的证明，作为进入欧盟市场的敲门砖。GS标志是一个自愿性的产品安全标志，它仅仅代表产品符合相关的安全法规，并不是出口欧盟或者德国必需的认证标志。

GS 标志由位于慕尼黑的德国联邦安全技术局（Zentralstelle der Länder für Sicherheitstechnik，缩写为 ZLS，成立于 1990 年）负责监管，GS 标志的法律基础是德国产品安全法（Produktsicherheitsgesetzes，简称 ProdSG）。GS 标志是德语 Geprüfte Sicherheit（"已经验证的安全（性）"）的缩写，该标志用于向消费者证明：携带该标志的产品通过 ZLS 授权的 GS 认证机构的检测认证，产品的生产制造过程得到监控，产品在正常使用时和发生可预见的误用时，不会对使用者的安全和健康产生危险。GS 标志的使用是由 GS 认证机构授予生产商的，因此，在 GS 标志的左方或者左上角必须标示认证机构的标志，以方便 ZLS 和市场监管部门的监管。

GS 标志只适用于最终成品，即产品已经具备使用功能，使用者可以马上使用（或者经过简单的装配后可以马上使用）的产品，因此，无论是电气产品还是非电气产品都适用 GS 标志；但是根据 ProdSG，用于铁路、矿山、军事等用途的产品等不适用 GS 标志。

GS 认证的流程和 GS 标志的授予条件如下：生产商或其代表向 GS 认证机构提出申请，并保证待检产品的设计和实际的生产工艺和产品是一致的。GS 认证机构对该设计进行型式检验，确保符合 ProdSG 关于安全和健康的要求以及其他相关法律的要求，并以证书的形式授予 GS 标志。GS 认证机构保留相关的证据，证明检测的设计和实际的工艺和产品是一致的。GS 认证机构采取工厂检查的方式对标示 GS 标志的产品的生产进行监控，并确保 GS 标志的正确使用。

由于德国是欧盟的重要成员国，执行的技术标准基本上是协调的欧洲标准，因此，对于大部分电气产品而言，进行 GS 认证和执行 LVD 合格评定在技术层面基本上是一致的，而且由于相当多的 GS 认证机构本身就是公告机构，因此，通过 GS 认证的电气产品，基本上可以认为也通过了低电压指令的合格评定。

由所有 GS 认证机构、市场检查机构和 ZLS 邀请的技术专家组成的 EK1 技术委员会，对电气产品安全合格评定过程中的相关技术问题进行表决，所形成的决议（EK1 决议）对德国的所有 GS 认证机构都有效，但是对于出口到欧盟其他国家的产品并不具备约束力。

有关 GS 认证的更多信息可以登录 ZLS 官网查询：www.zls-muenchen.de。

TÜV简介

TÜV 是德语 "Technischer Überwachungsverein" 的缩写，直译是技术监督协会，但是性质不同于中国各个省的质量技术监督局。TÜV 并不是一个官方组织，但是得到政府授权，可以代表政府从事强制性的技术监督工作，监督的范围主要是一些具有较高危险性的技术领域，例如锅炉、电梯、电站、汽车等。

TÜV 也不是一个认可机构,一般而言,其所开展的业务必须取得相关的政府机构或认可机构的认可。在许多情形下,TÜV 是一个认证检测机构。因此,严格地说,TÜV 是不能认可任何机构的,无论是企业还是检测、认证机构,都不能自称取得 TÜV 的认可,但是 TÜV 可以对企业、机构根据相应的法规、标准进行认证,或者对其它检测、认证机构的结果进行承认。

几乎所有的 TÜV 都可以溯源至德国工业革命中出现的锅炉检验机构 DÜV(Dampfkessel Überwachungsverein)。工业革命的主要标志之一就是以蒸汽机为动力的大工业化生产,而蒸汽机在带来生产力提高的同时,也带来了锅炉爆炸等安全事故,DÜV 就是在这种情形下应运而生的。从 1866 年在德国南部成立第一个 DÜV,到 1880 年代,基本上今天所有 TÜV 的 DÜV 前身都已经成立。随着德国科技的发展,各个 DÜV 的业务范围也从单一的锅炉检验扩大到电气、能源、汽车等领域、并且逐渐取得政府的授权,代表政府从事相关的强制检验工作。1937 年,DÜV 改组为 TÜV;1938 年,根据德国政府法令,德国全境(包括被吞并的奥地利)划分为 14 个技术监督区域,TÜV 各自在指定的区域开展业务。可见,并不存在在哪一个 TÜV 是"正宗"TÜV 的说法。今天,各个 TÜV 总部都会保留一台古董蒸汽机作为纪念。

二战期间,各个 TÜV 的业务继续进行;但是二战结束后,TÜV 经历了停止活动、解散、重组、重新发展的艰难历程。在战争结束后一段时间内,东德地区的 TÜV 基本停止活动;在西德,部分 TÜV 的授权被收回,部分 TÜV 被解散,财产被征用,直到成立德意志联邦共和国,西德的 TÜV 才逐步重新恢复活动。

TÜV Hannover/Sachsen-Anhalt
总部大楼前的古董蒸汽机
(摄影:杨敏珊)

随着形势的发展,各个 TÜV 之间既有竞争关系又有合作关系,在两德统一前,基本形成了三大联盟,分别是北部联盟(包括 TÜV Hannover、TÜV Norddeutschland 和 TÜV Berlin)、西部联盟(包括 TÜV Rheinland 和 RWTÜV)和南部联盟(包括今天 TÜV SÜD 的成员和 TÜV Pfalz)。

两德统一后,东德地区的 TÜV 重新成立,随后迎来了第一次合并的高潮:TÜV Hannover 与 TÜV Sachsen – Anhalt 合并,TÜV Bayern 与 TÜV Sachsen 合并,TÜV NORD 与 TÜV Norddeutschland 合并,TÜV Hessen e. V. 和 TÜV Bayern Sachsen e. V. 合并,TÜV Südwest(由 TÜV Baden 和 TÜV Stuttgart 合并而成)与 TÜV Bayern Hessen Sachsen 合并成 TÜV Süddeutschland,TÜV Berlin – Brandenburg 与 TÜV Rheinland 合并成立,RWTÜV 与 TÜV Thüringen 成立 TÜV Mitte,TÜV NORD 与 TÜV Hannover/Sachsen – Anhalt 成立 TÜV Nord 联盟…期间,

TÜV SÜD 的前身 TÜV Bayern 与 TÜV Hannover 还合资成立 TÜV Product Service，是当时 TÜV 中最大的产品检测认证机构。

2003 年起，TÜV 引来了第二次分合的高潮：TÜV Pfalz 与 TÜV Rheinland Berlin Brandenburg 合并成 TÜV Rheinland Berlin – Brandenburg e. V.；TÜV NORD e. V.、TÜV Hannover/Sachsen – Anhalt e. V. 和 RWTÜV e. V. 共同出资成立 TÜV NORD AG；TÜV Mitte 解散，TÜV Thüringen 独立发展；2008 年前后，TÜV SÜD（由 TÜV Süddeutschland 更名而来）与 TÜV NORD 的合并谈判、与 TÜV Rheinland 的合并中止，最终形成了目前 TÜV SÜD 集团、TÜV Rheinland 集团和 TÜV Nord 集团三大 TÜV 集团鼎足之势。

在组织架构上，各个 TÜV 也是大同小异。通常，处在最顶端的是 TÜV 的原始组织（名称为某 e. V.，属于非盈利性的协会）；然后协会成立下属的控股公司（名称为某 AG，类似于某股份有限公司）；在控股公司下面又根据业务方向成立多个子公司（名称为某 GmbH，类似于某责任有限公司），这些子公司又分别以独资、合资、合作等方式成立孙公司，其中通常是由一家海外投资控股子公司来专门在海外投资成立分支机构，这些海外分支机构与真正取得认可资格的下属认证机构是各自独立的法人机构。因此，严格地说，基本上所有在中国开展业务的 TÜV 分支都只是 TÜV 认证机构在中国地区的业务代理而已。

各个 TÜV 之间虽然存在竞争关系，但同时又组成联盟以维护共同的利益，其中最主要的是 VdTÜV，即 Verband der TÜV e. V.（中文含意：TÜV 的协会），成员包括：TÜV SÜD AG（TÜV 南德，官网：www. tuev – sued. de）、TÜV Rheinland AG（TÜV 莱茵，官网：www. tuv. com）、TÜV Nord AG（TÜV 北德，官网：www. tuev – nord. de）、TÜV Thüringen e. V.（官网：www. tuev – thueringen. de）、TÜV Saarland e. V.（官网：www. tuev – saar. de）、TÜV Hessen（官网：www. tuev – hessen. de）等；TÜV Österreich 不是 VdTÜV 的正式成员。

7.4　美国和加拿大电气产品安全合格评定

7.4.1　背景

美国地处北美洲中南部（另外两个州中的阿拉斯加州在北美西北角，夏威夷州在太平洋中部），北邻加拿大，西南接壤墨西哥，东濒大西洋，西滨太平洋，面积约为 940 万平方千米，和中国面积相当，是当今世界上经济最发达的国家，国民总收入居世界第一位。加拿大位于北美洲北部，东临大西洋，西濒太平洋，北靠北冰洋，南接美国，面积为 990 多万平方千米，是世界上陆地面积第二大的国家。

美国和加拿大两国在经济和贸易交往中有着长期密切的关系。1980 年里根政府提出建立美加自由贸易区的设想，但该设想的推进速度很缓慢。1985 年欧洲共同体加快了一体化的进程，美加自由贸易的设想才被提到议事日程上来。1988 年 1 月 1 日，两国首脑正式签订了美加自由贸易协定（Free Trade Agreement，简称 FTA），经两国国会审议批准，1989 年 1 月 1 日协议正式生效。美加贸易协定签署以后，美国加拿大和墨西哥三国根据各自的经济现状，以及国际经济贸易发展的趋势，商讨建立北美自由贸易区。1991 年 6 月，三国商务部长第一次在加拿大多伦多召开会议。1992 年 8 月 12 日，三国签订了"北美自由贸易协定"（North American Free Trade Agreement，简称 NAFTA），该协定于 1994 年 1 月 1 日生效。美、加、墨三国认为，建立北美自由贸易区不仅能促进内部的各国经济发展，而且也能携手起来应付来自外部的欧洲和亚洲市场的经济集团的挑战。北美自由贸易区三国均为 WTO 的成员国，他们之间签订自由贸易协定后，无疑会对该地区的经济和贸易发展起到积极的作用。同时，也会抑制由贸易壁垒、非关税壁垒为主要形式的贸易保护主义。北美自由贸易协定宗旨是逐步消除货物、服务和投资流动的障碍；对知识产权提供保护；建立公平、解决纠纷的机制等方面的合作。

美国、加拿大和墨西哥三国由于政治体制和经济水平的不同，电气产品安全认证体系的差别也非常明显。墨西哥的电气产品安全认证体系比较接近世界上大部分国家的电气产品安全认证体系，限于篇幅，本书不对其作进一步的介绍。本书主要介绍美国和加拿大的电气产品安全认证体系的异同，并重点介绍美国的 NRTL 认证体系，以方便读者了解美国和加拿大的电气产品安全认证体系基本概况。

7.4.2 电气产品安全认证体系比较

美国和加拿大的电气产品安全认证体系都非常复杂，两者既有相似又有不同。

作为联邦制的国家，美国和加拿大的联邦政府以及各州（省）和地方政府都在各个层次制定了相关的电气安全技术法规，对产品的某一部分性能，或某种应用进行了规范。这些技术法规属于法律范畴，是强制执行的。此外，一些民间组织和机构（如，保险商和一些大的批发商和零售商等）都对产品的安全采取某种形式的要求。然而，无论是美国还是加拿大，都没有建立一套像中国或欧盟那样的产品安全认证体系，这就导致许多企业对美国和加拿大的产品安全认证体系产生了种种误解。

如，许多企业往往误认为 UL 认证就是美国的强制性产品安全认证，这实际上是以讹传讹。事实上，UL 并不是一个政府机构或者政府组织的一部分，它是一个独立的民间技术服务组织，并不具备任何执法权力。然而，UL 作为美国乃至世界上最早的产品安全认证机构之一，其市场认可程度是非常高的，美国各级政府、多个政府部门,以及许多民间团体都接受 UL 的认证结果,UL 的认证结果可以证明产品满足相关技术法规的要求。这就形成一种很有趣的现象:虽然在美国没有一套像中国、欧盟那样一套由政府主导的结构严密、由上而下的统一的产品认证体系,没有统一的认证标志,但是由于 UL 认证可以满足许多层次技术法规的要求,间接地构造起一套类似的体系。

大致而言,早期美国的电气产品安全的法律基础是建筑安全法规,电气安全是其中的一部分。美国是联邦制国家,除了全国性的技术法规,各个州和地方政府还有自己的技术法规。各级政府的检查机构在安全执法过程中,都采用自己的检查标准。由于标准不统一,各地的要求往往不一致,令制造商无所适从。随着社会的发展,要求统一电气安全标准的压力越来越大,在多方努力下,目前,美国各级政府和多个政府部门基本上都采用美国国家电气规范(National Electric Code,编号为 NFPA 70,简称 NEC)作为电气安全的技术基础文件,将其中的一部分甚至全部采纳为相关技术法规的一部分,从而协调各级政府安全执法的标准,消除阻碍产品流通的技术障碍。然而,尽管 NEC 得到了美国大部分的州和地方的采用,但是,仍有部分地方(如,纽约、芝加哥等)拥有自己的电气安全规范。

NEC 标准由美国国家防火协会(National Fire Protection Association,简称 NFPA,是一个非政府组织)出版,通常每三年修订一次。NEC 不仅是电气安装的标准,还包括了对一些设备的要求,但是 NEC 并没有要求所有使用的设备和产品一定要取得认证,也没有规定产品执行的标准。

美国国家标准由美国标准学会(American National Standards Institute,简称 ANSI)负责批准和认可。ANSI 不是一个政府组织,但是一些政府部门是该组织的成员。ANSI 代表美国参加国际标准化活动。美国标准体系的特点是,产品标准通常是由多家民间组织制定的,ANSI 批准其中的一部分成为国家标准,但是采用标准属于自愿性的行为,标准本身并不具有强制性,并且许多技术法规中采用的标准不一定就是美国国家标准,这一点往往令许多中国的企业感到困惑。

美国的技术法规体系的特点是多层次,联邦政府的部门和州、地方政府都可以制定技术法规,这些技术法规全部都在相应的范围内强制执行,和电气产品安全相关的技术法规也不例外。这种多层次的技术法规体系往往导致产品的合格评定过程变得非常复杂。以电气产品为例,如果产品是用于工作场所的,那么产品的电气安全属于 OSHA 监管,必须通过 NRTL 认证;但是如果产品中使用了激光部件(例如激光打印机),那么激光辐射安全又属于联邦食品与药物管理局(Food and Drug Administration,简称 FDA)监管,产品必须符合 CDRH 的要求;如果产品同时还可以用于家庭等类似场合(例如笔记本电脑),那么,联邦消费品安全委员会(Consumer Product Safety Commission,简称 CPSC)同样可以对产品进行监管。由于在美国的技术法规体系中,电气产品安全往往只是其中的一部分,这就导致美国的电气产品安全体系实际上是政出多门,相关法规纵横交错。从产品需要符合众多法规的过程来看,美国的产品安全认证的复杂程度是世界上少有的。

不仅如此,美国的认证机构的认可也和许多国家不同,甚至许多认证机构、检测实验室等的认可都是由多个民间组织来进行的。美国的认证机构在开展产品认证时,更多的是体现一种以市场为导向的特点,认证机构更多的是依靠自身的商誉,而不仅仅是依靠法律法规的要求来开展认证活动。这种体制使得各个认证机构虽然规模不同,但是各自都在某个领域具有较高的权威性,获得较高的市场认可,形成某种形式上的市场垄断。这种认证体系的格局一旦形成,无论多么复杂的技术法规体系,都可以通过这些认证机构去开展认证,政府无需担心具体实施中的困难,而对于认证机构而言,通过这种格局可以获得丰厚的市场回报。因此,无论是政府还是认证机构,都无意去简化目前这套复杂的电气产品安全认证体系。

在美国,体系比较完善、比较接近世界上大多数国家的产品安全认证体系的,当属美国职业安全与健康监察局(Occupational Safety and Health Administration,简称OSHA)推行的NRTL认证体系,该体系主要是针对工作场所的电气产品安全认证。

OSHA是依据美国1970年制定的《职业安全与健康法》的规定,于1971年成立的联邦政府监察管理机构,属于劳工部(Department of Labor)管辖,是保证美国工人的安全与健康的监督执法机构。这个机构的设立是为保障美国数百万个工作场所中的9000多万名雇员拥有安全与健康的工作环境及条件,监督与鼓励雇主和职工减少工作场所的危害,以及落实有效的安全与健康措施。美国国会授予OSHA的基本权利包括:制定和强制执行职业安全与健康法律、法规和相关政策;监督、检查职业安全与健康法律法规的实施情况;监督各州职业安全与健康项目的执行情况;对发生在工作场所的事故进行调查处理;监督检查工作场所、工作环境方面存在的危及人身安全与健康方面的问题;编制联邦职业安全与健康活动年度报告;起草与颁布职业安全与健康监察标准;组织与实施职业安全与健康技术培训、教育、宣传、推广活动等。

OSHA要求在工作场所使用的电气产品,必须在NRTL体系的框架下通过相关的认证才可以使用,否则将对雇主进行处罚。

7.4.3 加拿大电气产品安全体系

加拿大的情形和美国非常类似,但是又有不一样的地方,加拿大有单独的电气安全法规。

加拿大电气安全的基础技术文件是加拿大电气规范(Canadian Electrical Code,编号为C22.1-06,又称为电气安装安全标准,简称CEC)。CEC由加拿大标准协会(Canadian Standards Association,简称CSA)制定,通常每四年修订一次。但是,当最新版的CEC出版后,各省和自治州政府通常会很快通过法律途径将CEC采纳为当地的电气安全法规的一部分。此外,由于加拿大的电气产品标准也是由CSA制定的,通常作为CEC的附件发布,随着CEC成为具有法律效力的政府法规,所以间接地使产品标准变成了强制性的标准,这点和美国有很大的差异。

如，2004年4月生效的哥伦比亚省的电气安全法规中，就将加拿大电气规范（CEC）直接采纳为哥伦比亚省的电气法规，同时，规定所有的电气产品必须由取得认可的产品认证机构的认证，才可以在哥伦比亚省境内使用和销售。

产品认证机构的认可由加拿大标准委员会负责。加拿大标准委员会（Standards Council of Canada，简称SCC），是根据1970年议会提案，为促成和提高加拿大国内自愿性标准化系统而成立的最高标准机构。尽管部分财政来源于议会支持，但它的政策和运作独立于政府之外，其成员来自政府和民间各界。

SCC的宗旨是为了提高加拿大国民参与自愿性标准的活动的积极性；促进公共和私人机构在加拿大自愿性标准方面的合作；协助和监察个人和机构在国家标准系统上所做的努力；通过与标准相关的活动促进加拿大商品服务的质量、性能和技术革新；发展制定与标准相关的策略和长期目标等。另外，SCC亦同时作为政府管理自愿性标准化的窗口，代表加拿大参加国际标准化活动，制定加拿大国家标准政策和步骤。同时，SCC还具有认可标准发展机构、认证机构、检验机构、校准和测试实验室，以及质量和环境管理系统的注册机构的权力。有关SCC更多的资料，可以访问其官方网站：www.scc.ca。

为了配合北美自由贸易区的形成与运作，1997年5月，OSHA和SCC在保持独立整体和各自运作的基础上，双方达成协议并建立合作关系。合作内容包括：信息交流；相互评估测试和认证机构；以及在遵照国际公认的法则上，达到政策和步骤的协调统一。其中，相互评估测试和认证机构的主要目的是为了完善认可制度，使测试认证机构能按照双方的标准接受评估，缩短认证机构的认可周期和减少相关费用。总的来说，这次协议的达成将使得相关的测试和认证机构，在遵照北美自由贸易区协议主旨接受评估的过程中更为简捷，更为高效。

两国的认证机构则在更早的时候就相继进入对方的国家开展认证业务。

美国最大的电气产品安全认证机构UL在1993年向SCC申请认可，成为加拿大的产品测试认证机构，并为产品进入加拿大市场引入了C-UL标志，表明产品符合加拿大的安全要求。1997年，在OSHA和SCC达成合作协议后，UL宣布使用同时适用于美国和加拿大产品的认证标志UL-C/US标志，表明产品符合加拿大和美国两国的安全要求。

加拿大最大的电气产品安全认证机构CSA也采取了相应的措施进入美国市场。早在1992年10月，CSA就已成为首个美国本土外获得OSHA承认的具有NRTL资格的机构，并颁布了CSA NRTL标志，为产品进入美国市场提供认证标志，表明产品符合美国的安全要求。在1994年，随着北美自由贸易区的建立，CSA使用同时适用于美国和加拿大的产品认证标志CSA-C/US标志，表明产品符合加拿大和美国两国的安全要求。

此外，UL和CSA还开展了许多双边合作。如，在制定标准的时候协调一致，两者制定的标准趋于一致，甚至有时联合发布标准。

今天，除了UL和CSA以外，还有许多认证机构都取得了SCC和OSHA的认可，都可以在自己的认可范围内同时提供符合美国和加拿大相关安全要求的产品认证服务。

限于篇幅，同时由于美国是中国最大的机电产品贸易伙伴，因此，本书只介绍NRTL 体系的基本概况，以方便读者从中体会北美的电气产品安全认证思想。

7.4.4　NRTL 体系介绍

NRTL 是 Nationally Recognized Testing Laboratories（国家认可检测实验室）的缩写，是 OSHA 推行的一个产品安全认证体系。

为了保证工作场所使用的产品对工作者是安全的，同时为了减少政府的工作量、提高政府的工作效率，OSHA 允许非政府机构对产品的安全进行检测和认证，同时 OSHA 认可这些认证结果，并在工作场所执法巡查中监督产品的认证状况。在早期 OSHA 的相关法规中，只指明通过 UL 和 FM 两家非政府机构来证明产品符合工作场所安全要求；在 1983 年，MET 向法院提起诉讼，要求 OSHA 在相关法规中不得指名 UL 和 FM，并要求取得 NRTL 认可，其后取得胜诉[1]；1988 年，OSHA 修改相关的法规，正式建立 NRTL 体系。而此后 DG&G 针对芝加哥政府进行诉讼并取得胜诉，基本上确定了工作场所的电气设备只需要按照 NRTL 体系进行认证即可，州和地方政府的安全检查机构不可以提出附加要求[2]。今天，除了 UL 和 CSA，其他大多数的认证机构都是在 NRTL 框架内开展美国的电气产品安全认证业务[3]。

NRTL 体系的基本架构是：OSHA 认可非政府检测实验室和认证机构作为 NRTL 机构，这些 NRTL 机构对相关产品进行认证，证明这些产品符合工作场所（workplace）的安全要求，可以安全使用，不会对雇员造成危险。

如果没有特别指出，本书下文所指的 NRTL 机构是指某个取得 OSHA 认可，可以对产品在工作场所使用安全进行认证的认证机构。

NRTL 体系监管的产品范围是根据联邦法规 29 CFR 第 1910 部分第 S 章的规定。根据该规定，所有工作场所（包括大部分的私有机构以及大部分的联邦、州和地方政府的工作场所）使用的电气产品都必须取得 NRTL 认证，OSHA 的执法人员会在工作场所现场检查中检查产品是否取得 NRTL 认证。产品取得 NRTL 认证表示产品符合 OSHA 制定的工作场所安全标准，使用取得 NRTL 认证的产品是雇主执行安全标准的要求之一。

除了工作场所使用的电气产品，NRTL 体系实际上还包括了联邦法规 29 CFR 第

---

[1] 有兴趣的读者可以参考 Glen Dash 发表在"Compliance Engineering"1995 年 SEP/OCT 期的"Lenny and Goliath: A Modern Fable"（此文带有比较强烈的感情色彩，阅读时应注意），以及发表在"IEEE Product Safety Newsletter"1989 年第 2 卷第 4 期的《OSHA's Nationally Recognized Testing Labs》。

[2] 有兴趣的读者可以参考 Glen Dash 发表在"IEEE Product Safety Newsletter"1991 年第 4 卷第 4 期的"Who is the "Authority Having jurisdiction""。

[3] 严格地说，对于工作场所的电气产品，在 NRTL 框架下认证的有效性是肯定的；但是对于工作场所以外的，认证的有效性有可能还取决于其他因素。

1910 部分、第 1915 部分、第 1918 部分、第 1926 部分等罗列的产品，包括燃气产品、电梯、消防产品等多种产品。

OSHA 要求取得 NRTL 认证的产品清单可以在 OSHA 的 NRTL 网站查询。

NRTL 体系同样存在例外产品。一般，OSHA 要求所有在工作场所使用的电气产品都必须取得 NRTL 认证，证明产品符合工作场所的安全要求。只有两种情况允许产品没有取得 NRTL 认证，但是可以在工作场所使用：

1) 产品没有任何 NRTL 机构愿意进行认证，并且产品已经由联邦、州或地方的执法机构根据美国国家电气安全法规（National Electric Code，简称 NEC）检查或检测合格的，可以没有 NRTL 认证而在工作场所使用。

2) 产品属于专为某个客户特制的产品，产品仅供该客户使用，并且制造商确定该产品是安全的，这种产品同样可以没有 NRTL 认证而在工作场所使用。

除此以外，原则上所有在工作场所使用的电气产品都必须取得 NRTL 认证。

在实际中，还有一些情况是取得认证的产品的使用范围规定产品仅在家居中使用。通常，一些常见的家电产品，如，电风扇、家居用的咖啡机等。这些产品是否可以在工作场所使用呢？OSHA 曾经就这个问题给出了两份正式的解释：

（1）对于在工作场所使用注明为"家居中使用"的电风扇，如果风扇只是供个人降温使用，并没有连接到机器或者作为机器或生产过程的一部分使用，那么 OSHA 认为在绝大多数情况下是可以接受的[①]。

（2）对于在办公室的休息间使用注明为"家居中使用"的咖啡机，OSHA 认为在办公室或休息室使用类似的家电产品，不会比在家庭中使用呈现更高的风险。但是如果造成电击伤亡事故，那么还是按照工伤处理[②]。

以上两份解释中所涉及的产品，严格地说在产品认证的时候是不属于 OSHA 的监管范围的，不能认为是取得了 NRTL 认证，但是 OSHA 的这两份解释，可以认为是 OSHA 对于这些没有在严格意义上取得 NRTL 认证的产品的一种例外允许。

NRTL 认证的法律依据是联邦法规 29 CFR。该法规规定了工作场所的安全要求，其中的技术要求基本上采用 NEC 的标准。虽然该法规的名称是安全标准，但是它是属于法律的范畴。产品在进行 NRTL 认证的时候，必须采用适当的产品安全标准进行认证，这些产品安全标准规定了产品应如何满足工作场所的安全要求。OSHA 并不制定这些具体产品标准，而是采用认可其他机构和组织制定的标准的方式，来发布具体的产品安全标准。目前，OSHA 认可的标准主要来自四个美国的标准制定组织：ANSI（美国标准化学会）、UL（美国保险商实验室）、ASTM（美国材料检测学会）和 FMRC（美国工厂互惠研究协会）等。这些机构制定的产品标准必须符合联邦法规 29 CFR 中的安全标准。

---

① 参见 OSHA 标准解释文件《02/01/2005 – Use of personal cooling fans listed for " residential use only" in an industrial setting》。

② 参见见 OSHA 标准解释文件《07/16/2003 – Workplace use of electrical equipment designated as " Household Use Only" and recordkeeping requirements》。

OSHA 认可的产品标准清单和撤销认可的产品标准清单可以在 OSHA 的 NRTL 网站查询。此外，包括 OSHA 的工作场所安全要求、安全标准的解释、OSHA 的工作指令等都可以从 OSHA 网站获得。

需要注意的是，尽管理论上只要 NRTL 机构取得 OSHA 的认可，可以根据某个产品标准对产品进行认证，不同 NRTL 机构的认证结果是等效的，但是 OSHA 并没有规定 NRTL 之间必须互相承认其他 NRTL 机构的检测和认证结果，OSHA 也无权要求 NRTL 机构之间互相承认检测和认证结果。OSHA 认为，NRTL 机构是否可以承认其他 NRTL 机构的结果，属于 NRTL 机构自己的商业决定①。

NRTL 认证流程与标志都有其独特的地方。

NRTL 认证机构采取以下九种模式对产品进行认证：

（1）在自身的实验室进行所有的测试和产品评估。这种模式是 NRTL 体系最基本的认证模式。

（2）接受非 NRTL 体系的其他独立机构的检测数据对产品进行认证。

（3）接受非 NRTL 体系的其他独立机构的产品评估结果对产品进行认证。

（4）接受目击测试的检测数据对产品进行认证。

（5）接受非独立机构（例如制造商的实验室）的检测数据对产品进行认证。

（6）接受非独立机构（例如制造商的实验室）的产品评估结果，在产品投放市场前审核评估结果并对产品进行认证。

（7）接受制造商的轻微修改（例如更换元件供应商），无需重新认证而承认认证的有效性，但 NRTL 认证机构必须对轻微修改的范围进行明确定义。

（8）接受其他 CB 成员的评估结果对产品进行认证。

（9）接受从分包商或代理机构除了检测和产品评估以外的其他服务，对产品进行认证。

以上九种模式，除了第一种外，NRTL 认证机构都必须建立有效的程序来审核和评估外部机构的能力和质量保证体系，以此作为接受外部提供的检测数据或评估结果的依据。NRTL 机构采用除了第一种以外的其他模式进行认证，必须事先得到 OSHA 的批准。

需要注意的是，尽管目前越来越多的制造商，特别是 IT 行业的制造商，针对产品的更新换代速度越来越快，而产品的认证周期始终无法缩短而成为制约产品推向市场的主要因素的问题，要求 OSHA 允许部分产品通过实施制造商的自我声明的方式来满足 OSHA 的安全要求，但是至今仍然没有结果。特别地，OSHA 明确指出，对于 NRTL 机构接受外部的检测数据或评估结果的认证模式，不允许 NRTL 机构接受制造商的自我声明，重申所有的监管产品都必须经过 NRTL 的认证才可以销售和使用。

此外，原则上，NRTL 机构不可以和其他机构有经济关联，以确保 NRTL 认证的公正性。

---

① 目前 UL 只与 CSA 签署了相互承认对方元部件认证结果的协议。

企业向 NRTL 机构申请认证的流程和其他认证的流程基本一样。特别地，由于 NRTL 体系允许 NRTL 机构接受制造商实验室的检测数据，甚至是产品评估结果，因此，在条件允许的情况下，制造商可以通过提高自身技术能力、加强和 NRTL 机构合作，逐步取得 NRTL 机构信任，接受制造商提供的检测数据和产品评估结果，从而缩短认证周期和降低认证费用。

NRTL 体系并没有统一的认证标志，也没有要求将 NRTL 字样包括在任何产品的标示中，取得认证的产品使用相应的 NRTL 机构的认证标志，证明产品取得认证。NRTL 机构的认证标志属于该机构所有，是一种证明商标的性质，因此，使用这些认证机构的认证标志必须符合相关的商标法，以及制造商和认证机构之间的合约。各个 NRTL 机构都有自己的认证标志，制造商必须把认证标志标示在每个产品上（如果因为空间的原因，可以只标示在产品包装上）。如果产品上没有标示认证标志，即使 NRTL 机构已经把该产品列名（listed）在其认证公告上，也不表示该产品已经取得 NRTL 认证。

根据 NRTL 体系的规定，NRTL 认证是指 NRTL 机构对产品的认证，而不是OSHA 对产品的认证，OSHA 只负责 NRTL 体系的监管工作，具体表现为：对NRTL 机构进行认可；每年对 NRTL 机构进行跟踪审查；通过对工作场所的巡视来检查监管的产品是否取得 NRTL 认证；对使用没有取得 NRTL 认证的监管产品的违规雇主进行处罚。

对于产品，OSHA 监管的是产品的制造，即产品必须取得 NRTL 认证。在产品的具体使用中，当地州和地方的执法机构可以根据其具体的要求，决定在接受 NRTL 认证结果的基础上，增加额外的附加要求，但这些要求不应与联邦法律冲突，也不应阻碍产品的自由流通，并且这些要求只在本地区有效。粗略地说，两者默认的职责划分是：地方的执法机构负责固定安装部分的电气安全，而 OSHA 的 NRTL 体系负责电网电源插头以后的电气安全。

目前，OSHA 在 NRTL 体系中并没有建立任何直接的结果互认机制，只是在欧盟相关认证机构申请 NRTL 认可的时候，根据美国和欧盟的互认协议在认可时体现出互惠的精神，其他申请程序是一样的。至于 OSHA 和加拿大 SCC 签署的合作协议，也只是体现在对机构的认可程序和政策而已。

尽管如此，由于 OSHA 允许 NRTL 机构的认证模式中包括承认 CB 成员出具的结果，允许 NRTL 机构接受其他非 NRTL 机构的结果，因此，NRTL 体系还是在一定程度上存在互认机制的。

需要指出的是，NRTL 机构都不是政府机构，没有执法的权力，它的性质属于专业技术服务机构。原则上美国政府不会提供 NRTL 机构任何财政资助用于开展 NRTL 认证，认证的责任和风险是由 NRTL 机构承担的。NRTL 机构不一定是美国的本土机构（例如 CSA），并且 NRTL 机构的检测实验室可以分布在多个国家和地区，但是，根据 OSHA 的规定，对于非美国机构申请 NRTL 认可，其所在国和美国的关系必须满足一定的要求。

有关 NRTL 体系更多的信息可以访问 OSHA 官网（www.osha.gov）的NRTL 专栏。

UL认证

UL 列名标志、UL 分类服务标志以及 UL 元部件认可标志（其中的 C 和 US 分别表示符合加拿大和美国的相关标准）。

UL列名标志

UL分类标志

UL 的官网是：www.ul.com。

总部设在美国芝加哥旁边小镇 Northbrook 的 UL（Underwriters Laboratories Inc.，即美国保险商实验室，也译为美国安全检测实验室），是世界上最著名的产品安全检测机构之一。UL 不是一个政府机构或学术团体，也不是一个贸易组织；此前，按照 UL 的说法，UL 是一个非营利性的产品安全检测机构；但是从 2012 年起，所有业务实质上已经转移到其新成立的有限责任公司（UL LLC）中，其运作模式已经转变为以盈利为目的的企业模式。

UL 认证是世界上一种非常独特的认证方式，不同于其他国家和地区的认证主要是依赖法律支持，UL 认证在很大程度上是依靠 UL 在市场上的商业地位和商誉来进行的，这种独特性是与美国的政治体制以及 UL 的历史背景分不开的。UL 成立于 19 世纪末，比美国政府的许多产品安全监管机构的历史都要长。由于 UL 的市场地位和悠久历史，许多政府的产品安全监管机构在成立之初，都是将 UL 作为其指定机构，而这一点引发了检测机构 MET 起诉 OSHA 的法律诉讼；在 1983 年，法庭要求 OSHA 不得在其相关文件中指定 UL，该事件最终导致 OSHA 在 1988 年建立 NRTL 体系。近年来，许多北美的认证机构都试图通过 NRTL 体系来争夺 UL 在美国的市场份额，但是 UL 还是牢牢占据市场的绝大部分的份额，市场的接受程度始终排在首位。对于这种依托商誉与技术自然形成的市场垄断地位，UL 在其最新的传记《Engineering Progress – The Revolution and Evolution of Working for a Safer World》同样直言不讳。当然，对于中国企业而言，除了继续选择 UL 的认证服务外，在部分产品领域，也可以根据采购商和市场的接受程度选用其他机构的服务，以降低企业的认证成本。

有趣的是，"UL 认证（UL Approval）"并不是一个 UL 承认的术语，尽管在许多时候被用来泛指 UL 提供的列名、认可、分类等检测服务，其中的列名服务和认可服务是中国企业最经常接触到的。UL 列名服务（Listing Service）主要是针对整机的全面检测，获得 UL 列名标志的产品证明是符合相关产品安全标准的；UL 分类服务（Classification Service）则是指 UL 仅对产品的部分特性进行检测并证明其符合相关的标准；UL 元件认可服务（Recognition Service）主要是针对元部件的部分特性进行检测评估，获得 UL 认可标志的元件是否适用必须根据实际应用环境来判定。

> UL 对认证产品的后续监督跟踪的体系是所有认证机构中最完善的,这一点当然得益于 UL 的市场地位以及与相关政府部门的良好关系。UL 的后续跟踪除了常规的现场检验外,部分产品还实施标签制度,即取得认证的产品必须从 UL 购买特制的标签,产品才可以认为是取得认证(列名或认可);同时,UL 与许多国家的海关建立了密切的合作,共同打击仿冒、伪造 UL 认证标志的行为。
>
> 目前,UL 检测的产品范围也已经从电气产品扩展到许多其他工业产品,同时在全世界多个国家和地区设有分支机构,在许多国家和地区都取得一定的认可资格,认证的范围也从美国市场扩展到许多国家和地区,包括欧盟、日本、巴西等。

7.5 CB 体系和 CB – FCS 体系

7.5.1 背景

IECEE(英文全称为:The IEC System for Conformity Testing and Certification of Electrical Equipment),即国际电工委员会电气产品合格测试与认证组织,是 IEC 下属的三个合格评定组织之一。IECEE 的 CB 体系是第一个全世界范围内的电子电气产品和元器件安全检测结果多边互认体系,CB 是 "Certification Bodies' Scheme" 的缩写。CB 体系最早是由欧洲电气设备合格测试委员会(CEE)负责实施操作,该委员会于 1985 年并入 IEC。

CB 体系的基础是 IEC 标准和多边协议。加入 CB 体系的国家和认证机构(NCB)之间形成多边协议,企业可以凭借一个 NCB 根据 IEC 标准颁发的 CB 证书和 CB 报告,获得 CB 体系中的其他成员国的国家认证,而不用对产品进行重复检测。如果产品目的国家的国家标准和 IEC 标准存在差异,那么,该国的国家差异应向其他成员公布,企业在申请该国认证的时候,只需要补充相关国家偏差的测试就可以了。CB 体系的宗旨是促进国际贸易,其手段是通过推动国家标准与国际标准的统一协调,以及认证机构之间的合作和互相承认对方的检测结果,最终实现产品"一次检测、一个标志"就可以通行全球的目标。

根据 IECEE – CMC/1945/INF 公告,2017 年共颁发各类 CB 证书合计 40817 份,其中 IT 与办公类产品、家电类产品合计占 62%,UL 和 TÜV Rheinland 两大集团是颁发 CB 证书最多的认证机构;而根据 IECEE – CMC/1947/INF 公告,2017 年各个认证机构接受的 CB 证书数量为 17882 份,IT 与办公类产品、家电类产品同样是数量最多的产品，中国的 CQC 是接受 CB 证书最多的认证机构；在这些 CB 证书中，4811 份需要额外测试，13071 份直接接受。从这些数据可以看到，CB 证书在当今世界各国的电气产品安全认证体系中的作用是不容忽视的，尽管离期望还有一定的距离。

IECEE 除了 CB 体系外，还有一套在 CB 体系的基础上发展起来的 CB-FCS 体系（IECEE CB Full Certification Scheme）。CB-FCS 体系的宗旨是在 CB 体系的基础进一步延伸，它不仅包括检测结果（包括国家差异检测结果）的互相承认，还包括了工厂审查结果的互相承认。NCB 向企业颁发的是包括了型式检验结果和工厂审查结果的 CAC 证书（Conformity Assessment Certificate）；其他加入 CB-FCS 体系的 NCB 全面接受和认可 CAC 证书，并以此为基础向企业颁发认证证书，并授权企业在产品上使用其认证标志，而无需重复检测和进行工厂审查，除非原来的 CAC 报告中存在明显的错误。和 CB 证书一样，CAC 报告也必须同时和 CAC 证书一起使用时才有效。中国企业目前采用 CB-FCS 体系的情形不多，因此不再赘述，有兴趣的读者可以登录 IECEE 官网了解详情。

7.5.2 CB 体系组织结构

CB 体系由认证管理委员会（CMC）进行管理，CMC 的成员由来自成员国的代表和 IEC 下属各个级别的多个委员会的代表组成，CMC 下面还有多个工作委员会，但这些委员会和企业的关系不大。

CB 体系中另外一个重要的组织是检测实验室委员会（CTL）。CTL 由来自 NCB、CBTL 的代表和一些特邀的专家和机构组成。CTL 的主要职责之一就是解释和规范标准中的技术要求、测试条件、检测设备，以及组织 CBTL 的能力验证，它的主要目标是增强不同 CBTL 之间检测结果的可信度和一致性，这是 CB 体系成功运作的基础。

CB 体系中开展具体工作的是国家认证机构（National Certification Body，缩写 NCB）和 CB 检测实验室（CB Testing Laboratory，缩写 CBTL）。国家认证机构（NCB）是向产品颁发所在国家范围内认可的合格证书的认证机构，一个国家可以有多家 NCB。CB 实验室（CBTL）是指 CB 体系中列名的实验室，CBTL 在与其合作的 NCB 的监管下对一个或多个产品类别进行测试并出具 CB 报告，并经 NCB 审核后颁发。CB 实验室可以在 CB 体系中与多个 NCB 合作，但是当它与多个 NCB 合作时，对于具体的每一个产品类别，它只能与一个 NCB 合作。CBTL 和 NCB 不一定需要在同一个国家，相互之间也不一定有体制上的从属关系[①]。IECEE 网站有完整的 NCB、CBTL 列表，包括认可范围、国家偏差与联系方式等。中国及周边国家和地区集中了许多 NCB 和 CBTL，企业可以根据自己的实际情况选择合适的 NCB 和

---

① 在涉及我国港澳台地区时，应注意有关国号、旗帜、标识、政府部门、法律法规等带有政治色彩的术语与图案的使用是否符合我国的相关规定，具体可参见《关于正确使用涉台宣传用语的意见》（2016 修订版）、《涉及港澳台用语规范 34 条》等文件。

CBTL 申请 CB 证书。

7.5.3　CB 体系产品范围

CB 体系覆盖的产品是 IECEE 系统所承认的 IEC 标准范围内的产品。截至 2018 年 1 月，共有 23 类产品列入 CB 体系的产品范围，NCB 只有在认可的产品范围内才认可和颁发相应的 CB 证书和 CB 报告。

7.5.4　CB 体系运作规则

CB 体系的规则和程序发布在 IECEE 01 和 IECEE02 这两份 IEC 的公开文件。这两份文件和企业的关系不大，有兴趣的读者可以从 IECEE 的官方网站下载。

CB 体系运作的技术基础是 IEC 标准，所有的 NCB 和 CBTL 都必须按照 IEC 标准的要求对产品进行检测。考虑到现实中的实际问题，CB 体系允许国家标准部分偏离 IEC 标准，这种差异称为国家差异或国家偏差。所有加入 CB 体系国家的国家差异都必须提交给 IECEE 秘书处，并发布在每年的 CB 公报（CB Bulletin）上。CB 公报不仅包括了各个成员国的国家差异，还包括了：CB 体系内现行有效的标准；NCB 的信息，包括它们加入的产品类别和标准；前一年颁发的 CB 测试证书的统计等。IEC 标准和 CB 公报可以向 IECEE 秘书处等购买。

CB 体系中另外还有重要的技术文件是 CTL 决议（CTL Decision），这些决议是 CTL 委员会针对产品检测中出现的各种带有普遍意义的问题的决议，包括对标准的理解和采用方式等。CTL 决议对所有成员均有效，它是 IEC 标准的重要补充内容，许多 CTL 决议在 IEC 标准修订的时候都会被作为修订内容之一而被采纳。CTL 决议通常在每年的年会后进行发布和修订。CTL 决议的全文可以从 IECEE 网站的 CTL 主页免费下载。

7.5.5　CB 证书的申请和使用

CB 证书（图 7-6）是由 NCB 颁发的正式文件，CB 体系利用 CB 证书来表明所测试的产品样品已经成功地通过了相关的检测，符合相关 IEC 标准和有关成员国的要求。CB 证书没有对应的认证标志。此外，根据 CB 体系的规则，CB 证书不应用于广告目的，但是允许将已有的 CB 证书作为参考资料。不同 NCB 颁发的 CB 证书都采用统一的格式，唯一的不同之处是证书左下方各个 NCB 的标志。CB 证书固定栏目的内容采用英文和法文，其他内容（例如产品名称、参数等）采用英文。

CB 报告同样是以 NCB 的名义颁发的。CB 报告是一种标准化的报告，采用一种称为 TRF 的格式，这种报告逐条列举产品是如何符合相关 IEC 标准的要求。每一种标准对应的 TRF 格式的报告都是统一由 IECEE 发布，所有 NCB 颁发的 CB 报告

图 7-6 CB 证书样式
（左下角的标志表明颁发证书的 NCB 是斯洛文尼亚的 SIQ）

都必须使用这种统一的格式，以方便 CB 报告在各个 NCB 之间的审核和转换。

CB 报告提供产品的所有测试数据、验证和检查结果以及相关条款的符合性判定结论，这些数据和结果应清楚且无歧义。CB 报告还包含了产品的检测实验室和检测程序、产品描述、产品的相关图表和照片等信息。

此外，如果一个 NCB 有必要的测试设备和技术能力，它就可以依据 CB 公报中关于其他国家的国家差异对产品进行检测和评估，这些额外的检测内容作为附件附在标准的 CB 报告的后面，作为所测试的样品同时符合特定成员国的要求的根据。

CB 报告采用英文。根据 CB 体系的规则，CB 报告只有在与 CB 证书一起提供时才有效，因此，在本节中，除非特别注明，通常所指的 CB 证书包括了相应的 CB 报告。CB 证书可以在 IECEE 的官网下的专栏查询验证。

CB 证书的申请程序比较简单。企业将相关申请文件、产品安全技术档案、样品以及相关费用提交给任何一个产品范围覆盖了企业产品的 NCB，如果产品通过相关的检测，符合相应的 IEC 标准，企业就可以获得 NCB 颁发的 CB 证书和 CB 报告。企业也可以联系与该 NCB 合作的 CBTL，通过 CBTL 来完成相关的检测和手续。在申请 CB 证书的时候，可以要求 NCB 同时根据一个或多个特定国家的国家差异对产品进行检测。

企业可以单独申请 CB 证书，也可以在申请其他认证的同时申请 CB 证书，具体的操作程序各个 NCB 略有不同。为了方便企业的实际使用，目前，相当多的 NCB 可以同时提供电子版本（通常采用 PDF 文件格式）的 CB 报告给企业。

在申请 CB 证书的时候，需要注意的是 CB 证书上反映的申请人（applicant）、制造商（manufacturer）和工厂（factory）的区别。申请人是指提交 CB 证书的实体，申请人既可以是制造商，也可以是得到授权、代表制造商的实体；制造商是指对产品的质量和安全负责的实体；工厂是指在制造商授权下实际装配产品的实体，CB 证书上可以包括一个或多个国家中生产产品的一个或多个工厂。如果申请人、制造商或工厂所在的国家不是 IECEE 的成员国，罗列他们的名称时需要为每份 CB 证书支付额外的费用给 IECEE，该费用由颁发 CB 证书的 NCB 代为收取后转入 IECEE 的账户。

在早期的 CB 体系中，所有的产品检测都只能在 NCB 或 CBTL 进行。随着企业实验室的日益成熟，现在的 CB 体系也允许全部或部分检测在企业的实验室进行，只要相关的检测设备和检测程序满足一定的要求。无论是采用哪种模式，都必须在 CB 报告上反映，相关的检测人员、审核人员和监督人员都必须签名并承当相应的责任。需要注意的是，某些 NCB 声称根据其所在国的法律或者其自身规定，不接受在企业实验室进行检测的数据，特别是用以上四种模式中的 RMT 模式产生的 CB 证书和 CB 报告。因此，企业在采取以上四种模式的时候，应当事先了解未来可能接收 CB 证书的 NCB 的态度，避免得到的 CB 证书无法得到相关 NCB 的认可。

CB 证书通常的作用有两种：

1）用于向其他 NCB 申请认证，以减少重复检测带来的额外费用和时间。这种情况下，CB 证书只是认证过程中的中间产物。

2）用于向某些国家的相关部门（通常是一些发展中国家）表明产品通过第一种认证模式（型式检验）证明产品是符合相关安全技术法规的。

当企业利用 CB 证书申请相关国家 NCB 的认证时，流程和正常认证流程基本相似。通常，企业应当递交以下文件和资料：向目标国家的 NCB 提交的申请书；CB 证书和 CB 报告；当接收 CB 证书的 NCB 要求时，向其提供产品样品和补充资料。通常，NCB 要求样品的目的是为了证实产品与最初颁发 CB 证书的 NCB 所检测的产品是一致的，并且在 NCB 认为需要的时候验证和补充附加的检测内容，包括相应的国家差异。

7.5.6 不足与对策

CB 体系作为目前最成功的国际多边检测结果互认体系，总体上为企业（特别是一些跨国大企业）带来不少的方便。从理论上来说，企业可以选择一个合适的 NCB 进行合作，所有的产品检测都由同一个 NCB 完成，包括目标市场国家差异的测试。企业使用该 NCB 颁发的 CB 证书向其他成员国的 NCB 申请该国的国家认证，这个过程可以由企业自己来完成，也可以委托颁证的 NCB 来完成。接收和认可 CB 证书的 NCB 虽然有可能要求企业提交样品，但通常不需要额外的检测，或者只有少量附加或验证检测，申请的处理过程大部分是文件处理工作。这些基于 CB 证书的认证申请会比其他的认证申请得到优先处理，并减少相应的申请周期和费用。

但在实际操作中，CB 体系的运作离理想的目标还有一定的距离，特别是在目前认证实际上已经成为一种商业活动，一些 NCB 为了保护其既得利益，在 CB 体系的实际运作中采取了不少违背 CB 体系宗旨的行为。这其中最主要的表现在发达国家的 NCB 对其他国家（特别是发展中国家）的 NCB 所出具的 CB 证书的歧视，规模较大的 NCB 对中小 NCB 所出具的 CB 报告的歧视[①]。

CB 体系中常见的歧视性行为就是对其他 NCB 出具的 CB 报告进行比较苛刻的审核，然后以报告存在疑问或遗漏为由，要求增加额外的检测来验证或补充原来的 CB 报告的内容，甚至以此为理由不接受该 CB 报告，而所增加的额外费用和认证周期往往超过了正常认证时的费用和周期，导致企业最终放弃通过 CB 证书进行认证，CB 证书根本体现不出应有的作用。毕竟，现实社会中的大部分报告总是存在可能被质疑的地方，而要求对质疑的问题进行验证也是合情合理的。最重要的是，认证并不仅仅是产品检测，认证的实质是认证机构本身的信誉所做的担保，背后体现的是认证机构本身品牌的商业价值，要求这些具有较高品牌价值的认证机构平等对待其他认证机构是不现实的。

无论如何，CB 体系还是为企业的产品走向国际提供了一条比较有效的途径。如果策划得当，企业还是有可能通过 CB 体系认证来提高工作效率，甚至在一定程度上降低认证费用的。以下的一些经验可以供企业在申请 CB 证书时参考：

（1）如果产品使用的是开关电源，尽可能在 CB 证书中覆盖北美和欧洲的电压范围。但要注意由此带来的技术风险和额外的认证费用。

（2）CB 报告中尽可能包括企业所有潜在的目的国家的国家偏差，当然要注意综合考虑相关的费用和周期。

（3）CB 报告中罗列的元件应当尽可能符合目标国家 NCB 的要求，避免其他 NCB 以此为由质疑 CB 报告。此外，如果可能，应当罗列尽可能多的元件和材料供应商的名称和型号，方便未来根据实际情况选择合适的供应商。

（4）要求 NCB 提供电子版本的 CB 报告，方便未来的使用。

（5）当 CB 证书和 CB 报告被其他 NCB 质疑或拒绝的时候，及时与原来颁证的 NCB 沟通，要求该 NCB 提供必要的协助，并承当相应的责任。

IEC下属合格评定组织

IECEE：IECEE 是 IEC 下属合格评定组织之一，即国际电工委员会电气产品合格测试与认证组织，IECEE 的 CB 体系是第一个全世界范围内的电子电气产品和元器件安全检测结果多边互认体系。官网：www.iecee.org。

---

① 有兴趣的读者不妨对比一下 IECEE 每年发布的颁发 CB 证书统计公告和接受 CB 证书统计公告。

IEC下属合格评定组织

IECEx：IECEx 是 IEC 下属合格评定组织之一，即防爆电气产品安全合格评定组织，其宗旨是建立防爆电气产品国际认证互认体系，最终在全世界范围内让防爆电气产品认证实现统一认证标准、统一认证证书和统一认证标志，产品一次检测即可满足所有成员国的要求。官网：www.iecex.com。

IECQ：IECQ 是 IEC 下属合格评定体系之一，即电子元器件质量合格评定组织，其宗旨是在世界范围推广电子元器件及其材料，以及相关过程（包括整个供应链）的质量认证体系，确保电子元器件符合相关的质量标准。官网：www.iecq.org。

附录

APPENDIX

附录I　电气产品安全常用术语中英对照表

附录II　部分国家和地区电气产品安全认证管理机构

附录III　电气产品安全技术与认证常用信息渠道

附录IV　2014版CNCA-00C-005《强制性产品认证实施规则　工厂质量保证能力要求》摘录

附录 I 电气产品安全常用术语中英对照表

英　文	中　文
abnormal condition	异常状态
accessibility	可接触性
accessible part	可接触部件
accreditation	（认证机构的）认可资格
ageing test	老化测试
all – pole disconnection	全极断开
ambient temperature	环境温度
aperture	开孔
appliance coupler	器具耦合器
appliance inlet	器具耦合器插座
approval	批准，同意，取得认证
arcing	电弧
asbestos	石棉
AWG（American Wire Gauge）	北美电线标号
baffle	挡板
ball pressure	球压
barrier	隔板
basic insulation	基本绝缘
battery	电池
breakdown of insulation	绝缘击穿
bridging	跨接；旁路
building installation	建筑物电气系统
built – in equipment	内置设备
burn hazard	烫伤危害
bushing	套管
calibration	校准
certificate	证书
certification	认证
chemical hazard	化学危害
ClassI equipment	I 类电击防护设备

续表

英　文	中　文
Class Ⅱ equipment	Ⅱ类电击防护设备
Class Ⅱ construction	Ⅱ类电击防护结构
Class Ⅲ equipment	Ⅲ类电击防护设备
Class Ⅲ construction	Ⅲ类电击防护结构
clearance	电气间隙
complaint	投诉；抱怨
compliance	符合性
component	元部件
conductive liquid	导电液体
connector	连接器
contact	接触
contact gap	（开关）触头断开距离
contact pressure	接触压力
cord anchorage	电缆固定装置
creepage distance	爬电距离
CTI（comparative tracking index）	相对漏电起痕指数
current–carrying	载流
danger；dangerous	危险；危险的
decision	决议
decorative part	装饰部件
detachable part	可拆卸部件
deviation	（标准）偏差；（测试结果）不符合项
direct plug–in equipment	直插式设备
discharging	放电
disconnect device	（电路）断开装置
dti（distance through insulation）	绝缘穿透距离
double insulation	双重绝缘
drop	跌落
durability	耐久性
earthing terminal	接地端子
earth fault current	接地故障电流
earth leakage current	接地泄漏电流

续表

英　文	中　文
electric shock	电击
electric strength	电气强度
electrical component	电气元件
electromechanical component	机电元件
electronic component	电子元件
ELV（extra low voltage）	特低电压
encapsulated part	填充部件
enclosed part	隔离部件
enclosure	外壳
endurance test	耐久性试验
energy hazard	能量危害
EUT（equipment under test）	被测设备
explosion	爆炸
fail – safe	无危害
failure	失效，（测试）失败
fault	故障
fault current	故障电流
fire hazard	火灾
fixed	固定
fixed wiring	固定布线
flammability	可燃性
floating	（电路）浮空
functional earthing	功能性接地
functional insulation	功能性绝缘
fuse	电流熔断器
gap	间隙
gauge	量规
glow – wire test	灼热丝测试
guard	防护装置
hand – held equipment	手持式设备
hazard	危害
hazard energy level	危险能量等级

续表

英　文	中　文
hazard temperature	危险温度
hazardous voltage	危险电压
heat sink	散热器
heating element	发热元件
heating test	温升测试
hi – pot	（耐）高压（测试）（电气强度测试的俗称）
humidity	湿度
humidity test	潮态测试
hygroscopic material	吸湿性材料
ignition	引燃
impact test	冲击测试
impulse test	脉冲测试
indicator	指示装置
ingress of water	（非预期的）进水
insulation	绝缘
inspection	检查；（工厂）审查
instruction	指引，说明书
interpretation	（标准）解释
interconnecting cable	连接电缆
isolation	隔离
label	标签
leakage current	泄漏电流
lead	铅；（电线的）引线
limit	极限，限值
limited current circuit	限流电路
limited power source	受限制电源
live part	带电部件
load	负载
mains supply	电网电源，供电电源
maintenance	维护
malfunction	功能失效
(user) manual	用户手册

续表

英　文	中　文
manual control	手动控制
marking	标识
material group	材料组别
mechanical hazard	机械伤害
mechanical strength	机械强度
foreseeable misuse	可预见的误用
mobility	移动性
moisture	湿气
motor	电机
moving part	运动部件
needle flame test	针焰测试
neutral	零线；中性；中立
non‐detachable part	不可拆卸部件
normal operation	正常操作
opening	（外壳）开孔
operation insulation	功能性绝缘
overcurrent protection	过流保护
overheating protection	过热保护
overload protection	过载保护
overriding（safety interlock）	强制（安全联锁装置）失效；旁路
overvoltage	过电压
ozone	臭氧
pass	检测合格；穿过
PCB（printed circuit board）	印刷电路板
PELV（protective extra low voltage）	保护特低电压
photo document	图片资料（档案）
plug	插头
pollution degree	污染等级
portable equipment	可移动式设备；便携式设备
pressure	压力
prevention	防止；防止装置
primary circuit	初级电路；一次电路

续表

英　文	中　文
PTI（proof tracking index）	漏电起痕指数
protective device	保护装置
protective earthing	保护接地
protective impedance	保护阻抗
rated current	额定电流
rated frequency	额定频率
rated impulse voltage	额定脉冲电压
rated input	额定输入功率
rated power input	额定输入功率
rated output	额定输出功率
rated voltage	额定电压
rated voltage range	额定电压范围
rating label	铭牌
re-call	（产品）召回
recognized component	认可元部件
reed switch	干簧管
reinforce insulation	加强绝缘
relay	继电器
reliability test	可靠性测试
removable part	可拆卸部件
resistance to fire	耐火
resistance to heat	耐热
residual current	剩余电流
routine test	常规测试；例行测试
safety	安全性
safety guard	安全设施
safety interlock	安全联锁装置
sample	样品
sampling	取样
screen	屏蔽；屏蔽层
secondary circuit	次级电路；二次电路
self-resetting	自复位

续表

英　文	中　文
SELV（safety extra low voltage）	安全特低电压
separation	分离
sheath	护套
short circuit	短路
socket；socket-outlet	插座
solid insulation	固体绝缘
standard	标准
stability	稳定性
stationary equipment	驻立式设备
steady	稳定（状态）
stand-by condition	待机状态
stress	应力；压力
supplementary insulation	附加绝缘
supply cord	电源线
support	支撑；支撑面
temperature rise	温升
terminal	端子
test corner	测试角
test finger	测试指
test pin	测试销
test probe	测试探头；测试制具
test report	测试报告
thermal ageing	热老化
thermal cut-out	热断路器
thermal-link	热熔断体
thermoplastic part	热塑部件
thermostat	温控器
thin sheet insulation	薄片绝缘
tool	工具
touch current	接触电流
transient overvoltage	瞬态过电压
transformer	变压器

续表

英　文	中　文
type test	型式测试
unattended equipment	（使用中）无人照看设备
unearthed part	未接地（金属）部件
uncertainty	不确定度
user	使用者
user manual	使用说明书
UV	紫外线
verification	核查；检定
warning	警告
winding	绕组
working voltage	工作电压

附录 Ⅱ 部分国家和地区电气产品安全认证管理机构

国家/地区	认证名称	认证性质	管理机构名称	管理机构官网
中国	CCC 认证	强制性	中国国家认证认可监督管理委员会（CNCA）	www.cnca.gov.cn
中国台湾地区	BSMI 认证	强制性	台湾"经济部标准检验局"	www.bsmi.gov.tw
日本	PSE 认证	部分强制性	日本经济产业省	www.meti.go.jp
韩国	KC 认证	强制性	Korean Agency for Technology and Standards	www.kats.go.kr
新加坡	Safety Mark 认证（Consumer Product Safety and Accuracy System）	强制性	Singapore Accreditation Council（SAC）	www.sac-accreditation.gov.sg
			Enterprise Singapore（ESG）	cpsa.enterprisesg.gov.sg
马来西亚	SIRIM 认证	强制性	Official Portal of Ministry of Energy, Science, Technology, Environment & Climate Change（MESTECC）	www.mosti.gov.my
印度	ISI 标志认证	强制性	Bureau of Indian Standards	www.bis.org.in
印度尼西亚	SNI	部分强制性	Badan Standardisasi Nasional（BSN）	bsn.go.id
泰国	TISI 标志认证	强制性	Thai Industrial Standards Institute（TISI）	www.tisi.go.th
GCC 海湾阿拉伯国家合作委员会成员国（阿联酋，巴林，沙特阿拉伯，阿曼，卡塔尔，科威特，也门）	G Mark 认证	强制性	GSO（GCC Standardization Organization）	www.gso.org.sa

续表

国家/地区	认证名称	认证性质	管理机构名称	管理机构官网
欧盟	LVD 指令下的产品不再需要公告机构（Notified Body）介入，其他指令如防爆电气产品安全指令、机器安全指令等仍需要	自我声明	European Commission	欧盟官网 ec. europa. eu 转 NANDO 数据库
德国	GS 认证	自愿性	Zentralstelle der Länder für Sicherheitstechnik im Bayerischen Staatsministerium für Umwelt und Verbraucherschutz (StMUV)	www. zls – muenchen. de
欧亚海关联盟五国（俄罗斯，白俄罗斯，哈萨克斯坦，亚美尼亚，吉尔吉斯）	EAC 标志认证	强制性	Eurasian Customs Union (EACU)	www. eurasiancommission. org
美国	没有国家层面的统一认证体系，各州立法实施	—	—	—
	NRTL 认证	强制性	Occupational Safety and Health Administration	www. osha. gov
	UL 认证	自愿性	Underwriters Laboratories	www. ul. com
加拿大	没有国家层面的统一认证体系，由各省分别立法强制执行	强制性	Canadian Advisory Council on Electrical Safety (CACES)	—
			Standards Council of Canada (SCC)	www. scc. ca
	（例）安大略省		Electrical Safety Authority (ESA)	www. esasafe. com

续表

国家/地区	认证名称	认证性质	管理机构名称	管理机构官网
巴西	INMETRO 认证	强制性	Instituto Nacional de Metrologia, Qualidade e Tecnologia (Inmetro)	www.inmetro.gov.br
澳大利亚，新西兰	Electrical Equipment Safety System (EESS) 注册体系及 RCM 标志	强制性	Electrical Regulatory Authorities Council (ERAC)	www.erac.gov.au
南非	SABS 认证	强制性	South African Bureau of Standards	www.sabs.co.za

注：由于各个国家和地区的政治体制不同，各个认证机构和认证管理机构的地位、权利、认证范围并不相同，各种认证之间的法律地位并不相同。因此，本表格仅为方便读者大致了解相关认证概况，具体应当以该国家或地区的正式法律文件为准。

附录Ⅲ 电气产品安全技术与认证常用信息渠道

立法与行政管理及类似机构

- 中国市国家场管理总局
www.saic.gov.cn
- 中国商务部
www.mofcom.gov.cn
- 中国国家标准化管理委员会
www.sac.gov.cn
- 美国消费者产品安全委员会（CPSC）
www.cpsc.gov
- 欧盟技术标准协调新进程门户网站（即CE指令的门户网站）
www.newapproach.org
- ETICS 欧洲检测检查认证联盟（European Testing Inspection Certification System）
www.etics.org
- IEC 国际电工委员会（以及标准查询）
www.iec.ch
- ISO 国际标准化委员会（以及标准查询）
www.iso.org
- IECEE 国际电气产品合格评定委员会（包括CB体系和CB-FCS体系）
www.iecee.org
- IECEx 国际防爆电气产品合格评定委员会
www.iecex.com
- IECQ 国际电子产品质量合格评定委员会
www.iecq.org
- 欧洲电气标准化委员会（CENELEC）（以及标准查询）
www.cenelec.org
- 欧洲标准化委员会（CEN）（以及标准查询）
www.cen.eu
- 美国国家标准化协会（ANSI）
www.ansi.org
- 加拿大标准化委员会（SCC）
www.scc.ca

指令、标准、决议、公告等

- 全国标准信息公共服务平台（提供强制性国家标准在线查询和免费阅读服务）

www.std.gov.cn

- 国家计量技术规范全文公开系统

jjg.spc.org.cn

- 广东省应对技术性贸易壁垒信息平台（广东省 WTO/TBT 通报咨询研究中心）

www.gdtbt.gov.cn

- 欧盟 RAPEX 公告（Rapid Alert System for dangerous non – food products，即除了食品、药品和医疗设备外的危险消费品快速警报公告系统）

ec.europa.eu ▶Consumers Safety ▶European Commission Rapid Alert System for dangerous non – food products

- CTL 决议等和 OSM 决议

www.iecee.org ▶IECEE current decisions（CMC，PAC，PSC，CTL）

- 德国 EK1 决议

www.zls – muenchen.de ▶Erfahrungsaustausch EK/AK

- UL 标准与 PAG 决议

www.ul.com ▶standards

行业杂志与论坛

- 《安全与电磁兼容》杂志（刊号：ISSN 1005 – 9776；CN11 – 3452/TM）

主办单位：中国电子技术标准化研究院

- 《家电科技》杂志（刊号：ISSN 1672 – 0172；CN 11 – 4824/TM）

主办单位：中国家用电器研究院

- 《质量与认证》杂志（刊号：ISSN：2095 – 7343 CN：10 – 1214/T）

主办单位：中国质量认证中心

- 中国质量新闻网

www.cqn.com.cn

注：该新闻网整合中国质检报刊社旗下《中国质量报》《中国国门时报》和《中国质量技术监督》《中国检验检疫》《中国质量万里行》《消费指南》《中国品牌》《产品可靠性报告》等质检新闻。

- IEEE 产品安全分会（Product Safety Engineering Society，PSES）官网

www.ieee.org ▶Society

注：该分会以美国西部从业人员为骨干，具有比较严密的组织体系，成员专业素质较高。

- 安规网

www. angui. org

注:"安规"是港台及珠三角一带对产品安全的泛称;安规网是国内产品安全认证从业人员主要的论坛之一,各类信息比较丰富,活跃成员较多,但是版块分类较为复杂,发帖管理比较严格,初接触者需要一定时间才能熟悉。

附录Ⅳ 2014版 CNCA-00C-005 《强制性产品认证实施规则 工厂质量保证能力要求》摘录

0 引言

按照《强制性产品认证管理规定》的要求，生产企业应控制获证产品一致性，其质量保证能力应持续符合认证要求。……

1 适用范围

本实施规则规定了工厂质量保证能力的基本要求，同时也是认证机构实施工厂检查的依据之一。

2 术语和定义

2.1 认证技术负责人

属于生产者和/或生产企业内部人员，掌握认证依据标准要求，依据产品认证实施规则/细则规定的职责范围，对认证产品变更进行确认批准并承担相应责任的人。

2.2 认证产品一致性（产品一致性）

生产的认证产品与型式试验样品保持一致，产品一致性的具体要求由产品认证实施规则/细则规定。

2.3 例行检验

为剔除生产过程中偶然性因素造成的不合格品，通常在生产的最终阶段，对认证产品进行的100%检验。例行检验允许用经验证后确定的等效、快速的方法进行。

注：对于特殊产品，例行检验可以按照产品认证实施规则/细则的要求，实施抽样检验。

2.4 确认检验

为验证认证产品是否持续符合认证依据标准所进行的抽样检验。

2.5 关键件定期确认检验

为验证关键件的质量特性是否持续符合认证依据标准和/或技术要求所进行的定期抽样检验。

注：关键件是对产品满足认证依据标准要求起关键作用的元器件、零部件、原材料等的统称。

2.6 功能检查

为判断检验试验仪器设备的预期功能是否满足规定要求所进行的检查。

3 工厂质量保证能力要求

工厂是产品质量的责任主体,其质量保证能力应持续符合认证要求,生产的产品应符合标准要求,并保证认证产品与型式试验样品一致。工厂应接受并配合认证机构依据本实施规则及相关产品认证实施规则/细则所实施的各类工厂现场检查、市场检查、抽样检测。

3.1 职责和资源

3.1.1 职责

工厂应规定与认证要求有关的各类人员职责、权限及相互关系,并在本组织管理层中指定质量负责人,无论该成员在其他方面的职责如何,应使其具有以下方面的职责和权限:

(a) 确保本文件的要求在工厂得到有效的建立、实施和保持;
(b) 确保产品一致性以及产品与标准的符合性;
(c) 正确使用 CCC 证书和标志,确保加施 CCC 标志产品的证书状态持续有效。

质量负责人应具有充分的能力胜任本职工作,质量负责人可同时担任认证技术负责人。

3.1.2 资源

工厂应配备必需的生产设备、检验试验仪器设备以满足稳定生产符合认证依据标准要求产品的需要;应配备相应的人力资源,确保从事对产品认证质量有影响的工作人员具备必要的能力;应建立并保持适宜的产品生产、检验试验、储存等必备的环境和设施。对于需以租赁方式使用的外部资源,工厂应确保外部资源的持续可获得性和正确使用;工厂应保存与外部资源相关的记录,如合同协议、使用记录等。

3.2 文件和记录

3.2.1 工厂应建立并保持文件化的程序,确保对本文件要求的文件、必要的外来文件和记录进行有效控制。产品设计标准或规范应不低于该产品的认证依据标准要求。对可能影响产品一致性的主要内容,工厂应有必要的图纸、样板、关键件清单、工艺文件、作业指导书等设计文件,并确保文件的持续有效性。

3.2.2 工厂应确保文件的充分性、适宜性及使用文件的有效版本。

3.2.3 工厂应确保记录的清晰、完整、可追溯,以作为产品符合规定要求的证据。

与质量相关的记录保存期应满足法律法规的要求,确保在本次检查中能够获得前次检查后的记录,且至少不低于 24 个月。

3.2.4 工厂应识别并保存与产品认证相关的重要文件和质量信息，如型式试验报告、工厂检查结果、CCC 证书状态信息（有效、暂停、撤销、注销等）、认证变更批准信息、监督抽样检测报告、产品质量投诉及处理结果等。

3.3 采购与关键件控制

3.3.1 采购控制

对于采购的关键件，工厂应识别并在采购文件中明确其技术要求，该技术要求还应确保最终产品满足认证要求。工厂应建立、保持关键件合格生产者/生产企业名录并从中采购关键件，工厂应保存关键件采购、使用等记录，如进货单、出入库单、台账等。

3.3.2 关键件的质量控制

3.2.2.1 工厂应建立并保持文件化的程序，在进货（入厂）时完成对采购关键件的技术要求进行验证和/或检验并保存相关记录。

3.3.2.2 对于采购关键件的质量特性，工厂应选择适当的控制方式以确保持续满足关键件的技术要求，以及最终产品满足认证要求，并保存相关记录。适当的控制方式可包括：

（a）获得 CCC 证书或可为最终产品强制性认证承认的自愿性产品认证结果，工厂应确保其证书状态的有效。

（b）没有获得相关证书的关键件，其定期确认检验应符合产品认证实施规则/细则的要求。

（c）工厂自身制定控制方案，其控制效果不低于 3.3.2.2（a）或（b）的要求。

3.3.2.3 当从经销商、贸易商采购关键件时，工厂应采取适当措施以确保采购关键件的一致性并持续满足其技术要求。对于委托分包方生产的关键部件、组件、分总成、总成、半成品等，工厂应按采购关键件进行控制，以确保所分包的产品持续满足规定要求。对于自产的关键件，按 3.4 进行控制。

3.4 生产过程控制

3.4.1 工厂应对影响认证产品质量的工序（简称关键工序）进行识别，所识别的关键工序应符合规定要求。关键工序操作人员应具备相应的能力；关键工序的控制应确保认证产品与标准的符合性、产品一致性；如果关键工序没有文件规定就不能保证认证产品质量时，则应制定相应的作业指导书，使生产过程受控。

3.4.2 产品生产过程如对环境条件有要求，工厂应保证工作环境满足规定要求。

3.4.3 必要时，工厂应对适宜的过程参数进行监视、测量。

3.4.4 工厂应建立并保持对生产设备的维护保养制度，以确保设备的能力持续满足生产要求。

3.4.5 必要时，工厂应按规定要求在生产的适当阶段对产品及其特性进行检查、监视、测量，以确保产品与标准的符合性及产品一致性。

3.5 例行检验和/或确认检验

工厂应建立并保持文件化的程序，对最终产品的例行检验和/或确认检验进行控制；检验程序应符合规定要求，程序的内容应包括检验频次、项目、内容、方法、判定等。工厂应实施并保存相关检验记录。对于委托外部机构进行的检验，工厂应确保外部机构的能力满足检验要求，并保存相关能力的评价结果，如实验室认可证明等。

3.6 检验试验仪器设备

3.6.1 基本要求

工厂应配备足够的检验试验仪器设备，确保在采购、生产制造、最终检验试验等环节中使用的仪器设备能力满足认证产品批量生产时的检验试验要求。检验试验人员应能正确使用仪器设备，掌握检验试验要求并有效实施。

3.6.2 校准、检定

用于确定所生产的认证产品符合规定要求的检验试验仪器设备应按规定的周期进行校准或检定，校准或检定周期可按仪器设备的使用频率、前次校准情况等设定；对内部校准的，工厂应规定校准方法、验收准则和校准周期等；校准或检定应溯源至国家或国际基准。仪器设备的校准或检定状态应能被使用及管理人员方便识别。工厂应保存仪器设备的校准或检定记录。对于委托外部机构进行的校准或检定活动，工厂应确保外部机构的能力满足校准或检定要求，并保存相关能力评价结果。

注：对于生产过程控制中的关键监视测量装置，工厂应根据产品认证实施规则/细则的要求进行管理。

3.6.3 功能检查

必要时，工厂应按规定要求对例行检验设备实施功能检查。当发现功能检查结果不能满足要求时，应能追溯至已检测过的产品；必要时，应对这些产品重新检测。工厂应规定操作人员在发现仪器设备功能失效时需采取的措施。工厂应保存功能检查结果及仪器设备功能失效时所采取措施的记录。

3.7 不合格品的控制

3.7.1 对于采购、生产制造、检验等环节中发现的不合格品，工厂应采取标识、隔离、处置等措施，避免不合格品的非预期使用或交付。返工或返修后的产品应重新检验。

3.7.2 对于国家级和省级监督抽查、产品召回、顾客投诉及抱怨等来自外部的认证产品不合格信息，工厂应分析不合格产生的原因，并采取适当的纠正措施。工厂应保存认证产品的不合格信息、原因分析、处置及纠正措施等记录。

3.7.3 工厂获知其认证产品存在重大质量问题时（如国家级和省级监督抽查不合

格等），应及时通知认证机构。

3.8 内部质量审核

工厂应建立文件化的内部质量审核程序，确保工厂质量保证能力的持续符合性、产品一致性以及产品与标准的符合性。对审核中发现的问题，工厂应采取适当的纠正措施、预防措施。工厂应保存内部质量审核结果。

3.9 认证产品的变更及一致性控制

工厂应建立并保持文件化的程序，对可能影响产品一致性及产品与标准的符合性的变更（如工艺、生产条件、关键件和产品结构等）进行控制，程序应符合规定要求。变更应得到认证机构或认证技术负责人批准后方可实施，工厂应保存相关记录。工厂应从产品设计（设计变更）、工艺和资源、采购、生产制造、检验、产品防护与交付等适用的质量环节，对产品一致性进行控制，以确保产品持续符合认证依据标准要求。

3.10 产品防护与交付

工厂在采购、生产制造、检验等环节所进行的产品防护，如，标识、搬运、包装、贮存、保护等应符合规定要求。必要时，工厂应按规定要求对产品的交付过程进行控制。

（以下略）

参考文献

[1] Dr. -Ing. Otto Sander, Wesen-Werden-Wirken-100 Jahre Technischer Überwachungsverein Hannover e. V., 1973.

[2] 黄镇海. 国际贸易中的电器标准及其认证制度［M］. 广州：广东科技出版社，1992.

[3] 张应端. 美国保险商实验室（UL）安全认证指南［M］. 北京：气象出版社，1992.

[4] ERA Technology Ltd., Designing for Equipment Safety – A Practical Guide for the European Market, ERA Report 95 – 0035.

[5] Von Felix R Paturi, 125 Jahre Sicherheit in der Technik – 125 Jahre TÜV Bayern, 1995.

[6] Heinz Welz, Mit Sicherheit Richtung Zukunft – Die TÜV Rheinland Geschichte, Verlag TÜV Rheinland, 1996.

[7] TÜV Hannover/Sachsen – Anhalt e. V., Kompetenz Setzt Zeichen – 125 Jahre TÜV Hannover/Sachsen Anhalt e. V., 1997.

[8] 吴国平. 家用电器检验技术［M］. 北京：中国标准出版社，2000.

[9] 石广生. 中国加入世界贸易组织知识读本［M］. 北京：人民出版社，2002.

[10] TÜV Nord Gruppe, Die Geschichte der Technischen Überwachung in Norddeutschland, Books on Demand GmbH, 2003.

[11] 中国赛宝（总部）实验室. 电子产品的安全要求、试验与设计［M］. 北京：中国标准出版社，2004.

[12] 倪育才. 实用测量不确定度评定［M］. 北京：中国计量出版社，2004.

[13] Underwriters Laboratories Inc., Engineering Progress – The Revolution and Evolution of Working for a Safer World, Ideapress Publishing, 2016.

声 明

1. 本书引用案例、通报和事件（以下统称案例）的目的在于进一步阐述相关章节的内容，以方便读者理解；除非特别说明，本书所引用的案例均来自公开渠道（网站、公众号、期刊杂志、图书报纸等），所引用的仅其所阐述的内容；本书对其内容的真实性、客观性、完整性持中立态度，并无任何证实、支持、反驳、质疑、评价或引申之意。

2. 本书所涉及的产品安全特性分析，仅就其公开信息所表现出的可能存在的潜在危险进行分析，以方便读者理解本书相关章节内容；这种可能存在的潜在危险并不等同于真实存在的潜在危险；本书对产品安全特性的分析，并不构成对该产品或同类及相似产品的质量与安全特性、产品的品牌与制造商、产品的销售渠道、产品认证的有效性等的评价（包括但不限于证实、支持、质疑等）。

3. 本书所涉及的所有品牌的所有权均归其所有人；所有涉及相关品牌的信息来源均已在书中注明，且并未与品牌所有人逐一确认；引用相关信息并不表示本书确认或否认品牌与相关信息之间存在直接或必然关系。